多项荷载联合预压综合地基加固技术研究

董志良　王　婧　著

科学出版社
北　京

内 容 简 介

本书是以多项荷载联合预压综合地基加固技术为核心的创新研究成果的总结。本书共分为六章。第一章为绪论，主要阐述潮间带水下真空预压技术、正负压联合加固软基技术、砂井地基正负压固结理论，以及软基变形及强度增长计算理论的研究现状；第二章重点介绍潮间带水下真空预压技术研发及应用，对创新技术的原理、工艺技术流程、应用实例，以及监测检测结果做了深入的论述；第三章主要介绍堆载联合预压强夯加固技术，同时提出了塑料排水板堆载预压施工工艺的改进方法；第四章阐述三相荷载联合预压加固软基技术，阐述了加固机理、试验工程效果，以及南沙和京珠高速的应用工程实例；第五章重点介绍高速公路真空联合预压路基堆载技术，以及将其首次应用于京珠高速中山新隆段地基处理工程；第六章介绍软基变形及强度增长计算理论。

本书可供土木工程、地下结构、软基处理等领域的科研及设计的人员参考。

图书在版编目（CIP）数据

多项荷载联合预压综合地基加固技术研究/董志良，王婧著. —北京：科学出版社，2021.6

ISBN 978-7-03-067697-9

Ⅰ. ①多…　Ⅱ. ①董…　②王…　Ⅲ. ①地基处理-研究　Ⅳ. ①TU472

中国版本图书馆 CIP 数据核字（2020）第 262433 号

责任编辑：童安齐 / 责任校对：马英菊
责任印制：吕春珉 / 封面设计：东方人华设计部

科学出版社出版
北京东黄城根北街 16 号
邮政编码：100717
http://www.sciencep.com
三河市骏杰印刷有限公司印刷
科学出版社发行　各地新华书店经销
*
2021 年 6 月第　一　版　开本：B5（720×1000）
2021 年 6 月第一次印刷　印张：16 1/4
字数：316 000

定价：130.00 元

（如有印装质量问题，我社负责调换〈骏杰〉）
销售部电话 010-62136230　编辑部电话 010-62137026

序

多项荷载联合预压综合地基加固技术研究是排水固结法处理软土地基的创新型综合技术，以传统单一的真空预压技术为基础，探讨潮间带水下真空预压加固、真空联合堆载预压加固、三相荷载联合预压加固、堆载预压联合强夯加固等多项综合创新技术，为有效解决软基加固堆载限高、工后沉降量过大及承载力偏低等问题提供理论基础和分析方法，是一项集成多项技术特点且极富工程应用前景的研究。排水固结法因具有处理费用低、改善地基土物理力学性质、改变地层情况等显著优点而而被广泛应用。本书以软基处理工程为主要应用背景，深入、系统地介绍了多项荷载联合预压综合地基加固技术的理论及工程应用。全书共分为六章，重点介绍潮间带水下真空预压加固技术、堆载预压联合强夯加固技术、三相荷载联合预压加固软基技术、高速公路真空联合预压路基堆载技术，以及软基变形及强度增长计算理论。

本书作者董志良教授级高级工程师与中交四航工程研究院有限公司岩土工程团队多年来在软基处理技术领域，在理论、设计、工艺、监测与检测、节能环保技术等方面，形成了以多项荷载联合预压综合地基加固技术为核心的创新研究成果。书中的内容既包含丰富的工程应用实例数据，又有严密的理论体系，涉及软基处理领域许多难点和难题的研究，以及处理这些问题的创新技术和方法。书中较全面地介绍了潮间带水下真空预压技术的研发和应用，对创新技术的原理、工艺技术流程、应用实例，以及监测检测结果做了深入的论述，同时讨论了堆载预压联合强夯加固技术现场实施方案，还提出了塑料排水板堆载预压施工工艺的改进方法；对于三相荷载联合加固技术，阐述了其加固机理、试验效果，以及南沙和京珠高速的工程实例；提出了高速公路真空预压联合路基堆载技术，并首次应用于京珠高速公路中山新隆段地基处理工程中。

此外，本书还介绍了一些创新的理论成果，如软基变形及强度增长理论、真空预压及真空联合堆载预压加固软基不排水剪切强度增长计算等。同时，书中还给出非常丰富的工程实例计算数据，这对理论的工程应用将发挥有益的作用。

董志良是我国知名的水运工程和岩土工程专家，就职于中交四航工程研究院有限公司，从事水运工程和岩土工程技术工作几十年，参与了我国的港口、码头，以及交通、城建等行业的许多重大工程项目建设。在解决各类工程难题的同时，潜心研究创新型软基加固技术，在诸如排水固结渗流、真空预压、综合地基加固技术等方面取得了宝贵的工程经验和丰富的理论成果。这部专著所阐述的内容是典型的多项荷载联合预压综合地基加固技术的精华之所在，其中一些理论和方法很有独到之处，是一部具有指导意义的综合、系统性专著。这部专著的出版应当引起水运工程和岩土工程界的重视，并值得从事水运工程的广大岩土工程师品读和学习！作为董志良教授级高级工程师的多年至交好友，我衷心祝贺其新作的付梓，并期待着他继续为我国岩土工程事业的发展做出更大的贡献！

华南理工大学土木与交通学院 教授

莫海鸿

2019 年 5 月 11 日于广州

前　言

20 世纪 90 年代初，中交四航工程研究院有限公司（以下简称“四研院”）岩土工程团队在深圳河治理工程、妈祖湾美视油库软基处理工程中率先采用了安全、快速的潮间带水下真空预压加固、真空联合堆载预压加固、三相荷载联合预压加固等综合地基加固技术。随后，多项荷载联合预压综合地基加固技术进一步应用于顺德桂畔海水利枢纽工程（1997 年）、深圳河二期治理工程（1998 年）、宁波大榭招商国际集装箱码头围堤及陆域形成工程（2003 年）等多个项目中，取得了良好的经济效益和社会效益。同时还对真空预压、真空联合堆载预压加固地基的强度与变形等进行了计算理论研究，取得了系列创新成果。本书重点阐述潮间带水下真空预压加固、堆载预压联合强夯加固、三相荷载联合预压加固等综合地基加固技术研究与工程实践成果，供同行借鉴参考。

本书共分为六章。第一章为绪论，主要介绍潮间带水下真空预压技术、正负压联合加固软基技术、砂井地基正负压固结理论，以及软基变形及强度增长计算理论的研究现状；第二章重点阐述潮间带水下真空预压加固技术；第三章主要介绍堆载预压联合强夯加固技术；第四章论述三相荷载联合预压加固软基技术；第五章重点介绍高速公路真空联合预压路基堆载技术；第六章介绍软基变形及强度增长计算理论。

本书主要内容来源于四研院（前身称为“交通部四航局科研所”“广州四航工程技术研究院”）自筹课题及科技部专项研究资助项目的研究成果，在此向多年来坚守科研岗位并付出辛勤劳动的课题组成员表示衷心感谢！本书由曾庆军教授审核。本书所反映的研究成果在天津、连云港、温州、厦门、广州、珠海、惠州、深圳等多个地区的软基处理工程中得到了广泛应用，社会和经济效益显著。

本书的撰写得到了四研院的科研经费资助，并得到四研院岩土技术团队的支持和帮助，在此深表感谢！

目　录

第一章 绪　　论

1.1 引　　言

真空预压法是软土地基加固的常用方法，但单一的真空预压加固地基存在工期长，地基的工后沉降过大、承载力偏低等缺陷；单一的堆载（水载）预压加固地基存在极限堆载（水载）高度、地基容易失稳等缺陷；其他单一的地基处理方法也存在较多问题。多项荷载联合预压综合地基加固技术就是解决这些问题的有效方法。本书涉及的多项荷载联合预压综合地基加固技术，主要包括安全、快速的潮间带水下真空预压加固、堆载预压联合强夯加固、三相荷载联合预压加固、堆载预压联合强夯加固等综合地基加固技术，以及真空预压、真空联合堆载预压加固地基的变形及强度增长计算理论。通过理论、设计、工艺、监测与检测、节能环保技术等创新，形成了以真空预压加固地基为基础的多项荷载联合预压综合地基加固技术。研究成果突破了传统地基处理技术遇到的关键技术难题，实现了地基处理技术的跨越式发展，推动了行业科技进步。

在多项荷载联合预压综合地基加固技术研究与工程实践上，本书作者带领中交四航工程研究院有限公司（以下简称“四研院”）岩土工程团队开展了如下工作：1992 年，在国内外首次建立了堆载及真空预压砂井地基固结解析理论[1]；1992 年，在国内首次在珠海前山港区采用围堰充水（充水高度达 4.15m），利用水荷载进行堆载预压，解决现场堆载料不足的问题[2]；1993 年，在国内外首次建立了真空联合堆载预压法加固地基的渗流分析计算理论[3]；1994 年，在国内首次在深圳妈湾海淤泥上进行综合地基加固及快速造陆技术的现场开发试验[4-5]；1995 年，在国内外首次将真空预压技术应用于深圳河一期工程的岸坡区软土地基加固处理[6]；1996 年，在国内外首次试验研究潮间带水下真空预压施工技术，并在顺德桂伴海水利枢纽工程中成功应用[7]，随后该技术多次成功应用于深圳河二期治理工程（1998 年）、宁波大榭招商国际集装箱码头陆域及围堤形成（2005 年）等工程；1997 年，在国内外首次研究真空预压结合砂井桩技术并成功应用在深圳河堤坝加固工程中[8]；1998 年，在国内外首次提出了考虑真空预压施工对周边环境的影响及其保护的环境岩土工程概念[9]；1998 年，在国内外首次成功地将真空联合堆载预压技术应用在京珠高速中山新隆段地基处理工程中[10-12]；2000 年，在浙江湖州外环西路真空预压加固软基取得成功，并创造了膜下真空度（97kPa）最高和单块最长（800m）的世界之最[13]；2001 年，在国内首次将塑料透排水盲沟应用于广州地铁赤沙车辆段地基处理工程中[14-15]；2003年，首次将真空预压技术应用在围海吹填造地形成的超软弱地基加固工程中取得成功，并创造了单块和单个真空预压工程全国和世界之最；2004年，在国内外首次开发出真空膜上钻探与检测技术[16]；2005年，在国内外首次提出水荷载结合降排水系统加固软土地基的工法[17]；2005年，在国内外首次提出浮泥-流泥地基浅表层排水固结和硬化技术[18]；2005年，在国内外首次提出基于排水与截水的地基控制变形理论与技术[19]；2005年，在国内外首次提出在浮泥-流泥地基上插排水板，再连接水平排水系统并进行真空预压技术[20]；2005年，在国内外首次提出真空降水预压结合强夯加固软土地基技术[21]；2006年，在国内外首次提出考虑施工过程地下水位变化等引起的地基附加应力变化的地基大变形固结理论[22]；2008年，首次提出大面积吹填浮泥-流泥浅表层快速加固成套技术[23-26]；2012年，提出可液化地基的抗震减灾系统及地基处理方法[27-28]等。上述创新成果已在国内外诸多工程中得到成功应用。本书即是作者与四研院岩土工程团队的部分研究与应用方面成果的总结。

1.2 国内外研究现状

1.2.1 潮间带水下真空预压加固技术研究现状

从20世纪80年代开始，在真空预压法加固软土地基技术的理论和实际应用方面，我国已处于国际领先地位。真空预压法是在不增加土的总应力的情况下，通过降低膜下排水通道中的大气压力，使膜上、下形成压力差，在该压力差的作用下，土体得以排水固结。

“潮间带水下真空预压法”是一种用真空预压法加固受潮水变化直接影响的近岸滩涂软基的有效方法。目前，对潮间带地区水下真空预压技术研究的深度较浅，日本、英国、美国等少数国家有一些试验或构想。例如，日本在大阪南港进行过刚性膜的水下真空预压试验，在关西海湾进行过单孔刚性密封帽的水下真空预压试验，这两项试验不仅面积小，且都因工艺和抽真空设备问题，而未能达到满意的效果。

我国于1985～1986年，在天津新港东突堤码头岸坡工程进行过潮间带地区真空预压试验，试验面积30m×20m，膜上水深为0～6m，真空压力达550mmHg（约为75kPa），真空预压64d，中心点沉降79.5cm，深度8m范围内的强度增长67%～171%，具有一定的加固效果。相比陆地真空预压加固软基技术，该试验有两点改进：首先，密封膜选用的是0.2～0.4mm厚的风筒革，铺膜工艺为卷装铺设工艺；其次，为了克服涨潮对抽真空设备的影响，将离心泵和射流箱分离，射流箱留在水下，离心泵放置在小船（方驳）上，离心泵和射流箱用供水管连接。尽管当时的铺膜工艺和抽真空设备有所改进，但是膜下真空度仍然较低，且随着潮位的变化而变化。

顾培等[29]在治理深圳河工程中，采用真空预压配合塑料排水板方案处理河口北岸堤坝及边坡范围内的潮汐地段淤泥软土地基，以满足河道开挖和堤坝填筑的要求。同时结合工程实践，对潮间带软土造陆施工技术、抽真空工艺设备和施工控制等方面做了研究和创新，对传统的真空预压施工技术与工艺进行了必要的改进。

陈顺益[30]在厦门岛第三码头至同益码头段岸线综合整治工程中，成功采用水下真空联合堆载预压软基处理施工工艺，进行护岸工程潮间带软基处理。

林正珍等[31]根据厦门岛西岸线整治工程 B 标段 173m 长岸线采用水下真空联合堆载预压处理软土地基的工程实例，介绍了真空联合堆载预压在潮间带软基处理工程中的设计、施工、监测及加固效果。通过成功应用水下真空联合堆载预压技术，提出在潮间带地区的软土地基可以考虑利用潮差，安排合理的施工工序，应用水下真空联合堆载技术进行处理。与单一的堆载预压加固方法相比，该方法具有施工工期短、软基强度增长快、地基沉降量小且造价低的优点，可供类似工程参考。

朱福明[32]介绍了天津港新建滚装码头潮间带岸坡区真空预压的施工，岸坡区地基加固效果良好。港池挖泥及码头打桩施工期间，岸坡区安全稳定，不但节约了 3 个月工期，使码头能够按照建设规划如期竣工投产，而且还节省工程造价 500 万元。

陈小南等[33]针对潮间带地区护岸软土地基真空联合堆载预压法施工，通过工艺试验提出了综合处理方案，并采取有效措施解决了特殊情况下真空膜拉裂、鼓气及漏气等技术难题。实例分析证明了在潮间带地区采用真空联合堆载预压处理技术是可行的，不仅消除了在堆载过程中发生较大侧向位移等不利影响，使软基工程顺利完成，而且还使在各段加固期间消除的沉降量及固结度均达到了设计要求，软弱土层得到加固处理，淤泥加固后各项物理指标得到明显改善。

刘华强等[34]论述了真空预压排水固结法加固连云港沿海地区潮间带软土地基的原理和施工要点，对工程实际的观测结果进行了深入分析。实践证明，使用真空预压法，对地基施加相当于 80kPa 荷载的真空压力，100d 后地基的总沉降量可达 1m，地基土的平均固结度超过 80%。经过加固的地基土抗剪强度明显增加，地基承载力基本满足后续施工要求。

四研院也对潮间带地区水下真空预压技术进行了研究，对常规的真空预压施工工艺进行了改进，形成了一套潮间带水下真空预压加固软基技术的施工工艺。其研究成果成功应用于深圳河二期工程、宁波大榭招商国际集装箱码头工程、顺德桂伴海水利枢纽工程等。例如，董志良等[35]针对潮间带的地质特点，采取真空预压法联合塑料排水板加固处理潮间带软土地基。试验结果表明，加固区内地下水位下降 2.98～4.17m，而区外 8m、12m 处的水位降深最大值分别只有 0.78m、

1.04m。塑料排水板内的负孔隙水压力比较均匀，约为膜下真空度的 90%，传递深度可达 13m 以上，说明有效加固深度大于 10m。淤泥中的负孔隙水压力较小，其数值大小主要取决于所处位置的软土特性。加固后软土的物理力学性能指标有较大的改善，含水量一般可降低 10%～20%，重度提高约 10%，孔隙比减小 10%～30%。加固区内软土强度得到较大提高，排水板区中间强度平均提高 73%～75%，加固效果良好。真空预压对潮间带软土地基加固同样适用。

1.2.2　正负压联合加固软基技术研究现状

真空联合堆载预压法是在真空预压法基础上开展起来的，是基于真空预压荷载和堆载预压荷载对地基变形产生的效果可以叠加的原理。正负压联合作用下土体的固结特性研究，是真空联合堆载预压法加固机理研究中的重要内容之一。真空联合堆载预压法和真空预压法相同，即首先在原地基表面铺设一定厚度（一般为 40～50cm）的砂垫层，再在土体中打入袋装砂井或塑料排水板（通称砂井）作为竖向排水通道，砂垫层上铺设不透气的密封膜，密封膜四周埋入地下土中，将埋入砂垫层中的 PVC 主滤管引出密封膜与射流泵相连，借射流泵的抽吸作用使作为边界的砂垫层和砂井与地基土之间产生孔隙水压力差，在此压力差作用下使地基中的孔隙水向边界渗流，以致地基土产生固结；在膜下真空度达到设计要求并稳定一定时间后于膜上开始填土，进入堆载预压加固施工。虽然真空预压可部分抵消堆载时的横向挤出变形，保证堆载施工时路基稳定，但如天然地基特别软弱，则也需要控制填土速率以避免路基失稳，同时加载第一级荷载时需要采取可靠措施保护密封膜，避免密封膜破损而漏气。与单纯用厚度较大砂垫层组成的水平排水体相比，新型水平排水体可大幅度降低工程造价，并能有效保证真空预压所需真空度，促使地基发生持续有效的固结变形和强度增长。

金小荣等[36-37]运用真空联合堆载预压法加固含承压水软基，简要介绍了防止承压水贯通的施工工艺。对港湾变电所软基加固试验中的地表沉降、分层沉降、土体深层水平位移和出水量等现场测试结果进行了分析。

金小荣等[38]详细介绍了含承压水地层真空预压施工工艺，打设塑排板采用撕膜和非撕膜施工工艺相结合，既可靠又经济；阐述了在真空预压过程中若砂垫层失效后如何采取有效的补救措施；提出了采用四周循环蓄水处理夹砂层漏气的办法，实践证明效果良好。

田忠[39]结合江珠高速公路四村互通立交工程实测，分析真空预压的加固机理，在以塑料排水板引流的基础上，采用真空堆载预压技术以加快软基的排水固结，从而达到加固软土地基的目的。

王祥等[40]通过联合真空堆载预压在高速铁路路基加固中所取得的应用成果，认为采用真空联合堆载预压处理高速铁路软土地基具有经济性好、工期较短、充分利用路堤荷载等优点，适合在铁路软土地基处理中推广应用。采用该方法处理后，土体的物理力学指标得到了明显的改善，加固效果明显。应注意真空联合堆载预压对周围土体的影响，防止因侧向位移而开裂以及产生附加的不均匀沉降。由于真空预压工艺较复杂，选择合理的设计和施工参数是至关重要的。

张可誉等[41]介绍了真空联合堆载预压在甬台温高速公路瑞安段中的应用，分析真空预压的加固机理；在以塑料排水板引流的基础上，采用真空堆载预压技术以加快软基的排水固结，从而达到加固软土地基的目的。

金小荣等[42]针对真空预压极有可能引发相邻建（构）筑物倾斜、开裂、地下管线变形等环境效应，分别研究了采用水泥搅拌桩隔离、开挖应力释放沟和采用树根桩托换技术三类防治方法对减小周围土体变形的作用。

曾巧玲等[43]结合山东日照港集装箱码头辅建区的软基处理工程，开展了现场真空联合堆载预压试验和监测资料分析研究，并对其加固机理和加固效果进行了探讨。研究结果表明，真空预压明显地加快了地基的沉降速率，加速其固结过程，同时产生向内的水平位移，从而使真空联合堆载预压比超载预压具有更强的抗失稳能力。土体侧向位移量和位移速率与加荷方式及大小密切相关。真空预压的加固深度主要是地表以下竖向排水体范围内受荷载影响的土层。

陶令[44]介绍了城市道路软基处理工程中真空联合堆载预压技术的加固原理、加固材料及性能特点，并结合具体施工工艺流程详细阐述了其主要施工技术，并对施工效果进行了试验分析和评价。

郑辅江等[45]通过真空联合堆载预压法加固水力吹填软土地基的工程实例及对施工过程和加固效果全过程的监测，对加固效果进行了深入分析。结果表明，采用真空联合堆载预压联合法加固后，软土地基含水量、孔隙比大大降低，地基承载力可初步满足建设场地的需要；同时证实插板期间地表产生超过 1m 的沉降变形，加固后平均固结度达 85%以上。

黄腾[46]以采用真空预压处理高速公路软基滑坡的工程实例为基础，通过原型观测和室内外土工试验，研究真空预压处理软基滑坡的施工工艺和处理效果，为了缩短施工时间，结合高速公路软基滑坡处治工程的特点，对铺膜方法、堆载时机等真空预压施工工艺进行改进。工程实践表明，真空预压是一种能快速处理软基滑坡的方法。

黄瑞等[47]采用软管将排水板与真空管直接相连，使排水板上部的真空压力直接达到 80kPa，大大降低了真空能量的沿程损失，提高了真空预压能量。试验表明，该方法不仅能够提高加固速度、改善加固效果，而且能节省造价、减少砂料用量。

何玉飞等[48]对比真空联合堆载预压、复合地基等软基处理方法，分析了东莞市西部干道软基处理采用水土联合堆载预压的必要性和可行性，设计并实施了该技术方案。实测路堤的浅层沉降、深层侧向位移，比较加固前后原位十字板剪切及土工参数测试结果，表明该技术方案处治市政道路软基效果良好、经济、环保。

倪洪波[49]曾采用软式透水管与薄层砂垫层组成的新型水平排水体，并进行精心设计和施工。

高志义等[50]进行了真空预压的离心模型试验，将现场试验区的一个横断面作为平面应变情况进行了模拟，得出抽真空的同时进行压载的联合加固可以进一步提高加固效果，两者产生的有效应力是可以叠加的等结论。

Cognon 等[51]通过现场试验，认为将真空预压与堆载预压相结合可以提高加固效果。

Bergado 等[52]对拟建中的第二个曼谷国际机场用真空-堆载联合预压法进行了研究。结果表明，该法可以减少预压的时间，在加固软土地基中可以降低孔隙水压力。

杨顺安等[53]综合讨论了真空联合堆载预压法的基本原理、加固特点与加固效果。该法利用真空预压法与堆载预压法加固效果可以叠加的原理，在超软基上可以获得较真空预压法更大的预压荷重，以及更佳的加固效果。

刘志丰[54]分析了真空联合堆载预压法的固结机理，分析了真空联合堆载预压的固结过程，给出了真空-堆载联合预压的沉降预测半经验半理论曲线。

龙正兴等[55]介绍了真空联合堆载预压法的原理，通过试验段数据分析，得出了真空-堆载联合预压加固土体可以使地基具有更强的抗失稳性等结论。

付天宇[56]在深入分析真空预压加固机理及地基强度增长理论的基础上，对真空-堆载联合预压与堆载预压地基土体的抗剪强度增长差别进行分析，并在堆载预压抗剪强度计算公式的基础上，应用此差值推导出正负压联合作用下的真空联合堆载预压地基抗剪强度计算公式。

孙立强等[57]通过对吹填土地基的形成和真空预压加固过程的分析，对其初始孔隙水压力和真空度在捧水板中的传递规律进行了研究；在砂垫层和排水板中施加负的真空压力；根据真空预压加固机理，将非线性本构关系（Duncan-Chang 模型）引入 Biot 固结理论，综合考虑不同工程的荷载形式、初始条件和边界条件编制了通用的有限元程序，对真空预压法地基加固进行平面应变有限元分析；该程序实现了堆载的施加，既能用于单纯的真空预压计算，也能用于真空联合堆载预压的有限元计算。分别对吹填土地基整个加固过程和正常固结土地基的真空联合堆载预压进行了有限元分析。计算结果与实测结果对比表明，该方法较好地反映了实际工程沉降及孔隙水压力的发展趋势。

卢爱民[58]从真空预压与路堤填筑的作用机理出发，对正负压共同作用时的固结特点进行介绍，根据某高速公路真空-路堤联合加载试验，介绍真空联合路堤堆载预压应用于高速公路的特点，分析土体在正负压共同作用下的固结特性和变形特点，并与现场实测对比，以验证理论分析的合理性。

四研院也对真空联合堆载预压加固软基技术进行了研究。例如，董志良等[59]根据真空联合堆载预压在加固地基超孔隙水压力的变化情况，建立考虑负压—0—正压固结的全过程固结解析理论。本节分析了某一工程实例，将分析结果与实测结果进行了对照，结果表明计算结果和实测结果吻合良好。

1.2.3 砂井地基正负压固结理论研究现状

在天然地基中打设砂井或者塑料排水板作为竖向排水通道，以缩短软土的排水距离，加快固结，将该类地基称为砂井地基。砂井材料的渗透系数一般远大于黏土，能够加速软黏土的排水固结，但是其值毕竟是有限的，因此地基固结过程中从砂井中通过的水流将受到一定阻力，这一现象称为井阻作用。此外，打设砂井会使井周围土体产生一定程度的扰动而形成一个筒状的涂抹区，其土体的性质会发生变化，如渗透系数变小、压缩性变大等，这就是涂抹作用。井阻和涂抹作用将直接影响真空作用下砂井地基的固结速率。

王立忠等[60]针对未打穿情况的砂井地基，提出了砂井区三维固结向单层土层的一维固结等效时，等效土层应由井距来控制这一思想。并基于此，改进了半排水法和双基地基法在砂井（未打穿砂井）固结理论中的应用。所得结果与有限元分析进行对比，得出了在分析深厚下卧软土层的固结特性和沉泽规律方面的结论。

王军等[61]基于软土结构性分析，提出了固结系数分段模型，同时给出考虑土结构性影响的瞬时加载砂井地基固结度的计算方法，使计算分析趋于合理。这表明土结构性对砂井地基固结性状影响明显。

李小勇[62]根据工程地质勘察资料，统计分析了固结系数的空间概率特征。利用两点概率理论，探讨了竖向固结系数与水平向固结系数间的相关性对砂井地基固结的影响，并分别研究了竖向固结、径向固结和砂井地基固结对固结系数不确定性的敏感性。竖向固结系数与水平向固结系数间的互相关联性对砂井地基固结的概率特性有一定程度的影响。竖向固结和径向固结的概率特性对固结系数分布类型的敏感性随着固结系数变异性的增加而随之增加。砂井地基固结的概率特性对水平向固结系数的不确定性比较敏感，而对竖向固结系数的不确定性不敏感。基于参数的敏感性分析，提出了砂井地基固结概率设计的简化分析方法。该方法忽略竖向固结系数不确定性的影响，而仅考虑水平向固结系数的不确定性及其分布影响。

郝玉龙等[63]针对深厚软土未打穿砂井地基，考虑了井阻、涂抹及土体结构损伤破坏对固结的影响，将砂井区三维固结向一维固结等效转化的计算方法做了改进；给出了单面排水多级等速加、卸载条件下双层地基的超静孔隙水压力计算公式；将砂井区连同下卧层连在一起作为双层地基，分析了某机场跑道砂井超载预压地基的孔隙水压力消散规律。

李豪等[64]在深入了解真空预压机理和砂井地基固结理论的基础上，根据固结度等效的原则，推导了与单井固结理论等效的成层均质地基等效渗透系数，从而将复杂砂井地基转化为无砂井成层地基，以达到简化计算的目的，并结合真空-堆载联合预压的加固特点，提出一种简化的真空-堆载联合预压法的有限元计算方法，并结合工程实例对简化方法的可靠性进行了研究。

岑仰润[65]总结了真空预压加固地基渗流计算和固结计算的基本方程，介绍了采用有限元方法进行真空预压加固地基固结计算的基本过程。着重论述了真空预压加固地基数值分析中对土体本构方程的选择、砂井地基等效转换、分析荷载步的确定、竖向排水体的界定、地下水下降的处理、密封帷幕的处理、附近补充水源的处理等问题。在分层总和法思想基础上，提出了真空预压加固地基固结沉降计算方法。分析了真空预压加固地基总沉降的组成，对各部分沉降计算做了分析，并建议按联合堆载量大小来总结真空预压加固地基沉降修正系数。特别分析了真空预压加固地基工后沉降产生的机理及组成，提出了相应的计算思路。在圆弧稳定分析基础上，初步建立了真空预压加固地基的稳定分析分区模型，将地基分为竖向排水体区和非竖向排水体区，在竖排区内考虑地基土随真空固结的强度增长，而在非竖排区不考虑地基土的强度增长。简单论述了地下水位下降、联合堆载、土工材料等因素对稳定分析的影响。

王旭升等[66]在对称性原理和 Biot 固结理论基础上，对三维渗流-二维变形的有限单元方法（PDSS 法）进行了改进，给出了砂井地基经济合理的三维剖分方案，使 PDSS 模型能够直接刻画正三角形布局的砂井。砂井重新布置到节点上而非处理成单元，原模型计算中砂井附近径向流的偏离也得到修正。改进的 PDSS 模型还与反求参数的方法相结合，用于真空联合堆载预压下砂井路基固结变形的工程模拟。

丁利等[67]针对砂井地基的平面应变有限元分析，首次将组合单元法引入砂井地基的分析中，提出砂墙组合单元。该单元对常规等参元进行改进，在单元内部同时考虑砂井的涂抹作用和井阻作用，从而克服了常规有限元法在计算砂井地基时单元数和节点数过多的缺点。将砂墙组合单元加入 USAP 有限元计算软件，工程算例分析结果表明：与已有的各砂井地基的平面应变解答和荷兰的基础工程有限元分析软件 PLAXIS 相比，解答合理并有效地考虑了砂井的涂抹作用和井阻作用；与常规有限元法相比，在保证计算精度的前提下，减少了可观的单元数和节点数，降低了计算的工作量。

Chen 等[68]根据固结度或平均孔压不变的条件，推导出考虑砂井阻力和涂抹效应的砂井地基平面应变等效公式，将砂井地基等效为砂墙地基进行计算，从而使复杂的空间问题转变为简单的平面问题。

李小勇[69]将概率统计理论引入砂井地基固结问题的分析中，克服了现行“确定性”分析和设计法的不足。对砂井地基固结的概率分析进行了系统全面的研究，提出了砂井地基固结概率设计的设计系数法。该法用设计系数将砂井地基的固结概率设计与常规设计联系起来，径向固结系数的设计值等于其标准值与设计系数的乘积，也等于其均值与中心设计系数的乘积。推导了径向固结系数为对数正态分布和伽马分布时设计系数的计算公式，并据此研究了设计系数的变化规律；中心设计系数是径向固结系数变异系数的减函数，是失效概率的增函数，以及径向固结系数标准值的计算方法。

彭劼等[70]根据砂井地基中的塑料排水板的力学、渗流特点，提出了三维排水板单元的有限元格式、矩阵表达式，并将其结合到三维 Biot 固结有限元程序中。将排水板单元有限元法与常规有限元、Hansbo 解进行了比较，结果表明排水板单元有限元法能较好地模拟塑料排水板在砂井地基中的应用。

张玉国等[71]利用平均固结度普遍解，将未打穿砂井地基转化为等效双层地基，给出其一维固结的解析解，求出未打穿砂井地基的平均固结度。根据所给出解、现有解和有限单元法，编制程序，绘制了贯入比 p_w 值对固结影响曲线图，对各种求解未打穿砂井地基平均固结度的方法展开评估。研究表明，所给出解能较好地反映不同排水条件下未打穿砂井地基中总平均固结度-竖向固结时间因子（U-T_v）曲线变化情况。

殷静等[72]在瞬时加载条件下的砂井地基径向和竖向固结的偏微分方程基础上，通过自行编制的程序，将加载过程转化为一系列瞬时加载的组合问题，实现了考虑实际加载过程的真空联合堆载预压下砂井地基的三维固结分析。通过工程算例分析表明，同瞬时加载情况相比，由于受到加载历时的影响，地基的平均固结速度在总体上要小于瞬时加载情况下的地基固结速度。单级或分级加载情况下的地基固结度受加载时间 T_i 的影响，加载时间 T_i 越长，地基固结速度越慢。单级加载情况下，在 T_i 处固结度曲线出现拐点，该点的固结速率最大。

郭彪等[73]在等应变假设和瞬时加载条件下，研究单面和双面排水情况下未打穿砂井地基的固结问题。通过设置虚拟砂井的方法考虑未打穿土层的径竖向组合渗流；同时，为考虑施工对土体的扰动随离砂井的距离增大而逐渐减小的事实，引入一个函数，将土体水平渗透系数统一表达，并在假设的 3 种模式（即涂抹区水平渗透系数不变、呈线性变化和呈抛物线变化）下，得到未打穿砂井地基固结解析解。编制计算程序，详细阐述编程过程中要注意的几个问题，对未打穿砂井地基的固结性状进行分析。结果表明，考虑涂抹区水平渗透系数呈抛物线变化时地基固结最快，呈线性变化时次之，不变时最慢；施工扰动范围越大，固结越慢；砂井打入深度越深，渗透系数越大，则固结越快。

周琦等[74]结合真空预压时的实际边界条件，引入负压沿砂井的线性衰减分布模式，将 Hansbo 砂井地基径向固结理论推广到真空预压（负压）应用中，并与现有的董志良解及 Indraratna 解进行比较，以验证其正确性。结果表明，3 种解析解得到的任意时刻径向固结度 U_r 的关系为：文献[74]解＞董志良解＞Indraratna 解。当时间因素 $T_h \leqslant 0.5$ 时，三者间相对误差较大，但绝对误差很小，随着时间的增长（$T_h > 0.5$），误差逐渐减小。文献[74]解较 Indraratna 解更接近较为严密的董志良解，且文献[74]解形式简单，利于工程推广应用。当不考虑井阻作用时，3 种解析解均可简化为负压条件下的无井阻固结 Hansbo 解。

一般解析解均是基于单井固结理论基础上提出来的，砂井地基的固结较为复杂，严格地讲，其渗流和固结均是三维的。为了简化问题的研究，Carrillo 于 1942 年提出了著名的 Carrillo 定理[75]，即砂井地基的固结问题可简化为径向和竖向固结的简单组合。虽然该定理仅适用于瞬时加载和齐次边界条件，但是它的提出，使问题的研究得到简化，学者们将研究重点放到了轴对称情况下径向固结问题的研究上。

Barron[76]在太沙基一维固结理论基础上，建立了轴对称固结基本微分方程。为便于求解，Barron 仅考虑径向渗流和竖直压缩，且将砂井地基变形分为自由应变和等应变两种情况。所谓自由应变，指地基内各点变形完全自由，地面均布荷载不因地面出现差异而重新分布，而等应变是指地面不出现差异沉降，但地面荷载可能是不均匀分布，砂井地基的实际变形情况是介于自由应变和等应变之间的。Barron 在求解过程中对径向平均孔压沿深度方向的分布作了近似假定，所以导出的解仅当 $t=0$ 时才满足径向固结基本方程。由于自由应变固结解和等应变固结解计算的结果差别不大，而前者的计算工作量远大于后者，实际工程中通常采用等应变固结解。

Horne[77]对 Barron 自由应变固结方程进行了改进，考虑了径、竖向固结的组合作用，但其求解时没有考虑井阻和涂抹影响。

Yoshikwh 等[78]完善了 Barron 自由应变的定义，并对其假设条件进行了改进，给出砂井区流量连续条件，建立了迄今最为严密的自由应变条件下能考虑井阻作用的砂井固结解析理论，但其解析解同自由应变解析解一样，由于包含零阶和一阶贝塞尔函数而形式复杂，难以推广应用。

Hansbo[79]不考虑涂抹区的影响，在推导过程中一直将竖向应变 ε 视为与深度无关的量，这与实际情况是不相符的，因此该理论的解也只能作为一种近似解。

Onoue[80]在 Yoshikwh 理论基础上，给出了砂井地基径向正交公式，使自由应变条件下线弹性砂井地基固结理论得到了进一步完善。

谢康和等[81]假定涂抹区在固结过程中是可以压缩的，其体积压缩系数与自然土区土体体积压缩系数，利用变量分离法精确求解基本方程组，结果更加接近自由应变条件下的严密解析解，进一步完善了等应变砂井固结解析理论。

Tang[82]、王立忠等[83]、刘加才等[84]也在成层、未打穿砂井地基固结理论方面进行了大量的研究。

目前国内的地基处理规范[85,86]则是将密封膜内外的孔压差视为等效的堆载荷载施加在地基上，套用堆载预压法的计算公式进行地基沉降计算。

1.2.4 软基变形及强度增长计算理论研究现状

真空预压加固软基起源于瑞典，我国从 20 世纪 80 年代以来, 随着抽真空工艺的进步，以真空为预压力，结合砂井或塑料板排水固结软黏土地基的加固方法已被广泛采用，工程效果十分显著。但其后十余年中，该法的工程应用成就远远超过了其在理论上的探讨，把真空预压施加的荷载等同堆载压力作用的简单化处理一直在工程界被广为应用。在固结理论计算方面，1992 年董志良[87]提出把真空压力作为负压引入固结模型并求得解析解，但对在真空预压作用下软黏土不排水剪切强度增长的机理则一直没有学者做进一步的探讨。真空预压和堆载预压对固结变形和强度增长的效应是各不相同的。已有一些工程实例表明，把真空压力视为堆载压力去推算的不排水剪切强度或承载力的增长要比现场实测结果偏小。由此，对直接关系到评价加固效果的强度增长问题有必要做进一步的探讨，以使今后在设计时对真空预压排水固结中饱和软黏土不排水剪切强度增长的推算更趋于实际[88]。

按单向分层总和法求得地基沉降量，然后根据不同情况选用沉降修正系数予以修正，这是计算软土地基固结沉降量最常用的方法。我国几种现行的地基规范都有相应的规定。

现行地基规范的沉降修正系数未能有针对性地考虑不同的预压荷载，例如较大面积堆载、局部堆载，真空预压向内侧向位移对地基沉降的不同影响。Skempton 等[89]对单向分层总和法计算的沉降量也提出了修正，其修正系数取决于土的孔隙水压力系数及基础类型，它可反映在轴对称或平面应变应力状态下土体由平均压应力和偏应力产生不同的体积变化的影响，但仍未充分考虑对加固土体不同的侧向位移的影响。

在软基预压加固中，真空预压方法的广泛应用，更增加了沉降计算的复杂性，适用于堆载预压的沉降修正系数取值经验在真空预压中并不适用。把真空荷载视同堆载的做法有时甚至会引起对加固效果的错误判断，例如真空预压的体积压缩要比堆载预压好，但实际产生的沉降量却会比堆载预压大，如用堆载预压下的修正沉降量来衡量真空预压下的沉降量，往往会做出加固效果不理想的错误判断。有鉴于此，对软土地基计算沉降量如何更有针对性地、更合理地进行修正的问题，仍有进一步分析和探讨的必要。

1.3 本书主要研究内容

本书是在作者及其学术团队原有研究成果、研究报告及学术论文的基础上，将综合地基加固的核心技术成果提炼汇总而成。

本书共分为六章。第一章为绪论，主要阐述潮间带水下真空预压技术、正负压联合加固软基技术、砂井地基正负压固结理论，以及软基变形及强度增长计算理论的研究现状；第二章重点介绍潮间带水下真空预压加固技术；第三章主要介绍堆载预压联合强夯加固技术；第四章阐述三相荷载联合预压加固软基技术；第五章重点介绍高速公路真空联合预压路基堆载技术；第六章介绍软基变形及强度增长计算理论。

参考文献

[1] 董志良. 堆载及真空预压砂井地基固结解析理论[J]. 水运工程, 1992(9): 1-7.

[2] 费民康, 董志良. 综合地基加固现场试验研究报告[R]. 广州: 交通部四航局科研所, 1992.

[3] 董志良. 堆载及真空预压法: 塑料板排水加固地基渗流量的分析与计算[C]//中国土木工程学会港口工程学会，塑料排水学术委员会. 第二届全国塑料板排水法加固软基技术研讨会论文集. 南京: 河海大学出版社, 1993.

[4] 董志良. 综合地基加固及快速造陆技术的开发研究[R]. 广州: 交通部四航局科研所, 1994.

[5] 董志良, 赵维军. 塑料排水板在深圳妈湾电厂湿灰场灰坝软基处理工程中的应用[C]//中国土木工程学会港口工程学会，塑料排水学术委员会. 塑料板排水法加固软基工程实例集. 北京: 人民交通出版社, 1999.

[6] 魏旭辉, 董志良, 赵维军. 利用真空预压技术处理深圳河一期工程边坡及其施工监测[J]. 中山大学学报(自然科学版), 2001, 40(s3): 43-47.

[7] 董志良, 李婉, 张功新. 真空预压法加固潮间带软土地基的试验研究[J]. 岩石力学与工程学报, 2006, 25(s2): 3490-3494.

[8] 董志良, 陈平山. 潮间带真空预压技术在深圳河二期治理工程中的应用[C]//吴澎, 戴济群, 白力群, 等. 第八届港口工程技术交流大会暨第九届工程排水与加固技术研讨会论文集. 北京: 人民交通出版社, 2014: 280-286.

[9] 董志良, 赵维军. 真空预压对周边地质环境及建筑物的影响及其防护措施的研究[C]//陈如桂, 廖建三. 发展中的广东岩土工程技术与理论. 广州: 华南理工大学出版社, 2001.

[10] 董志良, 陈双华. 真空联合堆载加压法的理论及其在公路路基加固工程中的应用[C]//张美珍. 全国九九现代技术在道桥工程中的应用学术研讨会论文集. 昆明: 云南交通科技, 1999.

[11] 董志良, 胡利文. 南沙港区陆域吹填工程真空预压软基处理应用技术及加固效果分析[C]//张美珍, 赵维炳. 第六届全国工程排水与加固技术研讨会论文集. 北京：人民交通出版社, 2005: 16-24.

[12] 董志良. 塑料板排水法加固软基排水系统的分析与优化设计[C]//杨明昌，刘家豪. 第四届塑料板排水加固软基技术研讨会论文集. 南京: 河海大学出版社, 1999.

[13] 李军, 张峰, 陈伟东. 真空预压在浙江湖州二环西路中的应用[J]. 华南港工, 2002(4): 27-31.

[14] 董志良, 陈平山, 林涌潮, 等. 塑料盲沟在真空预压法中的应用研究[C]//刘天韵, 张明昌. 全国超软土地基排水固结与加固技术专题研讨会论文集. 天津, 2010, 5: 74-79.

[15] 李婉, 董志良, 陈伟东. 在上覆硬土层较厚的地基上打设塑料排水板施工工艺研究[C]//赵维炳. 第六届全国工程排水与加固技术研讨会论文集. 北京: 人民交通出版社, 2005: 247-252.

[16] 张功新, 莫海鸿, 董志良. 孔隙水压力测试和分析中存在的问题及对策[J]. 岩石力学与工程学报, 2006, 25(z2): 3535-3538.

[17] 董志良. 井点降水联合堆载预压加固深厚软土地基方法: 中国, CN201310008382. 8[P]. 2013-04-10.

[18] 陈平山, 董志良, 张功新. 真空预压法加固广州南沙港区软基现场试验研究[J]. 中国港湾建设, 2009(6): 45-49.

[19] 董志良, 胡利文, 张功新. 真空及真空联合堆载预压法加固软基的机理与理论研究[J]. 华南港工, 2005(3): 4-10, 34.

[20] 董志良, 郑新亮, 戚国庆. 软土地基无砂垫层预压排水固结法: 中国, CN200610033937. 4[P]. 2006-09-27.

[21] 董志良, 张功新, 邱青长, 等. 降水预压联合动力固结深层加固法: 中国, CN200810026767. 6[P]. 2008-08-27.

[22] 李婉, 陈正汉, 董志良. 考虑地下水浸没作用的固结沉降计算方法[J]. 岩土力学, 2007, 28(10): 2173-2177.

[23] 董志良. 软土地基快速加固技术：中国. CN200610034016. X[P]. 2006-09-27.

[24] 董志良. 张功新, 莫海鸿, 等. 超软弱土浅表层快速加固方法及成套技术: 中国, CN200810026168. 4[P]. 2008-07-23.

[25] 张伟, 董志良, 吕黄. 混凝土氯离子二维扩散模型及工程验证[J]. 水运工程, 2009(6): 35-39.

[26] 董志良, 张功新, 陈平山, 等. 吹填造陆超软土地基加固理论与工艺技术创新[J]. 水运工程, 2011(11): 192-200.

[27] 董志良, 陈伟东, 陈平山, 等. 一种长期耐久稳定使用的道路堆场铺面结构层及其施工方法: 中国: CN201310148085. 3[P]. 2013-08-07.

[28] 董志良, 李燕, 陈伟, 等. 可液化地基的抗震减灾系统及地基处理方法: 中国, CN201210575187. 9[P]. 2013-04-03.

[29] 顾培, 赵亚南. 真空预压加固潮间带软土地基的施工技术[J]. 人民长江, 2001, 32(6): 23-25.

[30] 陈顺益. 潮间带水下真空预压联合堆载预压软基处理施工工艺[J]. 世界桥梁, 2005(4): 72-75.

[31] 林正珍, 邓昭林. 水下真空联合堆载预压处理潮间带软基[J]. 水运工程, 2005(8): 67-69, 74.

[32] 朱福明. 天津港新建滚装码头潮间带岸坡区真空预压的施工[J]. 交通世界(建养机械), 2009, 201(8): 82-84.

[33] 陈小南, 蒋豁然. 对护岸工程中软基处理方法相关问题的探讨[J]. 城市建设理论研究(电子版), 2011(23): 1-10.

[34] 刘华强, 周金山, 陆明志. 真空预压法在连云港潮间带软基加固工程中的应用[J]. 岩土工程技术, 2011, 25(3): 158-160.

[35] 董志良, 李婉, 张功新. 真空预压法加固潮间带软土地基的试验研究[J]. 岩石力学与工程学报, 2006, 25(z2): 3490-3494.

[36] 金小荣, 俞建霖, 龚晓南, 等. 真空联合堆载预压加固含承压水软基中水位和出水量变化规律研究[J]. 岩土力学, 2006(s2): 961-964.

[37] 金小荣, 俞建霖, 龚晓南, 等. 含承压水软基真空联合堆载预压加固试验研究[J]. 岩土工程学报, 2007(5): 789-794.

[38] 金小荣, 俞建霖, 龚晓南, 等. 真空预压部分工艺的改进[J]. 岩土力学, 2007(12): 2711-2714.

[39] 田忠. 真空堆载预压加固软基施工技术[J]. 铁道建筑, 2007(7): 66-68.

[40] 王祥, 李小和, 周顺华. 真空联合堆载预压处理高速铁路软土地基效果检验[J]. 铁道工程学报, 2008(12): 45-49.

[41] 张可誉, 张令诺, 张军科. 真空-堆载联合预压处理软土路基技术的研究[J]. 路基工程, 2007(3): 89-90.
[42] 金小荣, 俞建霖, 龚晓南. 真空预压的环境效应及其防治方法的试验研究[J]. 岩土力学, 2008(4): 1093-1096.
[43] 曾巧玲, 于海成, 翟文华, 等. 真空堆载联合预压法加固软基的现场试验[J]. 北京交通大学学报, 2009(4): 74-77.
[44] 陶令. 真空-堆载联合预压施工技术在城市道路软土路基处理中分析应用[J]. 中外建筑, 2009(8): 159-161.
[45] 郑辅江, 刘凤松. 真空联合堆载预压法加固软土地基效果监测分析[J]. 中国港湾建设, 2009(3): 13-15.
[46] 黄腾. 采用真空预压法处理公路软基滑塌的试验研究[J]. 土木工程学报, 2009(6): 133-139.
[47] 黄瑞, 夏玉斌, 黄旺祥. 大铲湾港区一期试验区直排式真空预压法[J]. 水运工程, 2009(5): 122-127.
[48] 何玉飞, 杨和平, 贺迎喜. 用水土联合堆载预压技术加固市政道路软土地基[J]. 中外公路, 2009(1): 30-33.
[49] 倪洪波. 新型水平排水体在真空预压处理软基中的应用[J]. 施工技术, 2009(1): 78-80.
[50] 高志义, 张美燕, 刘立钰, 等. 真空预压加固的离心模型试验研究[J]. 港口工程, 1988(1): 18-24.
[51] COGNON J M, JURAN I, THEVANAYAGAM S. Vacuum consolidation technology principles and field experience: vertical and horizontal deformation of embankments[J]. JSCE Geotechnical, 1994, 40(2): 1237-1248.
[52] BERGADO D T, CHAI J C, MIURA N, et al. PVD Improvement of soft Bangkok clay using combined vacuum and reduced sand embankment preloading[J]. Geotechnical Engineering Journal, 1998, 29: 95-122.
[53] 杨顺安, 吴建中. 真空联合堆载预压法作用机理及其应用[J]. 地质科技情报, 2000(3): 77-80.
[54] 刘志丰. 真空-堆载联合预压法的固结特性分析[D]. 上海：同济大学.
[55] 龙正兴, 彭杰. 真空-堆载联合预压法的原理及应用[J]. 市政技术, 2002(4): 22-28.
[56] 付天宇. 真空-堆载联合预压下地基抗剪强度计算的研究[J]. 水运工程, 2007(11): 120-122.
[57] 孙立强, 闫澍旺, 李伟. 真空-堆载联合预压加固吹填土地基有限元分析法的研究[J]. 岩土工程学报, 2010, 32(4): 592-599.
[58] 卢爱民. 正负压共同作用加固软土路基应用探讨[J]. 现代交通技术, 2009(3): 21-23.
[59] 董志良, 颜永国, 黄建华. 真空联合堆载预压固结理论在某工程中的应用[J]. 华南港工, 2008(2): 55-58.
[60] 王立忠, 李玲玲. 未打穿砂井地基下卧层固结度分析[J]. 中国公路学报, 2000, 13(3): 4-8.
[61] 王军, 陈云敏. 考虑土结构性影响的砂井地基固结度计算[J]. 中国公路学报, 2001, 14(2): 22-26.
[62] 李小勇. 砂井地基固结概率设计的简化分析方法[J]. 水利学报, 2002(8): 73-81.
[63] 郝玉龙, 陈云敏, 王军. 深厚软土未打穿砂井超载预压地基孔隙水压力消散规律分析[J]. 中国公路学报, 2002, 15(2): 36-39.
[64] 李豪, 高玉峰, 刘汉龙, 等. 真空-堆载联合预压加固软基简化计算方法[J]. 岩土工程学报, 2003, 25(1): 58-62.
[65] 岑仰润. 真空预压加固地基的试验及理论研究[D]. 杭州: 浙江大学, 2003.
[66] 王旭升, 陈崇希. 砂井地基固结的三维有限元模型及应用[J]. 岩土力学, 2004, 25(1): 94-98.
[67] 丁利, 凌道盛, 王立忠, 等. 组合单元法在砂井地基有限元分析中的应用[J]. 计算力学学报, 2004, 21(1): 13-20.
[68] CHEN X D, 赵维炳. 考虑井阻和涂抹的砂井地基平面应变等效方法分析[J]. 岩土力学, 2005, 26(4): 567-571.
[69] 李小勇, 钟文华, 周英才. 砂井地基固结的概率设计[J]. 岩土力学, 2005, 26(10): 1535-1540.
[70] 彭劼, 刘汉龙. 砂井地基数值计算中的三维排水板单元及其验证[J]. 岩土工程学报, 2005, 27(12): 1491-1493.
[71] 张玉国, 谢康和, 庄迎春, 等. 未打穿砂井地基固结理论计算分析[J]. 岩石力学与工程学报, 2005, 24(22): 4164-4171.

[72] 殷静, 刘曙光, 董志良. 考虑加载过程的真空联合堆载砂井地基三维固结分析[J]. 同济大学学报(自然科学版), 2009, 37(9): 1174-1177, 1225.

[73] 郭彪, 龚晓南, 卢萌盟, 等. 考虑涂抹作用的未打穿砂井地基固结理论分析[J]. 岩石力学与工程学报, 2009, 28(12): 2561-2568.

[74] 周琦, 张功新, 王友元, 等. 真空预压条件下的砂井地基Hansbo固结解[J]. 岩石力学与工程学报, 2010, 29(z2): 3994-3999.

[75] CARRILLO N. Simple two three dimensional cased in the theory of consolidation of soils[J]. J Math Phys, 1942, 21: 1-5.

[76] BARRON R A. Consolidation of fine grained soils by drain wells[J]. Transactions of ASCE, 1948, 113: 718-742.

[77] HORNE M R. The consolidation of a stratified soil with vertical and horizontal drainage[J]. International Journal of Mechanical Science, 1964, 6: 187-197.

[78] YOSHIKWH H, NAKANODO, H. Consolidation of soils by vertical drain wells with finite permeability[J]. Soils and Foundations, 1974, 19(2): 35-46.

[79] HANSBO S. Consolidation of Fine-grained Soils by prefabricated Drains[C]//In Proceedings of the 10th International Conference on Soil Mechanics and Foundation Engineering, Stockholm, Balkerma, Rotterdam. The Netherlands: 1981: 677-682.

[80] ONOUE A. Consolidation by Vertical Drains taking well resistance and smear into consideration[J]. Soils and Foundations, 1988, 28(2): 165-174.

[81] 谢康和, 曾国熙. 等应变条件下的砂井地基固结解析理论[J]. 岩土工程学报, 1989, 11(2): 3-17.

[82] TANG X W. A study for consolidation of ground with vertical drain system [D]. Japan: Saga University, 1998.

[83] 王立忠, 李玲玲. 未打穿砂井地基下卧层固结度分析[J]. 中国公路学报, 2000, 13(3): 4-8.

[84] 刘加才, 施建勇, 赵维炳, 等. 双层竖井地基半透水边界固结分析[J]. 岩土力学, 2007, 28(1): 116-122.

[85] 中国建筑科学研究院. 建筑地基处理技术规范: JGJ 79—91. 北京: 中国建筑工业出版社, 2000.

[86] 天津港湾工程研究院. 港口工程地基规范: JTJ 250—98. 北京: 水利水电出版社, 1998.

[87] 董志良. 堆载与真空预压砂井地基固结解析理论[J]. 水运工程, 1992(9): 1-7.

[88] 黄文熙. 土的工程性质[M]. 北京: 水利水电出版社, 1983.

[89] SKEMPTON A W, BJERRUM L A. A contribution to the settlement analysis of foundation on clay [J]. Geotechnique, 1957, 7(4): 168-178.

第二章　潮间带水下真空预压加固技术

2.1　引　　言

自从1985年我国采用真空预压法加固软土地基的技术至今，真空预压加固软基技术被广泛应用于港口、公路、水利工程等陆上施工领域，取得了巨大的经济效益和社会效益。随着陆上真空预压新技术、新材料的不断出现，真空预压的施工工艺和设备已经有了较大改进。这为潮间带地区水下真空预压施工技术的发展提供了条件，此项技术可应用于以下工程。

1. 水下开挖工程

由于港口建设受工期、施工场地的限制，水下淤泥在边坡较陡又未被加固的情况下进行开挖，易导致滑坡。为避免出现岸坡失稳问题，采用的处理方法是先回填形成陆域，然后采用真空联合堆载预压加固技术，最后再开挖岸坡，这样虽然保证了岸坡开挖过程中的稳定性，但延长了工期、增加了工程造价，而采用的潮间带地区水下真空预压加固技术对放坡处水下淤泥进行加固，不仅可使其强度提高，还可以在保证岸坡的稳定性的前提下缩短工期、降低造价。

2. 高桩码头的岸坡处理工程

1）高桩码头接岸结构施工回填时岸坡产生的位移造成码头后排桩、梁、板变形、开裂等问题是施工过程中的普遍问题，更有甚者，岸坡产生的位移会将桩挤断，使码头结构受到破坏，给业主单位造成巨大的损失。例如，天津港南疆矿石码头的岸坡位移造成30多根桩产生较大的位移或折断。如果提前采用潮间带地区水下真空预压技术对岸坡处水下淤泥进行加固后再打桩，就可以避免上述问题的发生，可提高码头的使用年限。

2）采用潮间带地区水下真空预压加固技术还可以减小高桩码头的承台宽度，增加后方陆域堆场的使用面积，提高堆场的使用效率。由于受码头施工场地的限制，要减小码头的承台宽度，目前只能采取下面的方法：先进行回填形成陆域，再采用陆上地基处理技术对地基进行加固，最后再开挖至设计要求的标高，采用该法施工开挖回填工作量很大，施工工期很长，且回填时易对海侧挤淤造成环境污染。采用潮间带地区水下真空预压技术对高桩码头岸坡处水下淤泥进行加固后再开挖，在达到同样目的的情况下可减小大量的开挖工作量，并且没有回填工作量，又可缩短施工工期。

3. 防波堤施工

采用潮间带地区水下真空预压技术对水下软土地基进行加固后，地基土的强度得到较大提高，在保证防波堤地基稳定的基础上可以缩小防波堤断面尺寸，在节省大量材料的同时可以缩短施工工期。同时，地基土的主要沉降量在水下真空预压过程中发生，可有效控制防波堤堤顶标高。

此外，在防波堤施工中也可考虑边抽真空边进行防波堤施工。

4. 取代传统的换填工程

近几年来，国家对海上环境污染控制逐渐严格，采用传统的换填法施工作业可能给海上养殖业带来严重影响，采用潮间带地区水下真空预压施工技术可减少淤泥的挖填量，减少环境污染。

综上可知，潮间带地区水下真空预压施工技术一旦成功应用，就可以解决高桩码头岸坡位移造成码头后排桩、梁、板的变形、开裂等问题，还可达到水下开挖稳定、缩小防波堤断面尺寸并缩短加载周期等目的。同时，潮间带地区水下真空预压技术还是一种环保的新型软基加固技术。对潮间带地区水下真空预压技术进行研究，既是市场需要，也是真空预压技术进一步深入发展的必然。

水下真空预压的预压荷载等于预压前的孔隙水压力和预压后（完全固结）的孔隙水压力之差，当膜下砂垫层中的孔隙水压力小于 0 时，膜上水可全部作为预压荷载起作用，这时水下真空预压的预压荷载等于膜上水压和膜下真空度之和。该加固机理同样适用于潮间带地区的水下真空预压技术，对于潮间带地区水下真空预压来说，尽管膜上水压随着潮水的变化而变化，但是膜上水压同膜下真空度（由于水深不是很大，膜下真空度一般仍可达到 80kPa 以上）之和不会小于陆上真空预压的荷载（80kPa），也就是说，在其他条件相同的情况下，潮间带地区的水下真空预压的加固效果不会低于陆上真空预压的加固效果。

随着我国海洋经济的蓬勃发展，在沿海潮间带地区上进行着大量的工程建设，比如建造吹填造陆用的围埝、建造防波堤，以及进行码头前沿和航道的开挖等。众所周知，我国的沿海潮间带大都属于黏性土地基，一般都是新近沉积的淤泥质黏土或淤泥，其土颗粒细、含水率大、压缩性高、强度极低，工程建设施工困难极大，造价也很高。如果能够利用潮间带地区水下真空预压加固地基技术，提前对水下软土地基进行加固处理，就可以解决高桩码头岸坡位移造成码头后排桩、梁、板变形、开裂等问题，还可达到水下开挖稳定、缩小防波堤断面尺寸并缩短加载周期等目的，对促进港口工程行业的技术进步和发展具有非常重大的意义。

2.2 创新技术

潮间带水下真空预压加固软基技术可以应用于码头岸坡加固、防波堤和围埝的建设等工程中，达到保证岸坡稳定、减小承台宽度、增加后方用地、满足开挖放坡要求、减小围埝断面、缩短工期和节约造价的目的。我们对常规的真空预压施工工艺进行了改进，使之成功地应用于潮间带水下真空预压加固软基工程，并结合几个工程实例的特点不断改进与完善，形成了一套切实可行的潮间带水下真空预压加固软基技术的施工工艺。同常规的真空预压施工工艺相比，潮间带水下真空预压加固软基技术的施工工艺在以下几个方面有所创新。

1）砂垫层施工技术。一般在加固区临海侧构筑挡埝，中间吹填一定厚度的砂作为真空预压的砂垫层，或直接选用 60～80cm 厚的砂被作为砂垫层，既避免了砂的流失，也加快了施工进度。

2）塑料排水板打设技术。将塑料排水板打设机的电机改为上下活动式，涨潮时提上，工作时移下。这样既保证了打设机始终停在现场，涨潮时电机又不会被水浸泡，提高了打设效率。

3）埋设密封膜技术。因场地表层一般为含水率大的淤泥或流泥，无法开挖成型的压膜沟，在压膜沟位置将密封膜人工直接踩入泥面以下，其上再压一层淤泥，并及时沿压膜沟内边线码放黏土袋压住密封膜。

为了缩短铺膜时间，以争取更多的抽气时间，从而确保密封膜的安全，密封膜由每层厚 0.12mm 的三层膜，改为每层厚 0.24mm 的一层膜，且最好选在小型潮时铺膜，以便抢时间，在一个低潮期内完成铺密封膜和抽真空设备的连接工作。

真空预压各分区的单区面积宜控制在 7 000m^2 以内，确保能够在露滩时间内将一个分区的膜铺完，并留出充足的真空设备的安装时间，以保障铺膜质量。否则，各工序难以保证在露滩时间完成。露滩时要做的工作必须提前做好充分准备并预先详细安排。

4）抽真空设备的选择。采用了玻璃钢质射流箱，减少回淤，避免淤泥的回淤造成射流泵损坏；射流箱上加设网格，避免养殖区漂浮物影响；将管道潜水泵改为深水潜水泵，并在潜水泵外设置外罩和集水装置；用长胶管与射流箱及潜水泵相连，取得了较好的效果。

5）膜上堆载要点。膜上堆载时可取消土工布保护层，直接吹填一层 50cm 厚固化土泥被，不仅保护密封膜不被潮汐冲带，也不会被施工船只、工具等碰砸，造成密封膜损坏，并且还可增加密封膜的密封性。

2.3　工艺技术流程

施工工艺流程如图 2-1 所示。

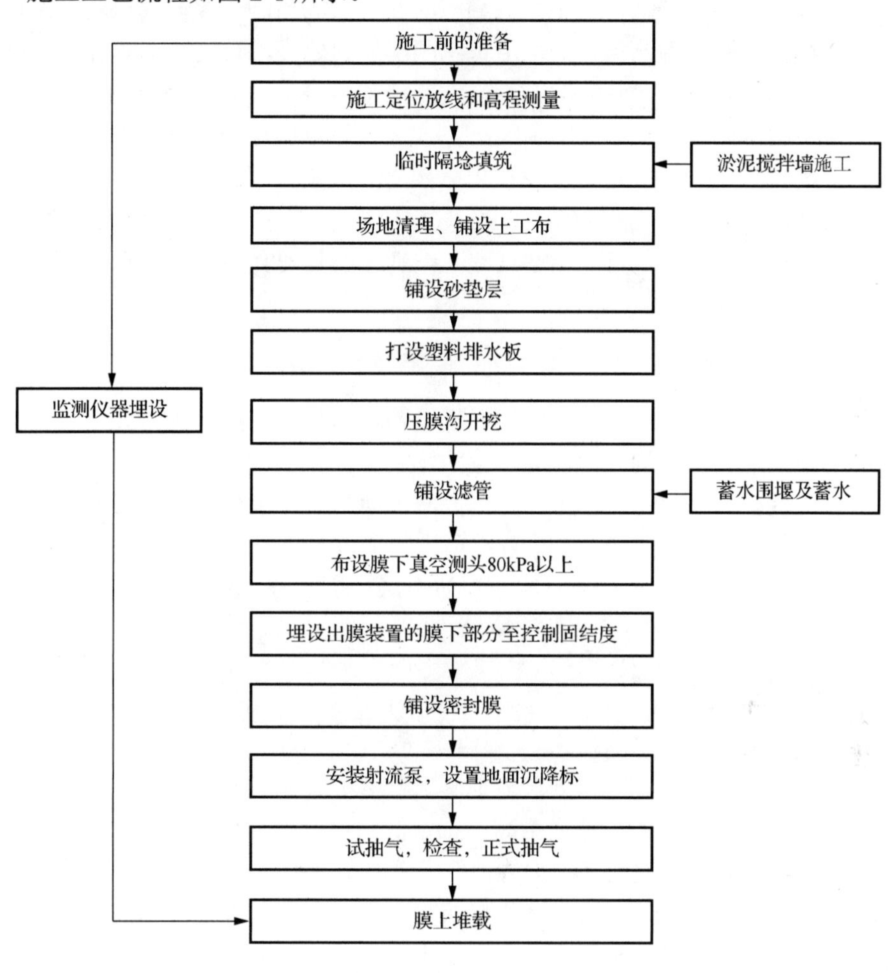

图 2-1　施工工艺流程

2.4　工 程 实 例

2.4.1　深圳河二期治理工程

1．工程概况

治理深圳河二期合同 B 工程为深港两地共同出资建设的重点水利工程。北岸除工程区域段 CH0+637～1+450 土质较好未处理外（注：南岸堤坝及基础处理由港方设计和施工），从河口 CH0+050～3+170 段间，广泛沉积较厚的滨海相与海陆交互相的淤泥、淤泥质黏土和亚黏土层，该类土层具有孔隙比大、含水量高、透水性差、压缩性高、强度及承载力低的特点。在这种软弱地基上开挖边坡、筑堤和修建混凝土直立式挡墙，如不采取相应的软基加固措施，会产生地基沉降过大和失稳破坏等问题。为此，设计采用真空预压加固处理，长度共 2407m。宽度按区（段）分为：CH0+050～0+637 为岸坡施插塑料排水板的陆上及潮间带真空预压加固段，宽度为 33.80m；CH1+450～1+573 为岸坡施插塑料排水板真空预压加固段，宽度为 29m；CH1+573～1+679 分别为岸坡施打塑料排水板和砂井真空预压的综合加固段，宽度为 53.0～33.0m；CH1+679～3+170，分别为施打砂井+塑料板的真空预压加固段，直立墙基础宽 6.4m+边坡基础宽共 33m。真空预压加固面积共约 75 802m^2。

2. 工程地质条件

各试验区场地标高不一，软土层厚度及物理力学特性指标变化大。

加固前场地为深圳河出口段北岸潮汐影响区，在加固区内有红树林和水草植物生长，泥面标高从+0.8～-2.40m。自上而下的主要土层分布为：①上部为新回填的排水砂垫层，厚度约 2m；②新回填土，厚度为 0.5～3.0m，平均为 1.5m；③淤泥层，厚度为 14.0～16.0m；④淤泥质土层，厚度为 2.0～2.5m；⑤粗砾砂层，厚度大于 3.5m。

3. 施工技术

（1）潮间带回填土造陆技术

沿海潮间带的浅滩和河口处淤泥地基大部分处于正常水位以下，通常需要抛填（或吹填）淤泥土或砂，形成略高于正常低潮水位施工作业面，为趁低潮施工创造条件。由于天然淤泥地基的承载力低、风浪条件恶劣等因素，在抛填（吹填）造陆过程中，一般需铺设具有较大纵向抗拉强度和较小的伸缩变形的加强型土工布来提高软弱淤泥地基的承载力，并在迎水面和潮汐溅浪区一侧修筑挡水围堤。

治理深圳河二期落马洲水闸基础处理工程，位于落马洲河曲与深圳河新开河道交汇处，河面宽 80m，河床面标高-3.2 YDS①，平均潮水位+1.3 YDS，河床以下淤泥质土层 9～12m 厚，淤泥土的天然承载力约 30.0kPa，含水量高达 70%以上。在该种极其软弱地基上进行回填造陆时，我们先在河床面上铺设了一层纵向抗拉强度为 80kN/m 的加强型土工布，由于加强型土工布的加筋作用，河床淤泥地基的承载力得到提高，施工条件得到改善。河床面上抛填黏土到+0.5 YDS，抛填厚度约 4.0m，没有出现壅高和挤淤问题，见图 2-2。

① 1YDS=0.914 4m，下同。

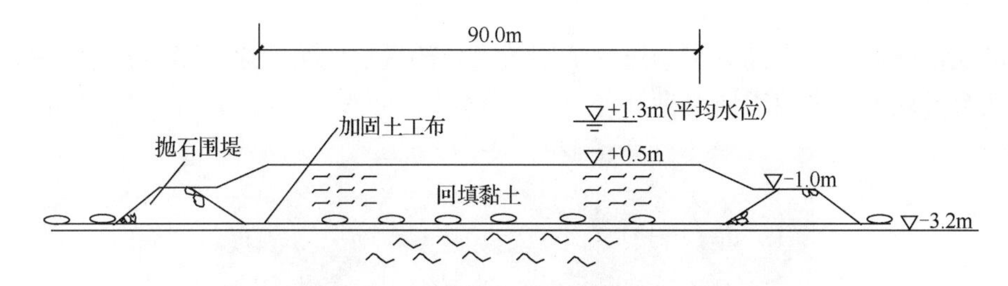

图 2-2　落马洲水闸基础造陆示意图

治理深圳河二期北岸河口段边坡真空预压加固区，原属河口潮间带极软淤泥地基，其一侧靠河心方向，泥面低（标高为-3.0 YDS），在潮汐涨落期河水流速较大，会对回填料造成冲刷和侵蚀，难以形成造陆面。我们采用修筑结构简单、断面小（比其他方案小 50%以上）、造价低（比其他方案低 50%以上）、效果好和施工简便快捷的竹筋砂包袋围堤，可增加回填砂的整体稳定性和抗水流冲刷能力，结合水上用船抛填砂施工形成潮间带陆域，达到快速造陆的目的（图 2-3）。

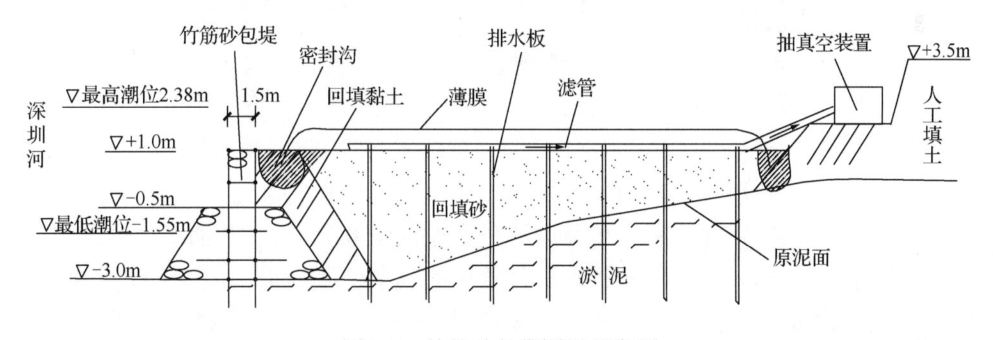

图 2-3　竹筋砂包袋围堤示意图

（2）真空泵技术的改进

传统的抽真空装置是采用单级离心式水泵，泵、电机与水箱有整装和分体式，电机防雨、防潮性差，容易漏电。在潮间带施工时，如采用整装式真空泵，为防止潮水淹没电机，往往要垫高真空泵，造成抽真空装置中的射流喷嘴（负压源）位置高出加固区平面，增加了真空提水的高度，即加大了真空位能的损失；如采用分体式真空泵，由于需抬高电机基座，造成循环水流路径加长，降低了真空泵的工作效能。

改进后的抽真空装置采用功率 7.5kW 的潜水式电机和水泵，水泵安装在水箱内，依靠水箱中的循环蓄水散热。潜水式真空泵（图 2-4）具有良好的防水、防潮性能，在水浸、水淹情况下能正常工作。在潮间带施工时，射流喷嘴（负压源）位置可与加固区处于同一平面，提高了真空泵的工作效能。水箱、射流腔和射流喷嘴由硬质材料（如铁、玻璃钢等）加工制作，不易变形和损耗，空载条件下抽真空装置的泵上真空度可接近 0.1MPa，因此改进后的真空泵可充分发挥真空负压的潜能，并可充分提高真空预压的加固效果，改进后的真空泵在落马洲潮间带真空联合堆载预压中应用情况良好。

图 2-4　潜水式真空泵

（3）真空预压排水系统

真空预压排水系统由水平排水砂垫层、主滤管及竖向排水体（深圳河采用塑料排水板）组成，是传递真空和抽排水（气）的通道。

1）水平排水砂垫层。水平排水砂垫层连接着滤管与竖向排水体。在治理深圳河二期落马洲水闸真空联合堆载基础处理工程中，砂料采用含泥量小于 5%的中粗砂，砂垫层厚度为 0.5～1.0m。滤管埋入砂垫层面下 0.3m 处。在抽真空过程中，对砂垫层中真空度传递情况做了测试，滤管中的真空度值为 86kPa 时，离滤管 0.3m 的砂垫层顶面处的真空度为 83kPa，离滤管 0.7m 处的砂垫层底部的真空度为 80kPa，说明真空度在砂垫层传递有一定的损耗，损耗量随砂垫层厚度的增加而增大。为了提高真空预压的加固效果，在设计计算时，应考虑真空度损耗因素，尽量减少真空度在传递中的损耗。在保证排水畅通的前提下，砂垫层的厚度不宜过大，建议砂垫层的厚度以 0.5m 为宜。

2）主滤管。水平排水管路（主管和滤管）布置的形式多样，有网形、回形和鱼刺形等。传统的滤管制作是采用内径 50～80mm 的硬质聚氯乙烯（PVC）塑料管，在管壁上打上孔径为 5～8mm 的孔眼，并外缠 1、2 层无纺布。由于沿海潮间带水土中浮泥和腐殖质含量较高，在砂垫层施工和真空排水过程中有许多吸附在滤管的滤膜上，大大降低了滤管膜的渗透性能。在落马洲水闸潮间带真空联合堆载预压基础处理工程中，没有设置真空主管，全部由滤管连接而成，滤管布置间距为 4.0m（图 2-5）。为了增大滤膜的透水（气）面积，在滤膜壁周围缠绕直径 5mm 的尼龙绳，绳圈间距为 5～6cm，然后外套缝制好的无纺布滤膜套。这样，滤管与滤膜套之间用尼龙绳支架隔离成了透水（气）空间，改进后的滤管示意图见图 2-6。

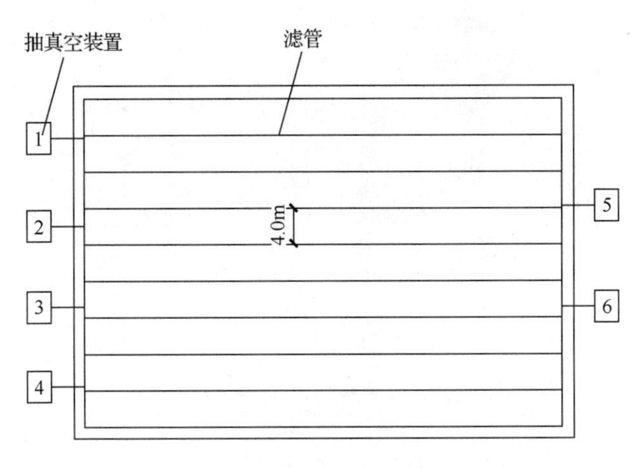

图 2-5　落马洲水闸真空预压主滤管布管图

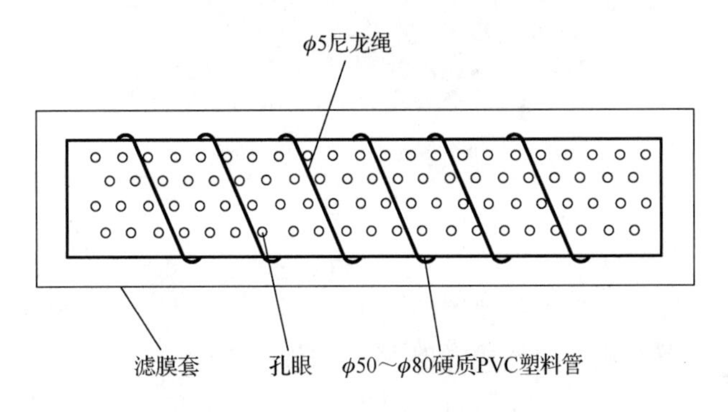

图 2-6　改进后的滤管示意图

3）竖向排水体。真空预压中竖向排水体一般采用塑料排水板或袋装砂井。施工设备采用具有操作灵活、机械性能好、工效高和对地基土扰动较小的日本小松PC-200型液压式履带插板机，见图 2-7。塑料排水板一般宽度为 10cm，厚度为3～4mm，其排水能力等效或好于直径 7cm 的袋装砂井。竖向排水体长度主要取决于工程要求和土层情况，一般不宜打穿软土下的砂夹层或砂透镜体。竖向排水体间距主要取决于地质情况及工程要求的工期和固结时间。值得注意的是，除涂抹和井阻影响竖向排水体的排水能力外，淤泥土中的腐殖质在抽真空过程中被吸附在排水体的滤膜上，能使排水板的综合渗透水能力降低 90%以上。治理深圳河二期北岸边坡区真空预压工程，采用 SPB-Ⅱ塑料排水板，纵向通水量为 30.0cm^3/s。真空预压处理后，取出 3 条在软土中埋藏 10 个月的塑料排水板，板体滤膜上已吸附着一层有机质，经检测后的通水量为 18.0cm^3/s，排水板的通水量降低了 40%，排水板滤膜的渗透性降低为原来的 1/10 左右。因此，在潮间带真空预压中采用竖向排水体时应考虑该因素。

图 2-7　PC-200 型液压式履带插板机

（4）潮间带真空预压的密封系统

潮间带真空预压的密封系统含密封 PVC 膜、水膜和周围密封沟、密封墙等。

密封膜施工是真空预压加固软基成败的关键因素之一，在治理深圳河二期落马洲水闸真空联合堆载基础处理工程中，选用了不透气水、抗老化能力强、柔韧性好、抗穿刺能力强、无微孔的用吹塑式工艺生产的聚氯乙烯薄膜，配合水膜密封取得成功，膜下真空度均达 80kPa 以上，平均达 85.3kPa。

另外，潮间带地基软土在沉积过程中，通常会存在有影响真空度形成与传递的砂夹层或砂透镜体等良好透气（水）层。在进行真空预压加固处理时，一般需在加固区边界打设淤泥连续搅拌桩形成水汽密封隔离墙，达到稳定的负压条件。淤泥搅拌桩直径一般为 60～70cm，桩与桩间搭接长度应大于 10cm。当淤泥搅拌密封墙土体的渗透系数低于 10^{-5}cm/s 时（桩土的含泥量一般控制在 35%以上，可用淤泥质黏土制成泥浆进行搅拌，使用的泥浆相对密度应大于 1.3），就能达到保证真空度向下传递和设计的加固效果的目的。

（5）潮间带真空联合堆载预压技术

当工程使用要求较高，单凭真空预压加固无法满足其使用期地基承载力（大于 80kPa）和工后沉降等技术要求时，需要采用联合堆载预压或配合砂井桩等方法进行综合加固处理。

在落马洲水闸潮间带超软土地基处理工程中，为保证真空预压施工的质量、安全及土体的正常固结，待真空预压的膜下真空度上升稳定到 80kPa 后 20～30d，才进行 2m 厚的堆载砂施工；为防止堆载料中的尖硬物刺破密封膜，在膜面上铺设了一层 80kN/m 的无纺布作防护层；堆载料采用细砂，均匀吹填。堆载施工时，以地基土中的孔隙水压力、周边的水平位移与区内的沉降速率等参数来控制堆载速率。当孔隙水压力小于上部土体有效总重的 80%和周边的水平位移与区内的沉降速率比小于 1/3 时，可以进行堆载施工。

（6）真空预压配合砂井桩加固技术与工艺

结合治理深圳河二期工程，在真空预压基础上，结合具排水和挤密等复合作用的砂井桩，共同加固软基，工程应用取得成功，其主要技术要求与工艺特点如下。

1）深圳河北岸混凝土直立式挡墙要求地基承载力大于或等于 93.5kPa，砂井桩真空预压后的地基作为直立式挡墙中的复合地基，具有挡土及承重功能。

2）砂井桩采用中粗砂料，其含泥量小于 5%，砂井直径 40cm，间隔 1.0m，梅花形布置，桩长 10～17m，桩底位于下卧砂层面上 0.5m 处。

3）由于深圳河工程地质条件较差，砂井桩直径（0.4m）和桩长较大（最深 20m），我们采用了 DZ30Y 和 DZ40Y 两种滚筒振动锤式打桩机，灌砂施工控制充盈系数 1.1，采用隔行跳打的施工顺序施工砂井桩。

4）真空预压联合砂井桩正常预压 4 个月，膜下真空度大于或等于 80kPa，地基固结度大于 80%。

上述施工技术与工艺，经现场试验与工程应用证明是合理的。经真空预压配合砂井桩加固后，复合地基的承载力达 165kPa 以上，完全满足设计要求，从而也说明砂井桩在地基土中不仅起到了排水作用，还起到了挤密、置换土体等复合地基作用（图 2-8）。

图 2-8　施工中的砂井桩

（7）真空预压的施工工艺

结合治理深圳河二期工程，总结出实用的真空预压的施工工艺流程如图 2-9 所示。

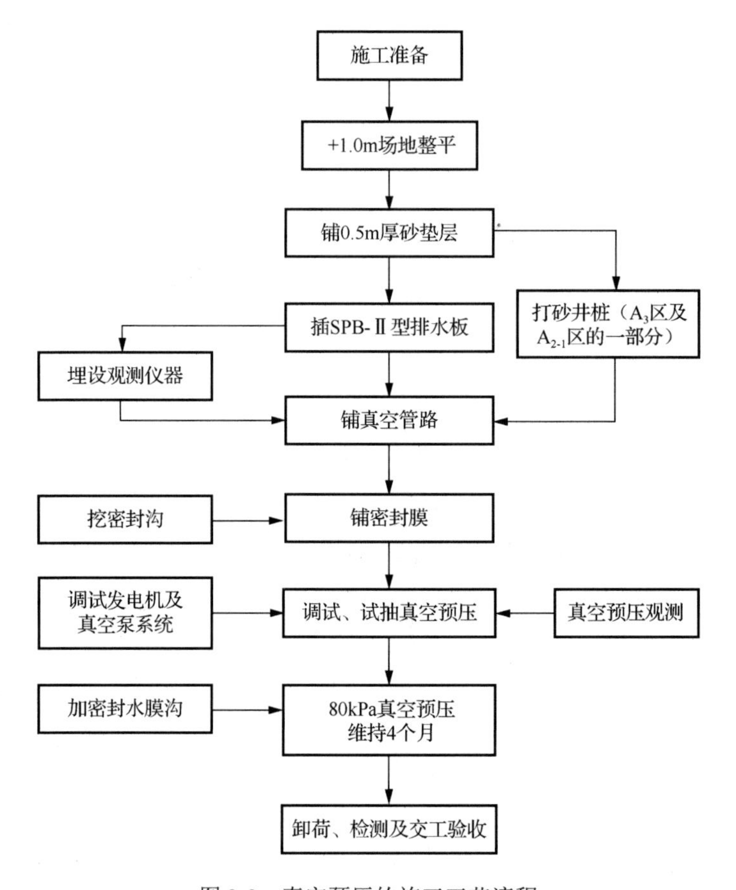

图 2-9　真空预压的施工工艺流程

4. 加固效果

（1）真空及真空联合堆载预压状况

真空及真空联合堆载预压试验工程的总体情况较为良好，除落马洲真空与堆载（真空+堆载=112kPa）试验区因 9908 号台风破坏，联合正常预压 58d，未达到 4 个月的联合预压期外，北岸潮间带真空预压和真空联合砂井桩预压膜下的真空度基本上稳定在 80kPa 以上（平均达 85.3kPa），并均保持了 4 个月的正常预压时间。

（2）真空度的传递规律

在落马洲真空联合堆载预压试验区，我们对真空度在滤管内、砂垫层和塑料排水板中的传递情况进行了测试，现将真空度的传递分布介绍如下。

真空度在滤管中的传递，随着滤管的延伸会有所衰减。刚抽真空时，滤管中各处的真空度差值较大，抽真空 100d 时，滤管内的真空度均达 85kPa 以上且分布趋于均匀，真空度差值较小（图 2-10）。

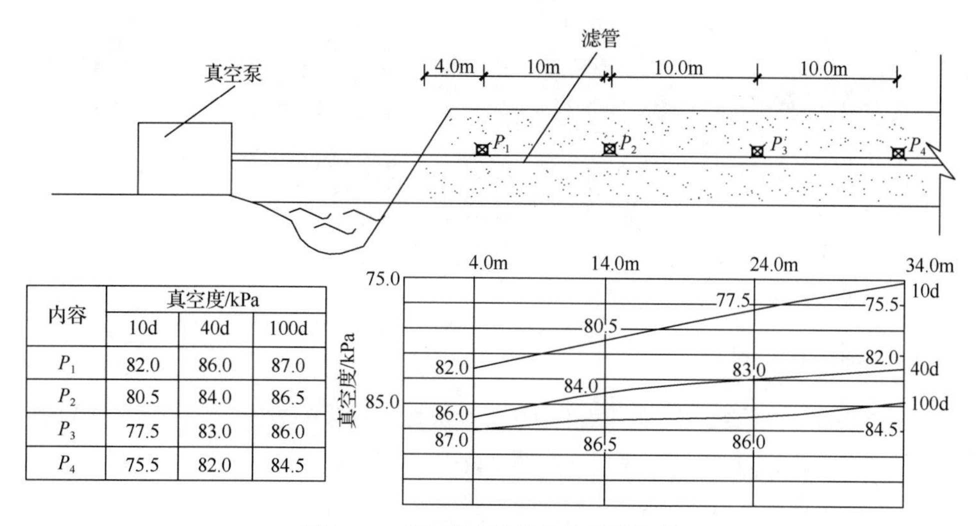

内容	真空度/kPa		
	10d	40d	100d
P_1	82.0	86.0	87.0
P_2	80.5	84.0	86.5
P_3	77.5	83.0	86.0
P_4	75.5	82.0	84.5

图 2-10　真空度在滤管中的传递分布

真空度在砂垫层中的传递分布见图 2-11。在抽真空初期，离滤管较远的真空度较低，两排滤管中间真空度最低（约比滤管中低 7kPa）。抽真空的时间越长，砂垫层中各处的真空度越接近（图 2-11），且均达 84.5kPa 以上（平均达 85.3kPa）。

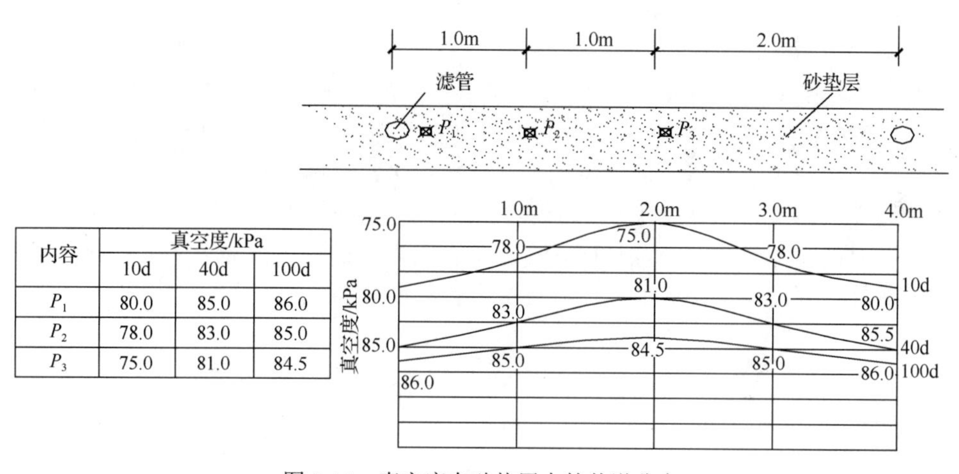

内容	真空度/kPa		
	10d	40d	100d
P_1	80.0	85.0	86.0
P_2	78.0	83.0	85.0
P_3	75.0	81.0	84.5

图 2-11　真空度在砂垫层中的传递分布

真空度在排水板和淤泥土中的传递变化：抽真空 60d 时，膜下真空度 85kPa，淤泥面以下 2.0m 处排水板内的真空度为 64kPa，淤泥面以下 1.0m 为 52～67kPa；5.0m 处排水板内的真空度为 55kPa，淤泥面以下 4.0m 为 48～55kPa；7.0m 处排水板内的真空度为 54kPa，淤泥中为 26～53kPa；10.0m 深处排水板内的真空度为 52kPa，淤泥中为 0～46kPa。这说明落马洲真空联合堆载加固试验区真空度向深层传递的状况良好，但其固结过程仍未完成（图 2-12）。

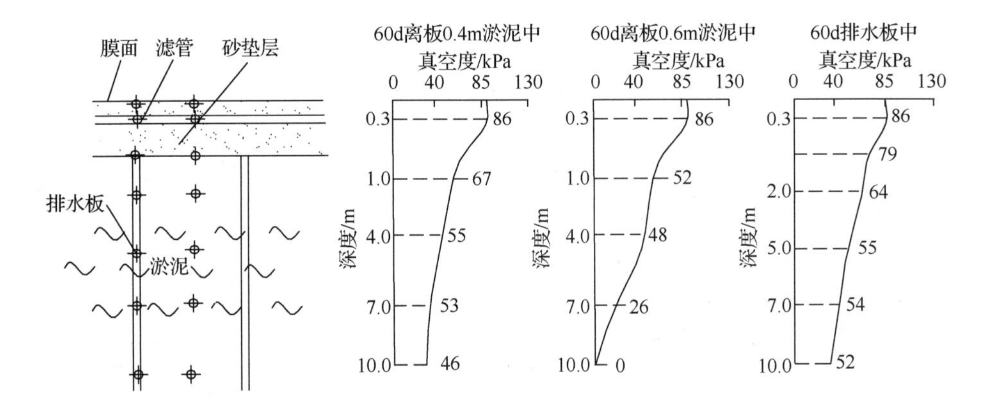

图 2-12　真空度在砂垫层及排水板中的传递变化图

（3）软土中水位、渗流、孔隙水压力的变化规律

1）砂井桩区地基土的孔隙水压力与渗流的变化规律。

本砂井桩真空预压工程，由于砂井桩的桩径较大（$D=40$cm），土向砂井桩的渗流面积大，砂井桩真空预压的渗透固结速率快；另外，砂井桩对加固区土体有挤密作用，其地基加固的效果应更好。

观测资料显示，砂井桩打设完毕之后，砂井桩中的孔隙水压力值比桩间土中的要小得多，这是因为砂井桩中的排水条件好，孔压消散得快。

桩间土中的超孔压较大，其来源是：①河流土沉积过程的自重固结未完成，地基土中孔压未完全消散；②前期填土荷载形成的超孔压；③附近集装箱堆场对加固区的侧向挤压产生的超孔压；④砂井桩施工时的振动与挤密作用形成的超孔压。

由于桩间土的孔压比砂井桩内的孔压高得多，在砂井桩和桩间土中心之间形成一个孔压梯度。在砂井桩施工过程中，由于施工扰动和打设砂井时的涂抹作用，在砂井桩的周围形成一个涂抹区，在此涂抹区内，渗透系数显著降低，此区域内的孔压梯度要比非涂抹区的孔压梯度大得多（图 2-13）。

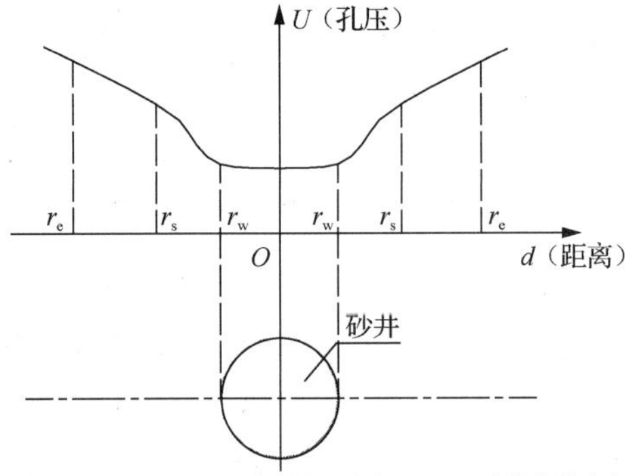

r_w：砂井半径；r_s：涂抹区半径；r_e：砂井等效半径

图 2-13　单井桩孔压曲线图

在抽真空之前，由于桩间土以及砂井桩之间孔压梯度的存在，产生向砂井桩方向的径向渗流，孔压差降为零之前，渗流一直存在，并且逐渐减小。在一根砂井桩刚刚打设完毕之后，在砂井桩的中心挖一个 20cm 左右的小坑，开始时未见有水，但几小时后，坑中便有积水，说明存在桩间土向砂井的渗流。

砂井桩地基开始抽真空时，膜下真空度迅速升高，直至达到 80kPa 以上。随着真空度不断向下传递，砂井桩和桩间土中的孔隙水压力不断降低、水位不断下降。开始时，砂井桩中的孔压下降较快，桩间土中的孔压值下降得稍慢。试抽真空后，真空度不断升高，埋设在砂井桩中心 2.6m 和 7.2m 深处测出的孔压降低较大且越来越低（负孔压值比膜下真空度低 7kPa 左右），而 12.1m 深处孔压值降低较小。由于砂井桩内孔隙压力的降低及水位的下降，桩间土向砂井桩内渗流，引起桩间土内孔隙压力的降低。由于桩间土中存在较高的超孔隙水压力，其实测的桩间土孔压的下降较砂井桩中的平稳，且深度越大，孔压消散越平稳，其前期孔压消散值较砂井桩内的小，后期较大。U14 和 U15 孔示意图见图 2-14；U14 和 U15 孔隙水压力随时间的变化曲线见图 2-15 和图 2-16。

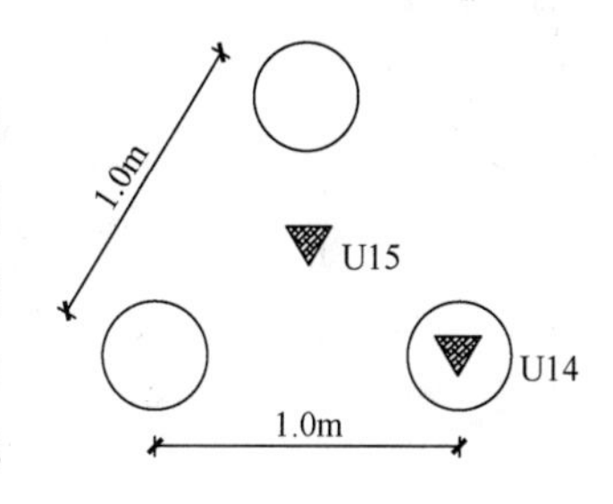

图 2-14　U14 和 U15 孔示意图

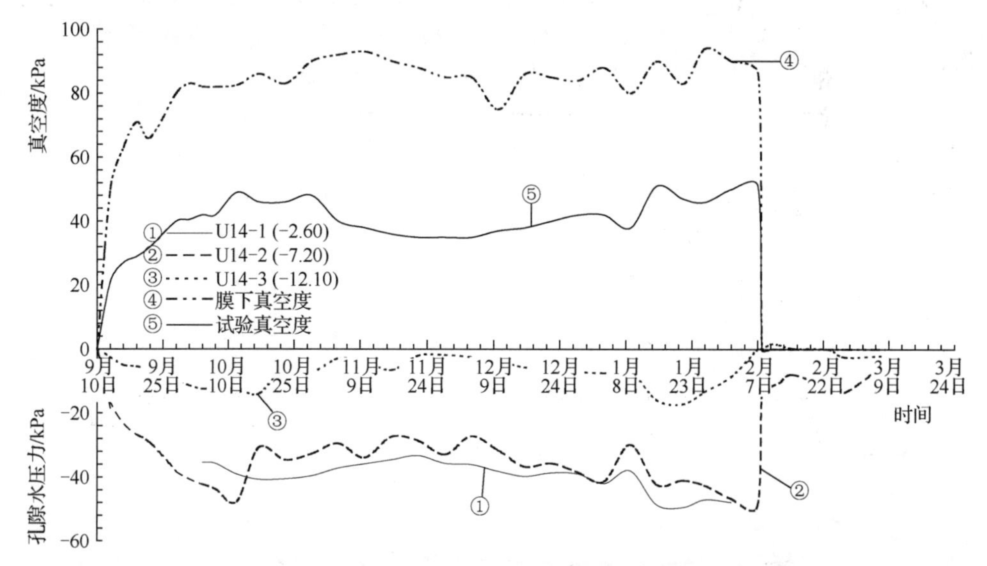

图 2-15　U14 孔隙水压力随时间的变化曲线

2）排水板区地基土的孔隙水压力与渗流变化规律。抽真空时，真空度沿排水板方向的损失比在砂井桩内小得多，孔隙水压力下降值也大，在塑料排水板内从

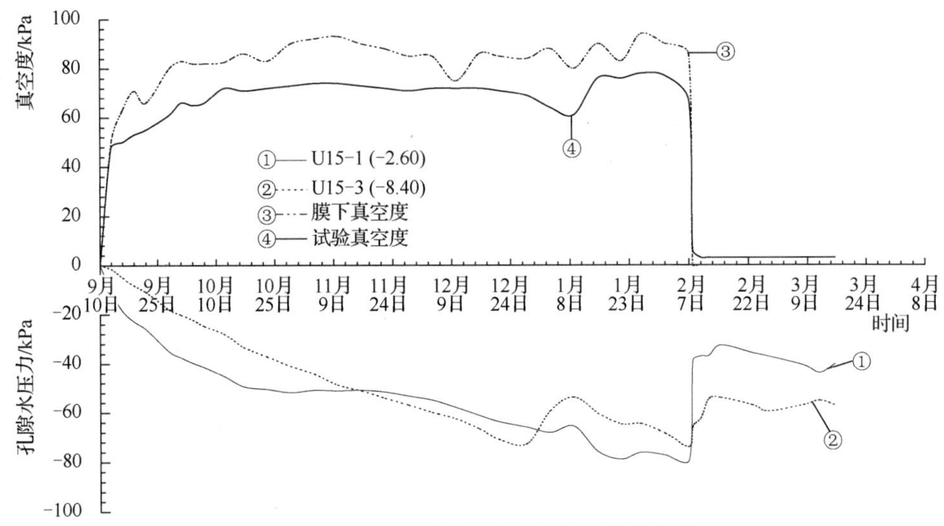

图 2-16　U15 孔隙水压力随时间的变化曲线

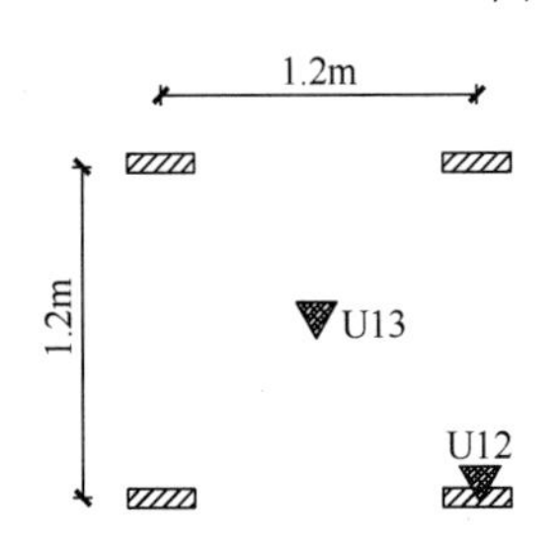

图 2-17　U12 和 U13 孔示意图

上到下孔隙水压力消散值也基本相等（一般在 70～80kPa），这种规律已清晰地从埋设在塑料排水板上的 U12 孔的实测资料中反映出来。从埋设在四根排水板中心的 U13 的实测资料同样可以看出，排水板之间的土体中孔压消散较排水板中的孔压消散要滞后、平稳些，沿深度方向将孔压消散值从大到小排列，依次为 7.87m、2.87m 和 12.37m，这与在 8m 深左右原有一定超孔压有关（图 2-17～图 2-19）。

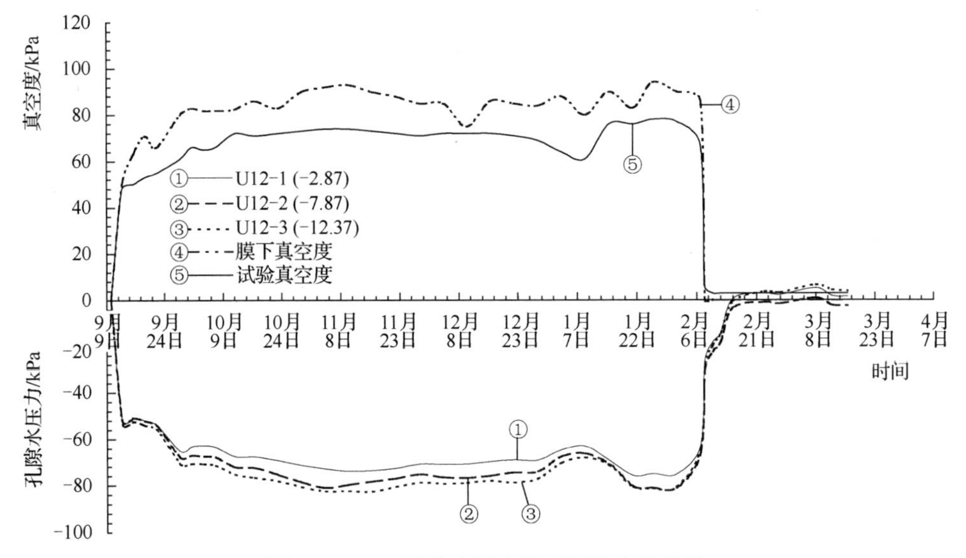

图 2-18　U12 孔隙水压力随时间的变化曲线

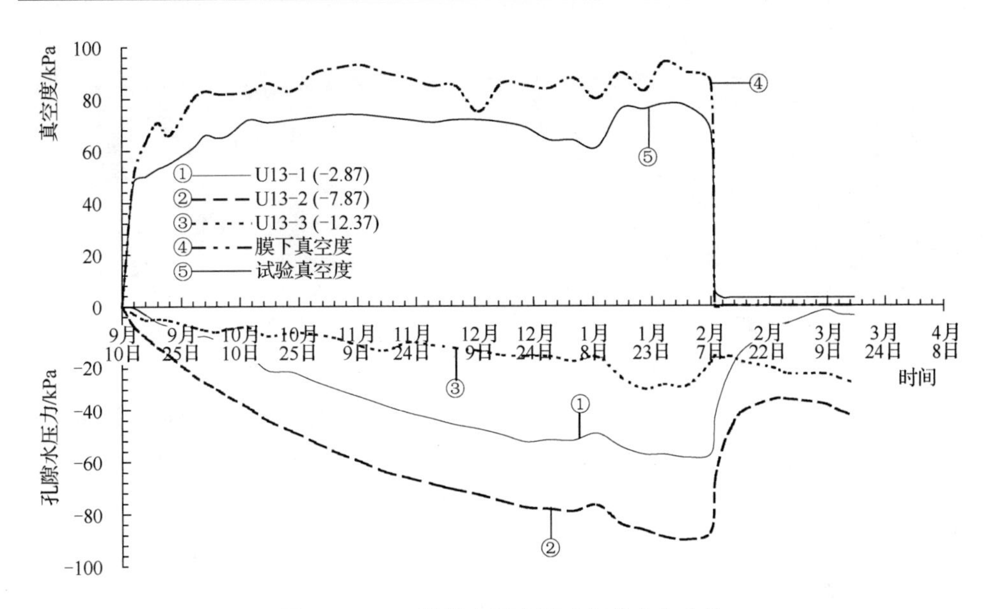

图 2-19　U13 孔隙水压力随时间的变化曲线

3）地下水位的变化规律及影响范围。一般而言，排水井（板）中的孔压消散越大，其水位下降得也越深；越靠加固区中心，其孔压消散得越大，其水位下降得也越深，垂直加固区边线由里向外的方向，水位下降的幅度越来越小。图 2-20 为加固区内外水位变化图。W18（排水板区中心）水位较 W19（排水板区中心偏北 8m）的水位下降得要深，符合一般规律；由于 W20 位于砂井桩区中心（离加固区边仅 3.2m），其水位下降的量值比 W19 中小，但其幅度基本相同；区外密封沟外边的 W21 中的水位下降幅度远较砂井桩区的要小得多；距密封沟边 11.8m 左右的巡逻路边的水位下降幅度就更小，说明真空预压区由外向内的水位线呈漏斗状。另外，从真空度观测资料来看，密封沟边地基土中的孔压还明显受到真空度的升降影响，而巡逻路边地基土中的孔压受真空度的影响甚微。

（4）土体变形规律

1）真空预压与堆载预压加固变形机理的异同点。根据上述真空预压理论研究建立的机理和计算原理，不难分析真空预压与堆载预压加固机理及变形机理的异同点。堆载预压时，由于土体在总应力增加的情况下超孔压消散；真空预压时，地下水位不断降低，水位以上土体为非饱和土，水位以下为饱和土。

土体变形与荷载势、基质吸力、渗透吸力等土水势有关。对于侧向变形，真空预压与堆载预压将会导致不同的变形行为，堆载预压时产生由区内向区外的挤出变形，使地基容易遭受剪切破坏；真空预压时会产生由区外向区内的收缩变形，使真空预压区内地基越来越稳固。另外，真空预压对加固区内土体可一次加载而不必分期。

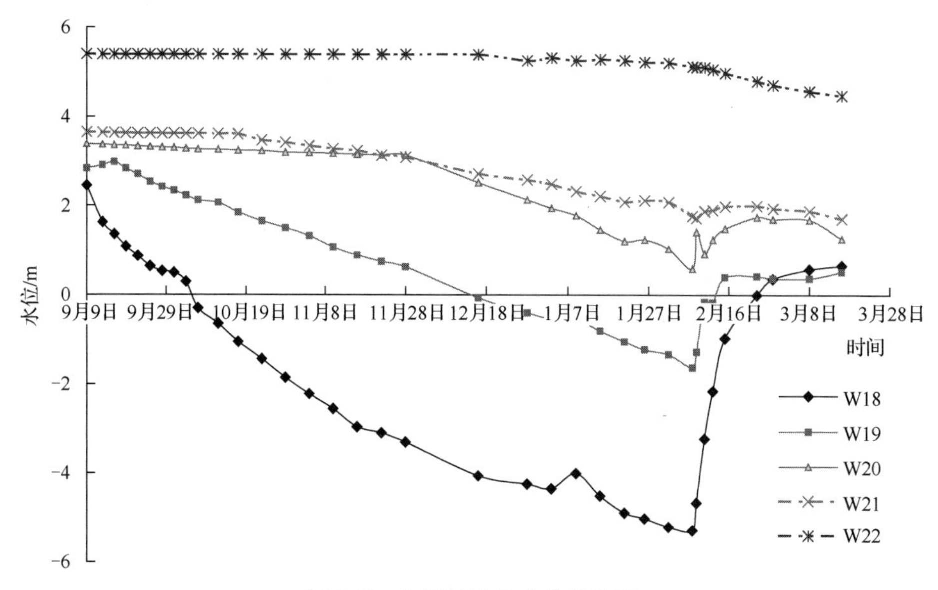

图 2-20　加固区内外水位变化图

2）软土的水平位移曲线（图 2-21～图 2-24）。对试一区 CH0+100 段加固区外 8m、14m 处 B1、B2 测管，试三区 1+700 段区外 1.7m、12.8m 处 B3、B4 测管（两测管间设有格栅型水泥搅拌桩墙），CH1+900 段区外 2.1m、4.95m 和 12.0m 处的 B5、B6、B6′测管（注：B5 与 B6、B6′间有水泥搅拌桩墙分隔，B5 孔在墙前距离墙边 0.5m，B6、B6′在墙后，B6′孔距墙边 1.35m，B6 孔距墙边 8.4m），以及落马洲试验区向外 10m 处分别进行了水平位移观测。

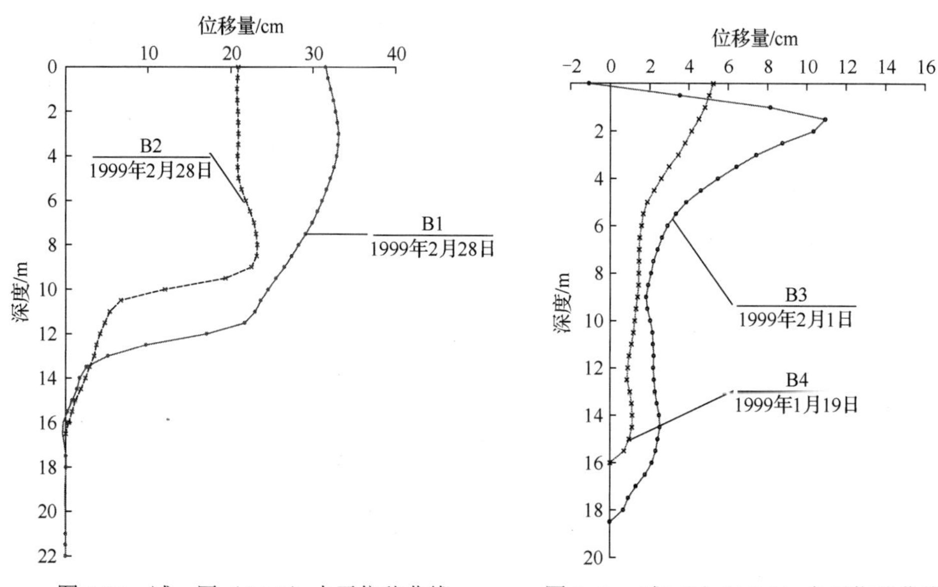

图 2-21　试一区（A1-1）水平位移曲线　　图 2-22　试三区（A3-1）水平位移曲线

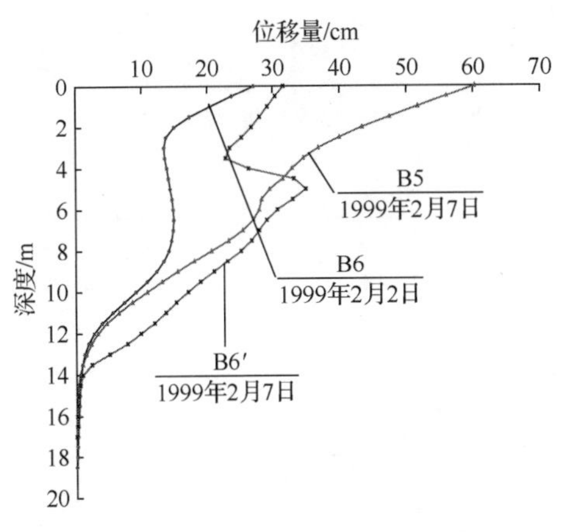

图 2-23 试三区（A3-2）水平位移曲线

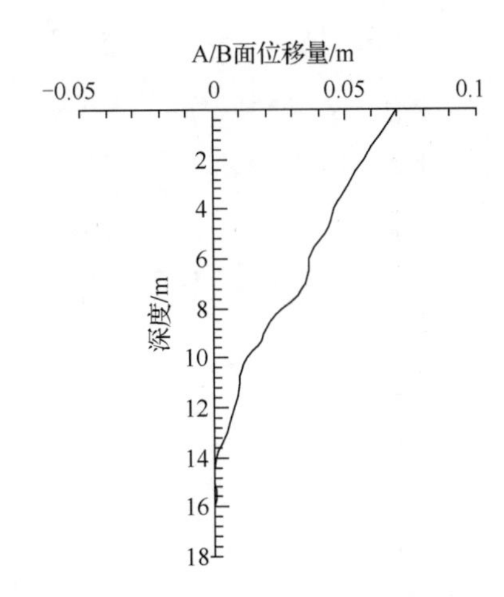

图 2-24 落马洲区外 10m 水平位移曲线

从图 2-21～图 2-24 中可以看出：以厚度大于 16.00m 的河口淤泥为主的加固区外 8m 向区内最大位移量为 33.53cm，深度发生在 3～12m 处，加固区外 14m 向区内最大位移量为 23.22cm，深度发生在 0～10m 处。格栅型水泥搅拌桩墙防护效果显著，向区内位移量仅为 5.25cm。双排搅拌桩对侧向变形有一定的限制作用，但其向区内位移量仍达到 34.95cm，比格栅型水泥搅拌桩墙防护效果要差。由于堆载向加固区外的挤出作用，真空联合堆载预压的侧向位移量较小，但由于真空度大于堆载值，其位移仍以向内为主，如落马洲向区内最大位移量仅为 7.55cm。

3）软土的沉降变形。图 2-25～图 2-27 分别给出陆上、潮间带真空预压及真空联合堆载预压地面的沉降曲线。可以看出，沉降量及其速率与软土层的性质、厚度，以及排水井的性能与布置、真空压力和堆载压力等有关。当软土层的性质差、厚度大、真空压力和堆载压力大时，沉降量就大；当排水井的直径大、间距小且对地基有挤密作用时，沉降量就小，渗透固结速率就大。同时可以看出，沉降量与真空及堆载预压的加荷有几乎同步增长的关系，加荷大时，其沉降量就加大，卸荷小时则沉降量就减小，甚至回弹。

图 2-28～图 2-30 分别给出潮间带、陆上真空预压及真空联合堆载预压的深层沉降曲线。可以看出，沿加固软土各深度范围（14m 深）均由沉降量发生，且加固区中心部位软土地基的压缩量大；排水板区的压缩量大于砂井桩区；回填土深度范围的压缩量大于原状地基土深度范围的压缩量；地基压缩量最大约为 15%，深度范围一般发生在地面下 3～8m；加固区外 8m 远处地基各深度土层同样有一定数量的压缩量（达 3%），由此来看真空预压对地基有加固作用的影响范围很大。

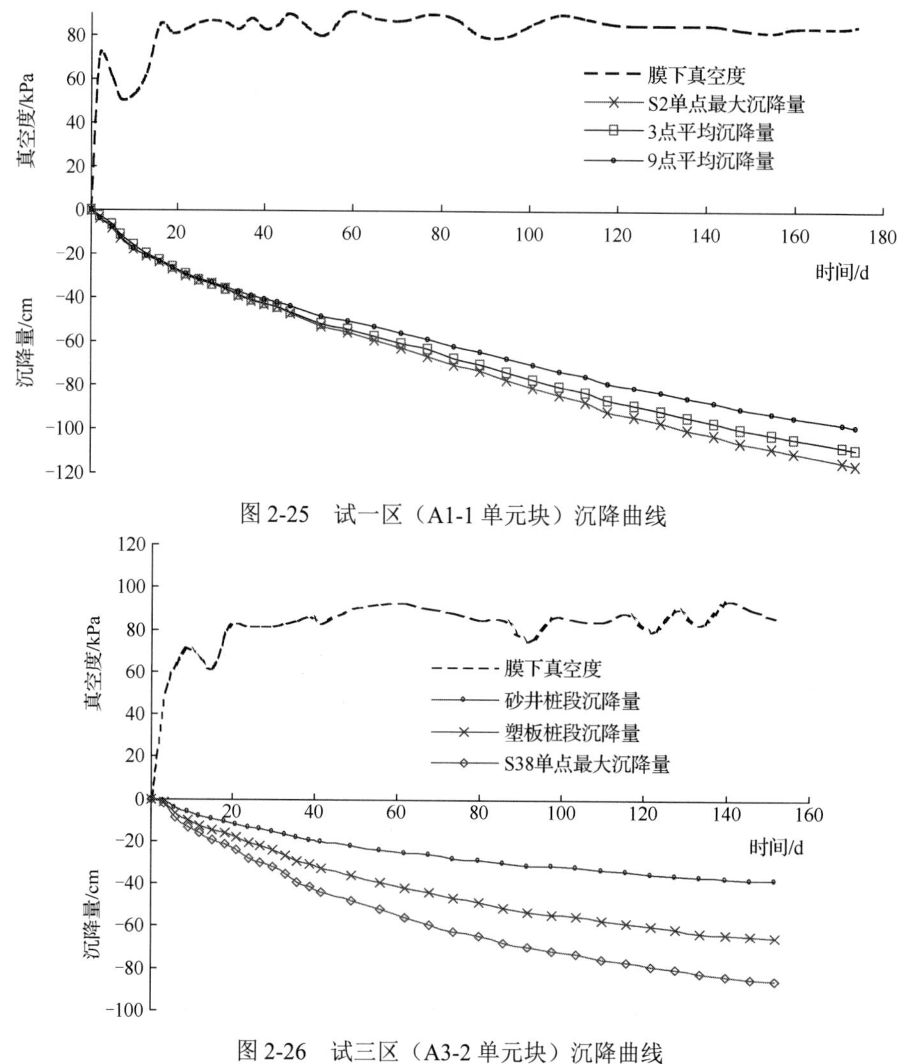

图 2-25　试一区（A1-1 单元块）沉降曲线

图 2-26　试三区（A3-2 单元块）沉降曲线

（5）软土强度的增长规律

1）原位十字板强度。各试验区真空预压加固前后均做了原位十字板剪切强度试验。河口潮间带真空预压区加固前十字板强度很低，−9.00m～−3.01 两深度段，单点最低为 1.39kPa，分段平均值为 4.04～4.24kPa，加固后大多测孔强度有较大提高，提高率为 141%～308%。第二试验区加固前十字板强度值较高，平均值为 14.27～16.96kPa，加固后强度无明显增长。第三试验区加固前十字板强度平均值为 6.34～9.78kPa，加固后平均值为 11.07～13.80kPa，平均提高 26.4%～100.3%。落马洲试验区原抗剪强度只有 2.2～4.7kPa、摩擦角为 1.1°～7.5°；经加固后在主要深度范围内的抗剪强度已提高到 10.5～17.8kPa，摩擦角扩大到 4.1°～9.9°。总体来看，真空预压初始卸载时的十字板强度未达到理论预测的强度指标（18kPa）。

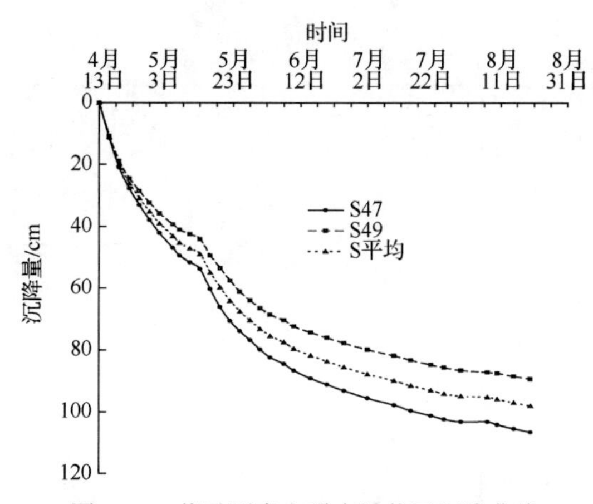

图 2-27　落马洲真空联合堆载区沉降曲线

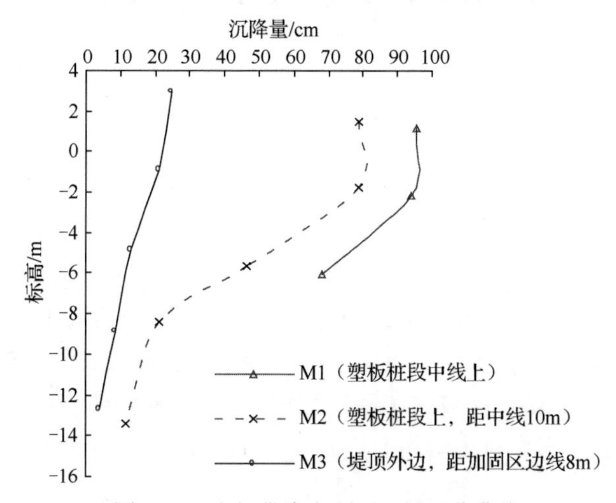

图 2-28　潮间带真空预压深层沉降曲线

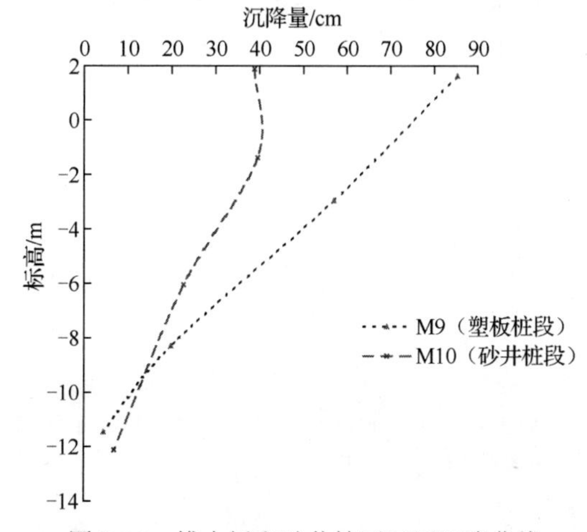

图 2-29　排水板和砂井桩区深层沉降曲线

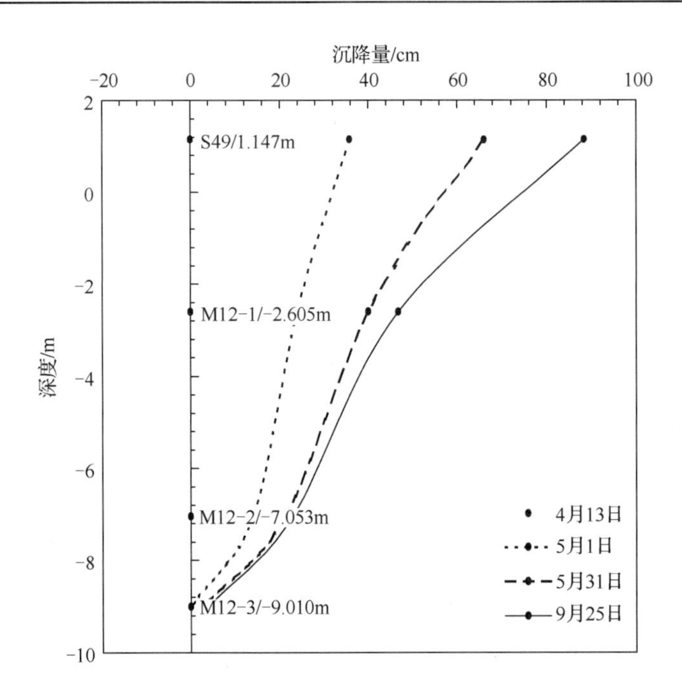

图 2-30　真空联合堆载预压深层沉降曲线

2）深圳河软土的基本特性与加固后软土强度的滞后增长情况。深圳河位于受潮汐直接侵蚀的珠江口，分布着大量淤积的大孔隙（e 一般大于 2）、空架结构式的深厚（超过 10m）饱和软土地基。这种土具有含水量高（最高超过 80%）、压缩性大（达到 15%）、塑性指数高（最高达到 26.9）、强度低（接近于零）、渗透性低（10^{-10}m/s 量级），富含对土颗粒有胶结作用的有机质（达到 3%）和易溶盐（达到 1%）等特点，造成土体强度受打设排水板振动、地基渗透和大压缩固结变形等扰动，损伤后的恢复和再增长期较长，这在珠江三角洲地区较常见。但不难看出，经排水固结加固后的地基强度均有所提高，只是滞后和提高的速率较慢等情况不同而已。

深圳河真空预压加固后原位十字板强度也有恢复和缓慢提高的现象。根据真空预压加固后的原位十字板强度测试，我们得出：随着加固静置时间的延长，其原位强度均得以逐渐恢复和提高，平均增长率为 1%/d～1.8%/d。

鉴于上述情况，我们估算深圳河真空预压加固后 2～6 个月的平均十字板强度均会达到 18kPa 以上。

3）软黏土中不排水剪切强度增长的理论分析方法。

真空预压和堆载预压对固结变形和强度增长的特性是不同的，如简单地把真空预压固结视同堆载预压固结是不合适的，其理论不正确，在实践中也有明显的偏差。现采用麦远俭公式 $P_c=(1+\sin\varphi_{cu})\sigma_c$（$P_c$ 为固结压力；φ_{cu} 为固结快剪摩擦角；σ_c 为真空固结压力）计算固结压力，然后用 $\Delta\tau_f = U_t \Delta P \tan\varphi_{cu}$（$\Delta\tau_f$ 为地基土抗剪强度的差值；U_t 为地基中某点某时刻的固结度）计算不排水剪切强度增量。

计算结果表明，真空预压加固后软土强度随静置时间的延长可提高 1.5～1.9 倍，河口潮间带真空预压区平均强度为 14.5～20.2kPa，北岸真空预压区的平均强度为 17.4～24.9kPa，经边坡稳定分析验算，各区软土强度均可满足设计和安全稳定的要求。

（6）地基加固效果及其分析

加固后，北岸试一区和试三区含水量一般可降低 5%～20%，最大可达到 43.1%；容重提高 5%～10%，最高可达到 11.4%；孔隙比减小 10%～20%，最大可减小 36.9%；压缩系数降低 15%～30%，最低可减小 42.4%。抗剪强度 c 值提高 50%～271%；ϕ值提高 40%～133%。落马洲真空联合堆载预压加固后含水量平均可降低 12.8%；天然密度增加 3.1%；干密度增加 6.9%；孔隙比降低 12.6%；加固后主要深度段软土层的抗剪强度可提高 2.0～3.0 倍，最大可提高 7.09 倍。这说明真空预压试验工程软土的物理力学性能指标有了较大提高（表 2-1）。

表 2-1　真空预压卸载后十字板剪切强度随时间的增长情况

深度分段	标高/m	CH0+000 Su2、T2（路段桩号）						CH1+800 Su 62（路段桩号）					
		真空预压加载前		真空预压加载后（1999 年 3 月 10 日）		真空预压加载后（1999 年 5 月 22 日）		真空预压加载前		真空预压加载后（1999 年 2 月 9 日）		真空预压加载后（1999 年 7 月 10 日）	
		最小十字板剪切强度 c_{umin}/kPa	最大十字板剪切强度 c_{uep}/kPa	最大十字板剪切强度 c_{uep}/kPa	同前比增长率/%	最大十字板剪切强度 c_{uep}/kPa	同前比增长率/%	最小十字板剪切强度 c_{umin}/kPa	最大十字板剪切强度 c_{uep}/kPa	最大十字板剪切强度 c_{uep}/kPa	同前比增长率/%	最大十字板剪切强度 c_{uep}/kPa	同前比增长率/%
0	0 以上		22.97	30.52	32.9	36.72	59.9		39.09	28.21		55.23	
1	−0.01 −3.00	3.60	5.69	10.53	85.1	13.80	142.5	3.21	6.87	6.98	1.6	15.54	126.2
2	−3.01 −6.00	7.29	11.26	19.37	72.0	16.19	43.8	2.45	4.85	17.23	255.3	21.74	348.2
3	−6.01 −9.00	5.52	6.09	11.82	94.1	21.93	260.1	3.98	6.11	8.63	41.2	16.00	161.9
4	−9.01 −12.00	6.71	6.81	12.53	84.0	15.95	134.2	10.89	21.61	11.51	−46.7	24.74	14.5
5	−12.01 −15.00	7.34	9.62	16.44	70.9	15.09	56.9						
平均估值		（1～5）	7.89	14.14	81.22	16.59	127.5	（1～4）	9.86	11.09	62.85	19.51	162.7

1）固结度。根据现场实测的沉降曲线推算排水板和砂井桩真空预压各区的固结度均大于 80%，其中未打竖向排水通道的空白区的固结度仅为 21.5%，见表 2-2。

表 2-2　各试验区（段）真空预压加固后固结度汇总

内容	固结度								
	第一试验区		第二试验区			第三试验区			
	全部塑板桩区		砂井桩区	塑板桩区	空白区	A3-1 单元块		A3-2 单元块	
						砂井桩区	塑板桩区	砂井桩区	塑板桩区
最终沉降量 S_∞/cm	161.9	161.9	30.1	30.1	30.1	66.2	66.2	72.2	72.2
实际沉降量 S_t/cm	108.8（纵断面平均值）	98.5（纵断面平均值）	21.3	12.63	4.3	28.9	51.12	37.9	65.0
① 固结度 U_t/%	67.0	60.0	70.8	41.0	14.3	43.7	77.2	52.5	90.0
② 固结度 U_t/%	施工期平均沉降量 27.5cm		砂桩挤密土	施工期沉降量 11.6cm	施工期沉降量 6.5cm	砂桩挤密土	施工期沉降量 9.5cm	砂桩挤密土	施工期沉降量 6cm
	平均 81.0		92.4	80.5	21.5	91.5	91.5	90.0	98.3

由于落马洲水闸真空联合堆载预压区的预压加固时间仅 58d，固结度仅为 64%～74%。

2）地基承载力。我们在加固后第二试验区的塑板桩区、未打垂直排水体的空白区和在第三试验区的砂井桩区各做一组小荷载板（S=0.5m^2）的荷载试验，各组荷载试验结果见图 2-31 中的曲线 1 号～3 号。从图 2-31 可以得出：第二试验区加固前的淤泥层，其无侧限抗压强度很低，相当于承载力 38～45kPa，加固后塑料板真空预压区的地基承载力达到 80kPa（相当于 8t/m^2），在无竖向排水体的真空预压区的地基承载力达到 70～75kPa（相当于 7～7.5t/m^2）。第三试验区加固前淤泥层无侧限抗压强度只有 20～25kPa，加固后在砂井桩真空预压区的地基承载力达到 165kPa（相当于 16.5t/m^2）。荷载试验结果表明，塑料板真空预压区的地基承载力提高了 1.0～1.5 倍，砂井桩区提高了 2.0～3.0 倍，加固效果是显著的。

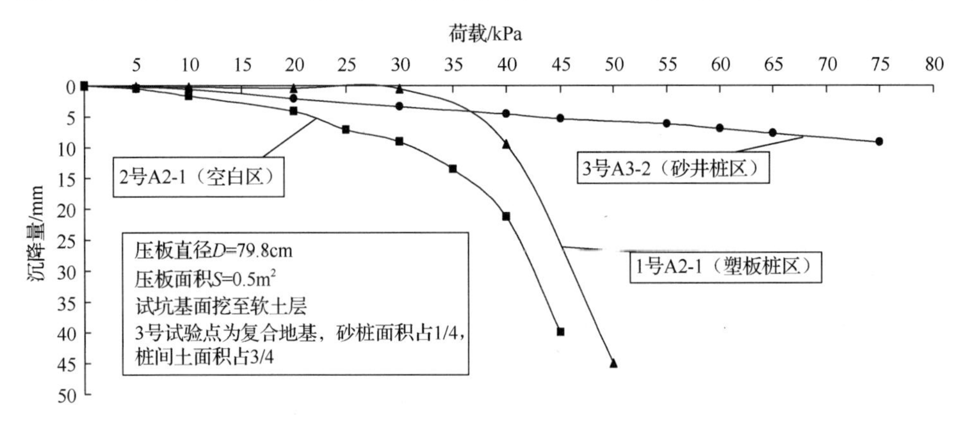

图 2-31　现场荷载试验曲线

3）岸坡稳定性评估。

各真空预压试验区三级开挖稳定分析验算结果列于表 2-3 中。

表 2-3 各真空预压试验区三级开挖稳定分析验算成果

区号		桩号	施工工况	加固前最小安全系数 K_{min}	卸载时最小安全系数 K_{min}	加固后期最小安全系数 K_{min}
第一试验区		0+000	1∶3.5 坡向，分一～三级挖至-6.00m 的设计要求标高	0.560	0.838	1.010
		0+100		0.610	0.961	1.050
第二试验区		1+500		1.102	1.324	1.329
		1+600		0.905	1.095	1.115
第三试验区	A3-1	1+700	1∶3.5 坡向，分一～三级挖至-5.95m 的设计要求标高	0.947	1.073	1.150
		1+800		0.631	0.951	1.123
	A3-2	1+900		0.598	0.817	1.100
		2+000		0.643	0.872	1.103
		2+100		0.720	0.985	1.108

从表 2-3 中可以看出，第一试验区加固前边坡第三级开挖最小稳定安全系数很小，只有 0.560～0.610；卸载后最小安全系数提高了 1.5 倍以上，随着时间的推移，加固后土体的强度会逐渐提高，再考虑预压区内塑料排水板的加筋作用等因素，后期三级开挖 K_{min} 值可达到 1.010～1.050，能满足边坡开挖的稳定要求。

第二试验区：加固前边坡第三级开挖最小稳定安全系数为 0.905～1.102，加固后安全系数提高到 1.095～1.324；后期安全系数可达到 1.115～1.329，满足边坡开挖的稳定要求。

第三试验区：加固前边坡第三级开挖最小稳定安全系数为 0.631～0.947，加固后提高到 0.951～1.073，再考虑真空预压加固后的软土后期强度的增长，边坡三级开挖的稳定系数可达到 1.123～1.150，能满足边坡开挖的稳定要求。

（7）后期变形分析

北岸各真空预压试验区在试验工程结束后的边坡施工开挖均在 2000 年 1 月前完成，稳定情况良好。边坡开挖期间的最大水平位移值为 9.95cm，最大垂直沉降量为 11.2cm；开挖结束至 2000 年 6 月 4 日期间（约 135d）的最大水平位移值为 5.18cm，最大垂直沉降量为 4.6cm，且均发生在第二试验区段，从图 2-32 和图 2-33 可以看出，目前北岸土体水平位移曲线和垂直沉降历时曲线均趋于稳定状态。

由此说明本工程经过真空预压加固处理后，达到了确保河道开挖期和使用期安全稳定的工程目的。

落马洲水闸真空联合堆载预压试验区，由于受台风影响，其固结时间不够，尽管其加固效果不错，但仍未达预期要求。后经砂井桩处理后，满足了水闸基础的要求，目前使用状况良好。

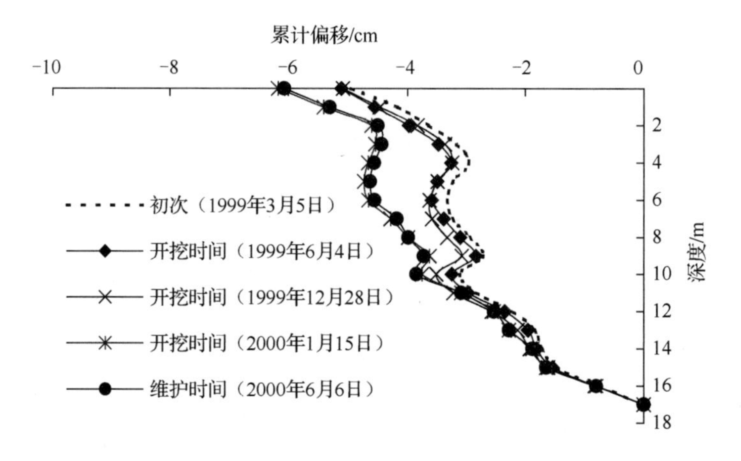

图 2-32　北岸 A2-1 岸坡土体水平位移曲线

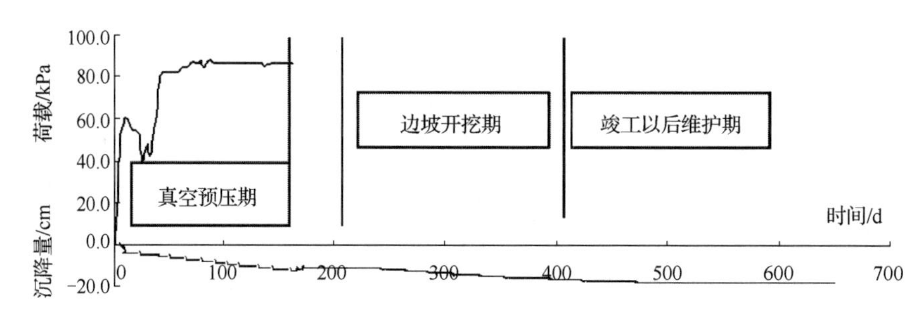

图 2-33　北岸 A2-1 岸坡垂直沉降量历时曲线

5. 分析结果

1）在深圳河采用排水板和砂井桩结合陆上及潮间带真空预压法加固岸坡地基，较好地解决了在原极软弱的深圳河边地基上进行边坡开挖、修筑堤坝或混凝土挡墙和安全使用等工程技术问题，其具有加固效果好、工期短、工后沉降小、环境污染小和比其他工法经济效益好等特点。

2）在真空预压加固过程中，预压区内的孔压、水位大幅度降低（最大达 7.73m），呈现由外向内的漏斗状水位线和由区外向区内的渗流；预压区内的地表和深层沉降量大，其影响深度也较大（约 14m），预压区外也有一定的沉降和向加固区内的水平变形，由外向内呈锅底形的沉降面貌。在加固区内，真空度在排水板和砂井桩中的传递深度大且较快，越靠近排水板或砂井桩的土中孔压下降速度越快，其固结效果越好。

3）本工程真空预压的平均膜下真空度能维持在 85kPa 以上，加固后软土的物理力学性能均有较大改善，含水量一般可降低 5%～20%；容重提高 5%～10%；孔隙比减小 10%～20%；压缩系数降低 15%～30%；抗剪强度提高 50%～271%，摩擦角提高 40%～133%。地基加固的效果显著，加固后排水板真空预压区承载力达到 80kPa、砂井桩真空预压区达 165kPa 以上；岸坡开挖的稳定系数均达到 1.01 以上，达到了试验预期目的。经河道边坡开挖和半年多的使用证明：试验工程加固后河道边坡的安全稳定性高、工后沉降量小，满足了工程建设的需要。

4）结合深圳河的具体情况，我们对采用排水板潮间带真空预压法、排水板潮间带真空联合堆载预压法和施工工艺等进行了研究，成功开发了竹筋砂袋围堤造陆、潜水式真空泵、水陆真空排水系统、密封系统、水上铺设加强型土工布、打设排水板和砂井桩等施工技术与施工工艺，这些成果已在深圳河真空预压工程中得到成功应用。

2.4.2　宁波大榭招商国际集装箱码头围堤及陆域形成工程

1. 工程概况

宁波大榭招商国际集装箱码头工程位于浙江省宁波市大榭岛西北角，行政隶属宁波市北仑区大榭乡，距宁波市中心约 40km，北距上海港 140km。原合同工程范围包括西正堤 906m（里程 0+882～1+788）、西侧堤 931m（里程 1+788～2+719）的围堤施工，滩涂地 694 000m^2 回填及软基处理。工程规模、结构形式：围堤工程采用袋充砂、砂肋软体排作加筋层，水抛镇脚棱体、陆抛开山堤心石等作护面块体，钢筋混凝土与浆砌块石复合式防浪墙斜坡堤结构；防浪墙设计顶高程为+7.3m。围堤基础采用铺设砂被、水上施插塑料排水板、铺设砂肋软体排等，陆域采用回填砂形成，回填顶标高为+1.5m，部分真空预压区后来变更为+2.0m，采用先施打塑料排水板，再用开山石堆载预压和真空联合堆载预压进行地基处理。

宁波大榭招商国际集装箱码头工程的全景效果见图 2-34，围堤断面结构示意图见图 2-35，平面布置及吹砂分区示意图见图 2-36。

图 2-34　宁波大榭招商国际集装箱码头工程的全景效果

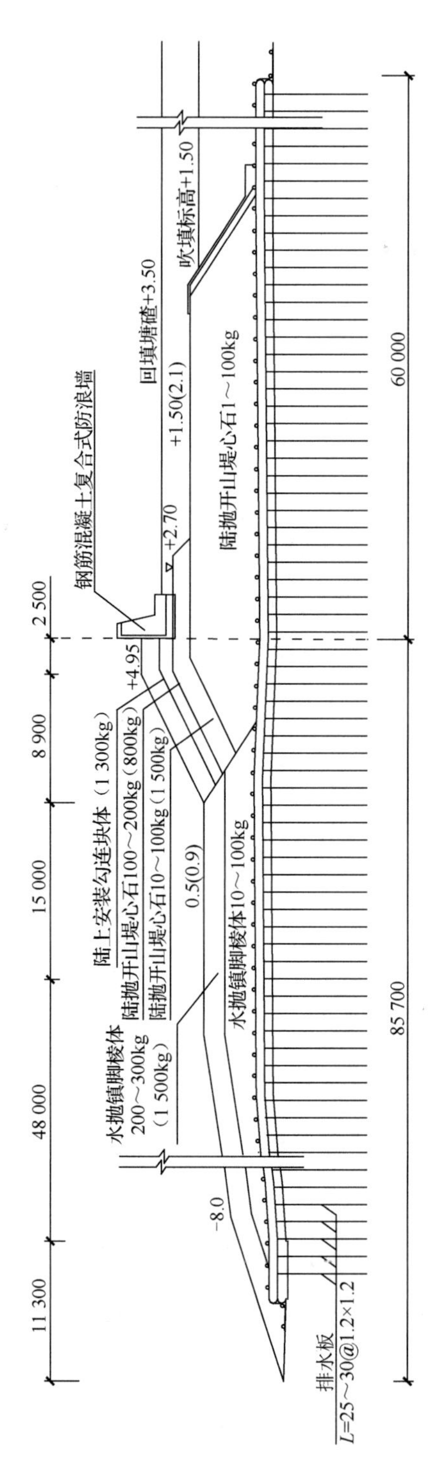

图 2-35　围堤断面结构示意图

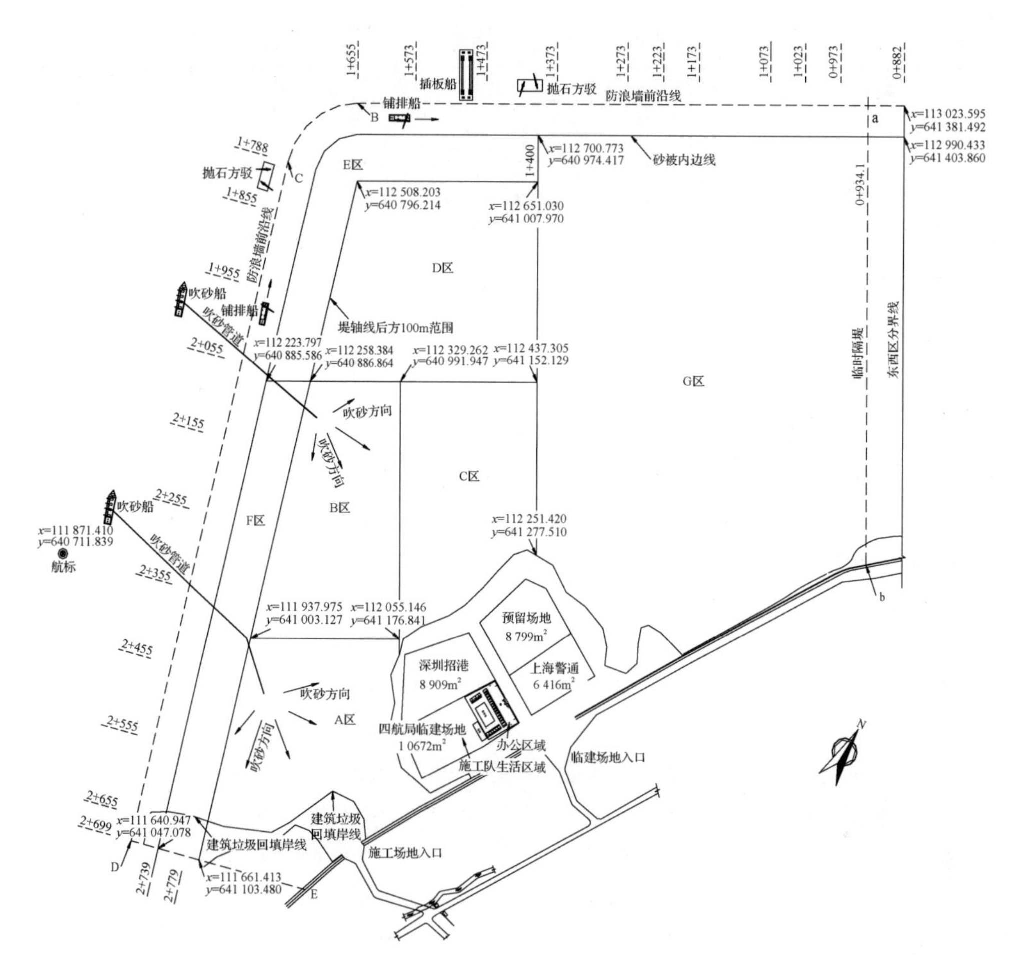

图 2-36　宁波大榭招商国际集装箱码头围堤、陆域形成平面布置及吹砂分区示意图

项目工程地质情况。

（1）地质资料简介

陆域部分先后共布置孔位 34 个，其中原状孔 18 个。根据 2003 年 4 月、7 月和 10 月先后三次提供的地质钻孔资料分析可以了解到该区域主要分为淤泥质黏土层、粉质黏土层等。其中，淤泥质黏土层为不良地质层，平均层厚达 20m 以上，平均含水量 40%～50%，地基承载力 45～55kPa。

（2）主要不良土层物理力学指标

主要不良土层物理力学指标见表 2-4。

表 2-4　主要不良土层物理力学指标

土层名称	平均含水量 w/%	平均孔隙比 e	平均压缩系数 a_v/MPa^{-1}	平均天然质量 m/（kN/m^3）	最小水平固结系数 c_t/（$10^{-3}cm^2/s$）
1-1 淤泥	50.7	1.41	0.99	17.2	1.707
1-2 淤泥质粉质黏土	44.9	1.28	0.90	17.4	1.267
2-1 淤泥质黏土	41.8	1.22	0.87	17.5	1.420
2-1 淤泥质粉质黏土	40.4	1.17	0.74	17.7	0.81
3-1 黏土	40.6	1.21	0.78	17.5	0.679

2. 设计概要

（1）设计水位

设计高水位：1.66m（潮峰累计频率 10%）。

设计低水位：−1.22m（潮谷累计频率 90%）。

极端高水位：3.01m（重现期 50 年一遇）。

极端低水位：−2.02m（重现期 50 年一遇）。

（2）设计方案及参数

围堤工程采用袋装砂通长袋及砂肋软体排做加筋层、水抛镇压脚棱体，陆抛开山石堤心，2T 勾连块体护面，钢筋混凝土与浆砌块石复合式防浪墙的斜坡堤结构。围堤地基处理采用先铺设袋装砂被做横向排水垫层，然后水上施打塑料排水板形成被加固土竖向排水通道，再利用堤身结构自重进行压载加固。其主要施工工艺包括铺设砂被、水上施打塑料排水板、通长袋、砂肋软体排、水上抛填规格石、陆抛堤心石、堤后反滤层结构、2T 勾连块体护面、防浪墙上部结构等。

陆域形成工程采用吹填砂围海造陆，原设计吹填标高为+1.0m；地基加固采用施打塑料排水板+回填自然级配开山石堆载预压+强夯处理，排水板施工间距 1.0m，正方形布置。本合同工作内容主要是吹填砂及施打塑料排水板，后期根据进度及围堤安全需要部分地基处理设计变更为真空联合堆载预压加固地基的处理方案。

（3）施工顺序

根据陆域形成需求，围堤吹填工程的总体施工顺序由西向东分层、分工序流水作业推进，各道工序应分别验收，前一道工序经验收后，才进行后一道工序施工。由于 0+882～1+273 段的断面坡度较大，围堤必须先施工 0m 以下的水抛棱体才能进行陆抛开山石堤心的施工，以确保堤身施工期间的稳定。陆抛开山堤心棱体的设计顶标高为+1.5m，顶宽为 25m，可兼作施工道路，以方便后道工序的施工。施工期间，堤顶堆载不得超 20kN/m²。陆抛开山石堤心棱体自西侧的端点起达 200m 以上，且内侧反滤层同时形成后才可开始后方吹填。吹填应随着棱体的延伸由西向东及时吹高和推进。海砂吹填达到设计标高后应抓紧平整和施打排水板，以便于塘碴回填迅速跟上。

（4）潮间带施工难点及对策

为加快施工进度，确保围堤稳定，本工程在靠围堤内侧近30万m^2区域设计采用了真空预压方案，其中有一半以上区域由于设计施工面标高偏低、施工期潮水位偏高、围堤采用透水堤设计等原因，涨潮时潮水将漫过施工场地，真空预压必须采用潮间带施工工艺。在潮水涨落交替冲刷的潮间带区域进行大面积真空预压施工将面临如何保护已施工好的密封墙不受潮水冲刷损坏，确保密封墙的密封效果，如何在潮水中展开每层面积达四五万m^2的两层密封薄膜，以及如何在潮水中进行真空管路系统的布设等难题。目前国内外都没有成功先例。能否克服这些技术难题，也成为决定总体工程成败的关键。经过科学论证，认真落实相关的施工措施，克服了水上运膜、展膜、泥浆供应难等过去未遇到的难题，顺利地完成了潮间带真空预压施工。

3. 潮间带真空预压施工

为加快工程施工进度和确保围堤的稳定，设计在沿围堤后方约110m宽度区域及制约4#泊位场地提供时间的D区（真空预压区Ⅰ区、Ⅱ区）采用插塑料排水板+真空联合堆载预压进行地基加固处理。

采用真空联合堆载预压加固分区图见图2-37。

（1）主要设计参数

1）真空预压加固区原泥面高层-1.0～-2.5m，吹填砂至+1.5m和+2.0m标高后施插塑料排水板，再进行真空预压施工。

2）场地使用标高为+3.5m，设计使用荷载按均载50kN/m^2考虑。

3）塑料排水板施插间距为1.1m，为缩短加固时间，Ⅰ区、Ⅱ区、Ⅴ区～Ⅶ区等加固区排水板间距调整为1.0m，排水板插板深度为25.5～26m，排水板采用正方形布置。

4）加固区膜下真空度要求在80kPa以上，真空预压区周边采用泥浆搅拌墙进行密封处理。泥浆密封搅拌墙由桩径为ϕ700mm的两排紧密搭接的泥浆搅拌桩形成，桩体搭接宽度为200mm，桩中心距为500mm。设计泥浆重度要求达到13kN/m^3，掺入比达到40%以上，采用四搅四喷工艺。泥浆搅拌桩平面布置图见图2-38。

5）联合堆载开山混合级配石料4m厚，后为进一步加快施工进度，Ⅰ区、Ⅱ区、Ⅴ区和Ⅵ区堆载开山石料厚度分别加厚到6m。地基加固固结度要求达到90%以上。

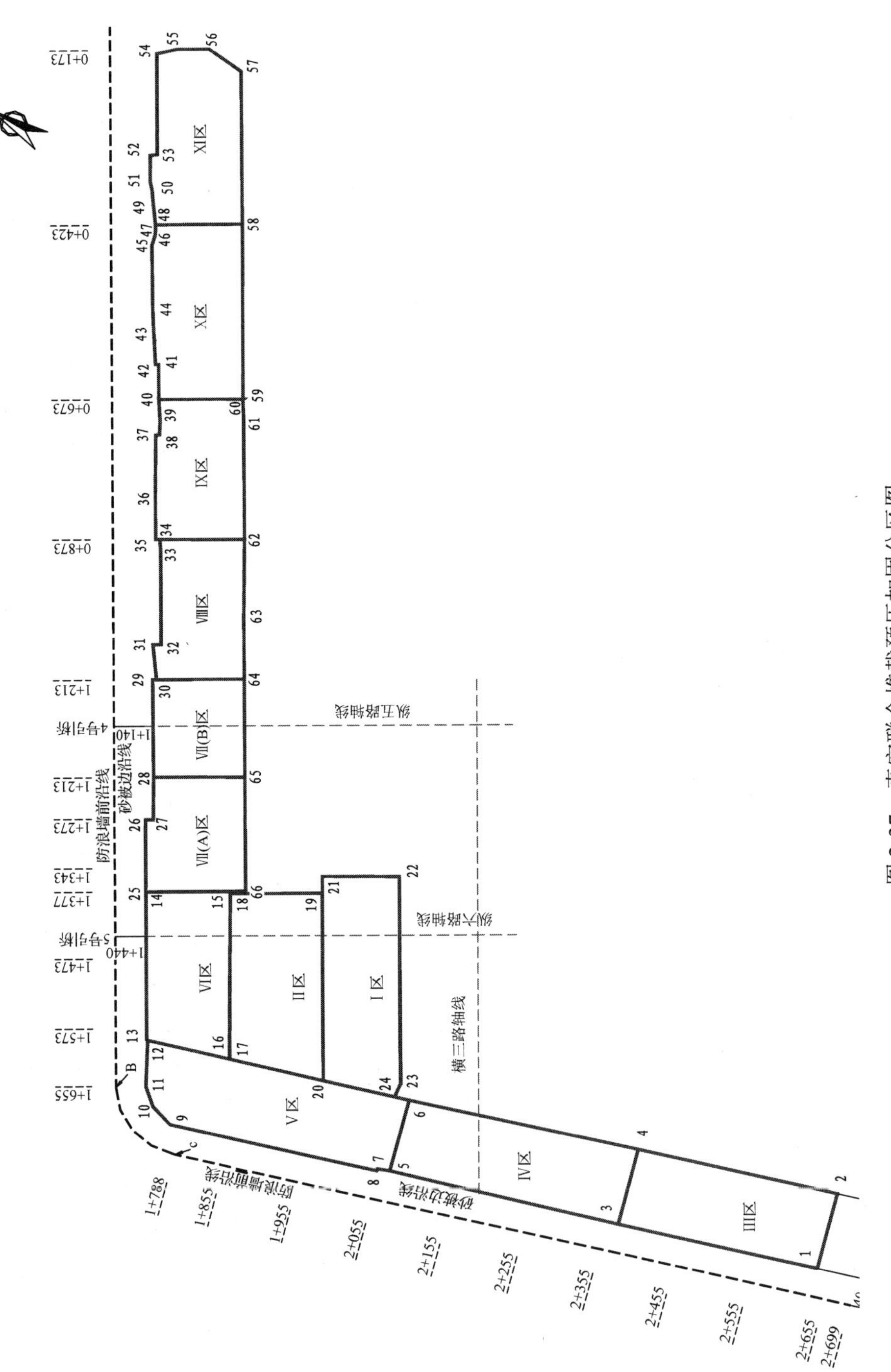

图 2-37　真空联合堆载预压加固分区图

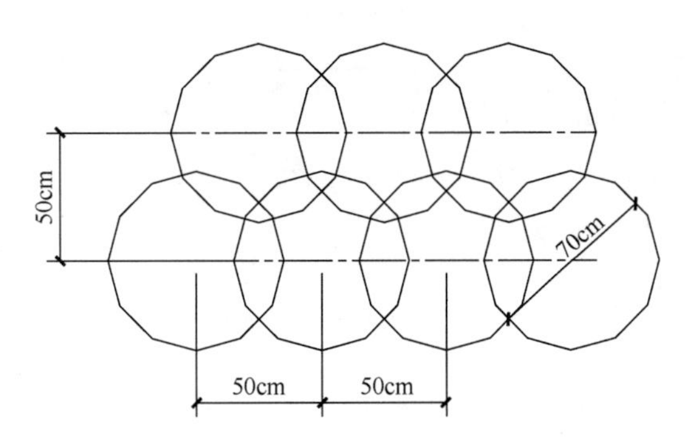

图 2-38　泥浆搅拌桩平面布置图

（2）施工一般流程

真空预压施工工艺流程见图 2-39。

（3）泥浆密封墙施工工艺

在潮水涨落交替冲刷的潮间带区域进行大面积真空预压施工，将面临如何在潮水中进行搅拌桩施工，并保护已施工好的密封墙不受潮水冲刷损坏，确保密封墙的密封效果等难题。能否克服这些技术难题，也成为决定真空预压以至总体工程成败的关键。项目部经过科学论证，并认真论证和落实一系列有针对性和富有创新的技术措施，受到了良好的效果，为真空预压工程的顺利实施打下了良好的基础。图 2-40 为密封墙施工现场照片。

1）泥浆密封墙施工技术措施。由于真空预压区由吹填砂形成陆域，砂层厚度达 3.0～4.5m，潮水位接近或超过真空预压加固区场地标高，在砂层厚、地下水位高的情况下，无法通过挖掘机进行密封沟开挖，唯有采用泥浆密封搅拌墙施工进行真空预压周边密封处理。

泥浆搅拌墙质量是决定真空预压是否成功的关键因素之一。项目部主要采取以下技术措施确保密封墙的密封效果。

① 为尽量减少因在吹填过程中挤淤造成的局部砂层偏厚造成淤泥搅拌桩密封漏洞，除采用静力触探仪沿真空预压边界按 20m 一个孔的间距现场钻孔判定砂层厚度外，泥浆搅拌桩施打深度以超过钻探测定的吹填砂厚度 1.0m 以上控制。

② 泥浆质量是决定泥浆搅拌墙质量的关键。由于大榭岛周边淤泥多为粉质土颗粒构成，项目部经在岛上及周边多个地点取淤泥制取的泥浆黏稠度不高，颗粒间黏结力小，很容易产生离析现象，用这样的泥浆形成的密封墙泥浆颗粒很容易在抽真空过程中由于加固区内外存在压力差而被吸走流失，致使密封墙密封效果下降甚至失效。在经过反复寻找合适淤泥来源和试验仍无法制取高质量的泥浆后，项目部断然决定在舟山海域取泥浆，经船运至现场后由泥浆泵吹送至储浆池，在储浆池制配成合格的泥浆后再由泥浆泵输送至桩机使用。

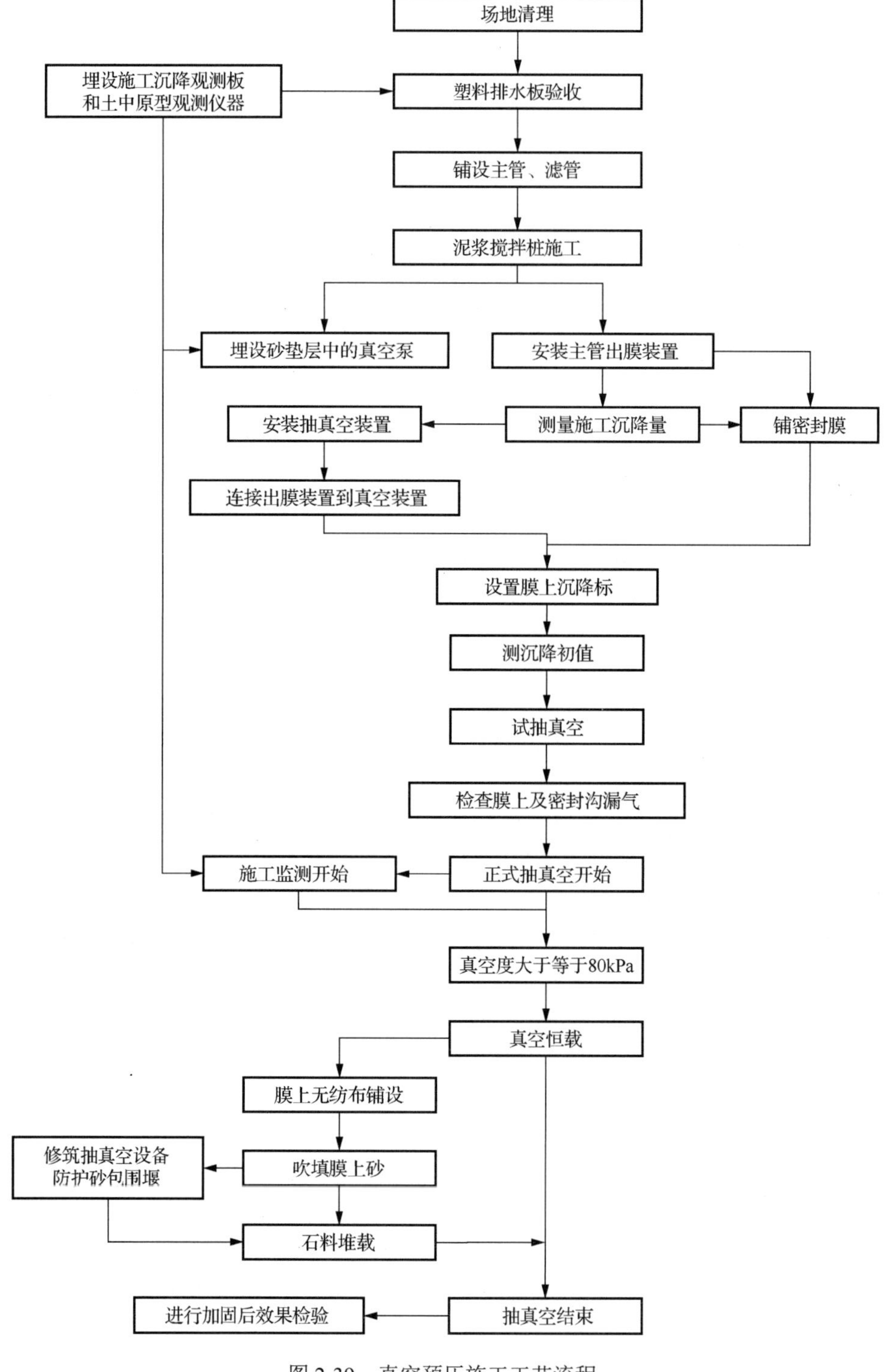

图 2-39　真空预压施工工艺流程

图 2-40　密封墙施工现场照片

③ 确保泥浆浓度及掺入量。设计泥浆重度要求 13kN/m^3，掺入比达到 40%以上，采用四搅四喷工艺。针对本工程处于潮水变动的潮间带区域，潮水涨落易对密封墙造成不利影响，项目部根据现场实际情况，尽量提高施工标准，要求如下。

a．施工实际控制泥浆浓度要求达到 14kN/m^3；加大搅拌桩机输浆泵功率，掺入比达到 48%以上。

b．由于本工程砂来源地为舟山海域，海砂普遍富含小贝壳，砂空隙率很高，采用四搅四喷泥浆搅拌桩工艺后，仍显泥浆掺入量不够。在实际施工中，加固区周边先进行四搅四喷泥浆搅拌桩施工，在铺设真空预压密封膜前再进行两喷两搅的复搅施工，增加的两喷两搅的复搅施工桩管的下沉及提升速度可适当加快，可控制在 1.0～1.2m/min。

④ 采取措施保护已施工的密封墙。由于施工场地处于潮水变动区，涨落潮水的冲刷易将密封沟外中粗砂冲进密封沟，不但导致密封效果下降，而且踩膜时将很难将密封膜踩进密封沟，进一步影响密封效果。现场采取在密封沟两侧砌筑砂包围堰，在局部水深流急区域加覆无纺布等办法，较好地解决了问题。

图 2-41 和图 2-42 分别为密封沟两侧砌筑砂包围堰示意图和密封沟上加覆无纺布示意图。

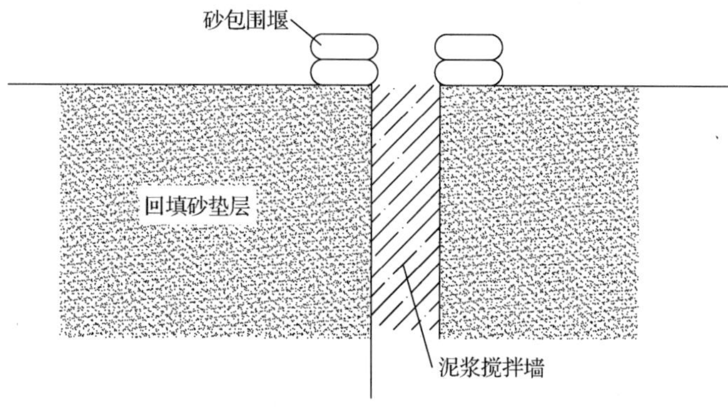

图 2-41　密封沟两侧砌筑砂包围堰示意图

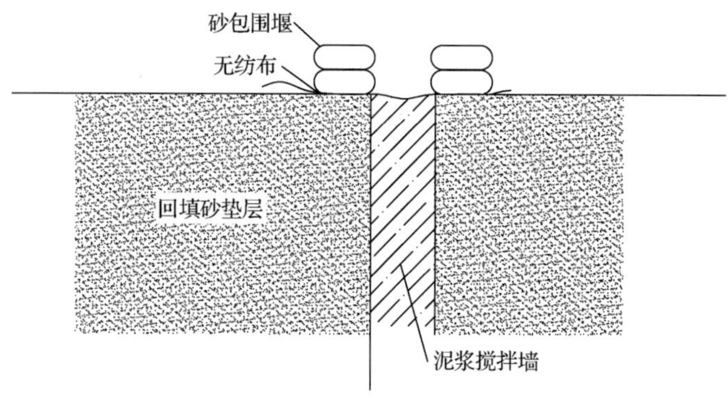

图 2-42　密封沟上加覆无纺布示意图

⑤ 在密封沟加插薄膜，进一步提高泥浆墙密封效果。由于泥浆浓度配制较高，搅拌桩施工质量有保证，刚施工完毕的搅拌墙处于流塑状态，考虑到现场真空预压复杂的边界条件和施工环境，为进一步提高密封墙的效能，搅拌桩施工完毕后，在密封墙内侧加插深度 2.5～3.0m 的密封膜。加插密封薄膜示意图见图 2-43；搅拌桩施工后加插密封薄膜实景见图 2-44。

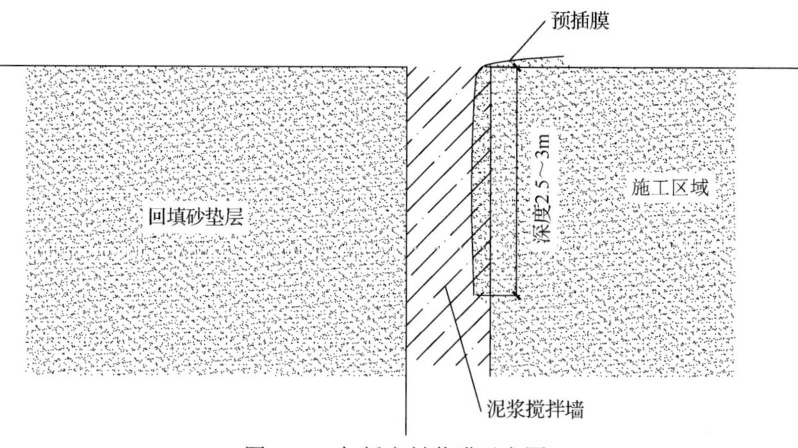

图 2-43　加插密封薄膜示意图

图 2-44　搅拌桩施工后加插密封薄膜实景

2）泥浆密封墙施工方法如下所述。

设计要求泥浆掺入比不小于 40%。根据本工程砂来源地舟山海域的海砂空隙率较高的特点，通过现场工艺桩搅拌试验并取样测定其掺入比和渗透系数后，确定采用六喷六搅工艺成桩。先进行四搅四喷施工，在铺设密封膜前再进行两喷两搅的复搅施工，前面四搅四喷下搅速度为 1.0m/min，上搅速度为 0.8m/min；复搅施工桩管的下沉及提升速度可适当加快，可采用 1.0m/min 和 1.2m/min 挡位。根据成桩后取样测定，密封墙实际泥浆掺入比达到 48%以上。

桩长必须穿透透气层进入淤泥层不小于 1.0m，施工前采用静力触探仪沿真空预压边界按 20m 一个孔的间距现场钻孔判定砂层厚度以初步确定施工桩长，根据砂层与淤泥层桩机搅拌头阻力不同，在桩机上仪表能够得到明显反应，可辅以在施工过程中通过观察设备电流表读数变化控制沉桩深度。

泥浆由舟山运至施工现场后，泵送至储浆池，在池中调制成合乎要求（泥浆重度要求 $14kN/m^3$ 以上）的泥浆，通过泥浆泵将泥浆输送至搅拌桩机。泥浆池底部及周边铺设塑料薄膜和土工布，防止淤泥浆渗透污染周边砂垫层。

可多台桩机使用一个泥浆池，泥浆池尽量设在桩机中间位置，尽量减少泥浆池的数量。完工后对泥浆池进行清理，淤泥全部运至密封沟内，用中粗砂回填，场地内保持清洁。其具体施工工艺流程见图 2-45。

3）泥浆搅拌桩施工质量保证措施。

① 放样必须准确，并注意保护，桩位平面误差小于等于 70mm。

② 桩架倾斜度小于等于 1.5%，认真观察仪表，严格控制桩长。

③ 严格控制工艺指标，尤其是喷搅速度。

④ 对泥浆浓度，采用密度计进行跟踪抽样检测，保证泥浆浓度。

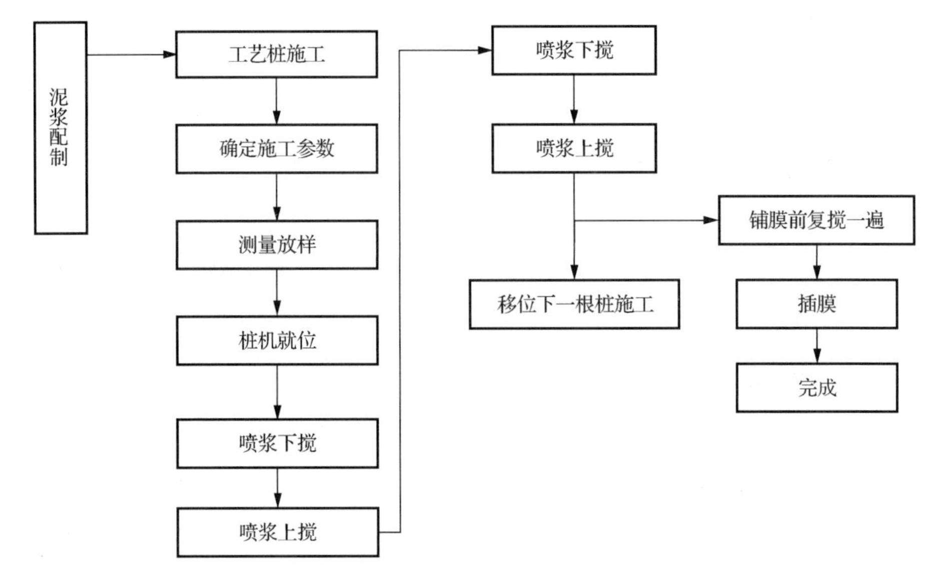

图 2-45　密封墙搅拌桩施工工艺流程

⑤ 质量良好的搅拌墙刚施工完毕处于流塑状态，可采用插竹竿并横移的办法对泥浆搅拌密封墙进行抽样检查，竹竿插不下或横移明显受阻的说明质量不理想，必须采取措施复打。

（4）真空预压工艺施工

本工程大部分真空预压区吹填砂标高只有+1.5m，这些施工区域经施插塑料排水板后产生较明显的固结沉降，经涨落潮水流的冲刷，相当大面积的区域标高迅速降低，中高潮位时潮水漫过施工场地，必须采用潮间带真空预压施工工艺。

受潮水影响较小的区域可采用常规真空预压施工方法，对受涨落潮水影响较大的真空预压区块，则必须采用特殊的施工工艺，以解决潮间带施工遇到的问题。

1）潮水影响较小区域的真空预压施工。真空预压施工的原理是将软基处理区域作为一个密封体，通过真空泵负压源将土体中的孔隙水和空气抽排出加固体，提高地基承载力。因此，对每一道工序要精心组织，按照设计要求和有关技术规范进行施工，受潮水影响较小的区域真空预压施工工艺可细分如下。

① 滤管制作。采用通径为ϕ75 的 UPVC 硬塑料管，在管壁上每隔 5cm 钻一直径ϕ8mm 的小孔，制成花管，在花管的外面缠绕尼龙绳作为支撑作用，再包一层 90g/m^2 的无纺土工布作为隔土层，这样滤管便制成了。包裹滤管的无纺布应无破损，包扎严密。

② 埋设真空管路和膜下测头。按设计要求铺设主管、滤管，滤管间距为 6.4m，先将主管、滤管摆设好并连接好，滤管和主干管、主干管和主干管通过软接头连接，接头处用铁丝绑扎牢固，为防止铅丝接头刺破密封膜，铅丝接头应朝下埋入

砂层，主管、滤管布置见图 2-46。在铺设过程中要确保滤管上的滤膜不被破损，出膜处采用无缝镀锌钢管和接头相连接，垂直伸出膜面约 30cm。真空主管通过出膜器及吸水胶管与真空泵连接。

图 2-46　主管、滤管布置图

膜下测头制作：膜下测头即膜下真空度测量采气端，采用硬质空囊（可采用滤管包裹无纺布方法制作等），将真空表集气塑料细管插入空囊中并固定即可。真空测头布置在两滤管平行距离的中间，位置靠加固区边的部位。严禁将取气端埋入滤管或主管内。

③ 场地平整。在排水板及泥浆搅拌桩施工完毕后，进行场地整平，为防止抽真空过程中真空膜被硬物刺破，需将外露的塑料排水板头埋入砂面以下，将插板时形成的孔洞填实，并将面层的淤泥、贝壳、带尖角石子和所有有棱角的硬物拣除，用铁铲将砂面拍抹平实。

④ 铺设密封膜。密封膜采用二层聚乙烯薄膜，根据各预压区实际长度每边各增加 5～8m 订购密封膜，密封膜在工厂热合一次成型。其性能指标为：横向抗拉强度＞16.5MPa；断裂伸长率＞220%；低温伸长率 20%～45%；直角断裂强度＞4.0MPa；厚度 0.12mm。

选择在无风或风力较小的时间内，分两层铺设密封膜。

⑤ 踩密封膜。在泥浆搅拌桩施工完成后，将两层密封膜边依次踩入泥浆墙中。在踩膜过程中，必须光脚作业才能确保密封膜踩入深度，另外，在踩膜过程中密封膜黏合处先踩入，再踩其他部分，主要防止踩膜过程中撕裂密封膜。由于搅拌墙施工过程中，可能会造成周边砂垫层塌方，必须将砂层踩松，并搅拌均匀后才能进行踩膜（图 2-47）。

图 2-47　现场施工人员踩膜

⑥ 安装真空泵。选用 7.5kW 的潜水泵组装真空泵系统，能满足真空预压的要求。真空泵按照施工平面布置图进行安装。

⑦ 真空预压抽气。安装好真空泵系统（将水泵、水箱、闸阀、止回阀、出膜口连接好），将自电工房配电箱→真空泵处漏电开关盒→真空泵的电路接通后，空载调试真空射流泵，当真空射流泵上真空度达到 0.098MPa 以上，试抽真空（图 2-48）。在膜面上、压膜沟处仔细检查有无漏气处，如有，在发现后要及时补好。一般在抽气时，漏气孔眼会发出鸣叫声，循声彻底检查。一旦漏气孔眼得不到及时补救，蓄水后真空度很难达到 80kPa，而且需放水检查，难度很大。逐台检查真空泵系统连接处，要保证在关闭闸阀的情况下，泵上真空度能达到 0.098MPa，以确保真空泵系统发挥最佳功效。

图 2-48　现场抽真空工程照片

开始阶段，为防止真空预压对加固区周围土体造成瞬间破坏，必须严格控制抽真空速率可先开启半数真空泵，然后逐渐增加真空泵工作台数。当真空度达到60kPa，经检查无漏气现象后，开足所有泵，将膜下真空度提高到80kPa。此时，通知监理工程师验收并开始恒载计时。

真空度未达到80kPa前，每2h检查和记录真空度一次；恒载后，每4h检查和记录真空度一次，并对设备运转情况、供电情况及其他真空预压施工情况进行详细记录。

2）潮间带真空预压技术难题及主要工艺措施。在潮间带这种特殊的环境下进行真空预压施工，除碰到如何在潮水中进行密封墙泥浆搅拌桩施工和保护已施工好的密封墙不受潮水冲刷损坏，确保密封墙的密封效果等困难外，还必须面对如何在潮水中运送、展开每层面积达四五万m^2的两层密封薄膜，如何在潮水中进行真空管路系统的布设等主要难题。在此工况下，除采取一些常规真空预压施工工艺外，通过摸索实践，采用以下方法解决了相关技术问题。

① 在潮间带进行真空预压工艺施工，首先必须将每个加固区总质量近20t的密封膜运进场内，虽然也可以采取陆上真空预压的方法，集中人力搬运进加固区内，但采用这种方法的缺点是需组织150～200人次的搬运人力，现场往往会受人力不足的制约，且在潮水中，肩负着重物的搬运人员行走困难，整个过程的组织和实施都有相当难度。根据现场条件，创新性地提出利用水浮力拖运的简便方法，较好地解决了运膜问题。

利用水浮力拖运密封膜进场的流程和方法如下。

a．真空密封膜根据加固区形状尺寸，在工厂热合成形，并沿长度方向绑扎成条状后，运到加固区边地势相对较高区域。

b．根据现场不同潮位水流情况，选用不同的时间拖运。一般宜利用高潮平潮期时段运送密封膜。潮水涨至足以浮起捆绑好的密封膜后，即可将密封膜的一端拖运下水，并将膜沿长度方向从加固区边一边将膜体送入水中，一边由在水中的施工人员牵拉至要摆放的位置。

c．利用水的浮力将膜拖运进加固区，可节省大量人力，但采用此方法常受到区内水深及场地高程平整度的制约。利用水浮力拖运方法应在有一定水流流速的情况下，除应注意在拖运过程中应防止水流将薄膜冲击偏位外，密封膜拖运至预定位置后（一般沿加固区长度方向摆放于加固区中间），还应采取一定的稳定措施，以免薄膜被冲走。

② 将密封膜搬运到加固区内后，在水中克服膜体间的附着力，展开每层面积达四五万平方米的两层密封薄膜是最主要难题之一。现场主要采取了以下工艺措施。

a．利用风力，在迎风面适当掀起口子，让风鼓起膜体以减少两层薄膜间的附着面积和附着力。利用风力展膜主要应注意选择风力适中的天气，一般三级风左右比较合适。另外，风力大时掀起的口子应小些，以防止薄膜被吹至失控或破裂。现场应加强观察，有人统一指挥，一旦薄膜有被吹起失控迹象，应赶紧压下迎风口。

b. 由于密封膜面积大，水流稍有一定的流动将对膜体形成很大的拉拽力，应选择平潮等水流较小的时候展膜。膜体展开后，周边应尽快压进密封沟，必要时用砂包压住密封膜。

c. 展膜方案应周密，充分考虑可能出现的不利因素并有应对措施，同时要有足够的人力，以保证铺膜一次成功。

利用风力展膜现场工程照片见图 2-49。

图 2-49　利用风力展膜现场工程照片

4. 加固效果

（1）膜下真空度监测

各真空预压加固区都埋设了数量不等的膜下真空度测点，观测频率为每 2h 观测一次，具体膜下真空度埋设数量及观测结果见表 2-5。

表 2-5　膜下真空度埋设数量及观测结果

区域	真空度测点	真空预压时间		联合堆载时间		卸载时间	真空度/kPa
		抽真空	达到 80kPa	开始	完成		
真空Ⅰ区	18	2004 年 6 月 17 日	2004 年 6 月 19 日	2004 年 8 月 17 日	2004 年 9 月 7 日	2004 年 10 月 10 日	>80
真空Ⅱ区	18	2004 年 6 月 29 日	2004 年 7 月 7 日	2004 年 8 月 26 日	2004 年 9 月 23 日	2004 年 10 月 31 日	>80
真空Ⅲ区	18	2004 年 5 月 7 日	2004 年 5 月 14 日	2004 年 7 月 3 日	2004 年 9 月 12 日	2004 年 11 月 5 日	>80
真空Ⅳ区	18	2004 年 5 月 25 日	2004 年 5 月 29 日	2004 年 6 月 28 日	2004 年 8 月 16 日	2004 年 10 月 13 日	>80
真空Ⅴ区	20	2004 年 8 月 31 日	2004 年 9 月 10 日	2004 年 11 月 4 日	2004 年 11 月 22 日	2004 年 1 月 10 日	>80
真空Ⅵ区	16	2004 年 9 月 10 日	2004 年 9 月 15 日	2004 年 9 月 23 日	2004 年 10 月 18 日	2004 年 11 月 18 日	>80
真空ⅦA 区	8	2005 年 1 月 22 日	2005 年 1 月 25 日	2005 年 2 月 5 日	2005 年 3 月 30 日	2005 年 7 月 5 日	>80
真空ⅦB 区	8	2004 年 2 月 1 日	2005 年 2 月 4 日	2005 年 2 月 17 日	2005 年 4 月 18 日	2005 年 6 月 23 日	>80
真空Ⅷ区	12	2005 年 5 月 28 日	2005 年 6 月 2 日	2005 年 6 月 3 日	2005 年 7 月 12 日		>80
真空Ⅸ区	12	2005 年 5 月 12 日	2005 年 5 月 15 日	2005 年 5 月 18 日	2005 年 9 月 14 日		>80
真空Ⅹ区	14	2005 年 4 月 28 日	2005 年 5 月 2 日	2005 年 5 月 8 日	2005 年 9 月 22 日		>80
真空Ⅺ区	14	2005 年 4 月 12 日	2005 年 4 月 15 日	2005 年 4 月 22 日	2005 年 9 月 28 日		>80

膜下真空度从开始抽真空到达 80kPa 平均需要 3～5d，达到 80kPa 后一直稳定在 80kPa 以上。

（2）真空预压区累计沉降量及固结度

真空预压区卸载时固结度统计见表 2-6。

表 2-6　真空预压区卸载时固结度统计

区域	卸载时间	抽真空时间/d	联合堆载时间/d	平均沉降量/mm	最大沉降量/mm	固结度/%	残余沉降量/mm
真空Ⅰ区	2004 年 10 月 10 日	113	21	2 091	2 322	92.8	162
真空Ⅱ区	2004 年 10 月 31 日	115	28	2 018	2 113	98.4	33
真空Ⅲ区	2004 年 11 月 5 日	117	71	1 900	2 212	98.5	29

续表

区域	卸载时间	抽真空时间/d	联合堆载时间/d	平均沉降量/mm	最大沉降量/mm	固结度/%	残余沉降量/mm
真空Ⅳ区	2004 年 10 月 13 日	138	49	2 225	2 441	97.4	59
真空Ⅴ区	2004 年 1 月 10 日	115	19	2 023	2 280	98.3	35
真空Ⅵ区	2004 年 11 月 18 日	64	25	1 895	2 014	98.3	33
真空ⅦA 区	2005 年 7 月 5 日	154	53	1 703	1 917	97.51	43
真空ⅦB 区	2005 年 6 月 23 日	145	60	1 608	1 847	97.71	38

根据设计要求，真空预压卸载时固结度达到 90%，残余沉降量小于 20cm，由表 2-6 可见，各真空预压区卸载时均能满足设计文件要求。

5. 结果与分析

1）在宁波大榭招商国际集装箱码头工程采用潮间带水下真空预压加固软土地基技术，提高了地基土的强度，取得了较好的加固效果，为今后该场地的正常使用提供了可靠的保证。

2）加固区最大沉降量大于 2m，固结度大于 90%，且残余沉降量小于 20cm。地基加固效果明显。

3）本工程在靠围堤内侧近 30 万 m^2 区域设计采用了真空预压方案，其中有一半以上区域由于设计施工面标高偏低，施工期潮水位偏高，围堤采用透水堤设计等原因，涨潮时潮水漫过施工场地，真空预压需潮间带施工工艺。本工程克服了水上运膜、展膜、泥浆供应难等问题，顺利地完成潮间带真空预压施工。通过一系列监测设备录取的数据分析，加固达到预期的理想效果，缩短了工期，并创造了单块加固面积达到 38 000m^2 的潮间带真空预压技术，丰富了真空预压施工的工程实例。

第三章　堆载预压联合强夯加固技术

3.1　引　　言

对于大面积深厚软黏土地基加固，采用排水固结法是最为经济有效的方法，被广泛用于道路、机场、码头、小区地坪等地基工程中。堆载预压法是排水固结法一种重要的类型。该法是一种在软黏土中设置砂井、塑料排水板等排水体，随后在场地先行加载预压，使土体中的孔隙水排出、逐渐固结、地基发生沉降，同时强度逐步提高的方法[1]。在一些地区，大面积场地的堆填料往往采用开山石、混山石等粗颗粒土，而采用强夯法特别适合加固处理上部粗颗粒土，进一步发展为堆载预压联合强夯加固技术。但粒径较大的石头会阻碍排水体的打设，需要采取浅层引孔、辅助插入排水体（一般为塑料排水板）等措施。

3.1.1　排水体设置

垂直排水体以往常用砂井或袋装砂井，20 世纪 90 年代以来多采用塑料排水板施工（图 3-1）。由于塑料排水板采用工厂化批量生产，质量稳定、价格便宜，相应的液压插板机可减少对淤泥的扰动，减小井阻和涂抹效应，得到迅速发展和广泛采用。排水板间距一般为 0.8～1.2m，长度以打穿软黏土进入下伏土层 1.0m

图 3-1　深圳蛇口集装箱码头插设塑料排水板施工

以上为好，当软黏土太厚（例如大于 20.0m）且插板无法打穿时，应验算变形是否满足使用要求。水平排水体通常由砂垫层（厚度 0.5～1.0m）、主次盲沟（间距 20～50m）和集水井组成。为使砂垫层顺利铺设和加快填土进程，通常在清淤面上先铺一层土工布或土工格栅再铺砂垫层。

3.1.2 加载方式

预压荷载通常采用堆载预压法，也有采用真空预压法和排水固结法的工程实例（表 3-1）。堆载预压法一般用填土、砂石等散粒材料，油罐通常用充水对地基进行预压。真空预压法是在砂垫层上设置密封膜，用真空射流泵抽排膜下水和气，在膜下形成真空度，从而使地基土发生固结沉降并得到加固。该法与堆载预压法加固效果相同，其固结过程也基本相同，不同之处在于加载过程、边界条件、初始条件等方面。排水固结法是通过设置分布于土体中的竖向和水平排水通道配合强夯的动力作用，加速软土的排水固结。

上述三种方法中，堆载预压法原理清晰、施工简便、安全可靠、适用范围广，因此是预压荷载最常用的方法。

表 3-1 排水固结法的工程实例

序号	项目内容	主要工程概况	加固方案要点	备注
1	袋装砂井堆载预压排水固结（深圳机场一期场道和停机坪）	原为鱼塘，淤泥厚 4.6～9.5m，下部为黏土、中细砂、中粗砂，厚 0～6m，其中，淤泥 w=84%，e=2.46	采用ϕ70mm 袋装砂井，间距 0.9m，预压荷载 15kN/m^2，满载预压 2 个月，固结度 U> 90%	当砂井间距为 1.2m 时，满载预压 7 个月固结度 U>90
2	塑料排水板堆载预压排水固结（深圳福田保税区）	原为鱼塘，淤泥厚 8.0～18.0m，淤泥含水量 w=60%，e=1.64，E_s=1.5MPa，面积 1.8km^2，填土高 5.0～6.0m	塑料排水板间距 1.0～1.3m，超载 70～120kPa，要求 180d 固结度 U>90%	加固后 w=40%～45%，e=1.17～1.3
3	塑料排水板堆载预压排水固结（深圳皇岗口岸片区）	软土为第四系海相沉积层——淤泥质亚黏土层，厚 0.5～13.4m，w=50%，e=1.3，E_s=1.7MPa，C_v=4×10^{-4}，加固面积 40 万 m^2	插板间距 1.0m，共 430 万延米，超载 2m 高填土，工期共计 14 个月	加固后软土的 w=40%，e=1.1，承载力提高 1 倍
4	动力排水固结（宝安新中心区裕安路路基）	软土层 2.0～8.0m，下部为中粗砂，拟加固段长 616m，宽 80m，淤泥厚度平均为 4.0m	插板间距 0.9～1.0m，长度以穿透淤泥入砂层 0.5m，填土高 3.0m，强夯 4～6 遍，夯击能 1 000～2 500kN·m	要求交工面 f_k≥100kPa，工后沉降小于等于 15cm，纵横 100m 沉降差小于等于 15cm
5	塑料排水板联合真空预压、堆载预压排水固结（深圳河河堤加固）	加固面积 74 365m^2，软土厚 8～13m，w=50%，e=1.37，要求 4 个月固结度大于 80%	插板间距 1.2m×1.2m，真空压力大于等于 80kPa，共插板 65 万 m，总工期 330d	加固后，w=44%，e=1.067，十字板抗剪强度增长 2～3 倍

1. 堆载预压

在建筑物建造以前，在场地先进行堆载预压（图 3-1），待建筑物施工时再移去预压荷载。堆载预压减小建筑物沉降的原理可用图 3-2 解释[1]。在图 3-2 中，如不先经预压直接在场地建造建筑物，则沉降-时间曲线如曲线①所示，其最终沉降量为 S_f'，经过堆载预压，建筑物使用期间的沉降-时间曲线如曲线②所示，其最终沉降量为 S_f，可见，通过预压，建筑物使用期间的沉降大大减小。

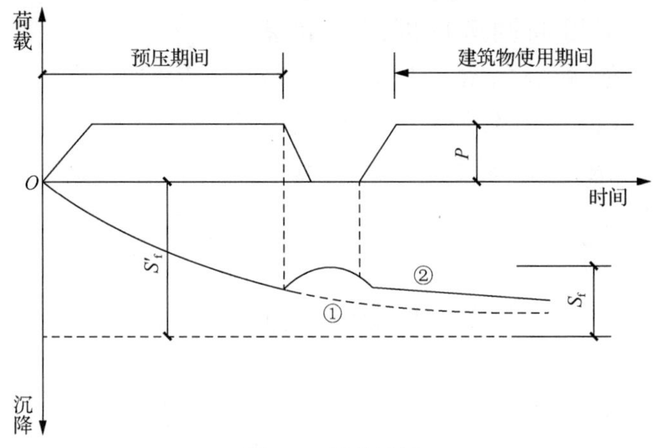

图 3-2　堆载预压

2. 超载预压

对沉降要求较高的建筑物，如机场跑道、高速公路或铁路路堤、集装箱码头等，常采用超载预压（图 3-3）处理地基，即在预压过程中将一超过使用荷载 P_f 的超载 P_s 先加上去，待沉降满足要求后，将超载移去，再建造道面或铺设轨道、场地。超载预压消除使用荷载下主固结沉降的原理如图 3-3 所示[2]。在图 3-3 中，超载预压下沉降-时间曲线如曲线①所示，使用荷载下沉降-时间曲线如曲线②所示，可以看出，经超载预压后的建筑物施工后沉降量 S_f 将很小。

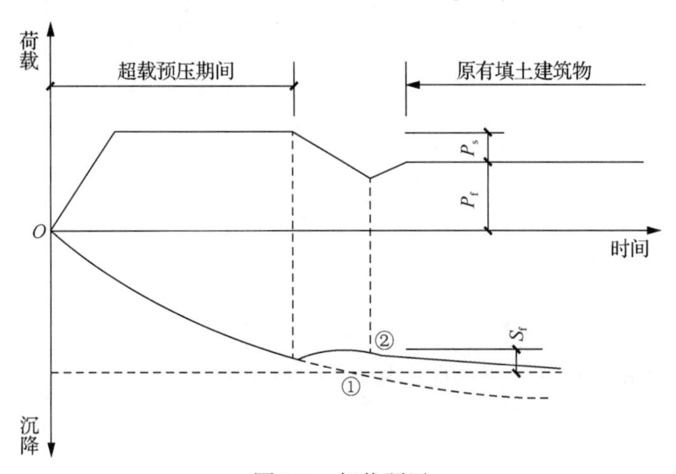

图 3-3　超载预压

许多学者从不同的角度对超载预压的原理进行了研究[3-7]，虽然他们研究的侧重点有所区别，但均认为地基在堆载作用下达到的平均固结度可以作为超载预压的卸载控制标准[8]。

对堆载预压工程，还必须对预压荷载和建筑物荷载下的沉降量进行估算，以便能控制建筑物使用期间的沉降和不均匀沉降[1]。

堆载预压法最大的缺点是工期较长，这是制约该法推广的关键因素，如果加固区 20km 运距内无合适堆填料，采用真空预压法或动力排水固结法也是可行的，且这两种加载方法的适用条件有一定互补性，也可采用多种加载方法联合使用以加快施工进程。

3.2　现场试验研究方案

3.2.1　试验场地工程概况

深圳蛇口集装箱码头（简称 SCT2）二期地基处理工程位于深圳湾畔的蛇口港湾大道三突堤南端，与一期现 1 号、2 号泊位连接，工程范围为 252 346m^2，地基加固工程分区图见图 3-4。图 3-4 中示出该工程分为 A 区（含 A1 区、A2 区和 A3 区）、B 区（含 B1 区、B1-1 区、B1-2 区、B2 区、）、C 区、D 区、E 区、F 区、G 区（含 G1 和 G2 区）和 H 区 8 个区域。根据地基条件的成因和陆域形成方法的不同，对 B 区、C 区、D 区、E 区、F 区和 G 区 6 个区采取施插塑料排水板、堆载预压、强夯和振动碾压加固处理；对 A 区和 H 区采取大能量（5 000kJ）强夯振动碾压加固处理。该地段属深圳湾内的蛇口湾的边滩前沿部分，水下地形较平坦。陆域岸线长约 1.2km，系人工抛填石堤，堤岸后方陆域为人工堆填区，堆填料主要为抛石、块石、砂性土或黏土及开山石料，结构杂乱，力学性质差异大，陆域地表较为平坦，高程在+4.0～+5.0m。

陆域的下部地基为蛇口半岛台地前沿海湾斜坡海积平原地貌，其上覆土层由第四系全新统至晚更新统碎屑组成，主要为淤泥类土、砂类土或黏性土及花岗岩全风化层。淤泥层为软基加固主要土层，厚度 0.5～19.9m。各区的淤泥埋深不一致，淤泥底面平均埋深分别为 B 区 20m、C 区 21m、D 区 22m、E 区 21m、F 区 19m 和 G 区 24m。基底为燕山期细粒花岗岩下伏基岩为奥陶系片岩。

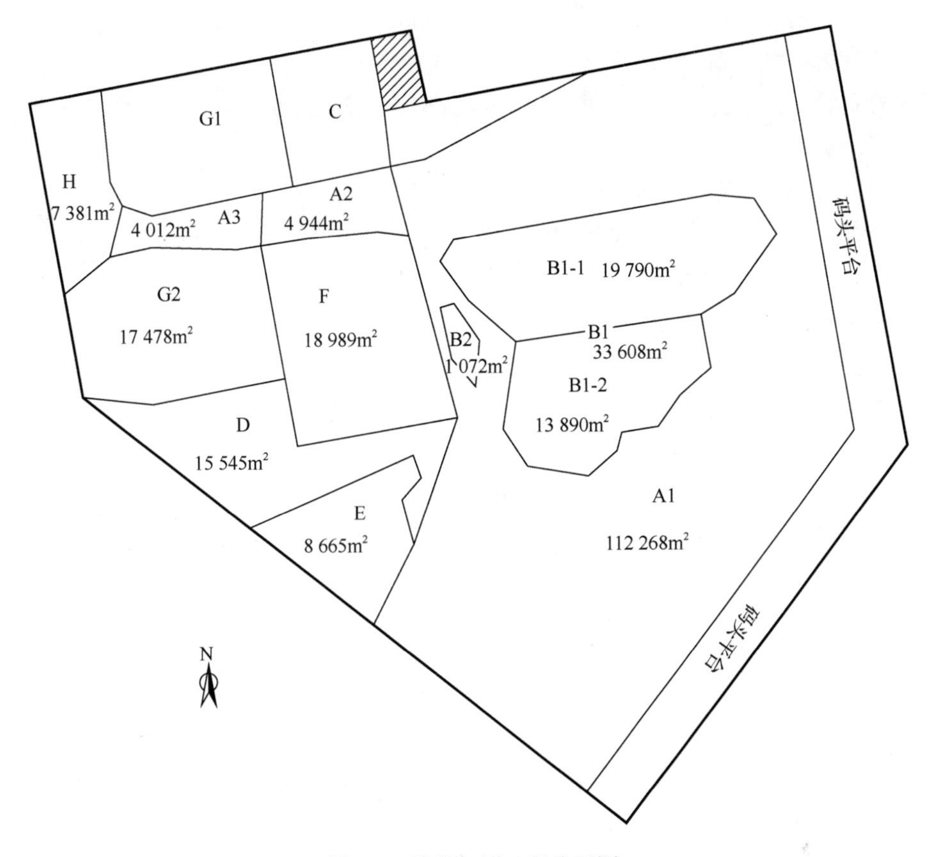

图 3-4　地基加固工程分区图

3.2.2　试验场地的工程地质条件

根据广州地质勘察基础工程公司提交的《深圳蛇口集装箱码头二期工程地质勘察报告》，试验区（包括第一试验区 B、第二试验区 F、第三试验区 C）钻孔最大深度为 33m，整个试验区土层分布均匀，自上而下分布如下。

（1）人工填土层（Q^{ml}）

堆填土：杂色，以黄褐色、肉红色为主，混灰色、灰白色，表层多为花岗岩碎石、块石，含少量粗、砂砾及黏土，碎块石直径多为 5～15cm，最大为 65cm，下部多以粗、砂砾为主，厚度 3.20～21.50m，层面标高最高处为 8.00m，最低处为 3.20m，层底标高处为 1.50m，最低处为-17.20m，结构杂乱。

（2）第四系全新统近期海相沉积层（Q_h^m）

淤泥：灰黑色，饱和，流塑，天然含水量多在 65%以上，含有机质腐殖质，具臭味，含极少量贝壳屑，厚度 0.50～19.9m；淤泥层为新近沉积层，为高压缩性、低强度的软弱土层；层底标高最高处为-12.40m，最低处为-23.50m。

（3）第四系全新统晚期海相沉积层（Q_{4-3}^{m}）

粉质黏土：杂色，以灰黄色为主，混灰白色、棕红色，饱和，可塑，含粉砂，黏性好，层厚2.40～15.00m。

（4）第四系全新统早期海陆相沉积层（Q_{4-2}^{m}）

粉质黏土、圆砾、砂砾交错呈层。粉质黏土：灰色，可塑，饱和，层状结构，层厚2.30～4.70m；砂砾间粉土：灰白色，饱和，中密状态，混少量黏性土，局部混较多中砂，层厚1.04～10.00m。

（5）第四系全新统早期残-坡积相土层（$Q_{4-1}^{el\text{-}dl}$）

粉质黏土：灰白色，局部为灰黄色、青绿色，饱和，可塑，呈透镜体出现，层厚1.6～5.40m。

（6）～（8）燕山期细粒花岗岩（γ）

该岩层为燕山期侵入岩，根据其分化程度可划分为全风化花岗岩、强风化花岗岩和中风化花岗岩等。

各岩土层物理力学指标统计成果见表3-2。

表3-2　各岩土层物理力学指标统计成果

层号	岩土类型	状态	天然地基承载力标准值/kPa	桩端土（岩）极限阻力标准值/kPa	桩周土（岩）极限侧摩擦阻力标准值/kPa
（1）	堆填土 Q^{ml}	稍密	200		
（2）	淤泥 Q_{h}^{m}	流塑	30～50		11
（3）-1	粉质黏土 Q_{4-3}^{m}	可塑	180		40
（3）-2	粉质黏土 Q_{4-3}^{m}	可塑	100～120		40
（3）-3	粉质黏土 Q_{4-3}^{m}	可塑	200～220		55
（4）-1	圆砾 Q_{4-2}^{m}	中密	350		70～80
（4）-2	粉质黏土 Q_{4-2}^{m}	可塑	100		40
（4）-3	粉质黏土 Q_{4-2}^{m}	可塑	180		60
（4）-4	砂砾 Q_{4-2}^{m}	可塑	250		120
（5）-1	粉质黏土 Q_{4-1}^{el+d}	可塑	180		70
（6）	全风化花岗岩	$N \leqslant 50$	320～350	3 500～4 000	80～90
（7）	强风化花岗岩	$N \leqslant 100$		6 000～7 000	90～100
		$N \geqslant 100$		8 000～9 000	
（8）	中风化花岗岩	坚硬		12 000～13 000	

试验场地有代表性的工程地质剖面图见图 3-5。

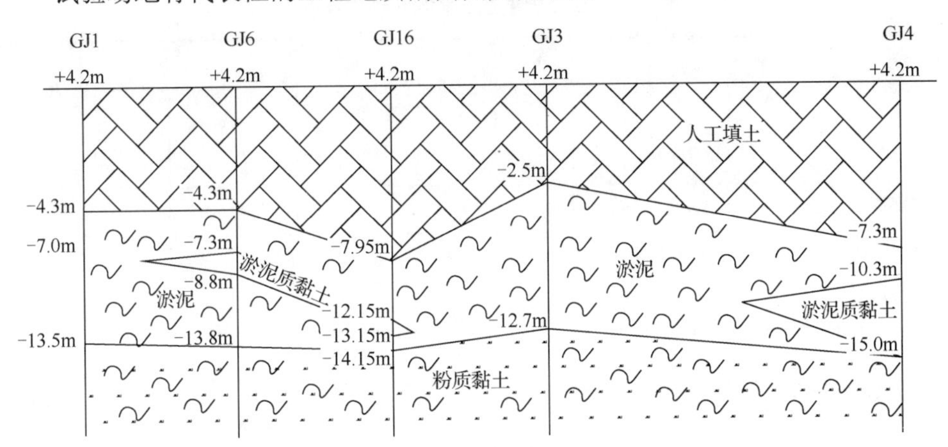

图 3-5 工程地质剖面图

1. 表层人工填土层的物理力学性质

堤岸后方陆域为人工堆填区，堆填料主要为块石、碎石、砂性土、黏土及开山石料等，结构杂乱，力学性质差异性大。

陆域的下部地基为海积平原，其上覆地层为第四系全新统至晚更新统碎屑构造层，从上到下分别为淤泥、淤泥质黏土、砂砾或砂质黏土、粉质黏土及花岗岩全风化层。淤泥和淤泥质黏土等为软基加固的主要地层，而覆盖层则是强夯加固的主要对象。根据加固前和埋设仪器过程中的钻孔资料统计，各区覆盖层和软土层的厚度见表 3-3。

表 3-3 各区覆盖层和软土层的厚度 （单位：m）

区号		A1	B1	C	D	E	F	G1	G2	H
覆盖层厚度	最大值	21.50	18.21	11.60	20.50	16.10	18.20	13.70	21.30	19.58
	最小值	14.76	4.40	3.00	9.40	9.50	1.60	3.40	4.90	18.00
	平均估值	18.41	10.40	7.63	12.33	12.10	5.19	7.61	11.96	18.79
软土层厚度	最大值	7.80	13.85	19.30	10.80	11.50	16.40	19.90	18.20	2.00
	最小值	0.50	0.50	6.00	2.20	5.90	2.30	3.50	5.10	0.92
	平均估值	3.11	7.81	11.73	7.58	9.00	12.81	13.59	11.16	1.46

2. 深部黏性土层组的物理力学性质

深部黏性土层组包括粉质黏土、淤泥质黏土、淤泥，对其进行了室内常规试验。深部黏性土层组的物理力学性能见表 3-4。

表 3-4　深部黏性土层组的物理力学性能

土层	含水量 w/%	天然密度 ρ/(g/cm³)	孔隙比 e	液限 ε/%	塑性指数 I_p/%	液性指数 I_L	压缩系数 $a_{v1\text{-}2}$/MPa^{-1}	固结快剪		地基承载力 R/kPa
								摩擦角 φ/(°)	黏聚力 c/kPa	
粉质黏土	47.2	1.732	1.33	51.14	23.18	0.83	0.55	16.35	19.5	70
淤泥质黏土	56.4	1.66	1.58	54.8	25.15	1.08	1.45			55
淤泥	66.7	1.583	1.89	61.78	28.9	1.18	1.59	13.8	18.3	35

3.2.3　场地试验设计方案

由于本场地是采用开山（土）石挤淤的方法填堤围海形成的，根据本场地的地质资料，整个港区的地质情况比较复杂，各土层厚度分布极不均匀。有的地区形成了 12～20m 厚松散的回填（土）石层，而有的地区则有近 13m 的淤泥，故应根据地基条件成因和陆域的形成方法不同，对后方陆域进行区域划分和分类，并采取不同的地基加固措施。本工程的地基加固范围内共分 A～H 8 个区域，并按照区域划分提出不同的地基加固设计方案。具体采用的加固方法是，淤泥类土采用堆载预压法和开山（土）石回填区采用的强夯加固法，设计方法如下。

1. 塑料排水板插设试验方案

塑料排水板插设试验是为了检验和探明各加固分区在插塑料排水板时穿过上部不同人工填土层的各种情况，以寻求经济、有效的方法插透淤泥层。本次试插采用静压和振动两种方式，进行了单点试插、多点试插和小区试插，使插板的可行性更具有代表性。静压试插施工采用 KAG820 型液压挖掘机配 24m 静压插塑料排水板机架，作为静压插板机，采用菱形导管，另配备一台挖掘机配合挖土。振动插板机械为 50t 履带吊机配备 DZ45 型震动锤，导管为ϕ127mm×10 钢管。

2. 塑料排水板预压法设计方案

场地清理整平并清除表层 1.0m 厚的素填土层后，然后回填 1.0m 厚的中粗砂垫层为水平排水通道。采用塑料排水板设置竖向排水通道，排水板呈梅花形布置，间距 1.0m。要求塑料板穿透淤泥类土层并进入下卧黏土层 1.0m。塑料排水板的平均长度为 19m。设计采用的堆载预压的总荷载为 120～135kPa（包括堆场使用荷载 60kPa，以及因预压沉降使预压后地表低于设计地面高程而回填的土重及超载量）。采用开山（土）石作为堆载材料，土石比例宜为 3∶7，石料的最大粒径

d≤30cm。加载时应以较小厚度（1.5～2.0m）逐层累加至设计高程。铺设过程中堆载料的临时堆高不得大于 3.0m。堆载强度按 5 000～7 000m^3/d 进行，其中稳载预压时间不少于 180d，要求固结度达 90%以上时方可卸载，卸载后对上部的中粗砂及素填土进行强夯加固。

3.2.4 场地试验施工方案

1. 平整场地

地基处理施工之前应首先进行场地清理，清除影响施工的地表障碍物。在进行预压排水加固而又难以振动插入塑料排水板的区域，需清除地表杂填土平均厚度约 1.0m，以利于提高插板施工工效。清除杂填土可择地堆放，插板施工完毕后，可用于压载料的最上层作为预压堆载材料。

2. 铺设砂垫层

铺筑 1.0m 人工砂垫层作为水平排水通道。一般砂的粒径不宜过细，宜用中粗砂，要求含泥量小于 3%，干密度大于 1.6g/cm^3。

3. 打设塑料排水板

采用 B 形塑料排水板，施打排水板应穿透淤泥层并进入下卧良好土层内 1.0m，排水板打设时回带长度不得超过 500mm，且回带的根数不得超过打设总根数的 5%，如回带长度超过 500mm 以上，必须在该位置 450mm 范围内重新补插；施打完毕截板后，排水板端头应外露于砂垫层顶面 200mm；施工点位平面误差不得大于 50mm，垂直度偏差不得超过 1.5%；当局部振动插板困难时，可适当调整插板位置，如仍然难以施打，可做引孔处理，然后再在原点位插板。

4. 预压堆载

按照设计要求加载强度施工，铺设过程中填料的临时堆高不得大于设计要求厚度的 1.5 倍；通过水平位移、竖向变形、孔隙水压力控制加载速率，要求竖向变形小于 15mm/d，边桩水平位移小于 4mm/d，孔隙水压力增长值与荷载增长值之比不大于 0.5；施工中应加强现场观察，如发现有沉降和位移异常的情况，或者出现局部失稳迹象，应马上停止加载，找出原因采取措施加以解决。

5. 卸载

卸载应根据各种现场施工及监测资料，分析证明已达到设计要求的标准时方可进行。卸载前的沉降速率为 0.5～1.0mm/d，且压缩层的平均总固结度大于 90%。

6. 强夯

施工时应注意地下水位的影响，要求始夯层面高于地下水位 2m 以上，必要时可采取降水措施。雨季施工应及时采取有效排水措施，防止场地及夯坑积水。夯前要检查夯锤质量和落距，每遍夯击前应对夯点放线进行复核，夯毕检查夯坑位置，及时纠正偏差。

7. 碾压

以激振力 200～400kN 的振动压路机分层碾压 5～8 遍，直至不见明显轮迹为止。碾压时，碾压的搭接宽度不小于 1/3 碾压宽度。碾压填料分层厚度不大于 70cm，且碾压时填料应处于半潮湿状态。碾压处理后表层地基土的压实度要求达到 93% 以上。

3.2.5　现场试验监测方案

打设完塑料排水板后，插板区的软基加固先采用堆载预压排水固结法，预压荷载分级进行，为了能够使从理论上求得的控制加荷速率通过现场测试加以控制，可以采取地面沉降、分层沉降、孔隙水压力、边桩位移等的观测和荷载板试验检测以及钻探、物探、密实度测试等手段来控制施工期的地基稳定性和检验加固效果。其目的是通过各阶段实测数据得到地基沉降变形规律，同时了解地基土的固结特性，推算地基实际的固结度和固结系数，并与设计值进行比较，便于及时修正设计值、正确指导现场施工，较为准确地估算沉降量和力学特性。监测仪器埋设照片见图 3-6；试验区监测仪器平面布置图见图 3-7；仪器埋设以 F 区为例，其埋设剖面见图 3-8。

图 3-6　仪器埋设照片

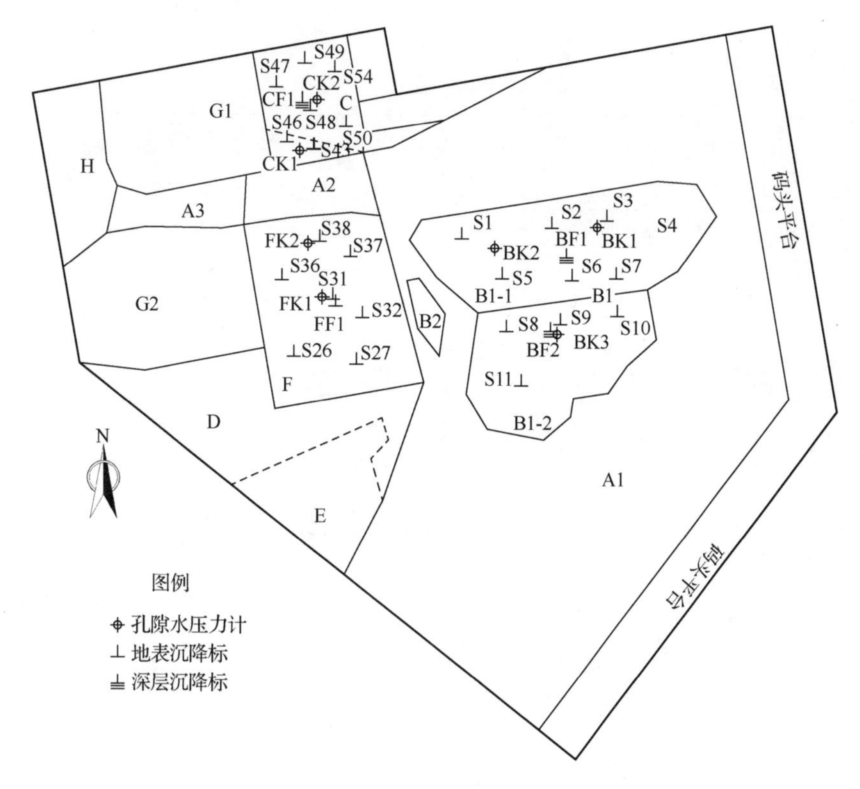

图 3-7 试验区监测仪器平面布置图

1. 地面沉降监测

如图 3-7 所示，在试验区内共埋设了 57 组沉降标，其中 B 区共布设地表沉降标 11 个，其中 B1-1 区 7 个，编号为 S1～S7；B1-2 区 4 个，编号为 S8～S11；F 区共布设地表沉降标 7 个，编号为 S26、S27、S31、S32、S36、S37 和 S38；C 区共布设地表沉降标 7 个，编号为 S43、S46、S47、S48、S49、S50 和 S54。用水准仪对地面沉降标进行水准测量，主要控制沉降速率，作为施工控制的一项辅助手段，可借此了解地基固结情况，推算卸载时间。施工中应调节加载速率，使地基最大沉降速率控制在 15mm/d 之内。

2. 分层沉降监测

在本试验区共打设了 5 组分层沉降仪。在 B 区埋设两组分层沉降仪，B1-1 区、B1-2 区各一组，编号分别为 BF1、BF2。BF1 在不同深度埋设了 9 个磁环，BF2 在不同深度埋设了 10 个磁环；F 区埋设一组分层沉降仪，编号为 FF1，FF1 在不同深度埋设了 10 个磁环；C 区埋设一组分层沉降仪，编号为 FS5。FS5 在不同深度埋设了 9 个磁环。先用钻机成孔，进入粉质黏土层，之后埋设分层沉降管，并

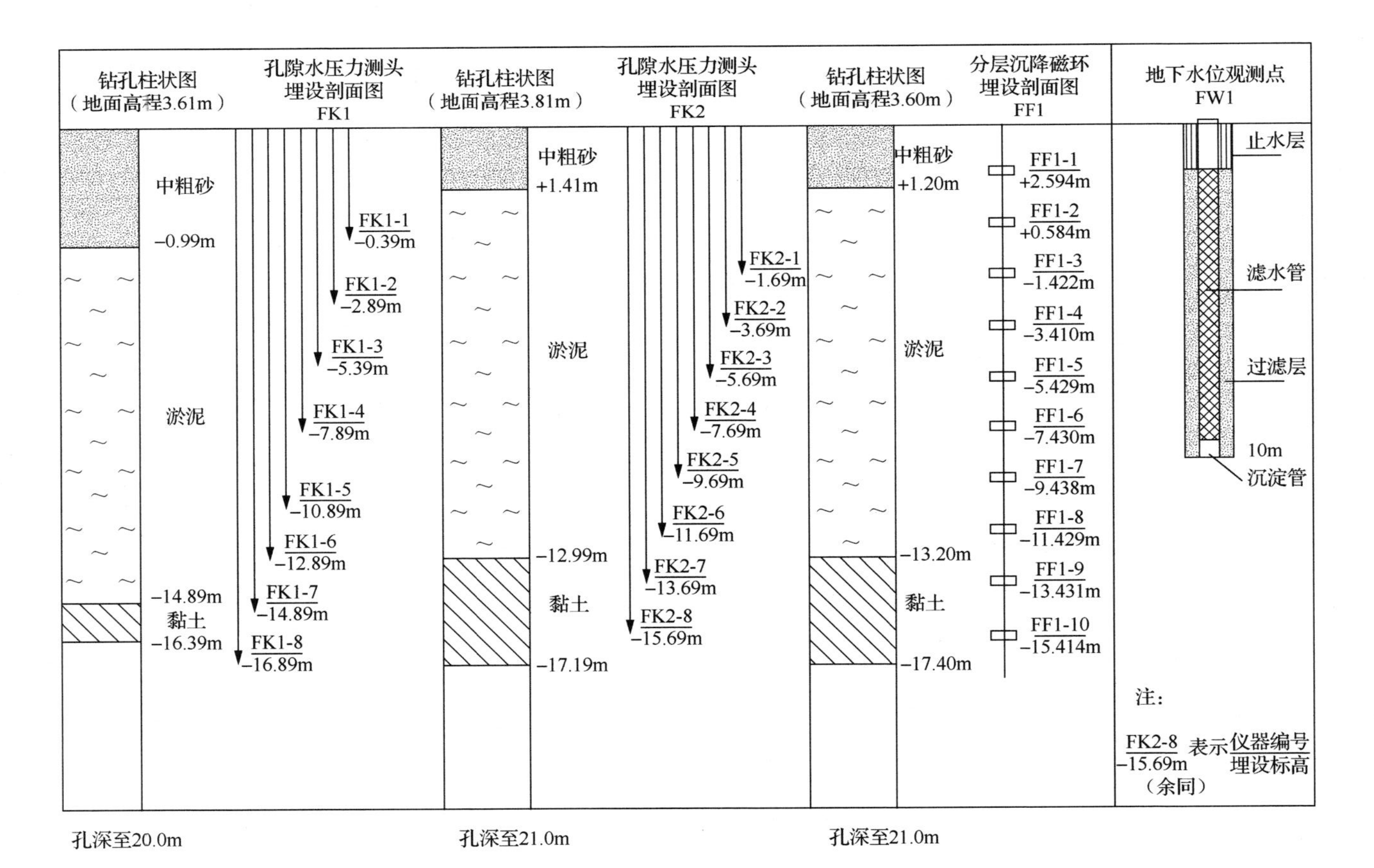

图 3-8　F 区仪器埋设剖面图

从地表往下每间隔 2m 安放一个分层沉降磁环。用电磁式分层沉降仪测量各磁环的深度，以了解包括淤泥在内的各土层沉降量的数值和随时间的变化。沉降测量精度为±2.0mm。

3. 孔隙水压力监测

量测孔隙水压力采用孔隙水压力计，其探头可以分为钢弦式、电阻式和气动式三种类型。探头由金属壳体和透水室组成，不同类型的区别在于其内部构造。本次试验中所采用的孔压计为钢弦式孔压计。

如图 3-7 所示，B 区布置了孔隙水压力计 3 组，其中：B1-1 区 2 组，编号分别为 BK1、BK2；B1-2 区 1 组，编号为 BK3；F 区布置了孔隙水压力计 2 组，编号分别为 FK1、FK2；C 区布置了孔隙水压力 2 组，编号分别为 CK1、CK2，按设计要求每组埋设 8 个孔压传感器。采用手持式数字频率接收仪进行数据采集。

实测土体中孔隙水压力的增长和消散过程，可用以计算土体固结度、强度及强度增长，分析地基的稳定性，从而控制堆载速率。根据观测的孔隙水压力计资料进行分析，加载速率控制标准为 $\sum \Delta U / \Delta P \leqslant 50\%$。如地面总沉降量达到荷载作用下计算最终沉降量的 90%，或理论计算的地基总固结度大于 90%，或地面最大沉降速率达到连续 10d 小于 5～10mm，满足以上任一条件都可决定卸载。

4. 边桩位移监测

通过监测判断码头结构与地基处理区域交界处的地基稳定性，保证地基加固施工不对码头结构造成不利影响。边桩位移量不应超过 4mm/d。

5. 地下水位监测

本次试验设置地下水位监测孔 2 个，以掌握地下水位变化，配合孔隙水压力计算及强夯的实际施工操作。

6. 压实度监测

振动碾压密实后，应进行压实度测试。陆域加固区域内共设置监测点 50 个，其具体位置根据场地加固处理的实际情况均匀布设。

本次试验监测时间 B1-1 区为 2002 年 3 月 22 日～10 月 15 日，共 207d；B1-2 区为 2002 年 3 月 2 日～10 月 8 日，共 220d；F 区为 2002 年 3 月 22 日～2003 年 1 月 7 日，共 291d；C 区为 2002 年 7 月 1 日～2003 年 3 月 4 日，共 246d。各项监测项目同时进行。监测仪器平面布置图见图 3-7；仪器埋设以 F 区为例，见图 3-8。

3.2.6　加固效果检验试验方案

利用荷载板试验可直观地反映出地基加固后土体的承载能力。本次试验在每个地基加固区域进行荷载板试验 2 组，荷载板试验可采用 1.5m×1.5m（或更大面积）的承压板，按照使用荷载的级别逐级施加静力荷载，根据荷载-沉降关系曲线确定地基的承载能力，计算土体的变形模量。此外，还可针对软基处理的主要对象——淤泥及淤泥质土进行钻孔取样和静力触探等试验，以确定该土层加固处理后物理、力学指标的变化，判断加固效果。现场钻探检验在每个进行堆载预压排水固结加固区域内安排 4 个（包括原状孔和标贯孔各 2 个）。

为了进一步查明加固区的土层的地基承载力、原位强度及强度增长特性等指标，在打设塑料排水板之前及卸载结束后进行十字板试验（图 3-9）和薄壁取土器试验（图 3-10），通过多种试验方法的对比，评价软基加固效果，为设计计算分析提供可靠依据。

图 3-9　十字板试验

图 3-10　薄壁取土器取土试验

3.3　试验成果分析

根据试验方案进行现场的仪器埋设与监测，获得了大量的监测成果。本节对排水法和强夯法加固复杂软基现场的地表沉降、分层沉降、孔隙水压力等各项监测数据进行了分析。分析结果比较全面地揭示了塑料排水板堆载预压、强夯加固软基过程中水、土的变化规律，有助于进一步分析排水法和强夯法机理，改善设计与施工工艺。本节还对加固前后的各项物理力学指标、现场十字板剪切试验及静力触探试验成果进行对比分析，以检验加固效果。

3.3.1　地表沉降量的监测成果分析

地表沉降量观测是软基沉降分析的基础，其变化规律是控制施工和安排后期施工的最重要指标之一，也是加固效果最直接的反映。表 3-5～表 3-7 是堆载预压阶段各测点（B1-1 区、B1-2 区、F 区和 C 区）的沉降量资料，可以反映加固过程中土体的变化规律。

表 3-5　B1-1 区、B1-2 区堆载预压期间沉降量

区号	沉降标号	堆载预压期间沉降量/mm	平均沉降量/mm
B1-1 区	S1	459	743
	S2	726	
	S3	946	
	S4	1 063	
	S5	492	
	S6	725	
	S7	787	
B1-2 区	S8	605	836
	S9	1 005	
	S10	809	
	S11	924	

表 3-6　F 区堆载预压期间沉降量

区号	沉降标号	堆载预压期间沉降量/mm	平均沉降量/mm
F 区	S26	1 768	2 050
	S27	1 515	
	S31	2 911	
	S32	1 894	
	S36	1 981	
	S37	1 695	
	S38	2 718	

表 3-7　C 区堆载预压期间沉降量

区号	沉降标号	堆载预压期间沉降量/mm	平均沉降量/mm
C 区	S43	1 410	1 001
	S46	1 189	
	S47	924	
	S48	1 014	
	S49	690	
	S50	1 156	
	S54	622	

地表沉降量是由插板期间沉降量和堆载预压期间沉降量两部分组成。

（1）插板期间沉降量

B 区插设塑料排水板期间沉降量平均值为 25cm，其中 B1-1 区插设塑料排水板期间沉降量为 20cm，B1-2 区插设塑料排水板期间沉降量为 30cm；F 区、C 区插设塑料排水板期间沉降量平均值分别为 41cm、27cm。

（2）堆载预压期间沉降量

B1-1 区、B1-2 区和 F 区具有代表性的沉降标作时间-荷载-地表沉降量曲线见图 3-11～图 3-13，沉降量见表 3-5～表 3-7；图 3-14 和图 3-15 分别为 F 区卸载时的最终实测沉降量等值线平面图与立体图。

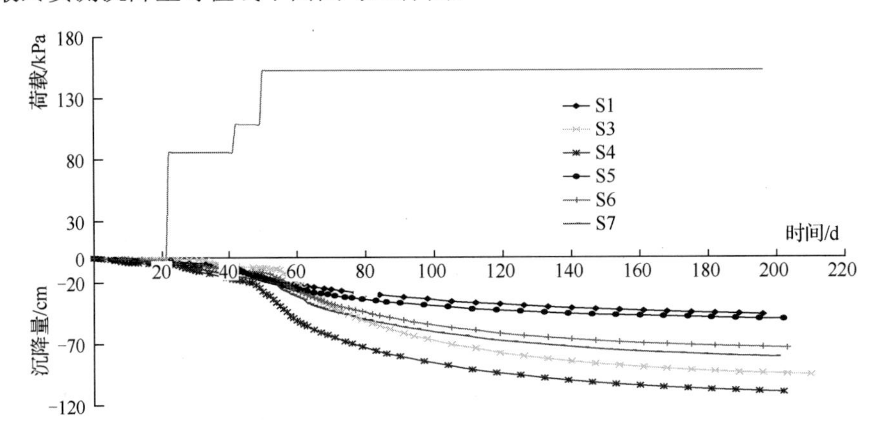

图 3-11　B1-1 区时间-荷载-地表沉降量曲线

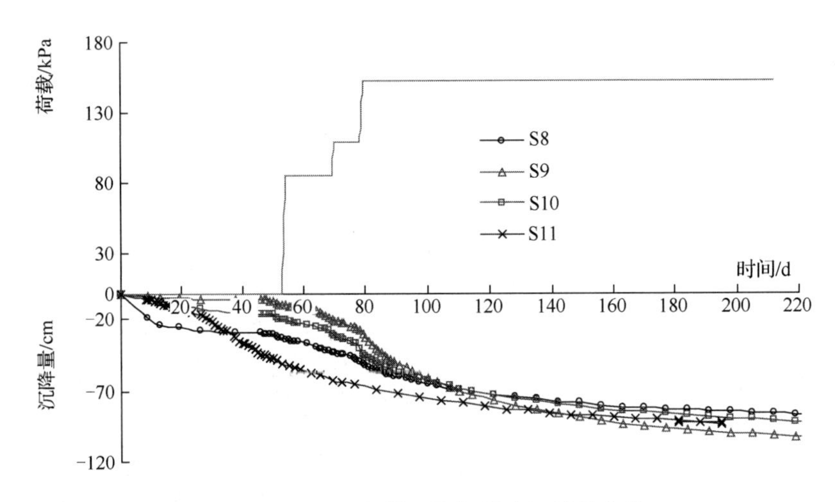

图 3-12　B1-2 区时间-荷载-地表沉降量曲线

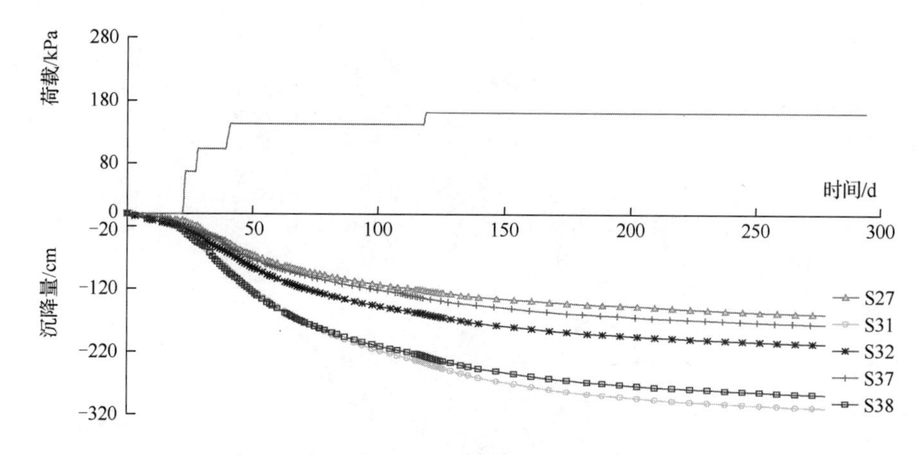

图 3-13　F 区时间-荷载-地表沉降量曲线

根据观测资料绘制的时间-荷载-地表沉降量曲线图可以看出，在堆载预压初期地表迅速下降，沉降曲线较陡，而最后趋于平稳，即堆载初期沉降速率较大，随时间的延长，沉降速率逐渐变小，说明土体主固结变化速率是一个渐变收敛的过程，到卸载时为止，各条曲线趋于水平，说明沉降量趋于稳定。

从图 3-14 和图 3-15 中可以看出，沉降量以加固区中心最大，向周围逐渐递减，形成一个锅底形状。

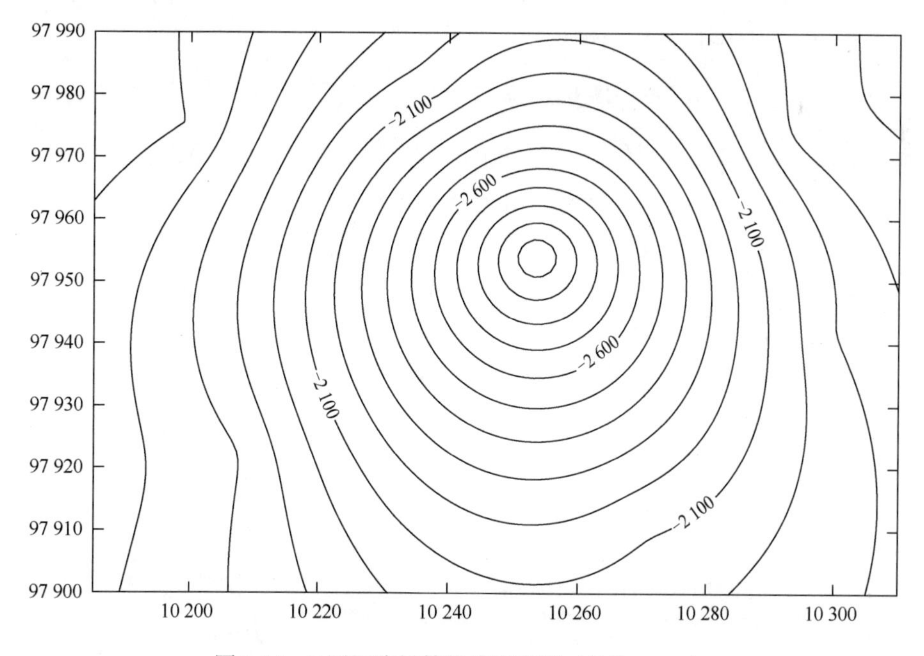

图 3-14　F 区沉降量等值线平面图（单位：mm）

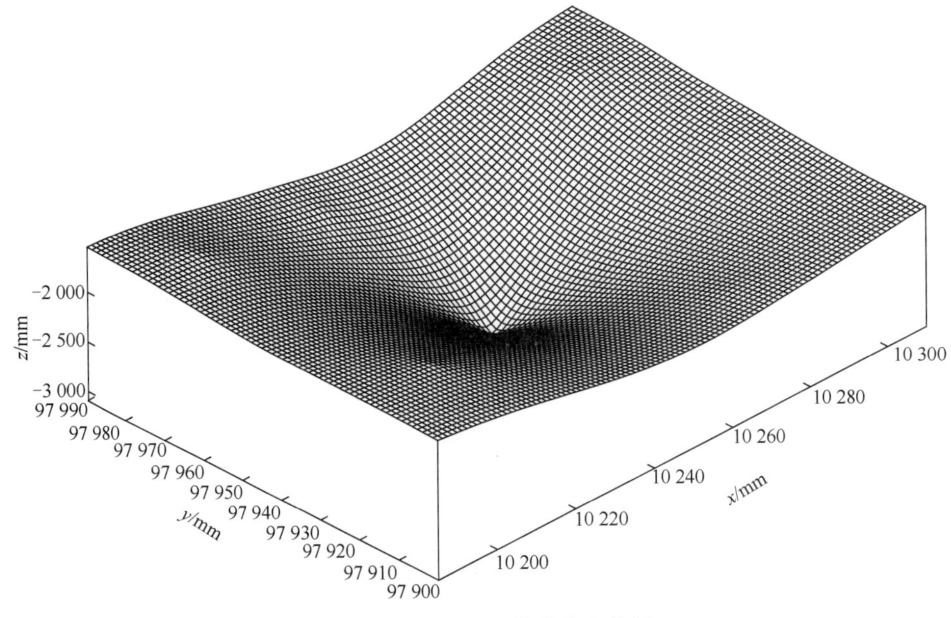

图 3-15　F 区沉降量等值线立体图

（3）总沉降量

将插设塑料排水板期间的沉降量和堆载预压期间的沉降量相加即为总沉降量，B1-1 区、B1-2 区、F 区和 C 区总沉降量见表 3-8。

表 3-8　B1-1 区、B1-2 区、F 区和 C 区总沉降量　（单位：mm）

区号	插板期间沉降量	堆载预压期间沉降量	总沉降量
B1-1 区	200	743	943
B1-2 区	300	836	1 136
F 区	410	2 050	2 460
C 区	270	1 001	1 271

（4）卸载回弹量

软土地基堆载预压卸荷后，在一段时间内还会产生一定量的回弹，该回弹量由地表沉降标直接进行测量。B1-1 区、B1-2 区、F 区和 C 区回弹量平均值分别为 3.2cm、4.0cm、3.5cm。

（5）固结度分析计算

利用实测地表沉降量绘制荷载-时间-地表沉降量曲线，用三点法在曲线上的后段取等时距的两段，求出沉降量 S_1、S_2、S_3，用式（3-1）推算出最终沉降量 S_∞，求出各区（段）最终沉降量 S_∞ 后，用式（3-2）计算出固结度 U_t，即

$$S_\infty = \frac{S_3(S_2 - S_1) - S_2(S_3 - S_2)}{(S_2 - S_1) - (S_3 - S_2)} \tag{3-1}$$

$$U_t = \frac{S_t}{S_\infty} \tag{3-2}$$

式中：S_∞——最终沉降量；

S_1、S_2、S_3——实测沉降曲线上的等同时间间隔所对应的实测沉降量；

U_t——用实测沉降量表示的对应 t 时刻的固结度，%；

S_t——t 时刻的沉降量。

B1-1 区、B1-2 区、F 区和 C 区各沉降标固结度见表 3-9～表 3-11。

表 3-9　B1-1 区、B1-2 区各沉降标固结度

区号	沉降标号	S_t/mm	S_∞/mm	固结度/%	平均固结度/%
B1-1 区	S1	465	514	90.5	93.3
	S2	736	789	93.3	
	S3	957	1 018	94.0	
	S4	1 096	1 168	93.8	
	S5	503	543	92.6	
	S6	738	778	94.8	
	S7	811	859	94.4	
B1-2 区	S8	874	920	95.0	94.2
	S9	1 043	1 117	93.4	
	S10	934	992	94.2	
	S11	924	980	94.3	

表 3-10　F 区各沉降标固结度

区号	沉降标号	S_t/mm	S_∞/mm	固结度/%	平均固结度/%
F 区	S26	1 768	1 901	93.0	93.0
	S27	1 603	1 739	92.2	
	S31	3 099	3 368	92.0	
	S32	2 064	2 196	94.0	
	S36	2 118	2 258	93.8	
	S37	1 750	1 874	93.4	
	S38	2 878	3 101	92.8	

表 3-11　C 区各沉降标固结度

区号	沉降标号	S_t/mm	S_∞/mm	固结度/%	平均固结度/%
C 区	S43	1 727	1 883	91.7	92.5
	S46	1 267	1 364	92.9	
	S47	968	1 040	93.1	
	S48	1 316	1 429	92.1	
	S49	759	823	92.2	
	S50	1 348	1 465	92.0	
	S54	671	715	93.8	

3.3.2 分层沉降量的监测成果分析

1. 土层的分层沉降量

通过分层沉降量的观测，可以了解软基处理过程中不同土层沉降量、地面下不同标高的沉降量及有效压缩层的变化规律，进一步分析深层土的加固效果和加固影响深度。F 区埋设的一组分层沉降 FF1，在后期观测过程中，由于沉降量过大，分层沉降管断裂，分层沉降无法继续。B1-1 区、B1-2 区和 C 区的荷载-时间-深层分层沉降量曲线见图 3-16～图 3-18；各磁环累计沉降量见表 3-12 和表 3-13。

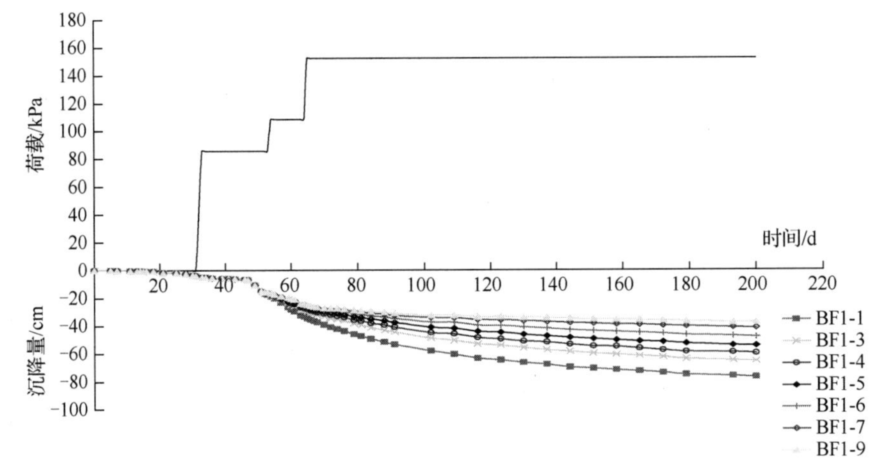

图 3-16　B1-1 区分层沉降量曲线

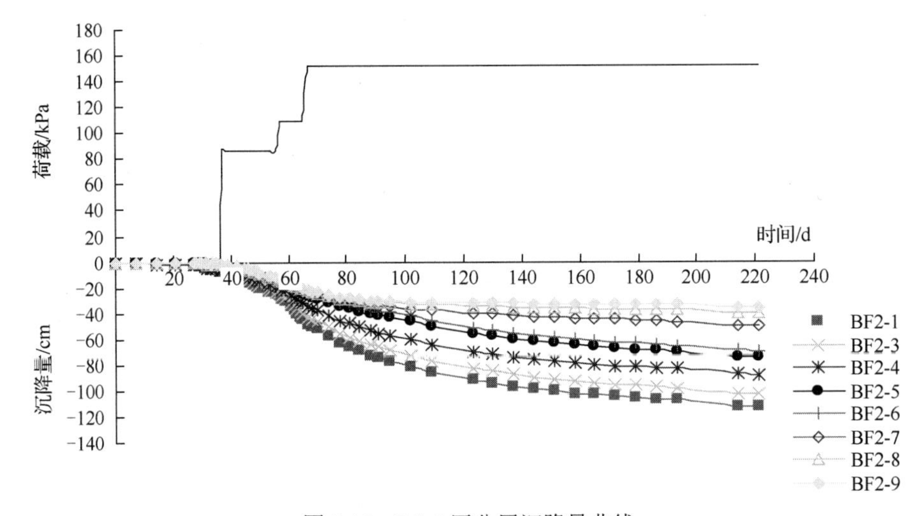

图 3-17　B1-2 区分层沉降量曲线

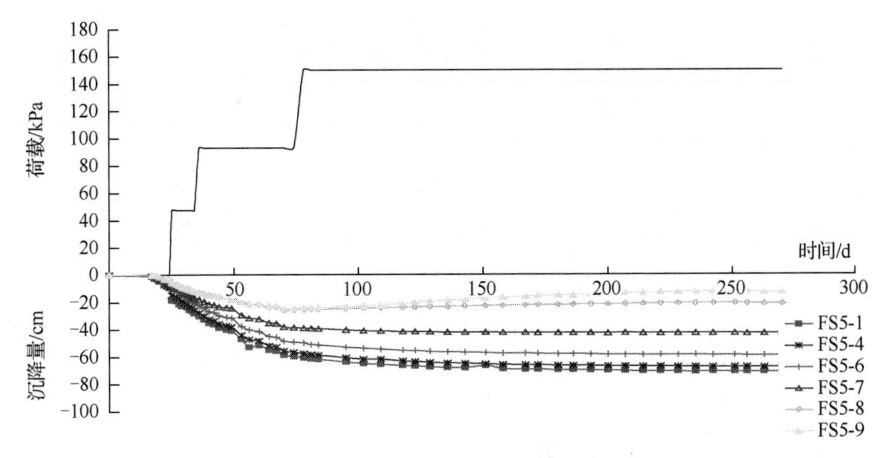

图 3-18　C 区分层沉降量曲线

从分层沉降量曲线上可以看出，在堆载初期，各磁环的沉降量较大，随着时间的延长，沉降速率逐步变小，表明各层的沉降量也是一个渐变收敛过程。从图 3-18 也可以看出，由于加固区淤泥层较厚且性质比较单一，不同深度的土层沉降量变化规律明显，上部磁环的沉降量最大，随深度的加深，磁环的沉降量呈递减且变小。

表 3-12　B1-1 区和 B1-2 区各磁环累计沉降量

区号	磁环编号	各磁环累计沉降量/mm
B1-1 区	BF1-1	769
	BF1-2	748
	BF1-3	655
	BF1-4	598
	BF1-5	544
	BF1-6	481
	BF1-7	416
	BF1-8	390
	BF1-9	376
B1-2 区	BF2-1	1 000
	BF2-2	992
	BF2-3	904
	BF2-4	754
	BF2-5	617
	BF2-6	571
	BF2-7	370
	BF2-8	277
	BF2-9	229
	BF2-10	217

表 3-13　C 区各磁环累计沉降量

区号	磁环编号	各磁环累计沉降量/mm
C 区	CF1-1	954
	CF1-2	850
	CF1-3	807
	CF1-4	221
	CF1-5	196
	CF1-6	147
	CF1-7	142
	CF1-8	119
	CF1-9	96

2. 各磁环固结度分析计算

利用分层沉降各磁环的沉降量，采用分层综合法求得地基软土的最终沉降量 S_∞，用实测得出的 S_t 求 U_t。最终沉降量 S_∞ 用式（3-3）计算，B1-1 区、B1-2 区和 C 区分层沉降各磁环固结度见表 3-14 和表 3-15。

$$S_\infty = m_s \sum t \frac{\alpha_i}{1+e_{0i}} h_i \cdot \Delta p_i \tag{3-3}$$

式中：h_i——i 层土的厚度；

α_i——i 土层压缩系数；

Δp_i——i 土层的平均附加压力；

e_{0i}——i 土层初始孔隙比；

m_s——经验修正系数，一般为 1.0～1.3。

表 3-14　B1-1 区、B1-2 区分层沉降各磁环固结度

区号	磁环编号	埋设标高/m	卸载时总沉降量/mm	最终沉降量/mm	固结度/%	平均固结度/%
B1-1 区	BF1-1	+1.156	769	825	93.2	90.2
	BF1-2	−0.315	748	804	93.0	
	BF1-3	−2.323	655	712	92.0	
	BF1-4	−4.310	598	655	91.3	
	BF1-5	−6.312	544	599	90.8	
	BF1-6	−8.334	481	538	89.4	
	BF1-7	−10.345	416	468	88.9	
	BF1-8	−12.359	390	448	87.1	
	BF1-9	−14.353	376	437	86.1	

续表

区号	磁环编号	埋设标高/m	卸载时总沉降量/mm	最终沉降量/mm	固结度/%	平均固结度/%
B1-2 区	BF2-1	+1.322	1 130	1 209	93.5	90.7
	BF2-2	+0.172	1 122	1 214	92.4	
	BF2-3	−1.812	1 034	1 130	91.5	
	BF2-4	−3.816	884	971	91.0	
	BF2-5	−5.809	747	825	90.6	
	BF2-6	−7.814	701	778	90.1	
	BF2-7	−9.810	500	557	89.8	
	BF2-8	−11.811	407	455	89.5	
	BF2-9	−13.811	359	403	89.3	
	BF2-10	−14.730	347	390	89.0	

表 3-15　C 区分层沉降各磁环固结度

区号	磁环编号	埋设标高/m	卸载时总沉降量/mm	最终沉降量/mm	固结度/%	平均固结度/%
C 区	CF1-1	2.256	954	1034	92.3	92.8
	CF1-2	−1.629	850	915	92.9	
	CF1-3	−3.114	807	874	93.2	

3. 残余沉降量分析

残余沉降量按下式计算：

$$S_r = S_\infty - S_t \tag{3-4}$$

式中：S_r——残余沉降量，cm；

S_t——卸载时总沉降量，cm。

通过固结度综合分析计算，可以最终确定 B1-1 区、B1-2 区、F 区、C 区各区的残余沉降量，其平均值均不超过 30cm。

3.3.3　孔隙水压力的监测成果分析

孔隙水压力是了解地基土体固结状态最直接的手段，根据孔隙水压力的变化规律，分析地基土体的固结机理，进一步研究堆载预压法加固软基和土体强度增长规律，也可判断被加固土体的加固效果。

图 3-19～图 3-25 给出了 B1-1 区、B1-2 区、C 区和 F 区的时间-荷载-孔隙水压力变化曲线。由图可以看出，在堆载期间孔隙水压力急剧增长，堆载结束后孔

压逐渐消散，后期则消散缓慢；且沿着深度方向孔压消散值逐渐变小，随着孔隙水压力的逐渐消散，土体的有效应力逐渐增加，从而使土体固结强度提高。由于土质条件不同，各测头消散速率不一，用孔隙水压力计算各土层固结度，计算结果见表 3-16～表 3-18。从分层沉降及孔压数据都可看出，在加固过程中地基土体的固结度沿深度的增加不断减小，反映了竖向排水体的井阻效应。

$$U_{\mathrm{t}} = U'/U_0 \times 100\% \tag{3-5}$$

式中：U_{t}——测头处 t 时刻的固结度，%；

U'——自加荷后该点孔隙水压力累计消散值，kPa；

U_0——自加荷后该点孔隙水压力累计增加值，kPa。

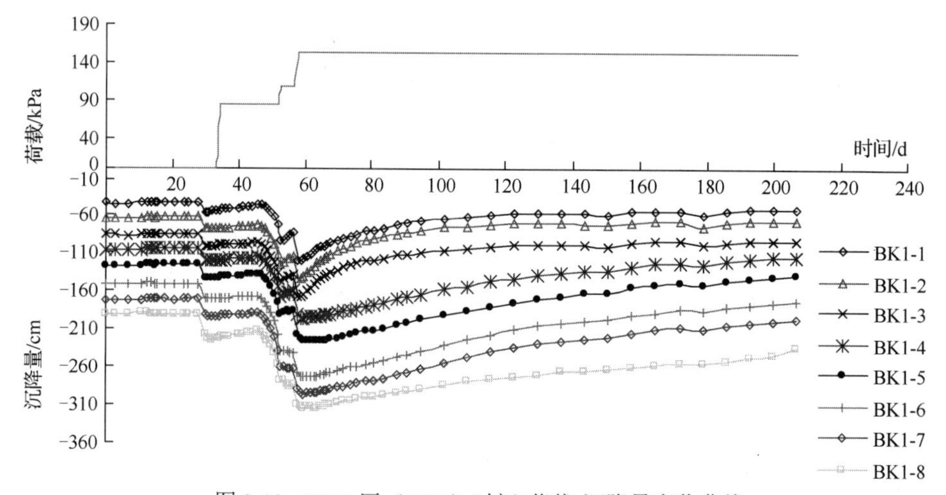

图 3-19　B1-1 区（BK1）时间-荷载-沉降量变化曲线

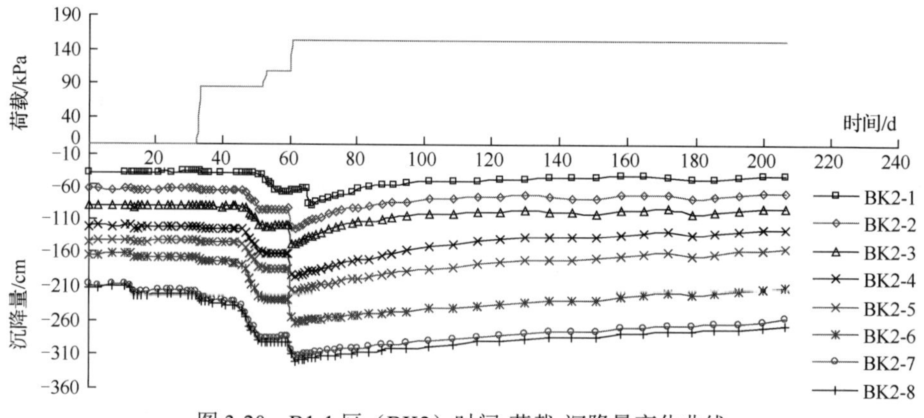

图 3-20　B1-1 区（BK2）时间-荷载-沉降量变化曲线

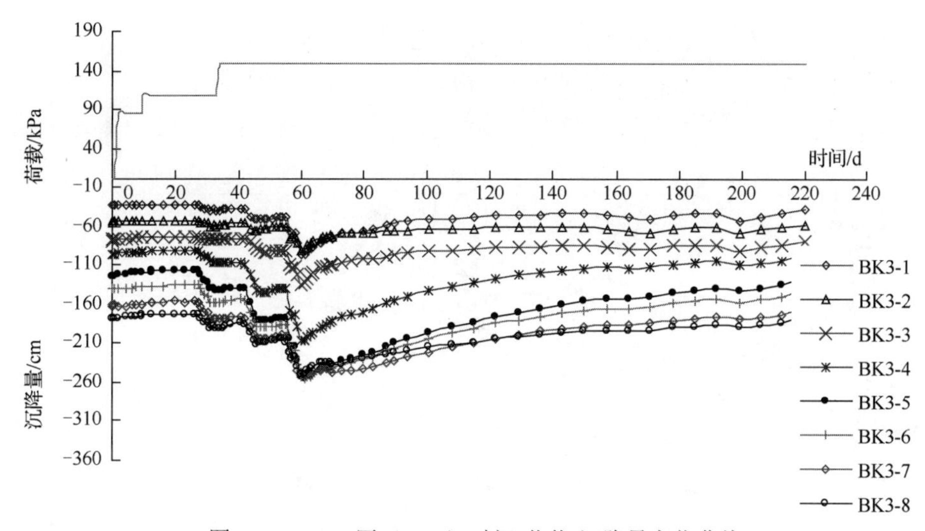

图 3-21　B1-2 区（BK3）时间-荷载-沉降量变化曲线

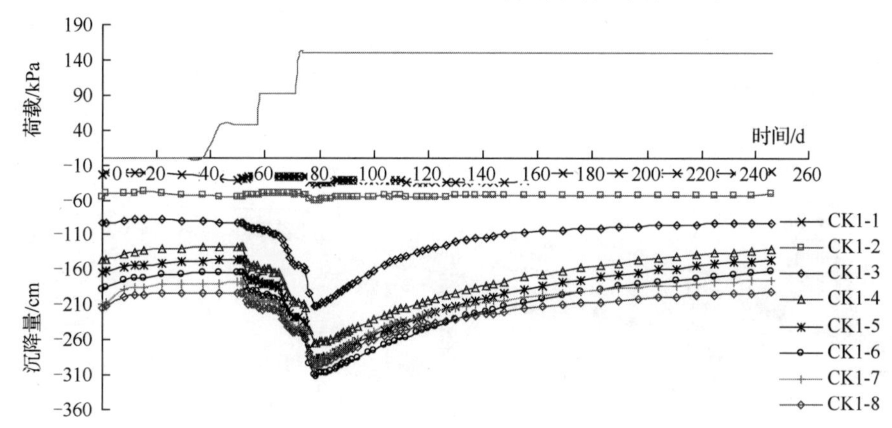

图 3-22　C 区（CK1）时间-荷载-沉降量变化曲线

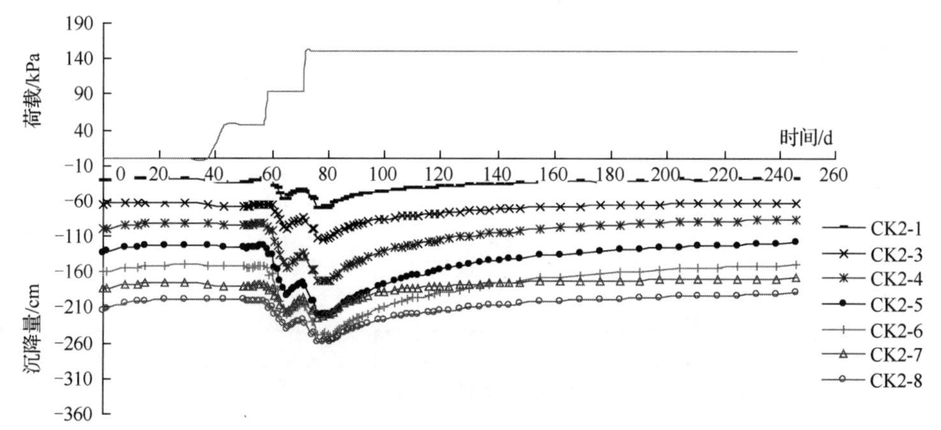

图 3-23　C 区（CK2）时间-荷载-沉降量变化曲线

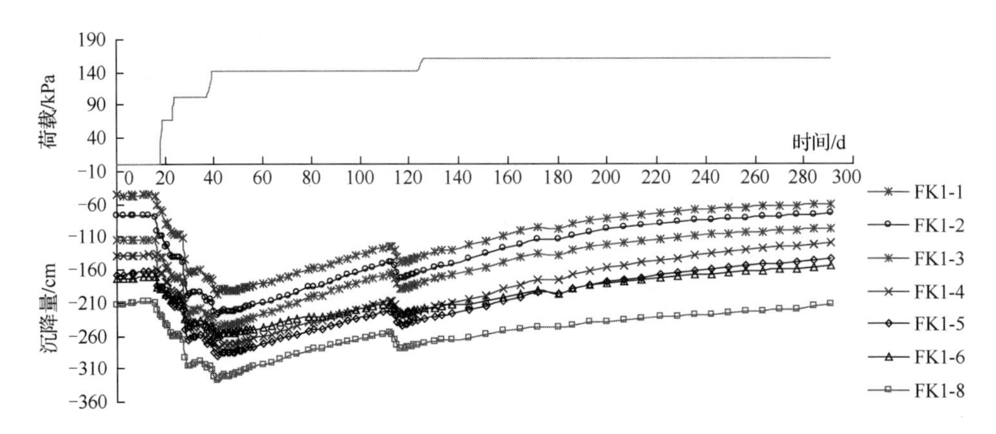

图 3-24　F 区（FK1）时间-荷载-沉降量变化曲线

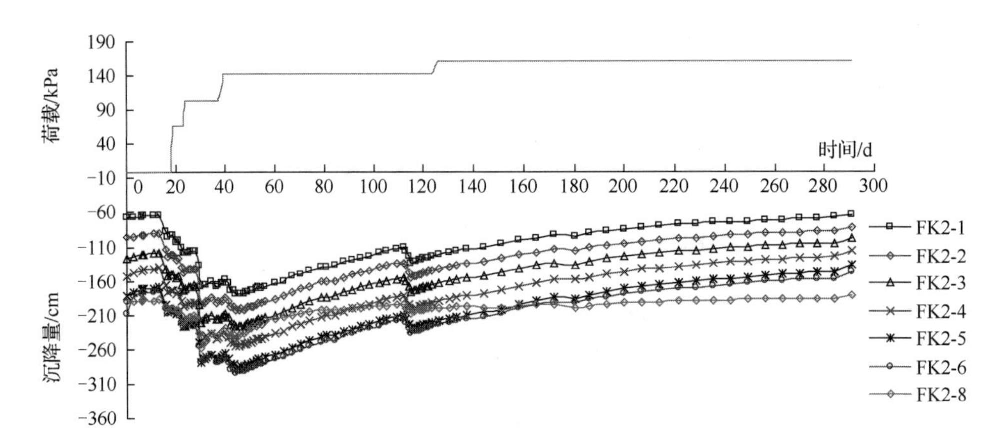

图 3-25　F 区（FK2）时间-荷载-沉降量变化曲线

表 3-16　B1-1 区和 B1-2 区各孔压测头固结度计算结果

区号	测头编号	埋设标高/m	固结度/%	平均固结度/%
B1-1 区	BK1-1	−2.771	93.1	89.2
	BK1-2	−4.771	92.8	
	BK1-3	−6.771	92.6	
	BK1-4	−8.771	91.2	
	BK1-5	−10.771	90.2	
	BK1-6	−12.771	88.6	
	BK1-7	−14.771	84.6	
	BK1-8	−16.771	80.1	

续表

区号	测头编号	埋设标高/m	固结度/%	平均固结度/%
B1-1 区	BK2-1	−1.458	94.2	88.2
	BK2-2	−3.958	93.2	
	BK2-3	−6.458	91.0	
	BK2-4	−8.958	90.3	
	BK2-5	−10.958	88.9	
	BK2-6	−12.958	85.0	
	BK2-7	−16.358	82.9	
	BK2-8	−16.458	79.8	
B1-2 区	BK3-1	−0.866	94.9	90.8
	BK3-2	−2.866	92.5	
	BK3-3	−4.866	91.7	
	BK3-4	−6.866	90.8	
	BK3-5	−8.866	90.0	
	BK3-6	−10.866	89.8	
	BK3-7	−12.866	88.6	
	BK3-8	−14.866	88.1	

表 3-17　C 区各孔压测头固结度计算结果

区号	测头编号	埋设标高/m	固结度/%	平均固结度/%
C 区	CK1-1	0.507	93.1	90.7
	CK1-2	−2.493	92.6	
	CK1-3	−5.493	92.2	
	CK1-4	−8.493	91.5	
	CK1-5	−10.493	91.1	
	CK1-6	−12.493	90.3	
	CK1-7	−14.493	88.4	
	CK1-8	−15.693	86.2	
	CK2-1	−0.367	92.2	90.0
	CK2-2	−2.367	91.6	
	CK2-3	−4.267	91.1	
	CK2-4	−6.367	90.5	
	CK2-5	−8.367	90.2	
	CK2-6	−10.867	89.6	
	CK2-7	−13.867	87.7	
	CK2-8	−16.867	86.9	

表 3-18　F 区各孔压测头固结度计算结果

区号	测头编号	埋设标高/m	固结度/%	平均固结度/%
F 区	FK1-1	−2.771	93.1	89.2
	FK1-2	−4.771	92.8	
	FK1-3	−6.771	92.6	
	FK1-4	−8.771	91.2	
	FK1-5	−10.771	90.2	
	FK1-6	−12.771	88.6	
	FK1-7	−14.771	84.6	
	FK1-8	−16.771	80.1	
	FK2-1	−1.458	94.2	88.2
	FK2-2	−3.958	93.2	
	FK2-3	−6.458	91.0	
	FK2-4	−8.958	90.3	
	FK2-5	−10.958	88.9	
	FK2-6	−12.958	85.0	
	FK2-7	−16.358	82.9	
	FK2-8	−16.458	79.8	

3.3.4　加固效果检验

为了进一步查明加固区的土层的地基承载力、原位强度及强度增长特性等指标，根据设计要求，在打设塑料排水板之前及卸载结束后应进行十字板试验和取样孔土工试验，通过多种试验方法的对比，评价软基加固效果，为设计计算分析提供可靠依据。

1. 十字板剪切强度变化

十字板剪切强度试验是在钻孔内直接测定软黏土抗剪强度。它所测得的强度相当于不排水强度和残余强度。常用的十字板为正交的两个矩形，高径比为 2。B 区、F 区和 C 区预压前后软土十字板剪切强度对比见表 3-19～表 3-21；B 区和 F 区堆载加固前后十字板强度对比曲线见图 3-26。

表 3-19　B 区预压前后软土十字板剪切强度对比

预压前试验标高/m	预压前十字板剪切强度/kPa	预压后十字板剪切强度/kPa
−2.72	29.76	
−3.90	30.24	44.00
−4.72	28.00	47.36

续表

预压前试验标高/m	预压前十字板剪切强度/kPa	预压后十字板剪切强度/kPa
−5.97	20.48	32.16
−6.97	25.44	43.36
−7.70	30.20	34.80
−8.97	33.76	56.80
−9.72	24.64	46.40
−10.92	36.96	49.12
−11.72	25.68	45.60
−12.90	27.60	44.48
−13.60	44.32	53.28

表 3-20　F 区预压前后软土十字板剪切强度对比

预压前试验标高/m	预压前十字板剪切强度/kPa	预压后十字板剪切强度/kPa
0～−1.0	18.40	
−1.0～−2.0	17.12	
−2.0～−3.0	16.00	
−3.0～−4.0	18.00	41.60
−4.0～−5.0	16.80	40.00
−5.0～−6.0	16.80	38.56
−6.0～−7.0	17.60	39.36
−7.0～−8.0	18.48	39.04
−8.0～−9.0	17.44	39.68
−9.0～10.0	18.90	39.36
−10.0～−11.0	17.60	39.04
−11.0～−12.0	18.72	39.68
−12.0～−13.0	17.28	40.32
−13.0～−14.0	17.76	71.92
−14.0～−15.0	25.44	

表 3-21　C 区预压前后软土十字板剪切强度（标贯击数）对比

预压前试验标高/m	预压前十字板剪切强度/kPa	预压后标贯击数/击	备注
−9.0～10.0	22.40	4	预压后土质变硬，且夹有粉砂薄层，不能进行十字板试验而改标准贯入试验代替
−10.0～−11.0	21.60	4	
−11.0～−12.0	19.04	5	
−12.0～−13.0	21.28	5	
−13.0～−14.0		5	

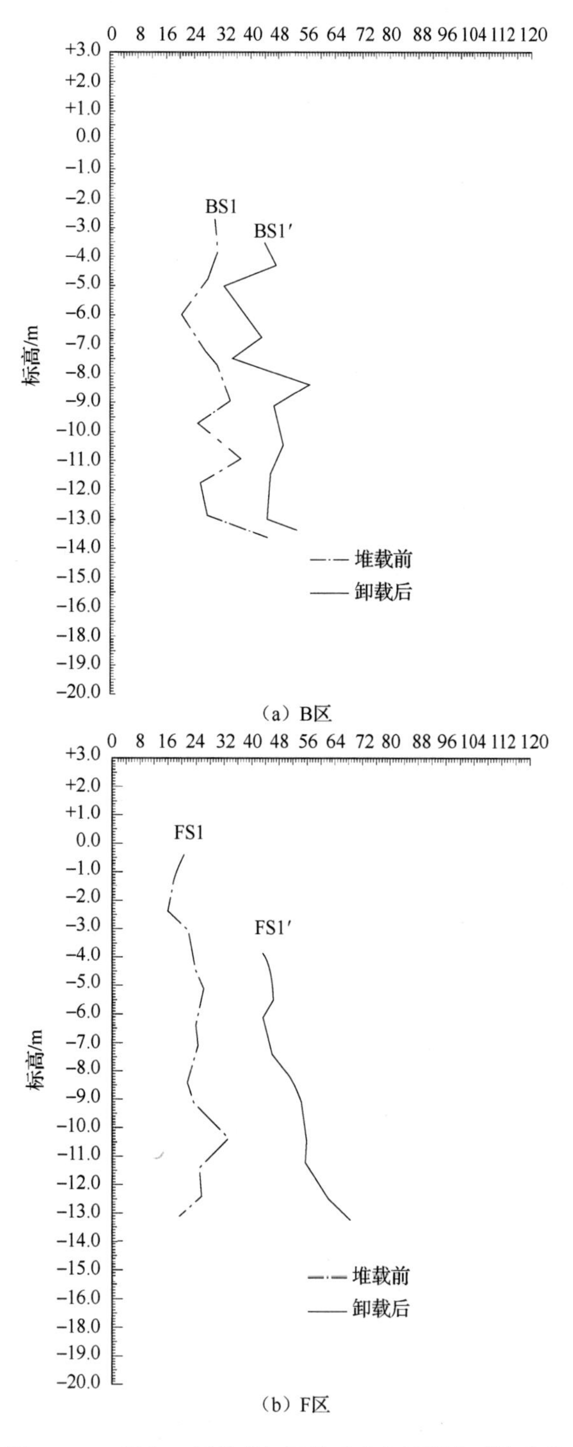

图 3-26　B 区和 F 区堆载加固前后十字板强度对比曲线

从表 3-19～表 3-21 和图 3-26 可以看出，B 区、F 区和 C 区三区地基软土堆载预压后强度明显提高，一般可提高 1～3 倍，由此可见堆载预压加固效果显著达到了预期的目的。另外，试验结果表明：土层上部的加固效果要稍好于下部，加固深度可达 14m。

2. 土的物理力学性能变化

B 区加固前后土层主要的物理力学性能指标对比见表 3-22。

表 3-22　B 区加固前后土层主要的物理力学性能指标对比

项目		含水量 w/%	密度增减变化 ρ/(g/cm^3)	孔隙比 e	液限 ε/%	塑性指数 I_p/%	液性指数 I_L	压缩系数 $a_{v1\text{-}2}$/MPa^{-1}	快剪		固快		地基承载力 R/kPa
									摩擦角 φ/(°)	黏聚力 c/kPa	摩擦角 φ/(°)	黏聚力 c/kPa	
黏土 3	预压前	47.20	1.732	1.330	51.14	23.18	0.83	0.55			16.35	19.50	70
	预压后	37.80	1.850	1.042	51.80	23.55	0.43	0.45	6.06	49.80	16.20	21.70	120
	增减变化	−9.40	0.118	−0.288	0.66	0.37	−0.40	−0.10			−0.15	+2.20	+50
淤泥质黏土 4	预压前	56.40	1.660	1.580	54.80	25.15	1.08	1.45					55
	预压后	47.63	1.740	1.334	54.83	25.18	0.70	0.51	8.67	44.1	13.4	27.4	90
	增减变化	−8.77	0.08	−0.246	+0.03	+0.03	−0.38	−0.94					+35
淤泥 5	预压前	66.73	1.583	1.890	61.78	28.90	1.18	1.59			13.80	18.30	35
	预压后	50.00	1.700	1.420	60.72	28.32	0.62	0.52	6.25	45.6	13.56	29.90	80
	增减变化	−16.73	+0.117	−0.47	−1.06	−0.58	−0.56	−1.07			−0.24	+11.60	+45

从表 3-22 中可以看出，上部土层主要指标如含水量、孔隙比、液性指数及压缩系数均明显降低，抗剪强度指标明显提高，说明堆载预压法可以改善土体物理力学性能指标，加固效果明显，达到了软基处理的目的。

3. 标贯试验承载力值变化

经过地基处理后 B 区、F 区和 C 区各土（砂）层的地基承载力对比见表 3-23。

表 3-23　各土（砂）层的地基承载力对比　（单位：kPa）

土层	项目	承载力		
		B 区	F 区	C 区
中粗砂	加固前	140	130	130
	加固后	180	180	200
淤泥	加固前	55	25	40
	加固后	90	80	80

3.4 塑料排水板堆载预压法施工工艺及其改进

在塑料排水板堆载预压法处理软基的过程中，一方面，当上覆回填厚度大（填料为块石、砂性土或黏土及开山石料等）时，在塑料排水板的插设施工中，普通插纸板机就无法穿过填土层把排水体插到淤泥底部，从而导致堆填预压荷载后，下层淤泥里的孔隙水很难排出地面，达不到软基加固的目的，且施工后会产生较大的工后沉降，对修建工程的使用效果产生不良影响，有效解决这一施工难题是保证施工质量的前提。另一方面，由于各区域的地质条件不同及回填施工过程中软土变化的多样性和不确定性，以及前期填海资料缺失，无法确定回填后软土地基与石堤的分界线，从而形成“石舌”，其形态究竟如何，如何确定“石舌”下及周边区域的软土性状及处理方法，给设计及施工带来相当大的困难。因此，石堤边界处的地基处理是本工程施工中的重点和难点。

3.4.1 在上覆硬土层较厚的地基上打设塑料排水板施工工艺研究

1. 设备改装

地表硬层由紧密砂、黏土碎石夹层、粒径不等的块石等构成，结构密实，普通插板设备根本无法进行插板施工。施工时需要由专门设备利用高强度钻头（即浅层引孔施工机械）通过较长时间的强烈振动，逐步穿透密实结构并挤开下插过程中遇到的块石，引穿硬层后立即用普通插板设备在引孔处补孔插板。

针对以上问题，根据实际应用情况，可将普通振动式插板设备改装成浅层引孔施工机械，具体改装步骤如下。

（1）主架的改装

原普通振动插排水板机主架一般高度为26m左右，机械重心高，施工时会降低桩管的穿透力，无法穿透硬土层进入约20m的深度。因此，主架改装的第一步是要把主架放低，即根据本工程实际硬土层的厚度将主架放低到15m的高度。改装后的浅层引孔机由于需要长时间的强烈振动，连接螺栓、螺母都要采用高强度材料，同时要加焊高强度连接板，使主架与副架牢固，改装好的LC-45D型振动引孔机主架见图3-27。

图 3-27　LC-45D 型振动引孔机主架

（2）插管及桩头的改装

根据主架高度来调整插管的长度，同时为保证插管的强度，材料由低碳钢改为中碳钢。插管的直径由原来的 127mm 更换为 133mm，壁厚由原来的 10mm 改为 16mm，既保证了强度，又可以使引孔机的成孔比较大，便于普通插板机补插排水板。为增加插管的穿透能力，把原来一字形空桩头改为实心圆锥形，并在插管末端焊接高强合金金刚锥形钻头，长度为 300mm，直径为 210mm，其桩头形状对比见图 3-28。

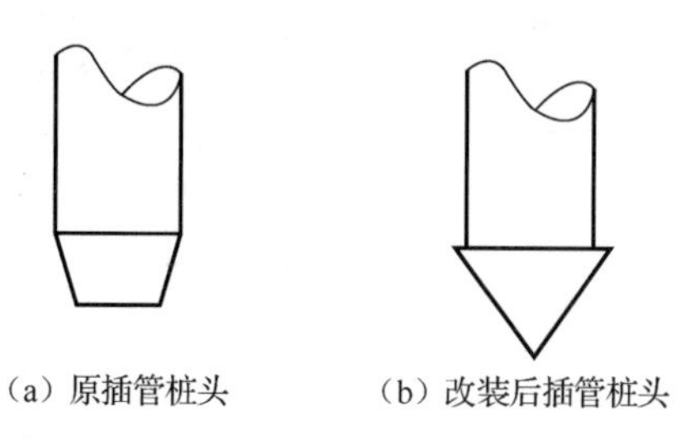

图 3-28　桩头形状对比

（3）动力设备的改装

由于穿透厚硬土层需要很强的动力，原插板机 30kW 振动锤满足不了动力要求，经工程实际应用情况，可将振动设备由原配套的 30kW 振动锤更换为 45kW 振动锤，发电机设备也由 75kW 改为 120kW 发电机，经现场调试，改装好的动力配套设备能满足施工需要。

（4）辅助设施的改装

改装后的浅层引孔机动力大，且引孔时需要反复长时间激烈振动，考虑安全问题，钢丝绳由原ϕ19.5 改用ϕ22 高强度钢丝绳。由于设备的强烈振动，钢丝绳磨损会比较严重，需要定期更换，同时还应在主架与插管外安装安全设备，以防插管崩断发生安全事故。

2. 工艺流程

将改装好的浅层引机经安全检查、调试完毕后，即可投入施工。其流程主要是浅层引孔机在厚硬土层引孔并做上标记，再由普通插纸板机进行补插。工程实践证明该设备的应用能较好地解决在硬土上插板困难的难题，保证了地基处理的质量。浅层引孔工艺流程及现场施工照片见图 3-29 和图 3-30。

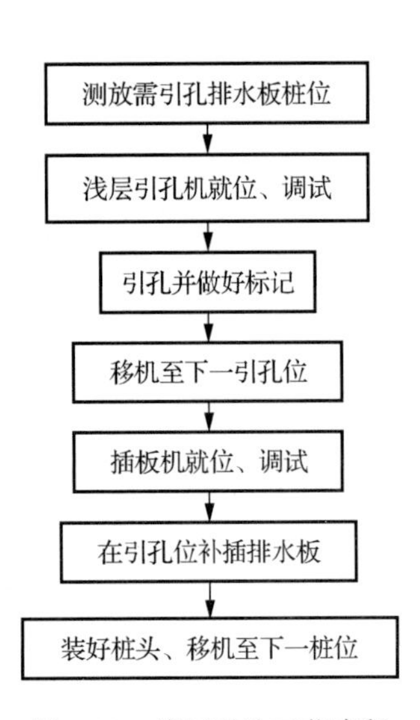

图 3-29　浅层引孔工艺流程

图 3-30　浅层引孔现场施工照片

3. 浅层引孔的确定方法

对于场地当中需要进行浅层引孔的地方，一般是用普通插板设备在该孔位不能下插后，且左右移位 50cm 仍然无法下插时，方可确定采用浅层引孔处理。对于边界处的浅层引孔发生量的确定，按上述原则如在正常插板区靠近边界处附近有两行无法插板，就需要引孔，将该边界处定为浅层引孔边界施工区，场地中引孔施工剖面和边界引孔施工剖面分别见图 3-31 和图 3-32。

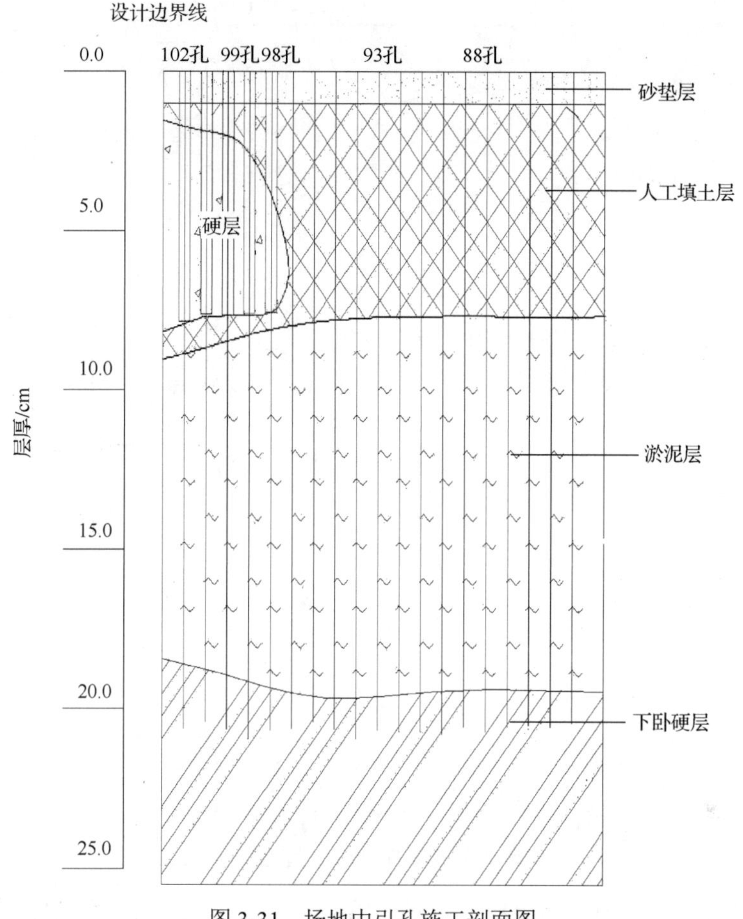

图 3-31 场地中引孔施工剖面图

4. 插板区域的边界施工

浅层引孔的难点在于边界处的施工，由于地质复杂，多个边界均存在“石舌”，塑料排水板施工的边界线实际上是由浅层引孔边界处理原则确定的。浅层引孔边界处理原则具体有以下几点。

1）通过正常插板定出浅层引孔边界施工区域。

2）定出浅层引孔边界施工区域后按 10m 左右一个断面进行边界探摸。

3）采用浅层引孔设备在正常插板区最边上一根排水板的前插板位进行引孔插板，至引孔机无法引穿硬层时，再向前一桩位引孔试插，如仍无法引穿硬层，即可初步判定已施工至“石舌”处。如此时淤泥厚度小于 5m，即可确定施插的最后一根板位为边界板位；如淤泥厚度大于 5m，则需向边界处继续施工至淤泥厚度小于 5m 为止。

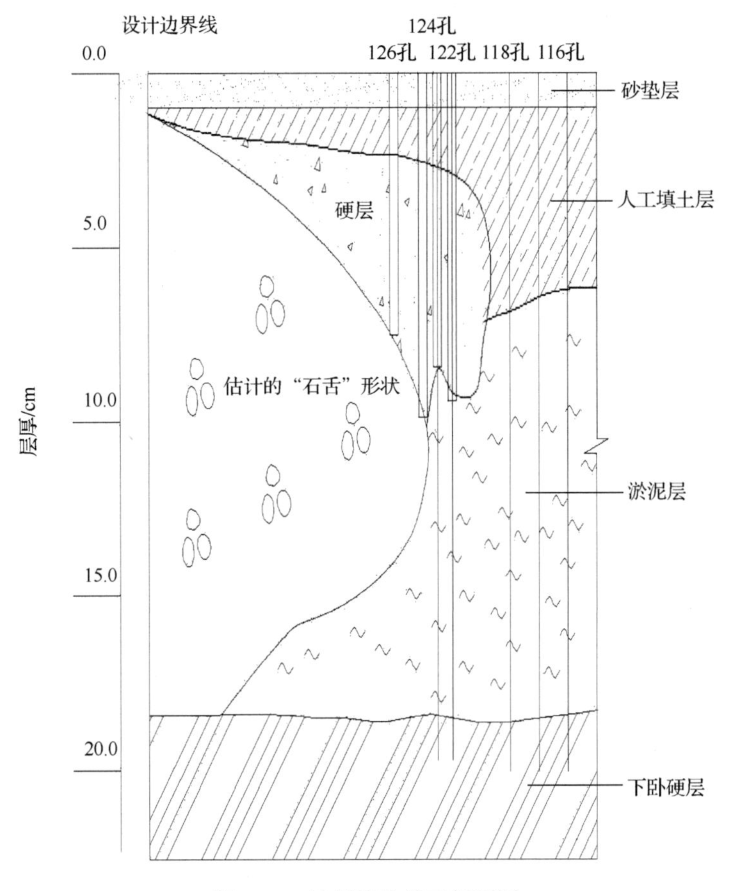

图 3-32　边界引孔施工剖面图

4）对每台设备施工情况均需做好现场施工记录，详细记录好硬层厚度、淤泥层厚度、引孔深度，以及其他情况，以便根据引孔资料判定插板施工的边界板位。

5）将引孔断面的边界板位连成折线，即确定为该区域的初步边界线，就可以绘制出边界剖面平面图，进而确认该区域边界线。确认该边界线的位置后，就可以进行线内部分的浅层引孔施工，最终边界线以实际施工为准。边界浅层引孔发生量示意图见图 3-33。

浅层引孔施工是解决塑料排水板施工难题的有效方法，其施工技术含量高、难度大、安全隐患多，但对边界的确定起到了决定性的作用。浅层引孔平面图见图 3-34。

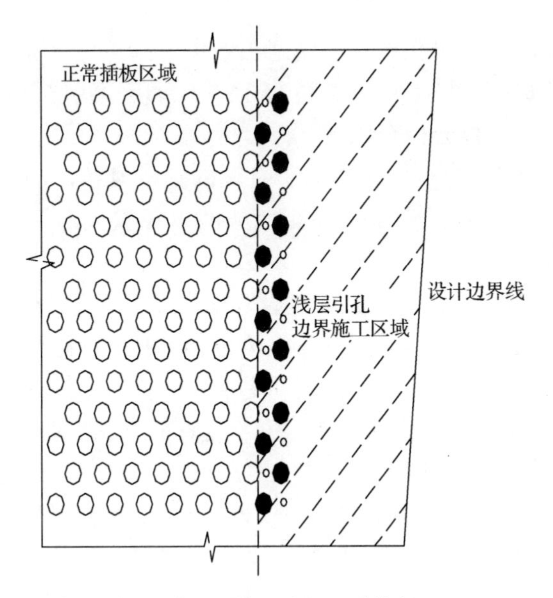

图 3-33　边界浅层引孔发生量示意图

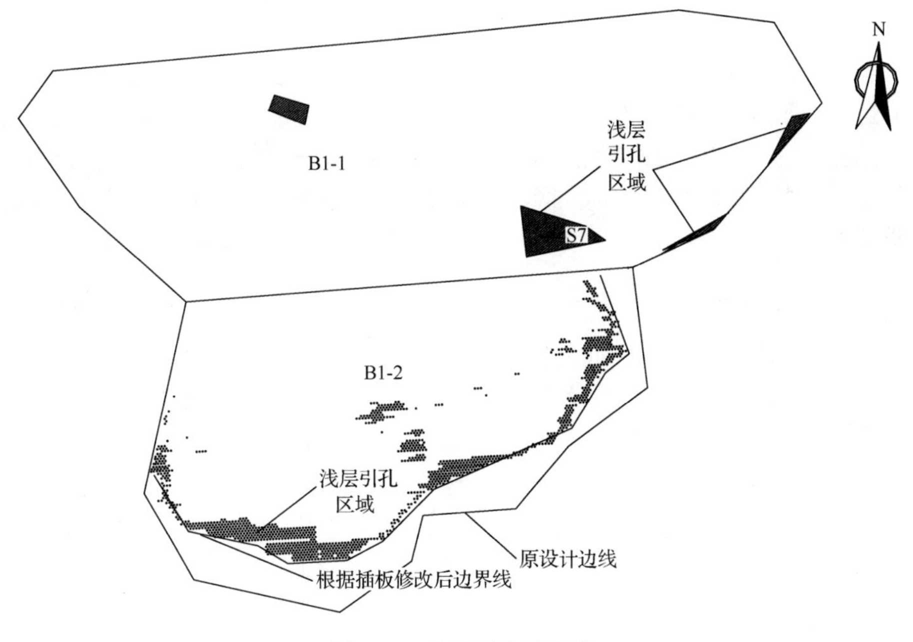

图 3-34　浅层引孔平面图

5. 浅层引孔成本分析

本次试验场地表面有厚度不等的回填山皮土石及大小不等的块石，多处地方需要进行浅层引孔施工，引孔设备前期施工效率较低，每台班约 8 根，改进施工工艺后引孔量有所提高，施工工效提高为 16 根/台班。浅层引孔设备运作成本要高于普通插板设备，具体分析有以下几点。

1）振动锤功率和发电机功率均大于普通的插板设备，加之需要长时间的强烈振动，发电机需要满足负荷运作，因此柴油消耗量大，约为普通插板设备的 2 倍。

2）桩管采用中碳钢石油勘察钻探桩管，管头采用高强合金金刚钻头，由于引孔期间桩管经常与硬层中碎石等相互摩擦，桩管磨损程度远大于普通插板设备，为保证设备和人员的安全，桩管需要定期更换。

3）钢丝绳采用ϕ22 高强度钢丝绳，由于设备的强烈振动，钢丝绳磨损严重，考虑安全问题也需要对其定期更换。

4）长期的强烈振动对设备整体影响较大，主架、底盘及连接部位、振动锤均因强烈振动而经常损坏，需要频繁维修，多个重要部件需要定期更换。

5）引孔设备改装后振动锤、发电机、桩管、钢丝绳等重要部件需要重新更换，主架需要增加加固装置，因此改装费用较贵。

虽然浅层引孔运作成本较高，但是其在上覆硬土层较厚的地基上打设塑料排水板的施工操作中是必不可少的，该引孔设备为塑料排水板的打设提供了可能，保证了地基处理的质量。以本工程为例，原定浅层引孔约为 2 000m，但在实际施工当中由于地质复杂、确定边界问题等原因产生大量的浅层引孔，随着浅层引孔工艺和设备使用成熟，实际浅层引孔发生量为 7 609 孔，达到 46 814.57m，从而提高了排水板的打设质量，同时也很好解决了施工中出现的插板边界难以确定的问题。

6. 应用效果分析

深圳蛇口集装箱码头二期地基处理工程采用浅层引孔配合插板，不但解决了以往工程中硬土层难插板的施工问题，也较好解决了确定插板边界的施工难题，更重要的是取得了非常好的地基加固效果，消除了浅层引孔完成初期工程各方对 8～12m 厚硬土层下面的淤泥能否排水固结的疑虑。以本工程为例，为分析加固效果，在正常插板和浅层引孔补插的区域布置了监测仪器，其中沉降标 S7 周边为浅层引孔区，S6 为正常插板区，沉降量曲线见图 3-35。从监测资料分析，正常插板处理区域前期沉降速率和沉降量稍快，这主要因为浅层引处理区域硬土较厚的原因。但正常插板和浅层引孔补插的区域在堆载后的沉降趋势和沉降量基本相似，经计算，固结度均大于 92%，满足设计要求。这说明改装后的浅层引孔设备及工艺对处理有厚硬土层的软土地基是成功的。

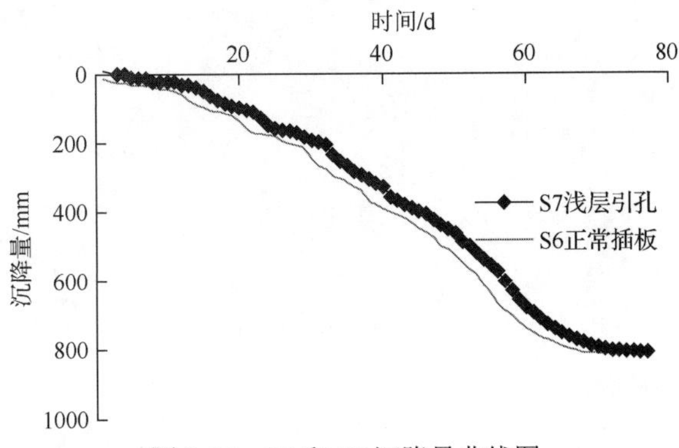

图 3-35 S6 和 S7 沉降量曲线图

3.4.2 围海造陆形成的复杂软土地基的特性及加固处理的工艺研究

1. *石堤及"石舌"形态*

（1）边界的确定方法

在石堤边界处浅层引孔施工过程中，留下了大量的"石舌"形态的第一手资料。浅层引孔位置示意图见图 3-36；插板机探摸排水板施工边界图见图 3-37。因此在 B 区石堤边界处，采用 CM351 钻机及 750 风机进行了两个深层引孔断面试验（图 3-38），GJ9 和 GJ10 钻孔剖面见图 3-39，摸清了"石舌"形态，对验证浅层引孔的边界原则、保证施工质量起到了非常及时且有效的指导作用。

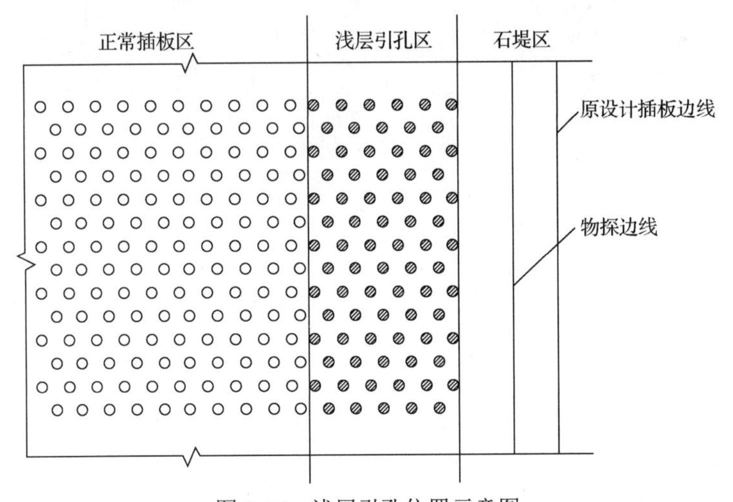

图 3-36 浅层引孔位置示意图

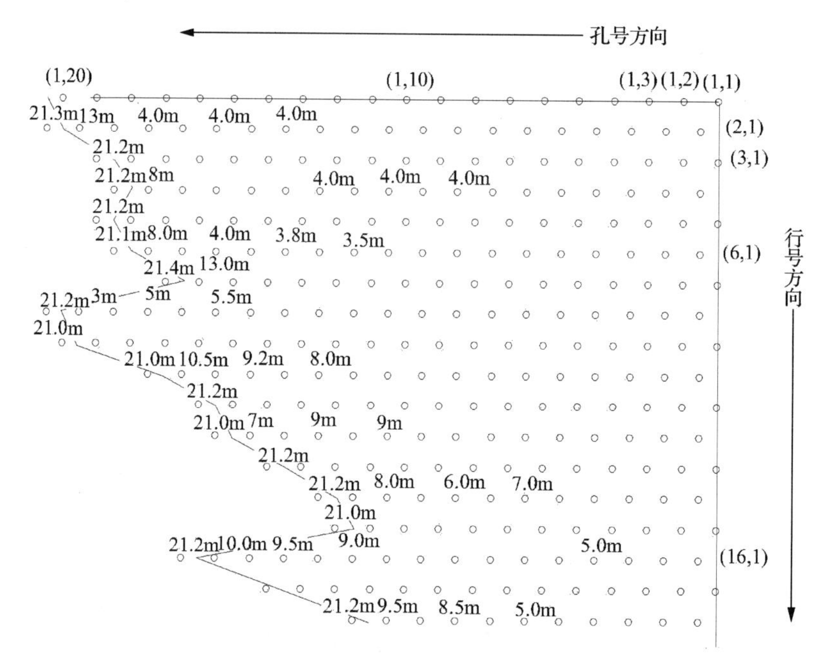

图 3-37　插板机探摸排水板施工边界图

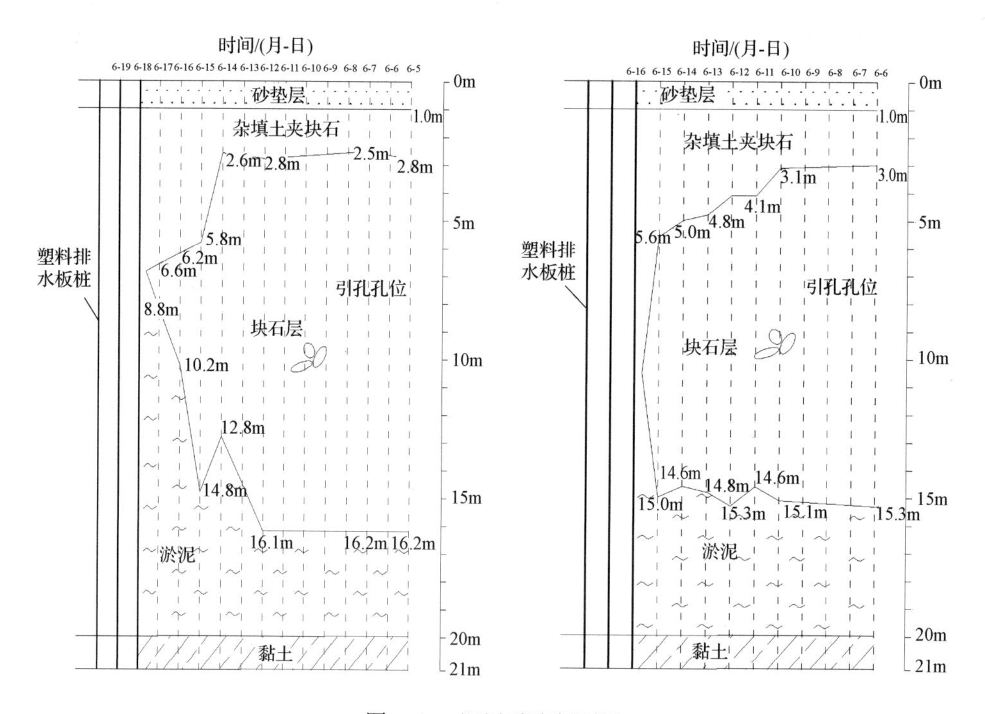

图 3-38　深层引孔断面图

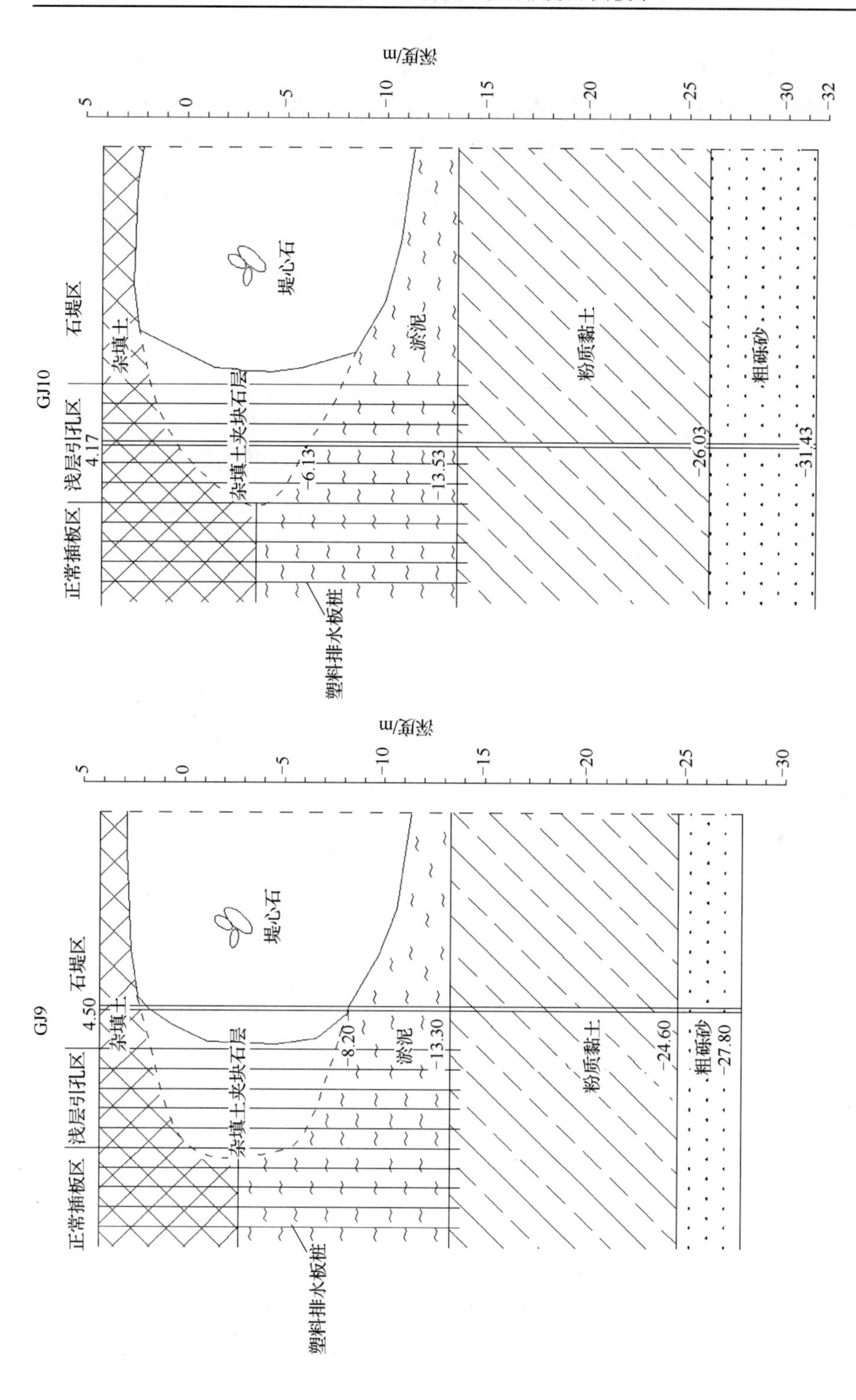

图 3-39 GJ9 和 GJ10 钻孔剖面图

（2）“石舌”形态及下卧淤泥性状

为了解填海挤淤形成的石堤形态，通过两个深层引孔断面及 GJ9、GJ10 两个钻探孔表明，围堤横断面呈上下窄中间宽的鼓状，两侧鼓突的“石舌”下留有楔形淤泥（图 3-39）。“石舌”厚度平均为 12.7m，“石舌”底平均标高在-8.35m，“石舌”下的楔形淤泥分布在-8.35～-13.91m，该层淤泥平均厚度为 4.84m，含水量 w 平均值为 68.5%，相对密度 G_s 为 2.7，饱和度 S_r 为 99.2%，孔隙比 e 平均值为 1.80，土体固结快剪黏聚力：c 为 8.5kPa，摩擦角 φ 为 15°。B 区排水板施工边界图见图 3-40。

根据类似地区如盐田二期堆场地基处理的工程经验，达到 5.0m 厚的淤泥如不进行加固处理，日后的沉降发生量将超过 300mm，对堆场的使用带来不良影响。

上述确定“石舌”边界的处理原则，经过两个深层引孔断面和边界处补充钻探断面资料验证，与实际地质情况基本吻合，并与物探边界相似性较好，见图 3-40。同时，对解决其他预压区的排水板边界施工起到了示范作用，并加快了排水板施工进度。

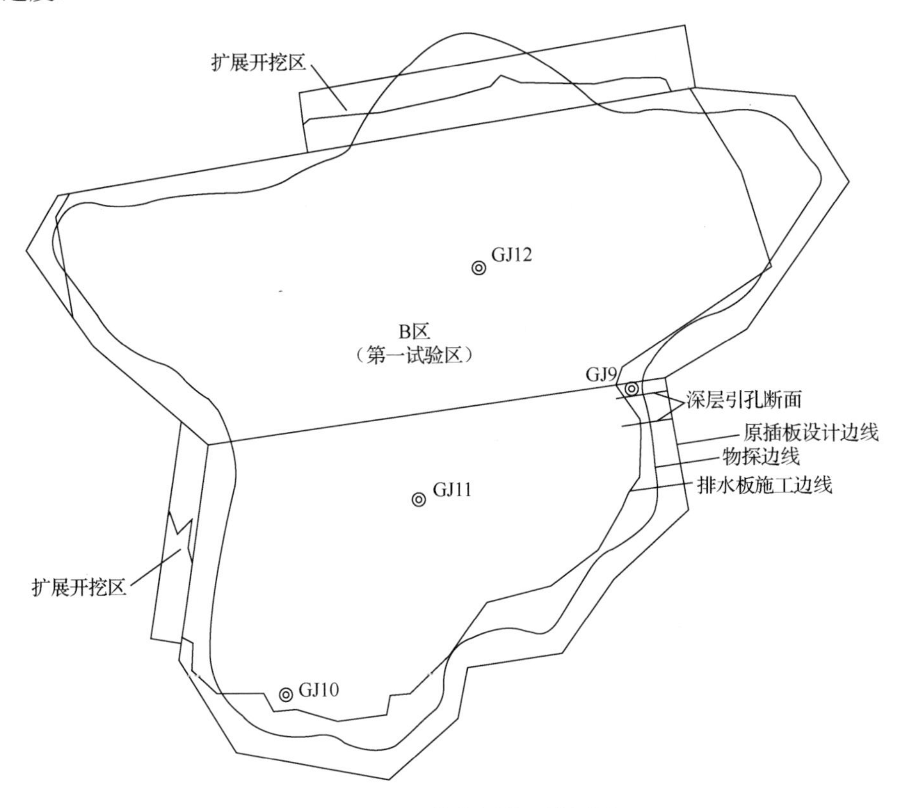

图 3-40　B 区排水板施工边界图

2. 加固处理工艺研究

（1）“石舌”边界区加固处理工艺

在“石舌”附近 8～12m 的区域，堆填的开山石结构松散，振动式插板机施插排水板时，桩管常遇到石块，无法穿透硬土层。采用浅层引孔机引孔预留板位，随后用振动式插板机施插排水板，能成功施插 75%～80%的排水板数量（与设计数量相比），该区域淤泥较薄，厚度为 5.0～8.0m。

（2）“石舌”下卧淤泥加固处理工艺

针对“石舌”下的楔形淤泥，曾尝试采用深层引孔引穿石舌，然后施插排水板，由于“石舌”处块石属散体结构，塌孔严重，不能形成预留孔，进行旋喷桩处理的工程成本巨大。考虑到“石舌”下的淤泥厚度小于 5.0m，存在单面排水的条件，堆载预压仍能产生一定的预压固结效果，因此堆载施工时，在排水板施工边界处超出 3～5m 宽度进行堆载。卸载后，在“石舌”位置的区域再作夯能为 5 000kJ 的强夯处理，局部区域夯沉量过大时，进行强夯置换处理。

（3）石堤区加固处理工艺

石堤底部残留的淤泥层较薄，土体特性已有明显改善，不再进行加固处理，采用 5 000kJ 强夯方法进行对石堤密实处理。

3. 加固效果分析

（1）加固前后物理力学性能指标对比

在 B 区“石舌”位置及“石舌”附近浅层引孔区布置两个技术孔，进行加固前后钻探取样及土工试验，GJ9 位于“石舌”位置，淤泥厚度为 5.1m，经过堆载预压后，淤泥的含水量 w 降低了 7.6%，孔隙比平均值 e 由加固前的 1.813 降低至 1.789，固结快剪黏聚力 c 由 7.99kPa 提高到 13.53kPa。GJ10 位于距“石舌”5m 的浅层引孔区域内，由浅层引孔机配合完成排水板施工，该处的淤泥厚度为 7.4m，堆载预压后，土体含水量 w 降低了 10%，孔隙比平均值 e 由加固前的 2.007 降低至 1.773，固结快剪黏聚力 c 由 6.60kPa 提高到 13.90kPa。同时在插板区中间布置 GJ11 和 GJ12 两个技术孔，对其加固前后物理力学性能指标对比见表 3-24。

表 3-24　软土在堆载预压加固前后物理力学性能指标对比

钻孔号	加固前后	天然含水量 w / %	天然重度 γ/（kN/m³）	孔隙比平均值 e	固结快剪	
					黏聚力 c/kPa	摩擦角 φ/(°)
GJ9	加固前	68.1	15.86	1.813	7.99	19.4
	加固后	62.9	15.70	1.789	13.53	20
GJ10	加固前	74.9	15.57	2.007	6.60	21
	加固后	67.2	15.50	1.773	13.90	19

续表

钻孔号	加固前后	天然含水量 w / %	天然重度 γ/（kN/m^3）	孔隙比平均值 e	固结快剪	
					黏聚力 c/kPa	摩擦角 φ/(°)
GJ11	加固前	66.0	15.98	1.848	14.70	28
	加固后	53.5	16.38	1.501	14.70	34.5
GJ12	加固前	66.7	15.83	1.889	13.10	17.5
	加固后	54.6	16.26	1.545	16.75	42.5

（2）土体变形情况分析

工程地基处理的重点在于通过堆载预压对淤泥进行排水固结、强夯密实硬土层，降低使用期内的工后沉降和差异沉降。卸载后，进行强夯处理，地基变形情况为：石堤区平均夯沉量约为 1.2m，“石舌”边界引孔区平均夯沉量约为 1.5m，排水预压区平均夯沉量约为 0.7m。场地强夯后进行载荷板试验，地基承载力已超过 180kPa。

场地的沉降对集装箱堆场的正常使用影响更大。根据有关文献资料，土体变形相关的孔隙比 e 与固结压力（或堆载高度）的关系式：$e=-0.7461\ \ln H+3.723$，堆场作重箱区使用，使用荷载可折算成均布荷载为 21kPa，软土在使用荷载下需要达到孔隙比平均值 e 为 1.675，GJ9 钻孔处加固后孔隙比平均值 e_1 为 1.789，GJ10 钻孔处预压加固后的孔隙比平均值 e_2 为 1.773。在第一试验区中间位置的 GJ11 和 GJ12 钻孔两个位置处的土体经过加固处理后，其孔隙比的平均值分别为 1.501 和 1.545，均小于 1.675，在使用期内不会发生工后沉降；而 GJ9 和 GT10 的位置处土体经过加固处理后，其孔隙比的平均值分别为 1.789 和 1.773，均大于 1.675，会在使用期发生工后沉降。但并不能就此说明没有达到处理的目的，该工程 3 年使用期内允许残余沉降量小于 300mm。

按变形压缩公式计算，在加固处理后，GJ9 钻孔位置“石舌”下的土体在使用荷载作用下的残余沉降量为 207mm；GJ10 钻孔位置“石舌”附近浅层引孔区的土体在使用荷载作用下的残余沉降量为 241mm。由此可以推定，上述两个位置处的土体在 3 年使用期内，残余沉降量均小于 300mm，满足工程使用要求。

3.5　小　　结

堆载预压阶段，根据监测结果和堆载预压前后的检验资料表明，采用堆载预压处理本地基是合适的，由于设计合理、施工质量控制较好，各项测试指标较为理想，主要结果归纳如下。

1）采用实测的地表沉降量、分层沉降量及孔隙水压力值计算出的各试验区的固结度值相近，固结度均大于 90%；B1-1 区及 B1-2 区总沉降量分别为 942.6mm、

1135.8mm，F 区总沉降量为 2460mm，C 区总沉降量为 1271mm，卸载前连续 10d 地表沉降速率小于 1.0mm/d，满足卸载控制标准。

2）经过地质探验结果表明，软基处理区的土体经充分的排水固结，土体物理力学指标有了明显的改善，土体强度得到提高，承载力完全满足工程要求，达到了软基处理的目的。

3）通过残余沉降量计算与分析，B1-1 区、B1-2 区、F 区和 C 区的软土残余沉降量均小于 30cm，满足设计要求。

4）通过钻孔、浅层引孔、深层引孔及振动插板探摸等方法，确定薄弱地带的范围；采用振动引孔设备引穿硬层后再用普通插板设备在引孔处补孔插板，是克服插板困难的有效方法，可供类似工程参考。

5）在深圳蛇口集装箱码头二期工程地基处理工程中，项目科研小组在多次研究和现场反复试验，成功地将普通振动插排水板机械 LC-30D 型改装为浅层引孔施工机械，将其应运于具体工程中很好地解决了以往硬土层难插板的施工问题，提高了施工效率。

6）本研究项目开发的浅层引孔技术，能有效解决硬土层引孔施插排水板的技术难题，保证了施工质量，完成了 1.1 万个浅层引孔数量，累计进尺达 4.62 万延米，引孔单机日产量为 60～80 个孔，引孔设备工效好、工艺成熟，在社会上有较好的推广价值。

7）浅层引孔机对解决排水板施工边界问题至关重要，是确定排水板施工边界及“石舌”位置的现实而重要的技术手段，书中提出的浅层引孔确定围海造路复杂地基的处理边界的原则，对解决类似工程中存在的相似问题具有典型意义，有较好的推广前景。

8）处理“石舌”下卧淤泥及其周边区域的软土，上述处理方法经济实用、施工操作性强，从简单方法入手，着重解决工程实际使用要求的变形问题，使看似复杂的“石舌”及边界处的地基处理得很好。

参 考 文 献

[1] 《地基处理手册》编写委员会. 地基处理手册[M]. 北京: 中国建筑工业出版社, 1988.

[2] 叶观宝, 叶书麟. 地基加固新技术[M]. 北京: 机械工业出版社, 1999.

[3] 潘秋元, 朱向荣, 谢康和. 关于砂井地基超载预压的若干问题[J]. 岩土工程学报, 1991, 13(2): 121-131.

[4] 朱向荣, 潘秋元. 超载卸载后地基变形的研究[J]. 浙江大学学报, 1991(2): 121-131.

[5] ALDRICH H P. Precompression for support of shallow foundations[J]. Soil Mech. and Found. Div. ASCE. 1965(91), SM2: 5-20.

[6] JHONSON S J. Precompression for improving foundation Soils[J]. Soil Mech. and Found. Div. ASCE. 1970a(96), SM1: 111-144.

[7] MITCHELL J K, KATTI R K. Stat-of-art techniques for soil improvement[J]. New Building Materials and Construction Word Engineering, 1981(4): 509-566.

[8] 郝玉龙. 深厚结构性软土部分处理地基固结沉降性状及工程应用[D]. 杭州: 浙江大学, 2002.

第四章　三相荷载联合预压加固软基技术

4.1　引　　言

我国沿海地区的土层大多为近代沉积的软弱土层，这种土具有含水率高、压缩性大、渗透性差、强度及承载力低、层厚大且分布不均等特点，人们通常称之为软黏土[1-2]。随着经济建设的飞速发展，沿海地区的建筑、交通、能源等工程也得到迅速发展，但由于条件限制，很多工程需要建造在软弱的海岸淤泥地基上，有的工程，如珠江三角洲地区的深圳湾约 8km^2 的近海吹填造陆房地产工程、珠海港及珠海电厂工程和深圳滨海大道工程等，均是建造在近（浅）海超软弱海淤泥吹填造陆地基上。这种近海（浅海）超软弱海域土的含水量高，强度和承载力很低。在这种（超）软基上建造建筑物会产生地基剪切破坏、沉降及沉降差过大等问题，影响建筑物的安全和正常使用。因此，工程建设的首要任务是对这种地基进行有效加固处理。

处理软基的方法很多，但对于大面积软基处理，以往多采用技术上较为成熟，费用上较为节省的排水固结加固法。该法即是在建造建筑物的地基上，预先施加荷载（如堆载、真空预压等），使地基产生相应的排水固结，然后将这些荷载卸掉，再进行建筑物的施工。这样经预压加固后的软基，可以大大减少建筑物使用时的沉降，其软土层的强度及地基承载力都有相应的提高。通常，当软黏土层较厚（大多超过 5m 厚），为加速地基固结，缩短排水距离，通常在软基内打设竖向排水通道（如排水砂井、塑料排水板等）。

到目前为止，应用预压排水固结法加固软基技术，经国内外众多学者和工程技术人员的共同努力，已取得了大量可喜的成果（文献[1]、文献[3]～[10]），并已广泛应用于软基处理工程中，其中值得一提的是，我国在真空预压法[4,6-7]的理论和实践方面均处于国际领先水平。

应用排水固结法加固软土地基技术已使用多年，同时也为社会创造了可观的经济效益，但也可以看到该种技术仍处在不断的发展与完善阶段。近年来，由于国家经济建设的飞速发展，特别是珠江三角洲地区发达的经济建设对建筑地基的要求越来越高，因此研究开发一种技术可靠、造价更省、加固工期更短的综合地基加固技术，以及在海岸、湖沼淤泥地基上的快速造陆技术就显得非常必要。

四研院对水荷载加固软基技术、潮间带真空预压加固技术、综合三相荷载（固体如砂，液体如水，气体如真空预压）加固技术等做了精心的计划并开展了研究。一是采用水作预压荷载的综合地基加固试验。其中包括筑堤及水荷载施工加荷控制技术，水荷载补漏密封技术。使水荷载施加维持在4m以上；密封处理后的漏水速率小于2kPa/（d·m^2）。二是制订了综合砂、水、真空（气）预压进行潮间带综合地基加固的实施方案，包括潮间带真空预压施工技术，使平均膜下真空度能长期维持在90kPa以上；停抽真空后，膜下真空度消散速率小于2kPa/（d·m^2）。

4.2　三相荷载联合预压加固软基机理

4.2.1　试验场地选择

1. 试验场地的要求

综合地基加固技术及快速造陆技术的试验场地首先应具备真空预压、水预压及堆载预压三种各自荷载进行实施的条件；其次该场地需要结合工程进行，可以弥补试验经费不足的难题。

2. 试验场地的选定

基于如上因素考虑，通过我们反复论证研究，最后与深圳美视光电有限公司签订了在该公司妈湾油库海域地基上进行小区试验的合同。该试验区位于深圳市南山角嘴妈湾油库海域。

4.2.2　自然条件

1. 气象与水文

该地区多年平均气温22.1℃，相对湿度79%，平均降雨量1 933.3mm/a，平均风速2.6m/s，主导风向ENE，潮型属不规则半日潮型。平均高潮位▽+0.99YDS，平均低潮位▽−0.37YDS，波浪常浪向为SSE，其次为SES，平均波高0.2m，实测最大波高1.92m。

2. 地质与地貌

试验区南距美视抛石隔堤约8m，西距美视抛石隔堤约6m，整个试验区泥面为西南高、东北低，加固前平均泥面标高约为▽±0YDS，泥面高差最大约为0.5m（属潮间带海淤地基）。自泥面以下土层分布如下所述。

1）上部约为 10m 厚的灰黑色淤泥。该淤泥呈饱和、流动—流塑状，具有含水量大、压缩性高、强度低、承载力小等特点，是本次试验加固处理的主要对象，其主要物理力学性能指标见表 4-1。

表 4-1　加固前淤泥层主要物理力学性能指标

含水量 w/%	重度 γ/（kN/m³）		饱和度 S_r/%	孔隙比 e	液限 w_L/%	塑性指标 I_p/%	压缩系数 a_v/MPa^{-1}		压缩模量 E_s/MPa		抗剪强度 τ_f			
											直剪		固结快剪	
	干	湿					竖向	水平	竖向	水平	黏聚力 c/kPa	摩擦角 φ/（°）	摩擦角 c/kPa	摩擦角 φ/（°）
66.9～82.9	8.31～9.53	15.2～16.1	98.9～100	1.795～2.225	36.3～56.1	12.5～23.9	1.16～1.69	1.14～1.79	1.28～1.94	1.36～2.12	0.5～4.5	0.3～4.3	1.5～8.0	14.8～18.3
平均估值	9.0	15.7	99.8	1.99	48.1	19.6	1.36	1.41	1.64	1.69	1.57	2.4	5.2	16.6

2）中部为约 4m 厚的淤泥质亚黏土和花色黏土层。该层土呈可塑—硬塑，湿—稍湿状；该层的含水量、压缩性、强度和承载力一般；为保证地基土层加固的均质性，一般对该土层也进行处理。

3）下部为亚砂土层、粗砾砂层、中粗砂层，再下为风化岩及基岩层，这部分土层强度及承载力高，因而不需要进行地基加固处理。

由上述可以看出，上中部土层需要进行处理，即需加固处理的土层厚度约 14m。

4.2.3　试验内容及方法

在试验地点约 50m×50m 的平面区域内进行综合地基加固及快速造陆试验，试验加固面积为约 32m×32m，具体内容及方法包括以下内容。

1）铺设一层约 50m×50m 土工编织布一层（经纬向抗拉强度不小于 40kN/m）。

2）抛填（筑）累计月 2m 厚，面积为 50m×50m 的中粗砂（固体材料荷载）；周边采用砂袋砌筑围堤围护。

3）打设 SPB-Ⅱ型排水板，间距 1.0m，正方形布置，插板底标高▽-14.5m。

4）钻探取样，埋设真空表测头、孔隙压力测头、测斜管等。

5）安装铺设真空管路系统，并再铺设一层约为 1m 厚的中粗砂（累计约 3m 厚中粗砂）。

6）现场黏接两层聚乙烯密封膜（膜厚 0.16mm），并挖密封沟，铺膜及出膜，密封及密封沟填泥等处理，调试真空泵。

7）开始抽真空及真空维护，真空度稳定在 80kPa 以上，可进行下一步工作。

8）灌填砂袋围堤，铺 1～2 层聚乙烯薄膜（0.16mm 厚），并逐步充水（液体材料)；最终到 2m 或 3m 水头（①若膜下真空度≥90kPa，则充 2m 高水荷载；②若 80kPa≤膜下真空度≤90kPa，则应充 3m 高水荷载方可）。以上水荷载及真空压力合计不应小于 110kPa。

9）维持砂（固体）、真空压力（气体）及水（液体）三相荷载预压待其固结度大于等于 80%，且承载力大于 110kPa 时可以卸载退场。

4.2.4　观测系统及测点设置

该试验的观测项目及测点设置如下所述。

1）真空度观测系统。在真空泵后，膜下砂垫层中共布置 9 个测点。

2）沉降观测系统及测点设置。在膜上及区外共布置 14 个沉降观测点。

3）孔隙压力观测系统。孔隙压力在区内共设 2 个测孔，共 9 个孔压测点。

4）土体侧向变形观测系统。采用区边埋设测斜管观测系统，设置 S1、S2 两根测斜管，测斜管埋设底标高为▽−19.0。

5）水平荷载围堤水平相对滑移观测系统。东、北两边各设置一根水平相对滑移测管，即 F1、F2 测管。

4.2.5　技术安全

当抽真空开始后，水荷载及其围堤的施工及水平预压过程中应保证：①相对水平滑移稳定；②水荷载围堤的自身稳定；③水荷载施工过程中整个地基的整体稳定性。经验算：

1）围堤水平向 K_s=1.475，满足稳定要求。

2）围堤自身滑动 K_{min}=1.39，满足稳定要求。

3）当真空正常预压 1 个月地基平均固结度达 41.9%（计算值），其边坡整体滑动安全系数（快剪指标）K_{min}=1.1，满足稳定要求。

4.2.6　卸载条件

按设计进行实施的综合地基加固，在总预压设计荷载条件下，当其固结度超过 80%、承载力大于 110kPa、极限承载力达 150kPa 时，可以卸载。

4.3　试验工程施工

综合地基加固美视试验现场工作始于 1994 年 7 月初，于 1995 年 3 月底结束。现场试验历时 9 个月，其主要工作及其完成日期见表 4-2。其详细的施工内容、过程及技术处理措施分述如下。

表 4-2　综合地基加固美视现场试验主要工作及其完成日期

序号	试验主要工作内容	完成日期	天数
1	编审试验设计、实施方案、筹调人、财物，准备进场	1994 年 6 月 29 日～1994 年 7 月 15 日	17
2	测量放线，缝铺土工布，安放沉降板，做砂袋堤，并进约 2m 厚砂	1994 年 7 月 16 日～1994 年 8 月 10 日	26
3	钻探取样，原位测试，埋设监测测管（头），安装发电设备	1994 年 8 月 11 日～1994 年 8 月 25 日	15
4	平整砂层面，打设排水板	1994 年 8 月 26 日～1994 年 9 月 10 日	16
5	制作安装并埋设滤管，安装调试真空泵	1994 年 9 月 11 日～1994 年 9 月 20 日	10
6	加固围堤，人工进砂，黏接薄膜，埋设测斜管和真空测头	1994 年 9 月 21 日～1994 年 10 月 20 日	30
7	铺设薄膜，挖埋填四周密封沟，出膜处理，重放沉降板试抽真空	1994 年 10 月 21 日～1994 年 10 月 28 日	9
8	因发电机性能差，薄膜漏气，抽真空效果差	1994 年 10 月 29 日～1994 年 11 月 10 日	13
9	修理发电机，补薄膜，加强密封，重抽真空	1994 年 11 月 11 日～1994 年 11 月 14 日	4
10	继续抽真空，加强密封膜，调低真空泵，真空度大于 90kPa	1994 年 11 月 15 日～1994 年 11 月 30 日	16
11	继续真空预压，黏水预压密封膜，做水预压围堤	1994 年 12 月 1 日～1994 年 12 月 22 日	22
12	铺水预压密封膜，重放沉降板，加水预压，保持 2m 水头及 90kPa 真空度	1994 年 12 月 23 日～1995 年 2 月 11 日	51
13	固结度大于 80%，关机停抽水及真空，水预压减小，真空度减小，观测回弹	1995 年 2 月 11 日～1995 年 3 月 6 日	23
14	钻探取样，原位测试，真空度回零，资料整理	1995 年 3 月 7 日～1995 年 3 月 24 日	18
15	清退场，编写报告	1995 年 3 月 25 日～1995 年 4 月 15 日	21

4.3.1　土工布砂垫层及排水板施工和砂（固相荷载）预压

1. 土工布的拼接和铺设

（1）土工布选材

土工布选用江苏仪征阿莫科织物有限公司产品，选用幅宽 4.22m、长 100m；经纬向抗拉强度大于等于 4t/m 的土工编织布。

（2）土工布的缝合拼接

根据试验工程需要，将土工布缝合拼接成 50m×50m 的一块。拼接缝合采用手提缝包机缝合，缝线用尼龙线，每道对接缝线为两行，缝线离土工布边缘约 15cm，另外缝线间再加一条 S 波纹形状的缝线，以增加接缝的抗拉力。

（3）土工布的铺设

土工布在陆地上缝好后卷成一卷，用人工抬到试验区，趁低潮时由岸边向外摊铺，边铺边用砂包压住，直到铺完，然后在土工布的周边用 2～3 排砂包连续压边，以防因潮水涨落把土工布掀翻。土工布铺设完毕后的现场全貌见图 4-1。

图 4-1　土工布铺设完毕后的现场全貌

2. 沉降板安放

沉降板安放前，对试验区进行了高程系统的全面核查，准确无误，并在现场设置了临时水准测量后视点。

沉降板在陆地组装好后进行了编号丈量，按设计位置摆放并用砂包压住，同时开始进行正常的沉降及回填砂厚度观测。

3. 砂袋堤及进砂

（1）砂袋堤

用砂袋填筑围堤，围堤围护面积约 33m×33m，堤底宽约 2m，高约 0.6m，然后进砂。

（2）进砂

进砂首先用约 300t 的砂船趁高潮驶进内抛，抛砂时经常摆动船头及皮带抛砂口，以使抛砂尽量均匀，以免挤淤沉降量太大或不均匀。

每船砂抛完后及时用人工整平，并用人工灌填筑砂袋围堤，使围堤始终高于砂面约 0.5m，以防砂被潮水冲带。

第一层进中粗砂平均厚约 1.2m（图 4-2）。

图 4-2　第一层进中粗砂平均厚约 1.2m

4. 埋设孔隙压力传感器测头

本试验采用的孔压传感为钢弦式传感器测头，埋设前进行了正压力至负压力的率定，埋设的 9 个测头性能良好。传感器测头用 PVC 管保护，引线连接，并用钻探成孔法成孔放入并置留在设计土层位置上。

5. 塑料排水板施工

（1）排水板选用

塑料排水板选用 SPB-Ⅱ型板，其主要性能指标为：纵向通水量大于等于 $25\times10^{-5}m^3/s$；复合体抗拉强度大于等于 1.3kN/10cm；宽度为 100mm ± 2mm，厚度大于 4.0mm，每卷长度为 200m。

（2）插板机械

插板机械采用液压履带式插板机，其上拔及下插力均约为 6t，套管采用扁菱形套管，板靴采用铁皮件。

（3）塑料排水板施工

采用液压式插板机将 SPB-Ⅱ型板按 1.0m 间距，正方形布置，插入试验区淤泥地基中，打设的排水板平均底标高为▽-14.5YDS，板头外露约 30cm。

排水板施工完毕的现场全貌见图 4-3。

图 4-3　排水板施工完毕的现场全貌

6. 砂垫层（荷载）施工

当插完排水板后，砂垫层荷载排水板地基固结就已开始，即固相材料地基加固开始。

由于设计采用 3m 厚中粗砂（地基承载力不够）垫层，需要分期分级抛填筑，当插完排水板及铺设完真空滤管后，分两次填砂，第一次约 1.8m 厚，第二次约 1.2m 厚，用人工填筑，即累计约 3m 厚的中粗砂垫层（又称固相荷载）。砂垫层施工现场见图 4-4。

图 4-4　砂垫层施工现场

7. 测斜管及真空测头埋设

在东、北方离区边 3.5m 远处各埋设一根铝合金测斜管，用钻探成孔法埋入。在砂面下约 0.5m 深处埋设真空表透空过滤测头，并用 PVC 软管引至区外与真空表连通。

4.3.2　真空预压及真空系统施工

真空预压试验在潮间带区进行，以下简要介绍主要真空预压系统及施工方法。

1. 真空泵系统

真空泵系统由 3BA-9 型三相电动机及离心泵、射流腔（又称真空腔）系统、循环水箱及循环水管路系统、真空表测读系统组成。

该试验选用改进后的 2 台连云港生产的真空泵系统（图 4-5），并联式平面布置，其安装后的运行状况见图 4-6。

图 4-5　真空泵系统

图 4-6　真空泵运行状况

2. 真空排水滤管系统

真空排水滤管系统由 PVC 滤管、PVC 主管、管间接头、出膜接头、吸水橡胶管组成。

（1）PVC 主滤管的制作

真空滤管选用外径为 90mm、壁厚 6.5mm、长 4m 的 PVC 管用镀锌直通管，三通管及四通管间接接头连接平面布置系统。滤管四周打有ϕ6～ϕ8 的滤水孔，外包尼龙窗纱和无纺布（80g/m^2），滤水孔间隔约为 15.0cm。

真空主管不打孔。

（2）出膜接头及吸水橡胶管

安装出膜接头及吸水橡胶管装置。

3. 密封膜粘接及铺设系统

（1）密封膜选用

密封膜选用聚乙烯薄膜，该膜厚 0.12～0.18mm，本次试验选用 0.16mm 厚、3m 幅宽的聚乙烯膜，（我们在综合地基加固珠海水荷载试验区时选用的是 0.18mm 厚、4m 幅宽的聚乙烯膜），该种膜每卷长度一般在 100m 左右。

（2）粘接方法及粘接机械

以往真空预压用薄膜均是在工厂中粘好运往现场铺设的，一般其单块薄膜面积不宜太大，否则粘接铺设难度大、成本高。因此，我们在 1992 年就开始研究并开发成功了现场薄膜粘接工艺及技术，并将其应用于综合地基加固珠海前山 4m 水头水荷载预压试验区并取得成功。

现场薄膜的粘接铺设工艺及技术，其作为综合地基加固研究开发项目的重要部分之一，通过反复试验，不仅将其用于水荷载地基加固试验工程，而且将其成功地应用于综合地基加固美视试验区的海淤试验工程。

移植室内薄膜封口技术并改装了 ZBF-800W 多功能不间断薄膜封口机，应用于现场大面积不间断连续薄膜粘接，图 4-7 为工作人员在调试薄膜粘接机。

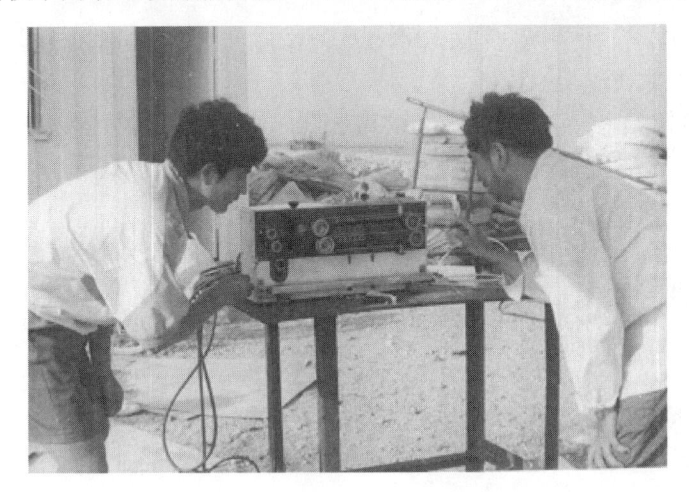

图 4-7　工作人员在调试薄膜粘接机

用 ZBF-800W 改进型粘接机，在现场每分钟可粘接 5m 长接缝，现场薄膜粘接工艺见图 4-8。

图 4-8　现场薄膜粘接工艺

（3）密封膜的现场铺设

在潮间带摊铺密封膜，因每天有两次涨落潮，必须趁低潮时铺；铺好后的薄膜必须马上做好压膜、密封及抽真空等工作，否则在涨潮时会把薄膜鼓胀而拉坏。在海淤泥中挖密封沟，埋密封膜工作应尽量在一个潮水涨落间隙内完工。

为了减小不利因素的影响，我们采取如下措施。

1）密封膜铺设两层，两层膜的粘接接缝呈垂直交叉铺设，以弥补接缝拉力不足的影响。

2）铺膜前，先整平砂面，并用淤泥将周边砂袋埋护成斜坡，减少抽真空时因膜下凹凸不平而使薄膜拉坏。

3）尽量挖深密封沟，并用人工将薄膜踩入淤泥中，沟中再用淤泥回填。

4）在受潮水影响的密封沟护泥坡上用砂袋覆盖一层，以防潮水及风浪冲刷，保护密封膜沟。

5）在试验区周边用砂袋中间夹泥，筑约 0.5m 高的水膜围堤，并内充密封水，以提高薄膜的密封性。

4. 沉降板安放

在铺好的薄膜上安放沉降板（铺膜前沉降板被拆除），与孔隙压力、真空度等与抽真空预压进行同步观测。

5. 抽真空及真空维护

当上述几项工作完成后应立即开始抽真空，真空维护工作随即开始，从 10 月 28 日开始抽真空至 11 月 18 日，属真空密封维护、改进、提高期，到 11 月 18 日膜下真空度均超过 80kPa；到 11 月 28 日，1 号泵真空度达到 98kPa，膜下真空度超过 90kPa，膜下最高真空度达到 95kPa，以后膜下真空度基本上平均约为 90kPa，图 4-9 和图 4-10 为低潮和涨潮时的真空预压现场，由此可以说明本试验采用的潮间带真空预压施工工艺及技术是成功的。

图 4-9　低潮真空预压现场

图 4-10　涨潮时真空预压现场

真空预压 1 号泵真空度（表读数）见图 4-11。

图 4-11　真空预压 1 号泵真空度（表读数）

真空预压膜下真空度（表读数）见图 4-12。

图 4-12　真空预压膜下真空度（表读数）

4.3.3　水预压及水预压系统施工

由于真空预压的膜下真空度（真空压力）能长期稳定在 90kPa 左右，本试验采用的水预压水头高度为 2m（即 20kPa 水荷载），筑水荷载围堤提高到 2.5m，这样可满足真空压力+水荷载总计为 110kPa 预压荷载的原设计要求。

考虑到水荷载围堤的稳定性，故将水预压施工分两级。

第 1 级：①筑 1.5m 高水荷载围堤，围堤现场见图 4-13；②铺水预压隔离薄膜，每边堤上预留各约 2m 的薄膜；③充 1m 深的水，水荷载薄膜铺设现场见图 4-14。

图 4-13　高水荷载围堤现场

图 4-14　水荷载薄膜铺设现场

第 2 级：①续建 1m 高水荷载围堤；②将薄膜拉升至堤顶并用砂袋压牢；③充水到 2m 进行正常预压。

该试验的充水预压，由于赶潮水因素，在充水阶段用 2 台 3BA-9 型离心泵向水荷载围堤内充水，在补充水阶段用 1 台泵充水，充水标度为 2.1m，当水降到 1.9m 时，抽水补充。其高水预压充水现场见图 4-15。

当围堤内有约 2m 高水头时即开始进行正常的水荷载预压。

图 4-15　高水预压充水现场

4.3.4　三相荷载预压及其综合地基加固

当 3m 厚砂（固相荷载）、90kPa 真空预压（气相荷载）、20kPa 水预压（液相荷载）及垂直塑料排水板施工完后，就开始正常的三相荷载预压，即开始进行综合地基加固。综合地基加固现场全貌见图 4-16。

图 4-16　综合地基加固现场全貌

4.4　试验结果与分析

综合地基加固美视试验区自 1994 年 7 月至 1995 年 3 月，历时 9 个月。其加固的综合预压荷载、孔隙水压力变化、地基土体变形（垂直及水平）将在本节详细阐述。

4.4.1　综合预压荷载

综合预压荷载含砂（固相）、真空预压（气相）及水（液相）的三相荷载，综合荷载的起始时间定于 9 月 8 日即插完排水板之日，换而言之，从 9 月 8 日之后的综合预压荷载下的地基固结变化为排水板地基排水固结变化。9 月 8 日之前（排水板施工前）的地基沉降为瞬时抛砂挤淤沉降，其对地基加固效果甚微，因此本节主要对 9 月 8 日以后的试验结果做详细分析与研究。

1. *砂荷载*

综合地基加固美视试验区砂荷载施加的历时曲线见图 4-17。

2. *水荷载*

综合地基加固美视试验区水荷载施加的历时曲线见图 4-18。

由砂荷载与水荷载构成的正压荷载即为相对于 1 个大气压力条件下的堆载，在其荷载下的预压过程又称为堆载预压过程。

综合地基加固美视试验区正压荷载（砂和水）的历时曲线见图 4-19。

3. *真空预压荷载*

真空预压荷载是用膜下真空压力计由膜下真空测头连通真空表测得，因此真空表测得的真空度就是人们常称为的真空预压荷载。

（1）膜下真空度

膜下 Z1-Z7 测点的平均膜下真空度历时曲线见图 4-20。从图 4-20 中可以看到，平均膜下真空度，能长期维持在 90kPa 左右，最高的平均膜下真空度达到 94kPa。

（2）薄膜密封能及真空度衰减

该试验采用的密封膜是聚乙烯膜，在综合地基加固珠海前山试验区采用现场粘接成的薄膜的密封性能为：每天每平方米水位下降约为 20cm（相当于 2kPa 荷载），而对于真空预压薄膜密封性能，在美视试验区通过观测停机后各真空测点的真空度，得出平均膜下真空度的衰减历时曲线（图 4-21）。可以看出，膜下平均真空度在停机后的衰减趋势及速率几乎近于直线，平均膜下真空度约以 1.82kPa/（m^2·d）

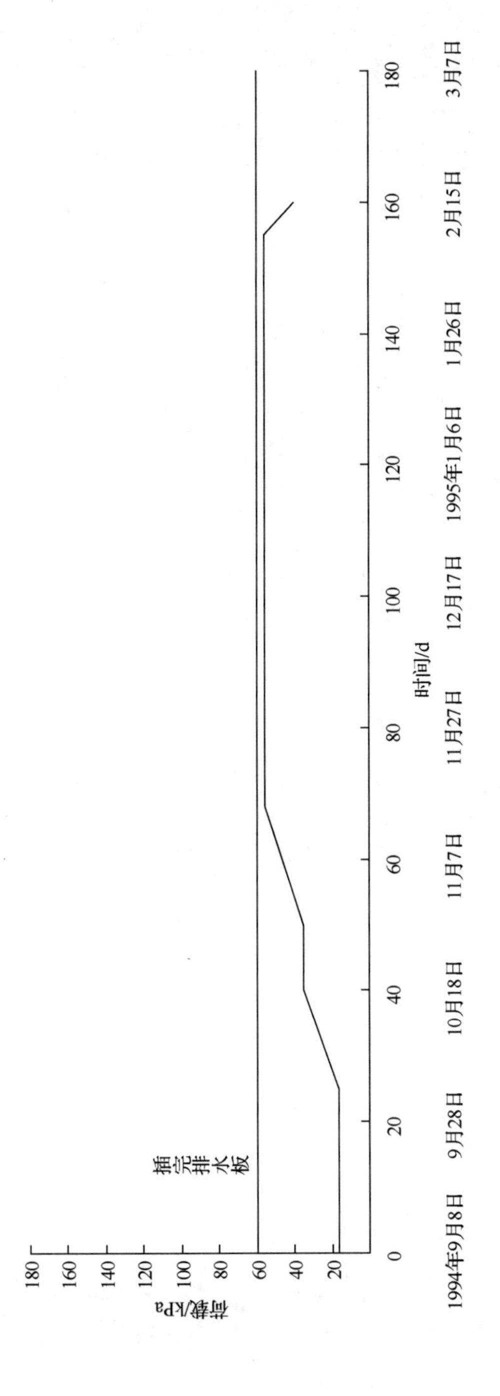

图 4-17　综合地基加固美视试验区砂荷载施加的历时曲线

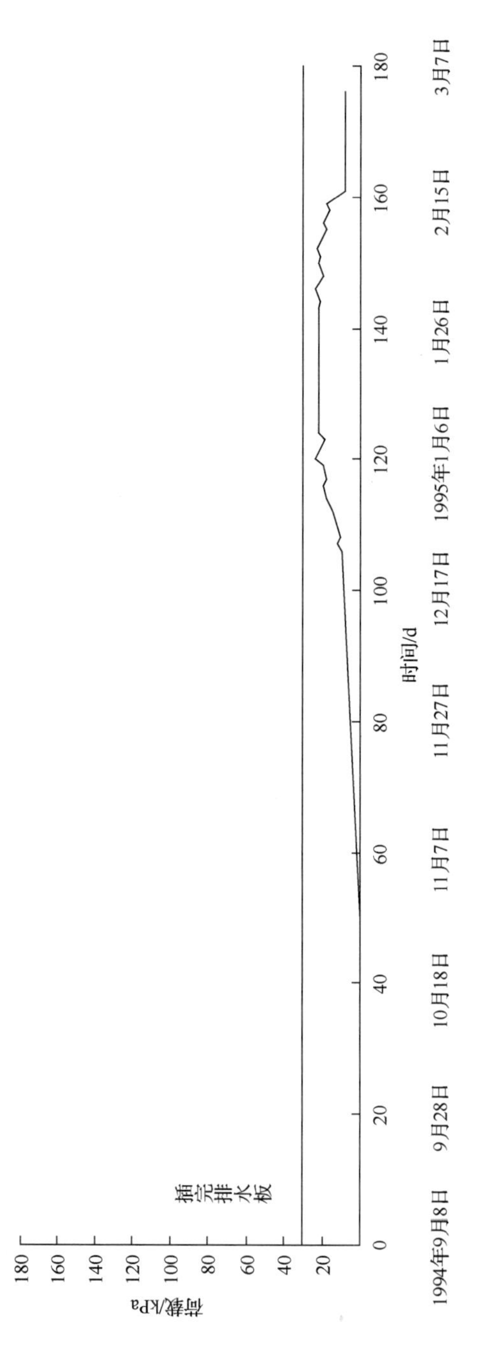

图 4-18　综合地基加固美视试验区水荷载施加的历时曲线

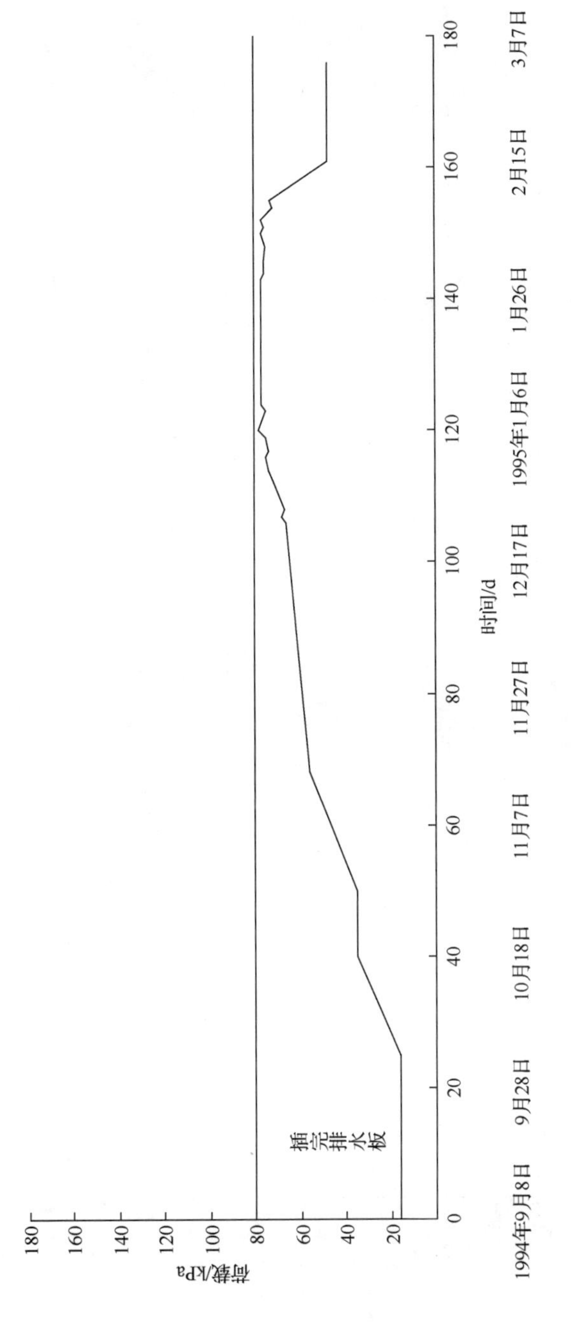

图 4-19　综合地基加固美视试验区正压荷载（砂和水）的历时曲线

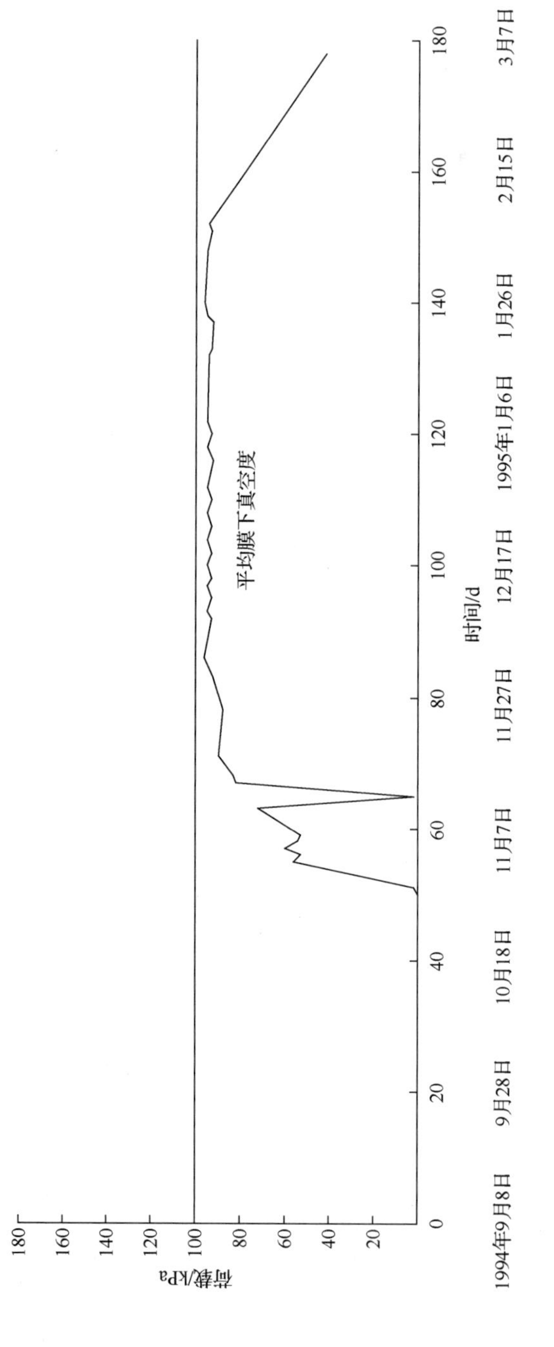

图 4-20　平均膜下真空度历时曲线

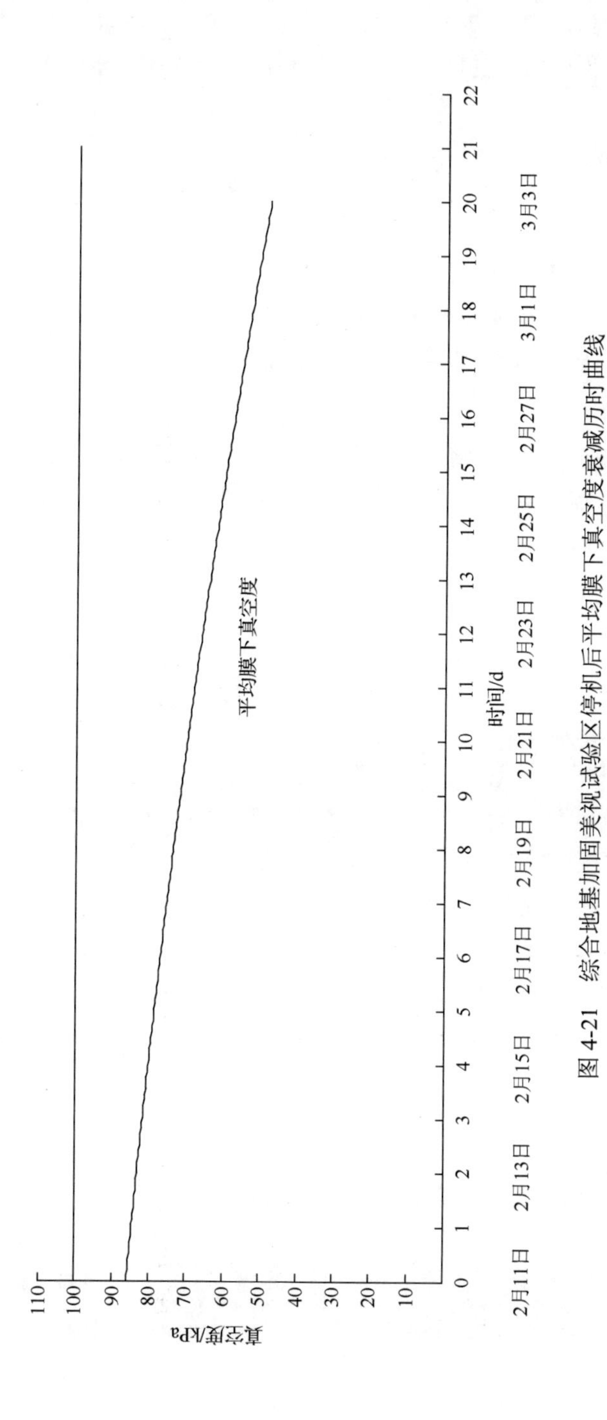

图 4-21　综合地基加固美视试验区停机后平均膜下真空度衰减历时曲线

的速率呈直线衰减。通常，膜下真空度在抽真空期间每天每平方米可提高 6～20kPa，我们在加固过程中曾开一天泵，停 4d，仍可将膜下真空度维持在 90kPa 左右。这说明真空预压所需的能源（电）消耗可以大幅度降低，即可以大大降低成本。

4. 综合预压荷载

综合地基加固美视试验区平均综合荷载绝对值的历时曲线见图 4-22。

从图 4-22 中可以看出，综合预压荷载大致可分四级施加。到卸载时，即 1995 年 2 月 11 日，其地基综合预压荷载即 164kPa 的预压时间约为 110d，因而在分析本综合预压荷载的固结计算时，取用 110d、$\sum P$=164kPa 条件的固结计算来进行。

同时从图 4-22 中可以看到，真空预压约 90kPa 的荷载可一次性施加，从而可以大大缩短其加荷时间及整个荷载的施工时间，也为快速回填施工造陆创造条件。

4.4.2 孔隙水压力

1. 孔隙水压力测点的布置、率定与埋设位置

（1）孔压测头的率定

该试验选用钢弦式孔隙压力传感器。由于本试验采用的正压及负压的综合荷载，孔压测头的测试范围选择在-0.1～0.3MPa。在埋设前我们利用压力表、真空表、压力表、真空泵于现场对埋设的测头进行了率定，率定结果近于线性，如泥面下 3m 深处传感器测头率定曲线，见图 4-23。从而说明，用钢弦频率传感器测头来测综合荷载预压条件下的地基土体孔压较为直观和稳妥。

（2）孔隙压力测头埋设位置

用钻探法成孔，将孔压测头埋入指定深度淤泥中。孔压传感器铺设于相邻的排水板中心位置。

2. 孔隙压力观测结果及历时过程分析

1）回填第一层砂及插完排水板后，软土地基中的孔压消散缓慢，消散速率为 0.1～0.2kPa/d。第二次填砂期间，地基中实测不同标高处孔压是增、减并存，说明部分测点实测值不规律，但总体来讲孔隙水压力呈增长趋势。此后，土中孔压以 0.35～0.5kPa/d 的速率消散，说明在荷载大时孔压消散速率也要略大些。

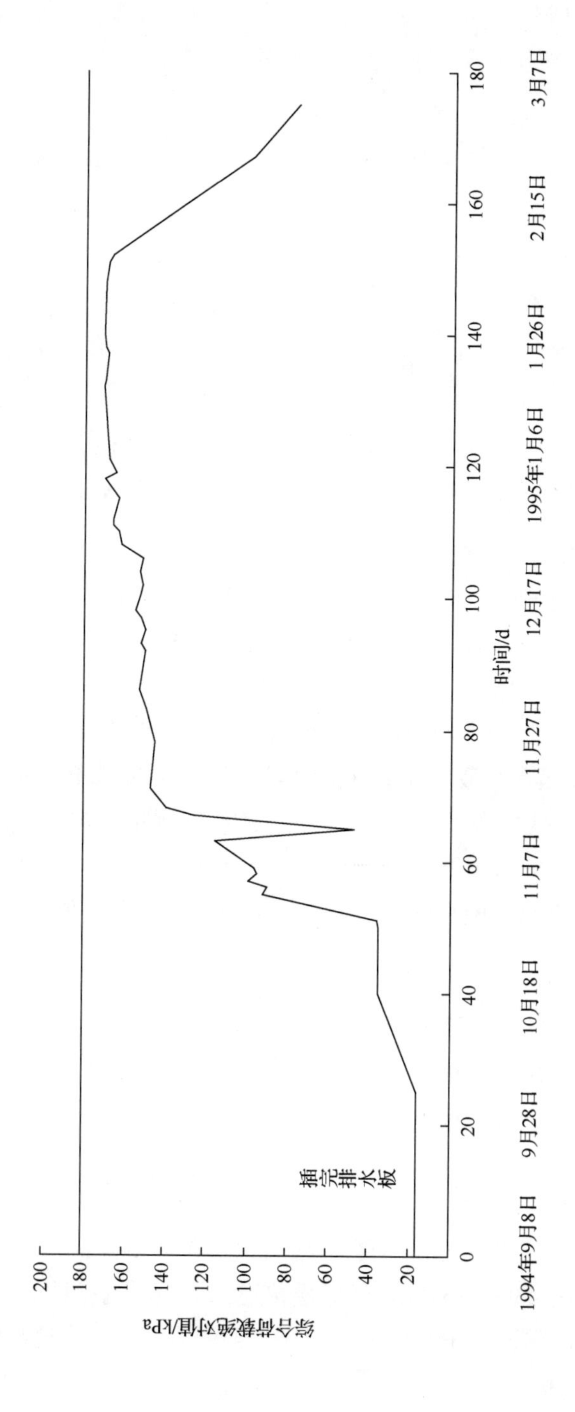

图 4-22　综合地基加固美视试验区平均综合荷载绝对值的历时曲线

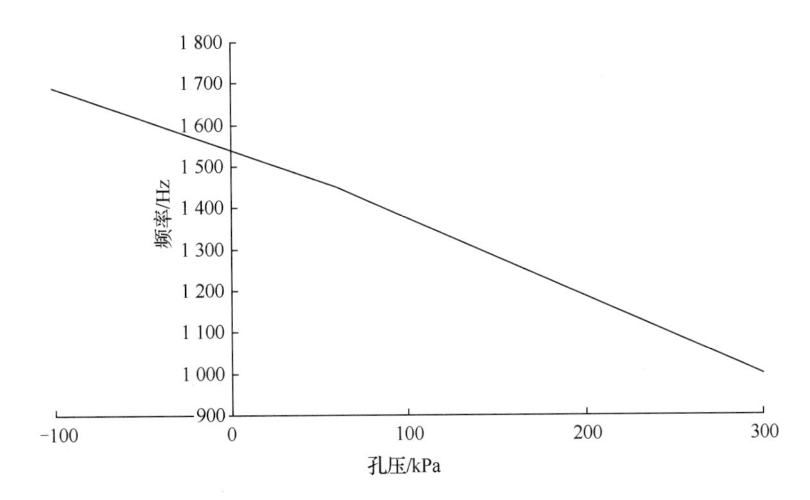

图 4-23　综合地基加固美视试验区泥面下 3m 深处传感器测头率定曲线

2）从开始抽真空到获得最大稳定膜下的真空度历时约 1 个月，这期间表层土孔压消散约为 47kPa；泥面以下 11m 深处的淤泥质亚黏土中孔压因靠近透水层，其孔压也消散约为 30kPa；但泥面以下 7～10m 的软土中的孔压随膜下真空度的增大而增大，这就是负压条件下地基土体产生的竖向的曼德尔效应。此后，软土中的孔压以 0.4～1.3kPa/d 的速率消散，其中表层软土中孔压消散最快。

3）围堰充水后膜面水荷载由 5kPa（原密封水膜）增到 20kPa，增量为 15kPa；孔压增量仅为 9kPa，深层（泥面以下 7～11m）的孔压增量为 11～14kPa，软土层中的孔压消散速率为 0.9～1.1kPa/d。

由上述情况可以看出，饱和软土中的孔压消散速率随荷载值（含真空压力）的增大而变大。

3. 孔隙水压力沿深度分布及分析

孔隙压力沿深度的分布见图 4-24。从图 4-24 中可以看到，埋设时的实测孔压沿深度的分布呈直线关系（该值是在孔压测头埋设 24h 后测得）。图 4-24 中还给出全部正压约 4kPa 瞬时加荷时孔压在地基中沿深度分布线（该线近于直线，是理想计算线），以及卸载前的实测孔压沿深度分布曲线。地基土加固后孔隙压力沿深度消散及修正数值分布见图 4-25。由图 4-25 可以得出如下结论。

1）真空度由膜下为 90～95kPa，经砂层传递到泥面时的损失达 22kPa。

2）加固后 0～5m 深层土中孔压消散较快，其强度和承载力提高较大。

3）卸载时，7～10m 深土层中的孔压仍处在消散状态，说明该深层土层仍未完全固结。

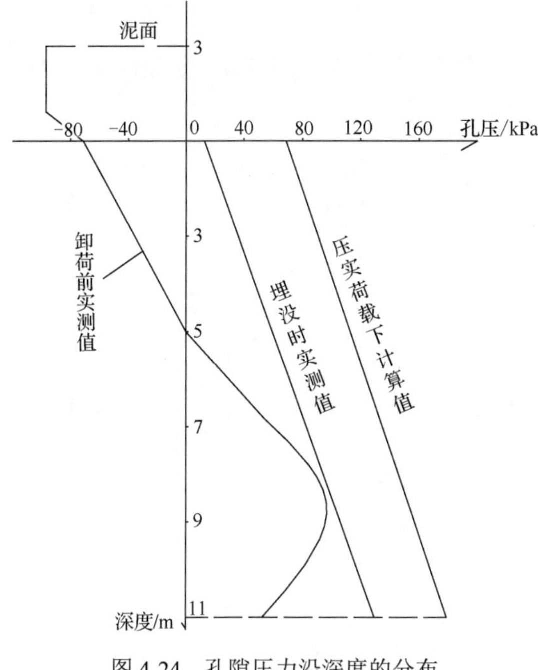

图 4-24　孔隙压力沿深度的分布

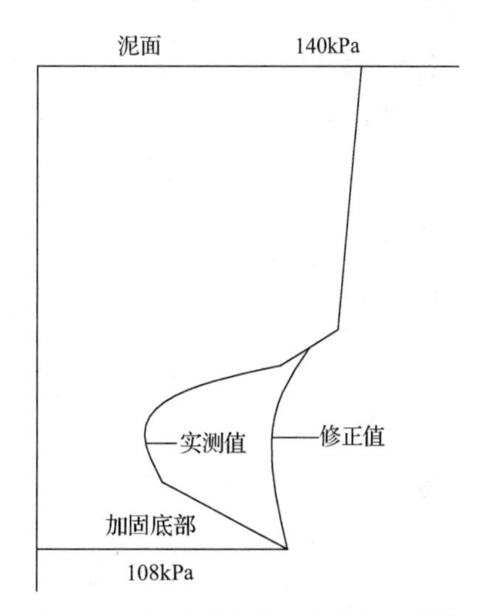

图 4-25　加固后孔隙压力沿深度消散及修正数值分布

4.4.3　地基土体变形

地基土体变形由地基垂直向变形和水平向变形组成。

1. 地基垂直向变形及分析

（1）测点设置及观测

经过对实测数据的分析，我们将测点分为两类：一类是区内中部沉降 D7～D10 四个测点；另一类是区边角 D2、D6、D11 和 D12 四个测点。

（2）垂直向变形历时变化

区内中部及区边角的平均沉降与最大沉降极为接近，说明区内中部沉降及区边角的沉降是较为均匀的（同步沉降）。

在每级加荷期的沉降均有较大的增加（最大每天沉降可达 3cm 以上），当综合荷载（总计 164kPa）施加完成后，沉降曲线逐渐趋向平缓。

7 号沉降测点到卸荷时（1995 年 3 月 11 日）累计沉降达 2.575m，区内中部平均累计沉降为 2.56m。

2 号沉降测点到卸荷时（1995 年 3 月 11 日）累计沉降达 2.163m，区边平均累计沉降为 2.118m。

（3）垂直向变形的平面及剖面分布

图 4-26 给出了加固后加固区内等沉降线分布曲线。图 4-27 给出加固后加固区内外地表断面沉降分布曲线。

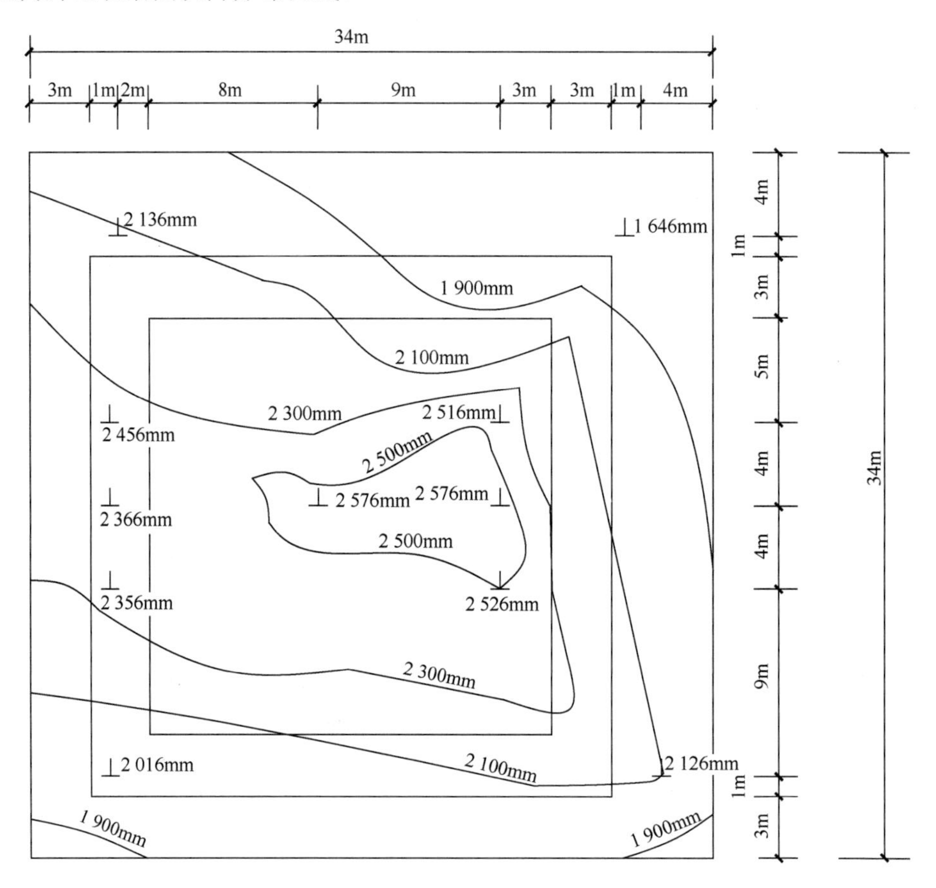

图 4-26　加固后加固区内等沉降线分布曲线

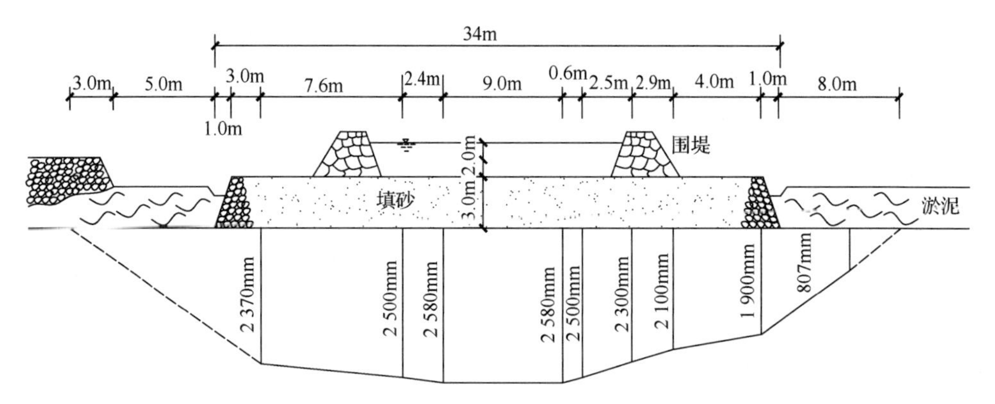

图 4-27　加固后加固区内外地表断面沉降分布曲线

2. 地基水平向变形及分析

地基水平向变形即为加固区周边土体沿深度在水平方向的变形。通常，它通过埋设在周边土体中的（铝合金）测斜管随土体在水平方向变形，用进口的GI-MK型精密测斜仪测得。

地基水平向变形分布包括东边S1测孔处的地基水平位移分布曲线；北边S2测控处的地基水平位移分布曲线。

在1994年11月以后（真空预压开始后）的地基土体变形主要表现为向加固区内移动。从而说明在正压累计74kPa和真空预压90kPa的综合荷载作用下，仍呈真空向内吸附现象，这样的结果不仅有利于在正荷载作用下的边坡稳定，也有利于加固区内土体的进一步压密，从而可以缩短加荷工期，提高区内土体加固效果，同时对区外土体也有一定的加固效果。泥面下5m深范围内土体向区内的位移较大，以下较小。这说明浅层土体加固效果较深层为好。

北侧区内外高差大，区内砂层厚，该边正压荷载要比真空荷载大，造成2m以下土体向外移动，但由于浅表层受正荷载应力扩散影响小，其应力主要表现仍为真空负压，因而浅表层2m深范围内仍有较大向区内的侧向变形。

地基土体侧向变形基本发生在淤泥及淤泥质亚黏土层（底标高▽−10～−13.5YDS），以下的硬土层几乎没有侧向变形，从而证实地基加固主要土层就是淤泥层及淤泥质亚黏土层。

3. 垂直变形与水平变形的关系

垂直变形与水平变形之间有密切的关系，这主要反映在地基沉降量S是由压缩变形S_c和因侧向位移而发生的垂直变形S_r叠加而成，即$S=S_c+S_r$。我们通过研究东侧S1号测斜孔水平位移、垂直沉降量与加荷历时曲线（图4-28），可以发现，

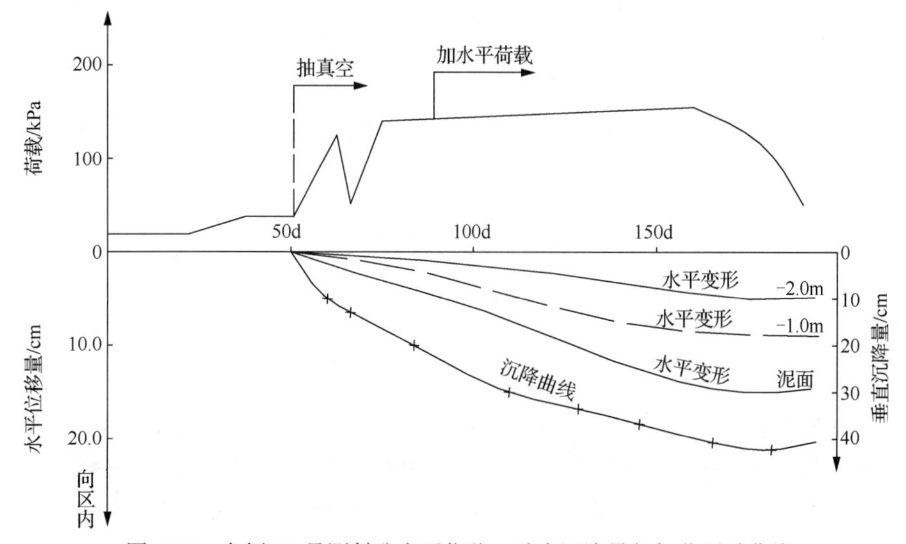

图4-28　东侧S1号测斜孔水平位移、垂直沉降量与加荷历时曲线

S1 测斜管的水平向位移（泥面下 1m、2m 深处）与该点的垂直沉降在规律上极为相似，从而也可以认为地基土体的水平变形与垂直变形具有较好的线性相关关系。

另外，通过对 F1、F2 两水平相对滑移管观测，其相对滑移量为零。这说明本设计堤断面满足水平抗滑要求。

4.4.4 固结度

固结度是地基土体加固的程度，也是地基排水固结加固法的重要指标，它由现场实测沉降量推算法、现场实测孔隙压力消散程度推算法、理论计算法等获得。

1. 现场实测沉降量推算法

1）由区内平均沉降历时曲线上选取 1995 年 1 月 2 日、1 月 10 日及 1 月 18 日三天实测沉降量为 S_1、S_2和 S_3，即 S_1=2.309m，S_2=2.380m，S_3=2.443m。

用三点法计算 S_∞［式（3-1）］为 2.939m。

2）插排水板前的沉降量为瞬时沉降量 S_d，即

$$S_d=0.426\text{m} \tag{4-1}$$

则固结沉降量 S_c为

$$S_c = S_\infty - S_d = 2.939 - 0.426 = 2.513(\text{m}) \tag{4-2}$$

到 1995 年 2 月 11 日（卸载时）的平均沉降量为 2.548m。

$$\text{固结度（卸载时）} = \frac{2.548 - 0.426}{2.513} = 84.4(\%) \tag{4-3}$$

即用现场实测沉降推算法的固结度为 84.4%。

2. 现场实测孔隙压力消散程度推算法

由于真空压力在砂层中的损失，因此自泥面向下的综合有效荷载相当于 140kPa。到 1995 年 2 月 11 日即卸载前，地基平均孔压消散约为 115kPa。

$$\text{固结度} = \frac{\text{消散的孔压}}{\text{综合有效荷载}} \tag{4-4}$$

则固结度=82.1%，即用实测消散的孔隙压力推算的固结度为 82.1%。

3. 理论计算法

目前对于综合正压及负压荷载条件下砂井（排水板）地基固结度的计算仅有董志良在文献[11]中所导出的计算公式。根据加固前后的土工计算参数，其计算参数综合选取为：加固厚 H=12m；板半径 R_w=0.0033m；涂抹半径 R_s=0.066m；加固半径 R_e=0.564m；竖向 $K_v=6.34\times10^{-10}$（m/s）；水平 $K_h=7.6\times10^{-10}$（m/s）；

涂抹 K_s=5.7×10^{-10}（m/s）；板中 K_w=5×10^{-4}（m/s）；竖向 C_v=7×10^{-8}（m^2/s）；水平 C_h=7.53×10^{-8}（m^2/s）。

经由计算机计算，综合荷载卸载前的固结度=85.23%，即相对综合荷载（164kPa）条件下卸载前地基平均固结度为85.23%。

由上述三种方法可以看出，本试验地基固结度在82.1%～85.23%，达到了原设计的要求。

4.5　加固效果及成本分析

4.5.1　土的物理力学性能变化

1. 加固后土的物理力学性能指标

加固后淤泥层主要物理力学性能指标见表4-3。

表4-3　加固后淤泥层主要物理力学性能指标

含水量 w/%	重度 γ/（kN·m^{-3}）		饱和度 S_r/%	孔隙比 e	液限 w_L/%	塑性指数 I_p/%	压缩系数 a_v/MPa^{-1}		压缩模量 E_s/MPa		抗剪强度 τ_f			
											直剪		固结快剪	
	干	湿					竖直	水平	竖直	水平	黏聚力 c/kPa	摩擦角 φ/（°）	黏聚力 c/kPa	摩擦角 φ/（°）
52.3～65.1	9.8～11.1	16.0～16.9	99.1～100	1.397～1.743	50.6～59.2	22.9～27.5	1.001～1.741		1.422～2.221		14～26	4.3～6	16～20	11～13.4
平均估值	10.3	16.4	99.7	1.600	54.47	24.96	1.34		1.817		20.7	5.13	17.33	12.63

由加固前后淤泥层主要物理力学性能指标（表4-1和表4-3）可以发现，加固后土的物理力学性能指标有了明显变化，即含水量降低19%；重度提高14%；孔隙比减小20%；直剪强度提高20.13kPa，摩擦角扩大2.73°，从而说明加固效果非常显著。

2. 十字板强度

综合地基加固深圳美视试验区十字板强度对比见表4-4。

表 4-4　综合地基加固深圳美视试验区十字板强度对比

黄海零标高以下土层/m	加固前强度/kPa		加固后强度/kPa		备注
	原状土	扰动土	原状土	扰动土	
0～2.00					沉降回填砂
2.00～3.50	3.056	1.746	28.161	5.458	沉降标高以加固后为准，加固前与加固后对比相对应土层
3.50～4.50	5.021	2.620	44.752	15.499	
4.50～5.50	5.458	1.965	57.850	21.612	
5.50～6.50	4.366	1.746	25.760	7.422	
6.50～7.50	2.838	1.528	27.942	8.732	
7.50～8.50	6.549	2.838	27.069	7.641	
8.50～9.50	4.803	2.620	26.196	8.077	
9.50～10.50	8.732	3.056	27.724	9.169	
10.50～11.50	9.169	3.493	49.772	12.225	
	平均 5.55		平均 35.05		
11.50 以下	＞34.273		＞58.504		

由表 4-4 可以看出，加固后十字板强度比加固前十字板强度平均提高 29.5kPa（约提高 5.3 倍）。

4.5.2　承载力

承载力指标的提高是地基加固效果的重要体现。

1. 由十字板强度计算承载力

地基加固后软土层由十字板强度计算承载力，有

$$[R]=M_{\mathrm{b}}\cdot B+M_{\mathrm{d}}\cdot m\cdot D+M_{\mathrm{c}}\cdot C \tag{4-5}$$

式中：B 为基础底面的荷载；D 为基础埋置深度，D 取 0.6；m 为基础底面以上土的加权平均重度，m 取 7kPa；M_{b}、M_{d}、M_{c} 为承载力系数，M_{b}、M_{d}、M_{c} 分别取 0、1.0、3.14；C 为基底下一倍短边宽度的深度范围内土的黏聚力标准值。于是有

$$[R]=0.42+3.14C \tag{4-6}$$

若 C 取地基加固后软土层平均十字板强度 35.05kPa，则 $[R]$ 值为 110.48kPa。

若 C 取最小十字板强度 25.76kPa，则 $[R]$ 取最小值为 81.31kPa。但可以看到，由于较小的土层位于 5m 深以下，则若地面有建筑物并经过应力扩散后其承载力也将扩大，取 110.48kPa 作为地基加固后地基承载力是较合适的。[注：卸载前的附加荷载为：20kPa（水荷载）+90kPa（真空荷载）=110kPa，相当于堆载检验。]

由上述可知，加固后地基承载力为110.5kPa。

2. 极限承载力

采用文献[8]中所述公式为

$$[R]_{极}=5.52C_u \tag{4-7}$$

C_u若取加固后软土层平均十字板强度35.05kPa，则$[R]_{极}$=193.476 kPa。

C_u若取加固后软土层最小十字板强度25.76kPa，则$[R]_{极}$=142.2 kPa。

由此可以看出，若以强度为控制指标的极限承载力再考虑地基荷载的应力扩散，其值应大于150kPa。

从承载力和极限承载角度来看，本试验结果可以满足试验区工程的设计要求。

4.5.3 技术可靠性

综合地基加固由于采用三相材料预压或称正负压共同加载预压，可得出如下结论。

（1）施工过程更加安全

1）由于真空预压地基总应力保持不变，有效应力增加，其中80～90kPa的真空荷载，不必分级加荷可一次性施加，这是堆载预压法无法办到的。

2）由于真空预压时周边地基土体发生向加固区内变形，这样为堆载预压所产生的向外渗流及变形起到阻止作用，再加上区内土体强度、密实度的增加对堆载施工的快速进行提供了更为安全可靠的保证。

3）水荷载的使用可以快速充填预压荷载，再配合真空预压其加荷速率可以更快。同时由于它对真空有密封作用，用它比真空预压配合施工有更好的实用前景。水荷载的另一个优点是可以快速充卸，因此比堆载更加安全。

本次试验水荷载只加了2m高的水预压，如果实际工程需要，可以做4m高或更高的水预压。

（2）工期可大大缩短

由于综合预压荷载其正负压有孔压中和作用，其施工更加安全，同时其工期也可大大缩短，如试验实际施工时间可在6个月内完成（不含影响时间），而若以164kPa堆载施加则必须1年以上才可以完成（根据堆载预压施工经验），因此综合地基加固可以大大缩短工程工期，快速提高自身土体强度和承载力，也可以快速地进行回填造陆工程。

4.5.4 成本分析

地基总固结度均为85%左右时，三种预压材料加固1万m^2地基的直接费用为：平均每吨荷载每平方米水预压直接费用为 6.27 元 /（t · m^2）；真空预压直接费用为 7.94 元 /（t · m^2）；砂荷载预压直接费用为 10.62～17.8 元 /（t · m^2）。同样可以得出，水荷载预压直接费用比真空预压的低约 21%；比砂荷载预压的低约 41%，因此用水作预压荷载的加固法初步达到有关要求的水荷载比真空预压低 20%、比堆载低 30%的经济指标。

由上述可见，采用砂荷载（回填料）真空预压及水荷载进行综合预压，由于不需要倒运、卸除工程堆料（堆载），其工程造价比以往堆载预压或其他软基处理方法要节省得多。

4.5.5　分析讨论

通过现场试验研究表明，运用综合预压荷载配合塑料排水板排水加固潮间带海淤地基的技术是可行的，加固效果也十分显著，可以在潮间带海淤地基上进行快速造路施工，具有良好的推广价值。

1）通过现场薄膜粘接试验施工，已研制成功并掌握了聚乙烯（或聚氯乙烯）现场连续粘接工艺及技术。粘好的薄膜应用于真空预压工程及水预压工程均取得成功，水荷载水头高达 4m，真空预压膜下真空度达到 90kPa 以上；漏气、水量每天小于 2kPa。其对气、水密封性能相当于或好于现有工厂粘接的薄膜。

2）采用综合砂（固相）、真空预压（气相）及水（液相）的综合荷载配合排水板排水加固滨海相海淤地基，其综合加固效果好（承载力可达 110kPa 以上），综合加固所用施工时间比单一堆载预压法（效果相同）至少要缩短一半，同时综合加固施工过程更加安全，成本相对于堆载预压法要低。由此看出，综合地基加固技术比以往单一加固技术方法具有一定的优越性。

3）对于砂垫层较厚的真空预压，其真空排水滤管应尽量放低，以贴近泥面为好。真空系统也应同步放低，潮间带真空预压真空射流腔及箱体可放入水下，但电动机设置应高于高潮位以上。这样处理可大大减少真空损失，膜下真空压力可达 90kPa 以上。

4）软土地基土层中的孔压消散速率随综合预压荷载的增大而变大。其中，抽真空初期表层软土中的孔压消散很快，而中、下层（5m 以下）土中孔压出现短期增大的曼德尔效应，抽真空约 1 个月后，中、下层土中孔压才进入正常消散阶段。

5）综合荷载作用下地表沉降较为均匀，但中部水预压区域比周边约大 40cm，这与预压荷载一致。

6）周边浅层淤泥（4m 深以上）向内变形较显著，这说明真空预压的效果显著；试验区沉降量影响到试验区外 8m 处，地基沉降与水平变形有近似线性的相关关系。

7）地基加固影响深度约达 13m，综合地基加固后效果显著，现场平均十字板强度提高约 29.5kPa（相当于提高 5.3 倍），承载力达到 110.5kPa，极限承载力达到 150kPa 以上。

8）运用水做预压荷载可比真空预压节省 21%，可比堆砂预压节省约 40%，达到预期目的。

4.6 工 程 实 例

三相荷载联合加固软基技术成功应用于南沙护岸围堰及陆域场地（北段）软基处理工程、京珠高速广州段、珠海前山港等工程，加固效果明显，固结度及残余沉降量指标达到设计要求，强度提高较大。

4.6.1 南沙护岸围堰及陆域场地（北段）软基处理工程

1. 工程概况

该工程为广州港陆域形成的软基处理工程，广州港南沙护岸围堰及试挖工程的陆域场地（北段）位于珠江口伶仃洋喇叭湾湾顶，虎门外珠江右岸、龙穴岛围垦区的东岸线上，北面与南沙经济开发区相邻，东面与东莞市隔江相望，西面是万顷沙围垦区。龙穴岛围垦区为近 10 年围垦出来的人造陆域，围垦区内主要由堤网与水塘组成。垦区四面环水，与陆路交通隔绝，没有与岛外相连的道路、桥梁。本工程上游为川鼻水道，距广州新沙港 40km；下游为通向外海的伶仃水道，距广州出海航道起始端 40km，公路距广州市中心约 70km，工程全貌见图 4-29。

图 4-29　南沙护岸围堰及陆域场地（北段）软基处理工程全貌

该工程拟建港区原为围海滩涂地基，承载能力低，港区陆域工程为在原来的地面上吹填淤泥形成，原始地表标高为+0.5～+1.5m（本工程的平面控制系统采用北京坐标系统，高程系统采用当地理论最低潮位，下同）。港池挖泥采用绞吸吹填工艺，挖出的泥吹填至码头后方堆场造地，吹填标高为+4.8m（已有围堤后方狭长地带为+5.8m），在其上进行地基加固。港区分为南段和北段，北段先行施工，南段推后，但施工时间仍有交叉。

该工程是根据广州市城市总体发展战略要求进行的港区软基处理工程，一期工程总加固处理面积 151.79 万 m^2，北段处理面积约 82.02 万 m^2，单块加固面积 4.50 万 m^2。港区原为围海滩涂地基，承载能力低，陆域工程主要是吹填淤泥，由 0.5m 标高吹填至 4.8m。软基处理工程为在吹填泥面上吹填砂垫层、插设塑料排水板、搅拌桩施工及真空预压或真空联合堆载预压软基处理。在软基处理后的场地上进行道路及堆场上部结构施工。

2. 设计概要

（1）工程地质

工程地质主要土层物理力学性能指标见表 4-5。

表 4-5　主要土层物理力学性能指标

土层名称	含水量 w/%	密度 ρ/(g/cm^3)	孔隙比 e	黏聚力（快剪）$c_{快}$/kPa	摩擦角（快剪）$\varphi_{快}$/（°）	黏聚力（固快）$c_{固}$/kPa	摩擦角（固快）$\varphi_{固}$/（°）	水平固结系数 C_h/(10^{-3}cm^2/s)
灰色淤泥（-5m 以上）	76.9	1.57	1.87	4.24	0.82	4.36	22.1	0.9
灰色淤泥（-5m 以下）	16.7	1.59	1.80	7.53	0.66	5.35	19.1	0.9
淤泥质黏土	44.8	1.72	1.30	13	2.72	10.9	19.4	1.2

（2）设计方案及参数（表 4-6）

表 4-6　设计参数

分区	N Ⅰ 区	N Ⅱ 区	N Ⅲ 区
面积/m^2	90 000	529 490	200 722
膜下真空度/kPa	85	85	85
设计持载时间/d	90	110	90
固结度/%	90	90	89
使用期残余沉降量/cm	≯20	≯20	≯30

设计采用打塑料排水板结合真空预压或真空预压联合堆载预压进行软基处理。主要施工工艺有吹填施工，铺设土工布，土工格栅、塑料排水板施工，淤泥搅拌桩施工，砂包袋护坡施工，真空预压施工，堆载施工，补填砂、卸载砂施工等。

地基处理区按使用要求分三个区，N Ⅰ 区和 N Ⅱ 区为集装箱堆场，N Ⅲ区为生产辅助区、进出港道路及预留发展用地。N Ⅰ 区和 N Ⅲ区地基处理采用真空预压，N Ⅱ 区地基处理采用真空联合堆载预压。

集装箱堆场按堆四过五堆放设计，使用荷载为 46kPa，要求加固处理后使用期的残余沉降量不大于 20cm，考虑到今后发展的需要，空箱堆场的荷载及加固区处理要求与重箱堆场相同（已有东堤岸后 800m）。生产辅助区、进出港区道路及预留发展区的使用荷载为 30kPa，要求加固处理后使用期的残余沉降量不大于 30cm。

3. 施工技术

（1）施工程序

该工程主要施工工艺流程见图 4-30。

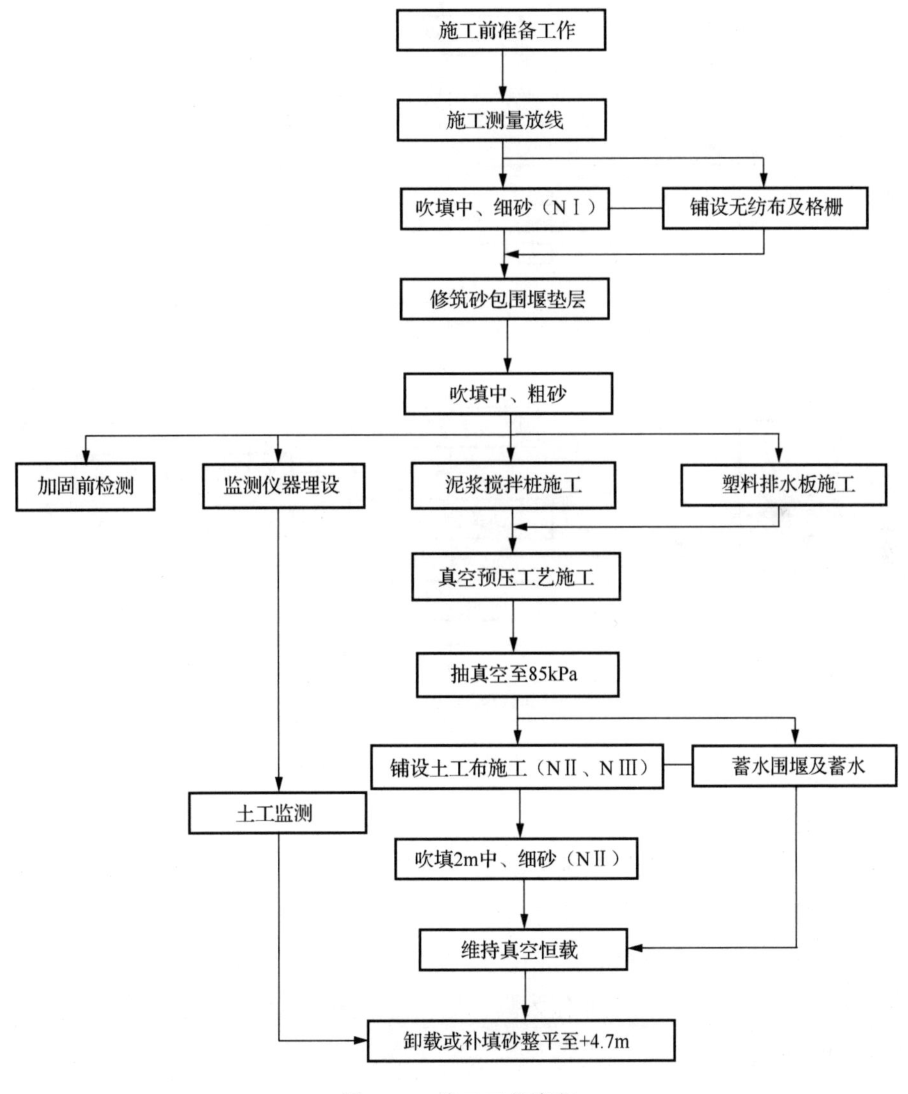

图 4-30　施工工艺流程

真空预压主要施工工艺流程见图 4-31。

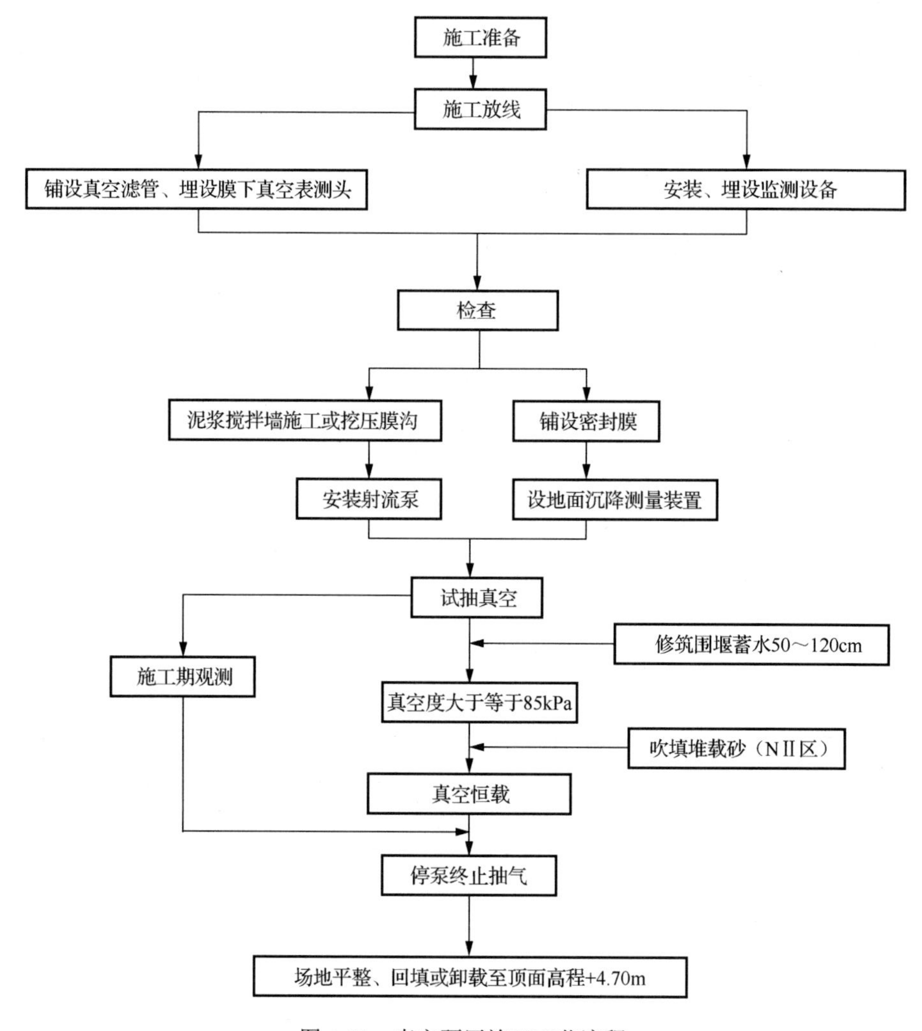

图 4-31　真空预压施工工艺流程

（2）真空预压工艺施工

按照设计要求和技术规范进行施工，施工阶段特别要注意以下几点。

1）滤管制作。采用通径为ϕ60mm 的 UPVC 硬塑料管，在管壁上每隔 5～8cm 钻一直径ϕ5～ϕ7mm 的小孔，制成花管，在花管的外面缠绕尼龙绳作为支撑作用，再包一层 90g/m^2 的无纺土工布作为隔土层，这样滤管便制成。包裹滤管用的无纺布无破损，包扎严密。

2）埋设真空管路和膜下测头。滤管按间距 6.5m 呈框格形布置。按每个预压区设计要求的尺寸，先把滤管摆设好并连接好，接头处用铁丝绑扎牢固，然后在管路旁边铺膜标高基面挖滤管沟，沟深 25～30cm，然后一边挖沟一边埋管入沟，入沟深度约 25cm，并用中、粗砂填平。管间连接用骨架胶管套接，套接长度不小于 100mm，并用铅线绑扎以确保牢固，为防止铅丝接头刺破密封膜，铅丝接头朝下埋入砂层。在铺设过程中要确保滤管上的滤膜不被破损，出膜处采用无缝镀锌钢管和接头相连接，倾斜 45° 伸出膜面约 30cm。

膜下测头制作：膜下测头即膜下真空度测量采气端，采用硬质空囊（可采用椰子汁罐及硬质铁罐头盒等），钻以花孔，外包无纺布，将真空表集气塑料细管插入空囊中并固定即可。真空测头布置在两条滤管中间位置，按约 800m^2 一个点排布，真空细管另一端从密封膜引出，制成喇叭口和真空表相连接，以直观反映膜下真空度（图 4-32）。

图 4-32　真空管路布置

3）场地整平。为防止抽真空过程中真空膜被硬物刺破，埋好真空管后，把外露的塑料排水板头埋入砂面以下，将插板时形成的孔洞填实，并把面层的淤泥块和所有有棱角的硬物拣除，用铁铲将砂面拍抹平实。

4）铺设密封膜。密封膜采用两层聚乙烯薄膜，根据各预压区实际长度每边各增加 7.5m 的标准订购密封膜，密封膜在工厂热合一次成型，其性能指标如下。

① 横向抗拉强度：＞16.5MPa。

② 断裂伸长率：＞220%。

③ 低温伸长率：20%～45%。

④ 角断裂强度：＞4.0MPa。

⑤ 厚度：0.12～0.14mm。

选择无风或风力较小的时间内，分两层铺设。先将密封膜按纵向摆放在预压区的中轴线上，从一端开始向两边展开，铺好后在膜上仔细检查有无可见的破裂口，一般破裂口多出现在密封膜接缝处，破裂处及时用聚乙烯胶水补好。检查无缺陷后即可进行第二层密封膜铺设，两层膜的粘接缝尽量错开。出膜口留有可收缩富余的密封膜。所有上膜操作人员应光脚或穿软底鞋，以防止刺破密封膜。

5）踩密封膜。由于本软基处理区开挖密封沟不可行，全部采用泥浆搅拌桩施工，为了确保密封，密封膜踩入淤泥搅拌墙中。先踩第一层膜，踩入深度不小于1m，踩完第一层膜后开始踩第二层膜。搅拌墙施工过程中，会造成周边砂垫层塌方，因此项目部采用小型挖掘机配合搅拌，搅拌均匀后才能进行踩膜。若部分搅拌桩含水量较高，密封膜易浮起，可以添加黏土粉拌和均匀充分泡胀，以增加稠度和黏性。在踩膜过程中，踩膜人员应光脚作业以确保密封膜踩入深度。另外，在踩膜过程中密封膜黏合处先踩入，再踩其他部分，主要防止踩膜过程中撕裂密封膜（图 4-33）。

图 4-33　人工踩膜施工

6）修筑蓄水围堰（NⅠ、NⅢ真空预压区）。对NⅠ、NⅢ真空预压区施工，待真空度提高后，确认膜上无漏气孔洞后，在膜上覆一层水膜，要求水膜将所有外露薄膜全部覆盖，对出现较大不均匀沉降的地方采用垒筑梯田的形式进行蓄水维护，并在预压期进行维护（图 4-34）。压膜沟回填面低于膜面 10～20cm，以便抽真空过程中保持压膜沟内湿润。在压膜沟外围 20cm 处人工修筑高 100cm、宽 50cm 的黏土止水黏土围堰，以便在抽真空过程中抽出的地下水排向加固区面蓄水 50～120cm，形成水膜并作为补充荷载。如水量不足，可用水泵抽取场地外的水源加以补充，以满足在膜下真空度达到 85kPa 时，膜面蓄水高度同时达到 30～40cm。考虑到真空预压对周边土体的变形影响，以及抽出的地下水可能对周边环境的破坏，在安排现场人员全天候值班巡查，并采取防范措施以保证围堰稳固、密封。

图 4-34　预压期蓄水维护

7）安装真空泵。选用的抽真空装置为自行研制改进的 IS 型真空泵系统，根据工程实践，此类真空泵系统能满足真空预压的要求。按照施工平面布置图进行安装，每台泵控制 800～1 000m^2，本预压区总计设置 1 105 套真空泵。将真空泵水平放置在加固区上面，真空泵进水口和出膜口保持同一平面，以保证真空泵能发挥最大功效。

8）真空预压抽气。安装好真空泵系统（将水泵、水箱、闸阀、截止阀、出膜口连接好），将自电工房配电箱→真空泵处漏电开关盒→真空泵的电路接通后，空载调试真空射流泵，使真空射流泵的真空度达到 0.098MPa 以上。真空预压抽水见图 4-35。在膜面上、压膜沟处仔细检查有无漏气处，发现后及时补好。一般在抽气时，漏气孔眼会发出鸣叫声，可循声彻底检查。一旦漏气孔眼得不到及时补救，蓄水后真空度很难达到 85kPa，而且需放水检查，难度很大。逐台检查真空泵系统连接处，要保证在关闭闸阀的情况下，泵上真空度能达到 0.098MPa，以确保真空泵系统发挥最佳功效。

开始阶段，为防止真空预压对加固区周围土体造成瞬间破坏，严格控制抽真空速率，可先开启半数真空泵，然后逐渐增加真空泵工作台数。当真空度达到 60kPa，经检查无漏气现象后，开始膜面蓄水，开足所有泵，将膜下真空度提高到 85kPa。

9）施工期排水。在真空预压施工过程中，大量的地下水被抽排出，在加固区四周开挖排水明渠，抽排出的地下水通过砂包袋护坡处的排水管排放至排水明渠，再通过排水明渠将水由西南角的出水口排至蕉门水道。

图 4-35　真空预压抽水

（3）真空预压联合堆载施工

NⅡ区下卧淤泥物理力学指标较差，根据设计要求进行真空预压联合堆载处理。

在NⅡ区真空预压联合堆载每个单元块真空度稳定在85kPa以上（5～7d）开始铺设一层断裂强力为 50kN 的裂膜丝机织土工布。膜上土工布采取缝接形式，缝接宽度大于等于10cm。土工布铺设不得在膜上随意拉动，防止土工布错动造成密封膜损坏。50kN的裂膜丝机织土工布技术参数见表4-7。

表 4-7　断裂强力为 50kN 的裂膜丝机织土工布技术参数

序号	项目	指标
1	单位面积质量/（g/m^2）	240
2	断裂强力/（kN/m）	≥50
3	断裂伸长率/%	≤25
4	撕破强力/kN	≥0.41
5	CBR 顶破强力/kN	≥4.0
6	等效孔径/mm	0.07～0.5
7	垂直渗透系数/（cm/s）	10^{-1}～10^{-4}

当地基强度基本稳定后进行吹填砂堆载施工。堆载区域与其他非堆载区或后堆载区域交界处构筑砂包袋拦水围堰，顶宽0.5m、底宽2.9m、高1.20m，边坡1∶1，坡脚落在堆载区边线上。

吹填堆载砂设备选用自吸自吹船完成，主管线布设在 A、B 围堰上，分别用软管连接到堆载区域吹填施工，先吹填 NⅡ1～NⅡ4 四个区，然后依次是 NⅡ5～NⅡ8、NⅡ9～NⅡ12、NⅡ13～NⅡ16 各区。吹填方向由东向西，从南北两侧同时推进，向中间会合。

堆载料采用中、细砂，堆载厚度 1.0m，顶标高+6.8m。堆载宜分区一次进行，分区施工顺序与砂垫层和真空预压相同。为保护真空薄膜不致损破，要求吹填第一层加载砂料时在吹填管口下铺设砂包层，以防止直接冲刷真空膜。要严格按有关技术要求进行施工，局部堆填砂不可太高，同时严格控制加载速率，必要时施工可停歇，以防破坏地基。

堆载过程注意事项如下。

1）在堆载砂堆填区内，按个/500m^2 插设小竹竿，小竹竿上用红漆标示堆载砂层厚度。

2）堆载砂层表面用推土机平整。

3）考虑到已吹填结束区域进行排水板及搅拌桩施工，堆载吹填时需进行临时围堰，设置临时排水明渠，确保水流等不影响相邻区域施工。

4）考虑到堆载吹填施工预压密封产生的影响，吹填时应采取必要的消能措施，并对真空预压密封进行必要的防护。

4. 加固效果

（1）膜下真空度分析

各真空预压加固区都埋设了数量不等的膜下真空度测头，观测频率为每 2h 观测一次，具体膜下真空度埋设数量及观测结果如下：膜下真空度从开始抽真空到达 85kPa（平均 3～7d），此后一直稳定在 85kPa 以上。

真空预压期间，由于加固区内表面砂垫层较厚，而且前期吹填淤泥土含砂量较大，对真空预压的持载有一定影响，真空预压加固区外围采用双排搅拌墙并通过多开泵即可解决问题。

抽真空时，膜面覆水既能减缓土工膜的老化，又对加固区附加了平均 5kPa 以上的水荷载。

（2）沉降量分析

根据设计要求，北段软基处理工程共埋设沉降板 383 块，计算软基的固结度通常用实测沉降曲线拟合法等，也可以用双曲线法或三点法来计算最终沉降量，进而计算残余沉降量和固结度。

在沉降时间曲线后半段任意选取 3 个时刻，即 t_1、t_2 和 t_3，使得$(t_2-t_1)=(t_3-t_2)$，为了减小计算的误差，选取的（t_2-t_1）尽可能大些。

通过多组数据计算，综合平均后得到固结度及残余沉降量结果见表 4-8。

表 4-8　真空预压固结度及残余沉降量结果

区域	块号	面积/m²	预压时间/d	平均沉降量/m	最大沉降量/m	固结度/%	残余沉降量/cm
NⅠ区	NⅠ-1	45 000	96	1.639/1.464	2.411	93.09	9.9
	NⅠ-2	45 000	99	1.66/1.434	2.381	93.41	10.9
NⅡ区	NⅡ-1	34 600	114	1.74	2.099	96.76	6.0
	NⅡ-2	34 600	116	2.11	2.588	96.64	7.3
	NⅡ-3	34 600	116	2.088	2.758	98.61	2.9
	NⅡ-4	24 600	114	1.833	2.251	98.67	2.5
	NⅡ-5	34 600	110	2.137	2.615	94.62	12
	NⅡ-6	34 600	110	2.009	2.439	95.51	9.8
	NⅡ-7	34 600	110	2.238	2.566	94.75	12.3
	NⅡ-8	34 600	110	2.113	2.547	94.13	11.8
	NⅡ-9	34 600	115	2.486	2.933	94.4	14.9
	NⅡ-10	34 600	115	1.573	2.302	94.1	9.6
	NⅡ-11	34 600	114	1.767	2.192	93.87	11.5
	NⅡ-12	34 600	114	2.094	2.588	95.78	9.0
	NⅡ-13	30 000	113	2.078	2.353	93.5	15.0
	NⅡ-14	34 290	113	1.74	2.444	93.55	12.1
	NⅡ-15	30 000	113	1.737	2.061	94.93	10.0
	NⅡ-16	30 000	113	1.858	2.126	93.59	13.6
NⅢ区	NⅢ-1	35 599	93	1.715	2.235	93.3	12.2
	NⅢ-2	40 364	93	1.944	2.562	92.8	14.8
	NⅢ-3	23 833	93	1.625	1.99	94.6	9.2
	NⅢ-4	35 883	94	1.479	1.756	93.9	9.4
	NⅢ-5	33 642	94	1.343	1.733	93.8	8.6
	NⅢ-6	31 401	95	1.653	2.211	93.9	10.8

注：表中预压时间从真空预压 85kPa 开始。

各区根据表层沉降量平均值，以现场监测沉降量数据按三点法推算最终沉降量，求得各区平均固结度均大于 90%，残余沉降量小于 20cm，满足设计要求及合同要求的卸载条件，各区经监理审核、设计校核并经业主批准后均已卸载。

由各真空预压加固区的沉降量观测结果可知，由于土体渗透系数大、固结快，真空预压初期沉降速率很大，而在后期沉降速率衰减很快，NⅠ区平均沉降量为1.449m（不计C围堰，则平均沉降量为1.65m），NⅡ区平均沉降量为1.980m，NⅢ区平均沉降量为1.636m，整个区域平均沉降量为1.838m。在真空卸载后，沉降基本停止，有些还测到回弹，沉降曲线有明显的转折，说明残余沉降量很小，能够满足工程要求。

各区沉降量-时间曲线见图4-36（a）～（g）。

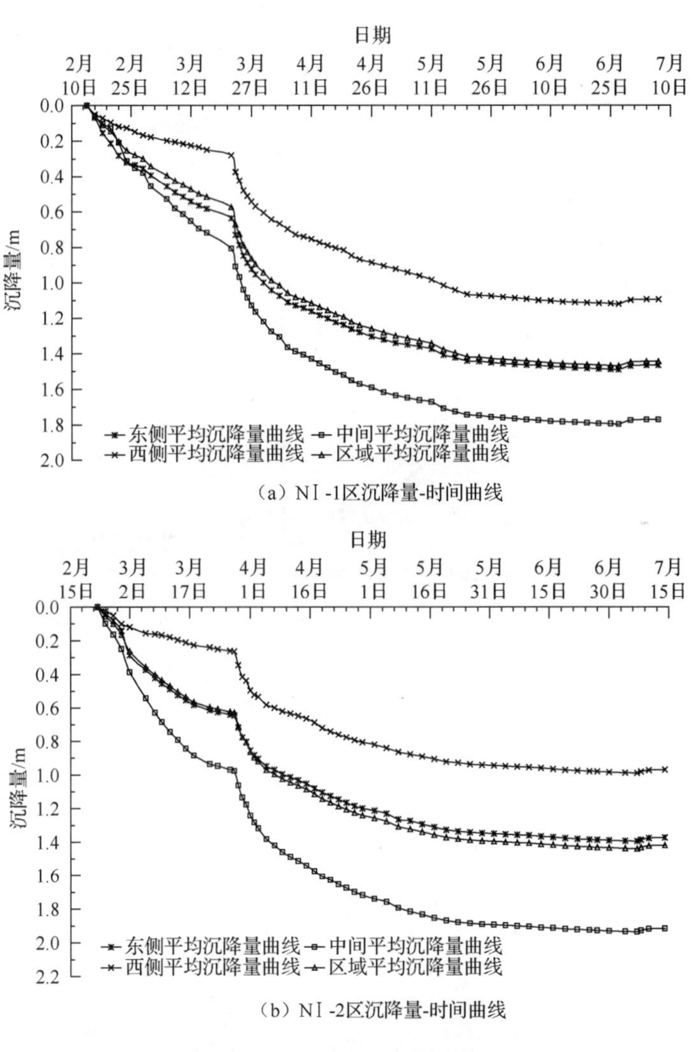

（a）NⅠ-1区沉降量-时间曲线

（b）NⅠ-2区沉降量-时间曲线

图4-36　沉降量-时间曲线

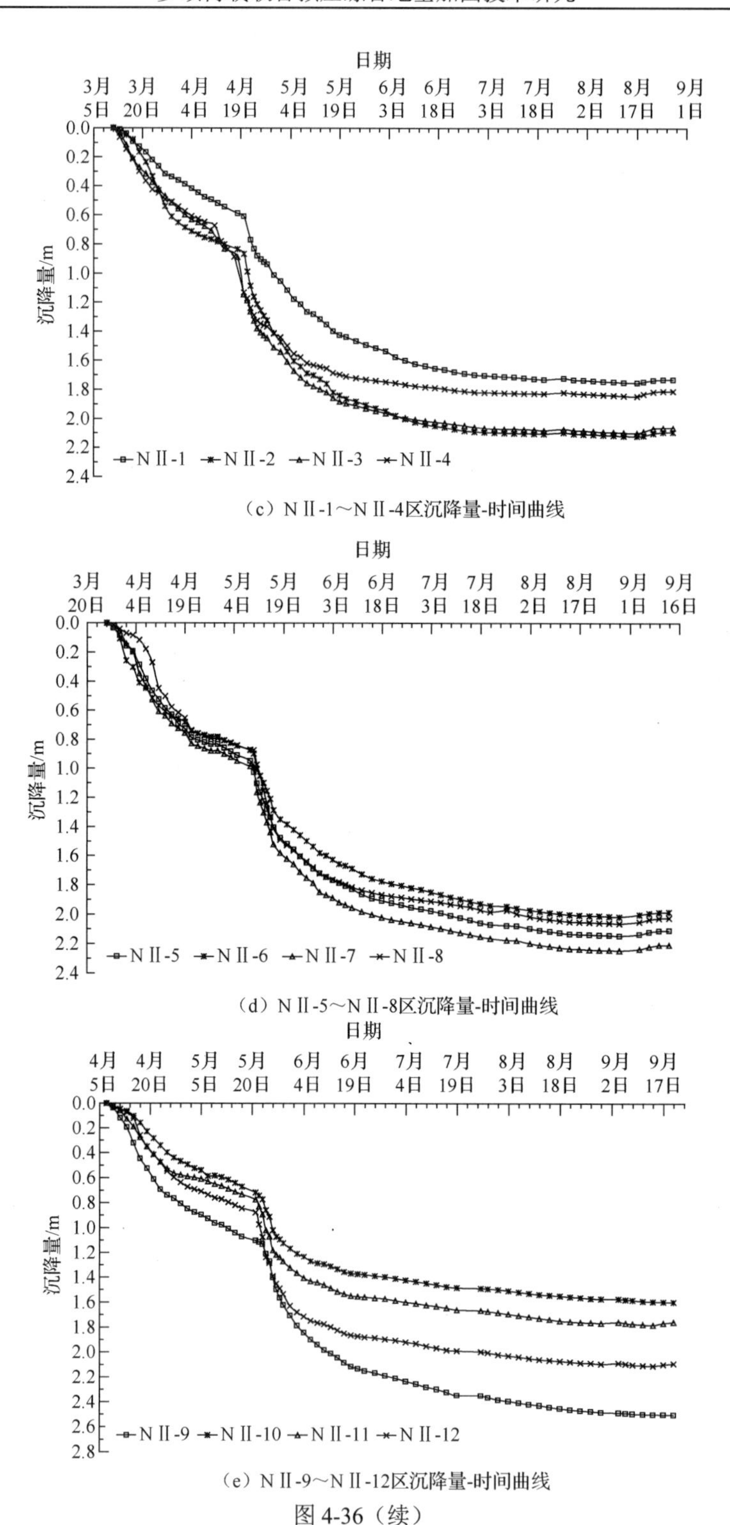

（c）NⅡ-1～NⅡ-4区沉降量-时间曲线

（d）NⅡ-5～NⅡ-8区沉降量-时间曲线

（e）NⅡ-9～NⅡ-12区沉降量-时间曲线

图4-36（续）

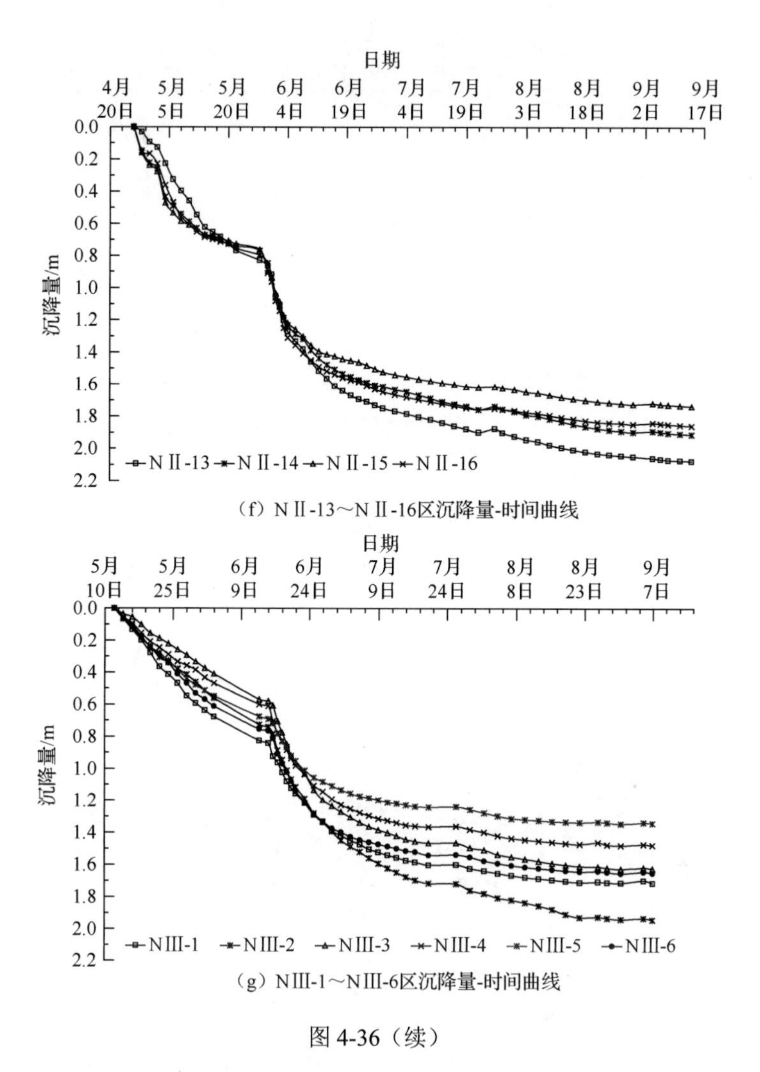

(f) NⅡ-13～NⅡ-16区沉降量-时间曲线

(g) NIII-1～NIII-6区沉降量-时间曲线

图4-36（续）

计算结果表明，真空预压加固后固结度满足设计要求，残余沉降量满足 NⅠ区、NⅡ区小于20cm和NⅢ区小于30cm的要求。上述残余沉降量计算结果是假定真空荷载85kPa处于永久施加状态，而实际上真空预压荷载大于设计要求的使用荷载，同时抽真空过程中存在平均不小于5kPa的水荷载，属于超载预压，正常使用期土体处于超固结状态，所以实际残余沉降量更小。

（3）孔隙水压力分析

各区孔隙水压力消散良好，开始抽真空后一周内，孔隙水压力基本上能下降到一个稳定值，孔压消散值平均在 75～95kPa，孔隙水压力向土体深度方向传递效果明显，各区孔隙水压力时程曲线见图4-37（a）～（x）。

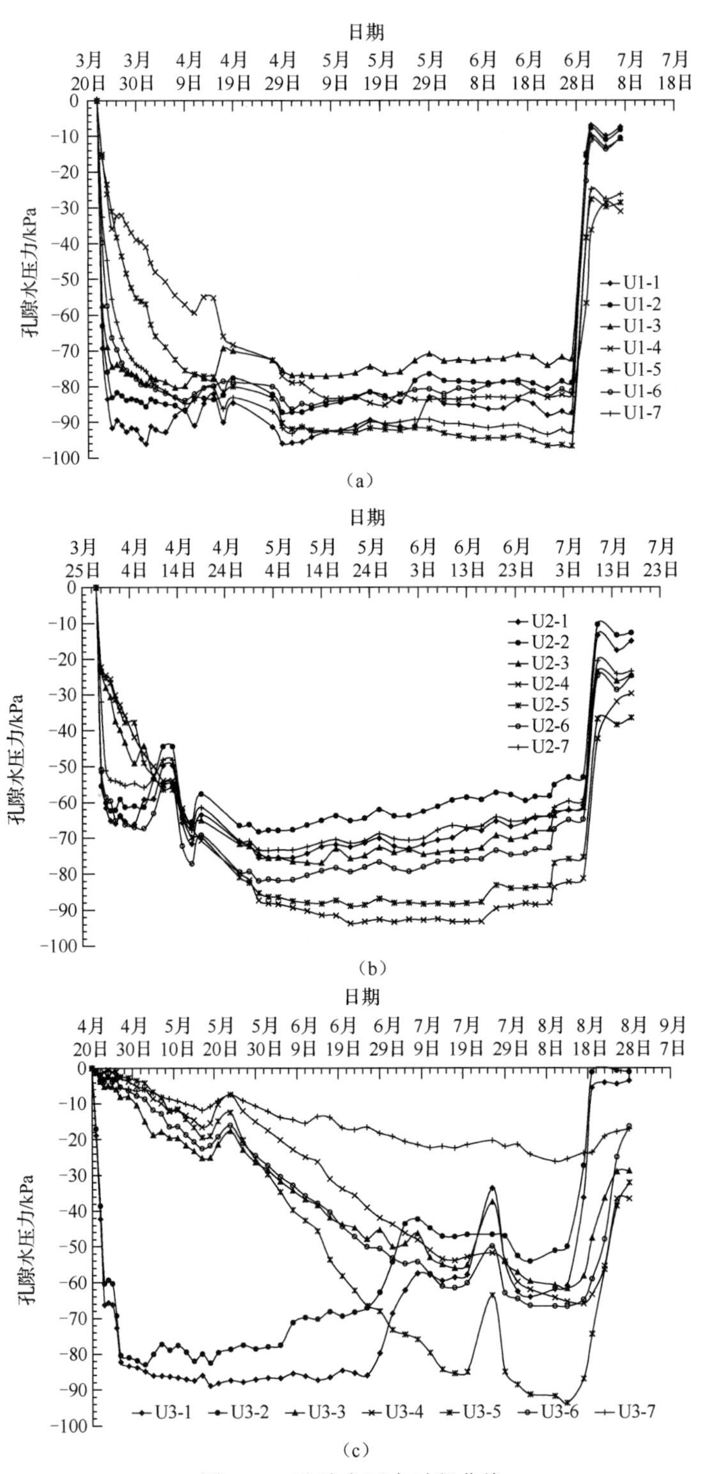

图 4-37　孔隙水压力时程曲线

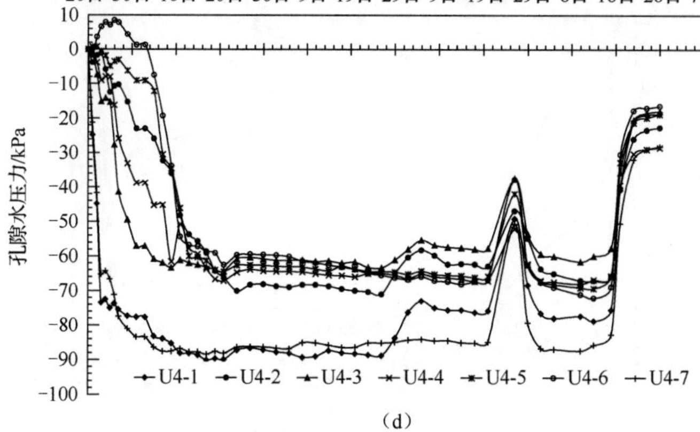

日期
4月20日 4月30日 5月10日 5月20日 5月30日 6月9日 6月19日 6月29日 7月9日 7月19日 7月29日 8月8日 8月18日 8月28日 9月7日
孔隙水压力/kPa
10
0
−10
−20
−30
−40
−50
−60
−70
−80
−90
−100
U4-1 U4-2 U4-3 U4-4 U4-5 U4-6 U4-7

（d）

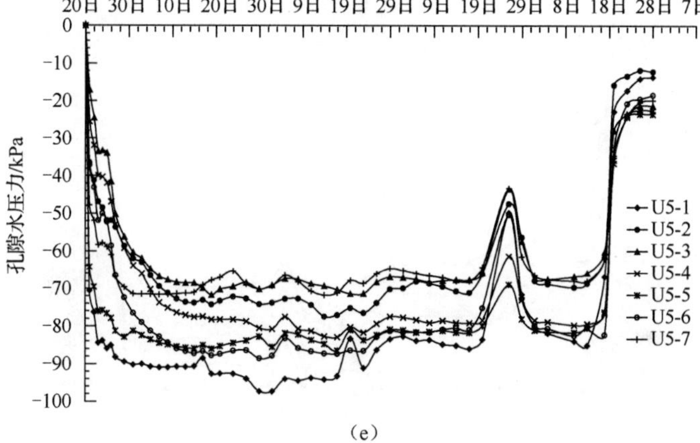

日期
4月20日 4月30日 5月10日 5月20日 5月30日 6月9日 6月19日 6月29日 7月9日 7月19日 7月29日 8月8日 8月18日 8月28日 9月7日
孔隙水压力/kPa
0
−10
−20
−30
−40
−50
−60
−70
−80
−90
−100
U5-1
U5-2
U5-3
U5-4
U5-5
U5-6
U5-7

（e）

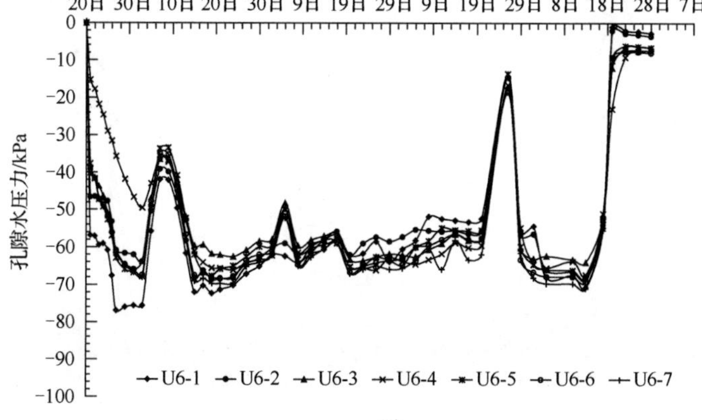

日期
4月20日 4月30日 5月10日 5月20日 5月30日 6月9日 6月19日 6月29日 7月9日 7月19日 7月29日 8月8日 8月18日 8月28日 9月7日
孔隙水压力/kPa
0
−10
−20
−30
−40
−50
−60
−70
−80
−90
−100
U6-1 U6-2 U6-3 U6-4 U6-5 U6-6 U6-7

（f）

图4-37（续）

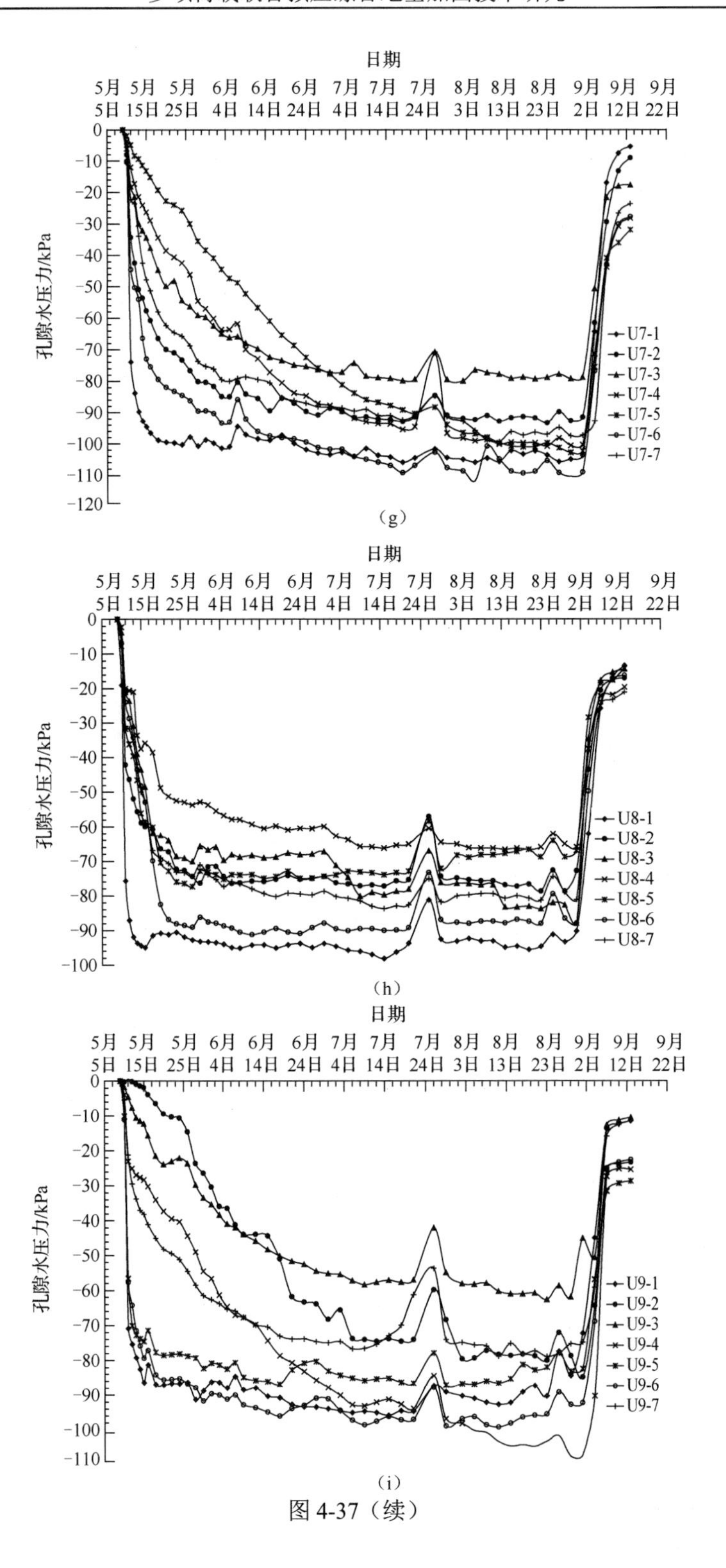

日期
5月 5日
5月 15日
5月 25日
6月 4日
6月 14日
6月 24日
7月 4日
7月 14日
7月 24日
8月 3日
8月 13日
8月 23日
9月 2日
9月 12日
9月 22日
孔隙水压力/kPa
U7-1
U7-2
U7-3
U7-4
U7-5
U7-6
U7-7
(g)
U8-1
U8-2
U8-3
U8-4
U8-5
U8-6
U8-7
(h)
U9-1
U9-2
U9-3
U9-4
U9-5
U9-6
U9-7
(i)

图 4-37（续）

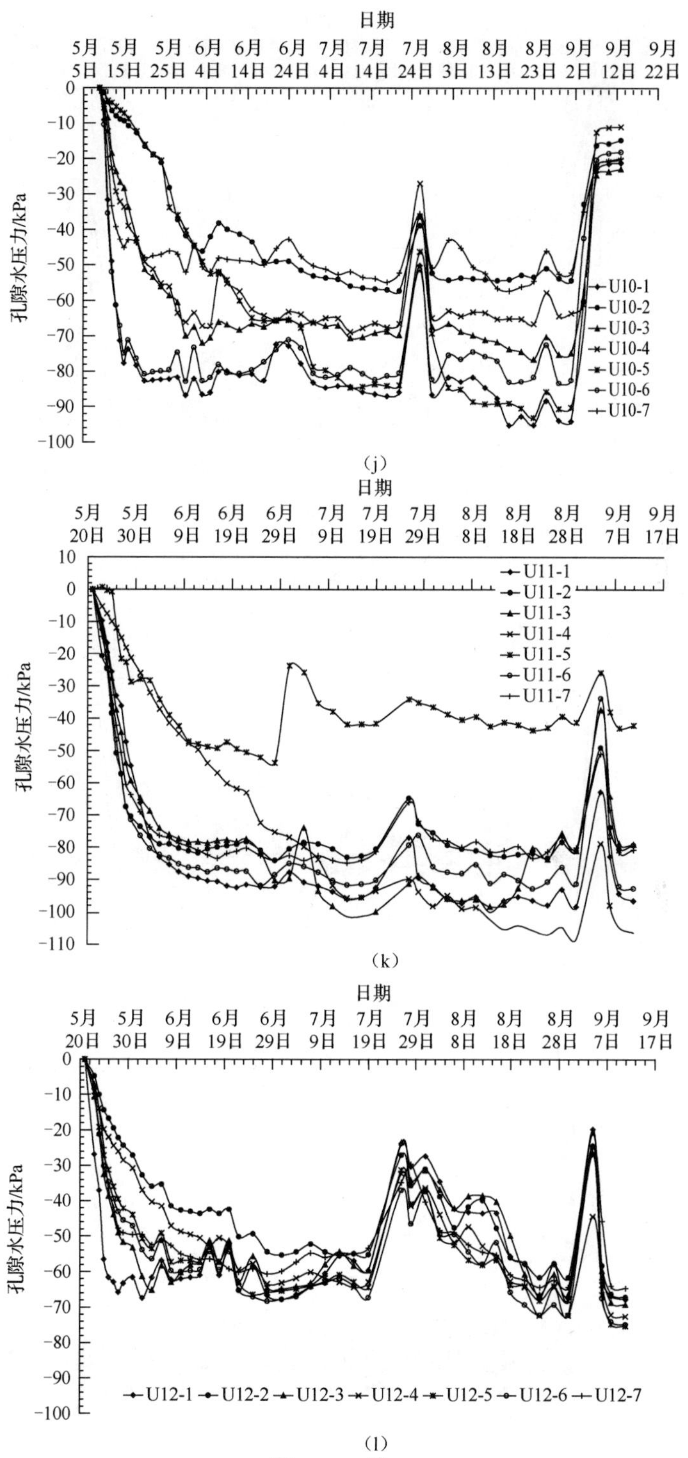

日期
5月 5日
5月 15日
5月 25日
6月 4日
6月 14日
6月 24日
7月 4日
7月 14日
7月 24日
8月 3日
8月 13日
8月 23日
9月 2日
9月 12日
9月 22日
孔隙水压力/kPa
U10-1
U10-2
U10-3
U10-4
U10-5
U10-6
U10-7

(j)

日期
5月 20日
5月 30日
6月 9日
6月 19日
6月 29日
7月 9日
7月 19日
7月 29日
8月 8日
8月 18日
8月 28日
9月 7日
9月 17日
孔隙水压力/kPa
U11-1
U11-2
U11-3
U11-4
U11-5
U11-6
U11-7

(k)

日期
孔隙水压力/kPa
U12-1
U12-2
U12-3
U12-4
U12-5
U12-6
U12-7

(l)

图 4-37（续）

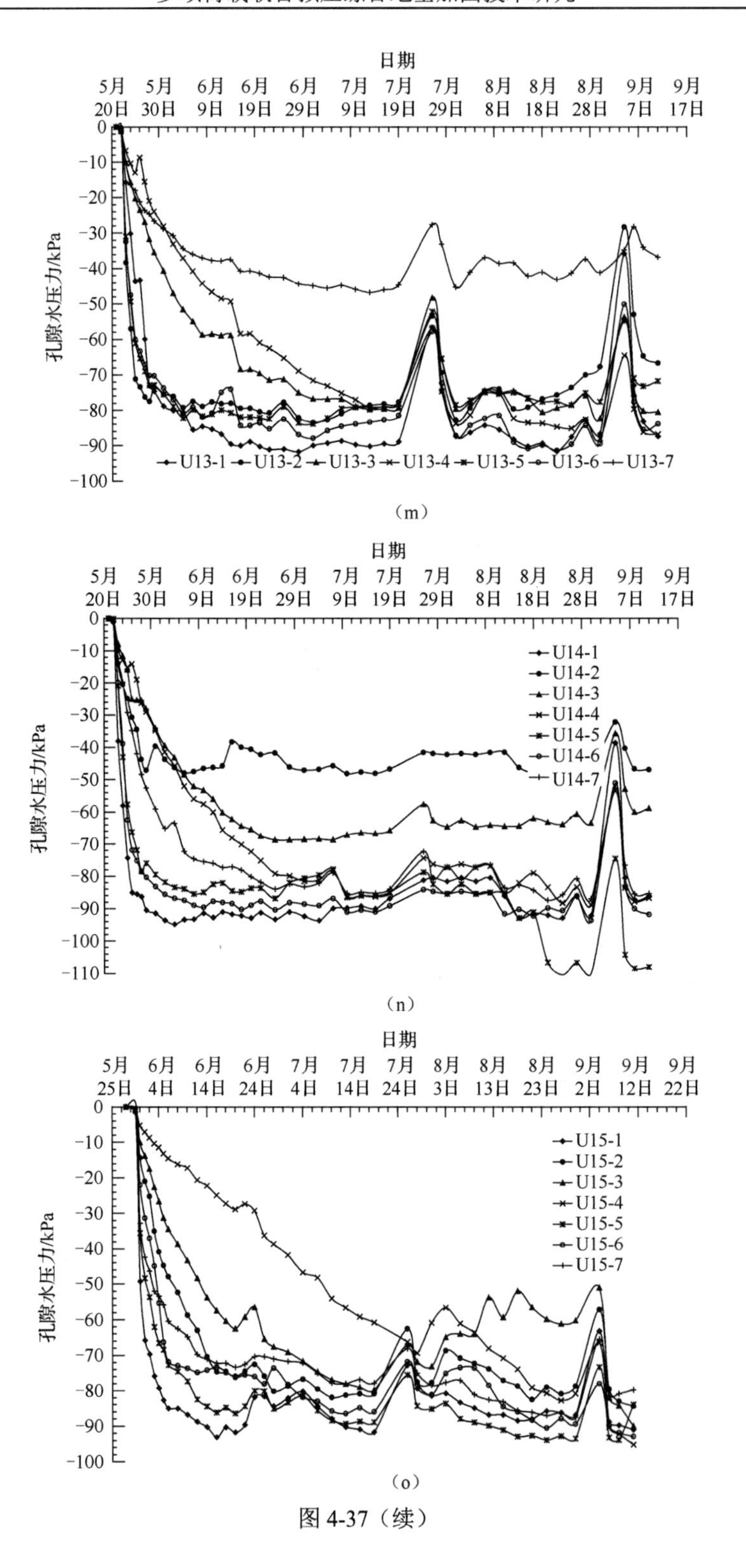
日期
5月 20日
5月 30日
6月 9日
6月 19日
6月 29日
7月 9日
7月 19日
7月 29日
8月 8日
8月 18日
8月 28日
9月 7日
9月 17日
孔隙水压力/kPa
U13-1
U13-2
U13-3
U13-4
U13-5
U13-6
U13-7
（m）
日期
孔隙水压力/kPa
U14-1
U14-2
U14-3
U14-4
U14-5
U14-6
U14-7
（n）
日期
5月 25日
6月 4日
6月 14日
6月 24日
7月 4日
7月 14日
7月 24日
8月 3日
8月 13日
8月 23日
9月 2日
9月 12日
9月 22日
孔隙水压力/kPa
U15-1
U15-2
U15-3
U15-4
U15-5
U15-6
U15-7
（o）

图 4-37（续）

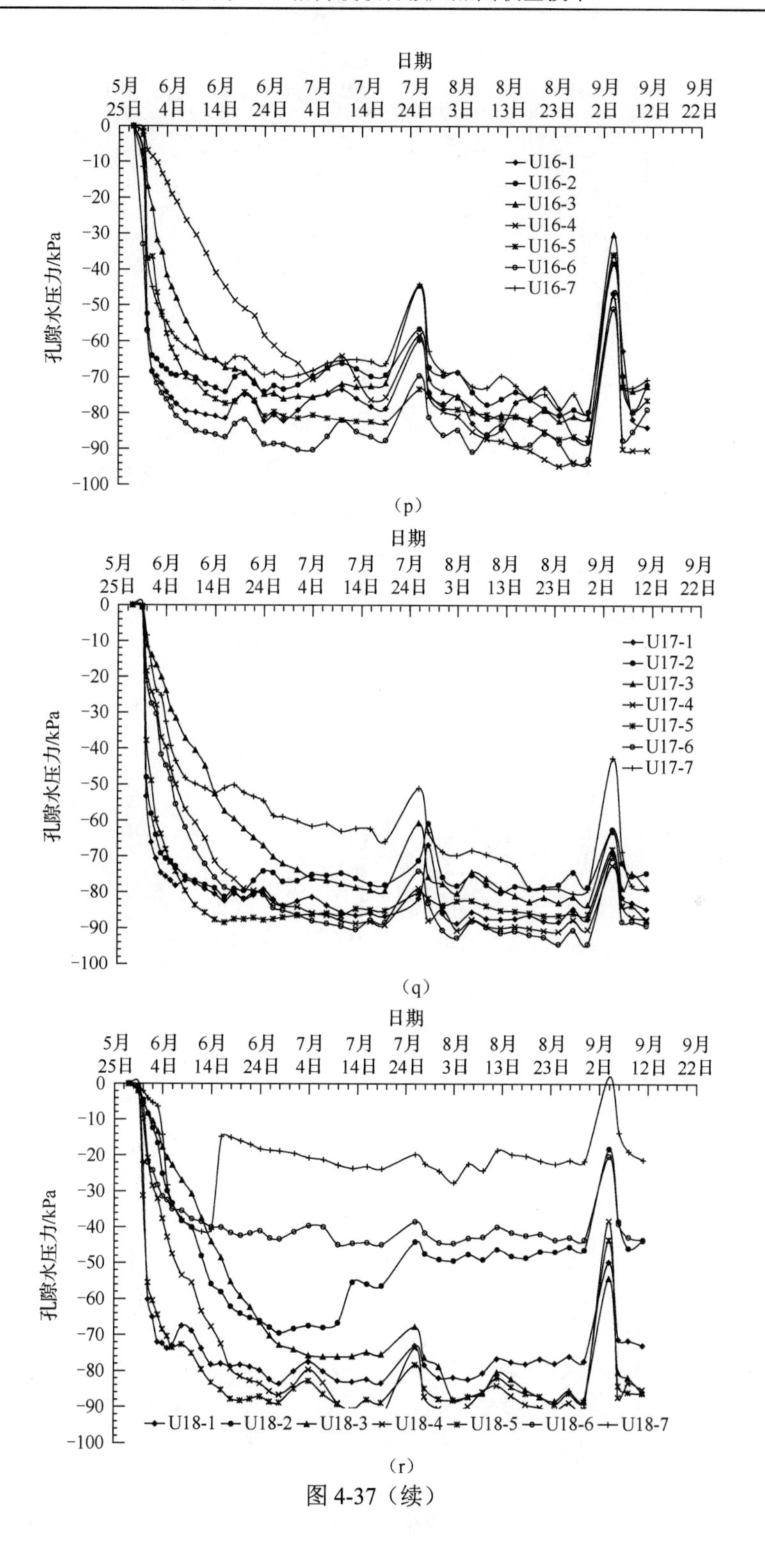

日期
5月 25日
6月 4日
6月 14日
6月 24日
7月 4日
7月 14日
7月 24日
8月 3日
8月 13日
8月 23日
9月 2日
9月 12日
9月 22日
孔隙水压力/kPa
0
-10
-20
-30
-40
-50
-60
-70
-80
-90
-100
U16-1
U16-2
U16-3
U16-4
U16-5
U16-6
U16-7
U17-1
U17-2
U17-3
U17-4
U17-5
U17-6
U17-7
U18-1
U18-2
U18-3
U18-4
U18-5
U18-6
U18-7

（p）

（q）

（r）

图 4-37（续）

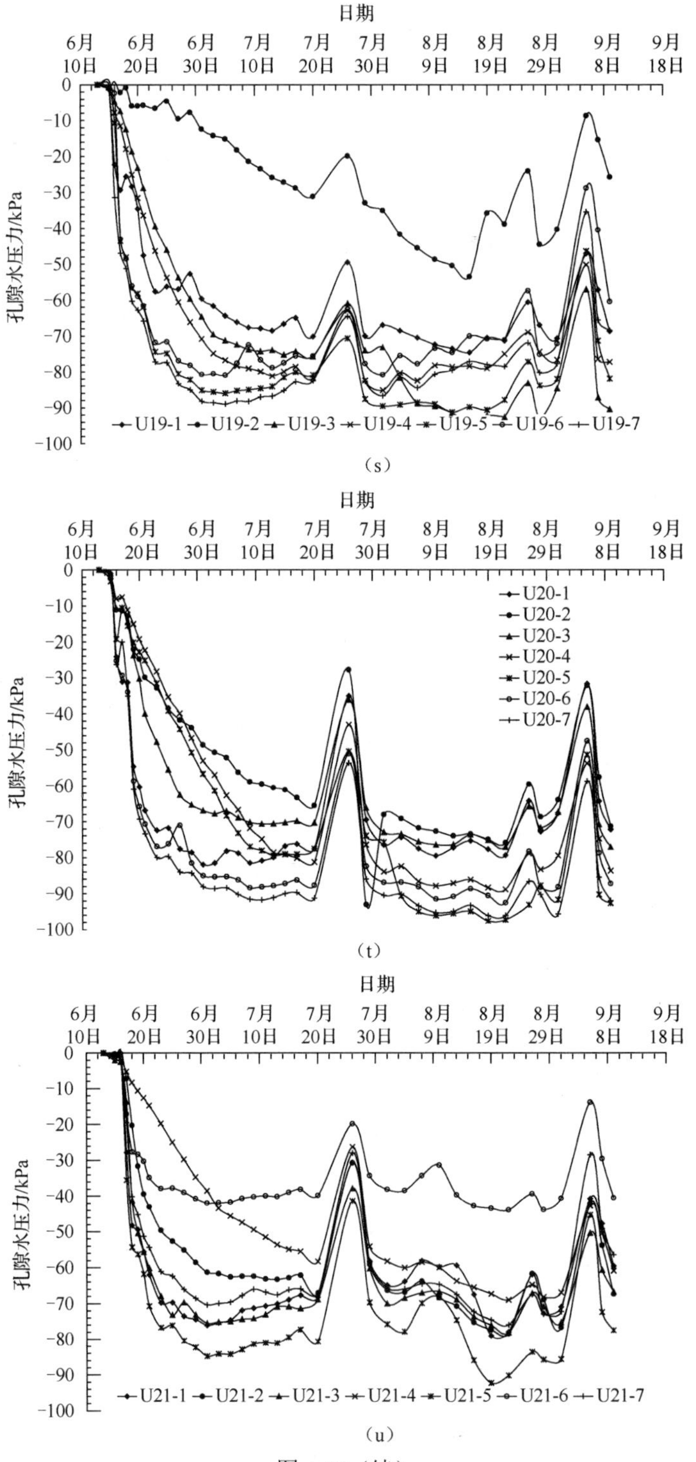

日期
6月 10日
6月 20日
6月 30日
7月 10日
7月 20日
7月 30日
8月 9日
8月 19日
8月 29日
9月 8日
9月 18日
孔隙水压力/kPa
0
-10
-20
-30
-40
-50
-60
-70
-80
-90
-100
U19-1
U19-2
U19-3
U19-4
U19-5
U19-6
U19-7
U20-1
U20-2
U20-3
U20-4
U20-5
U20-6
U20-7
U21-1
U21-2
U21-3
U21-4
U21-5
U21-6
U21-7

（s）

（t）

（u）

图 4-37（续）

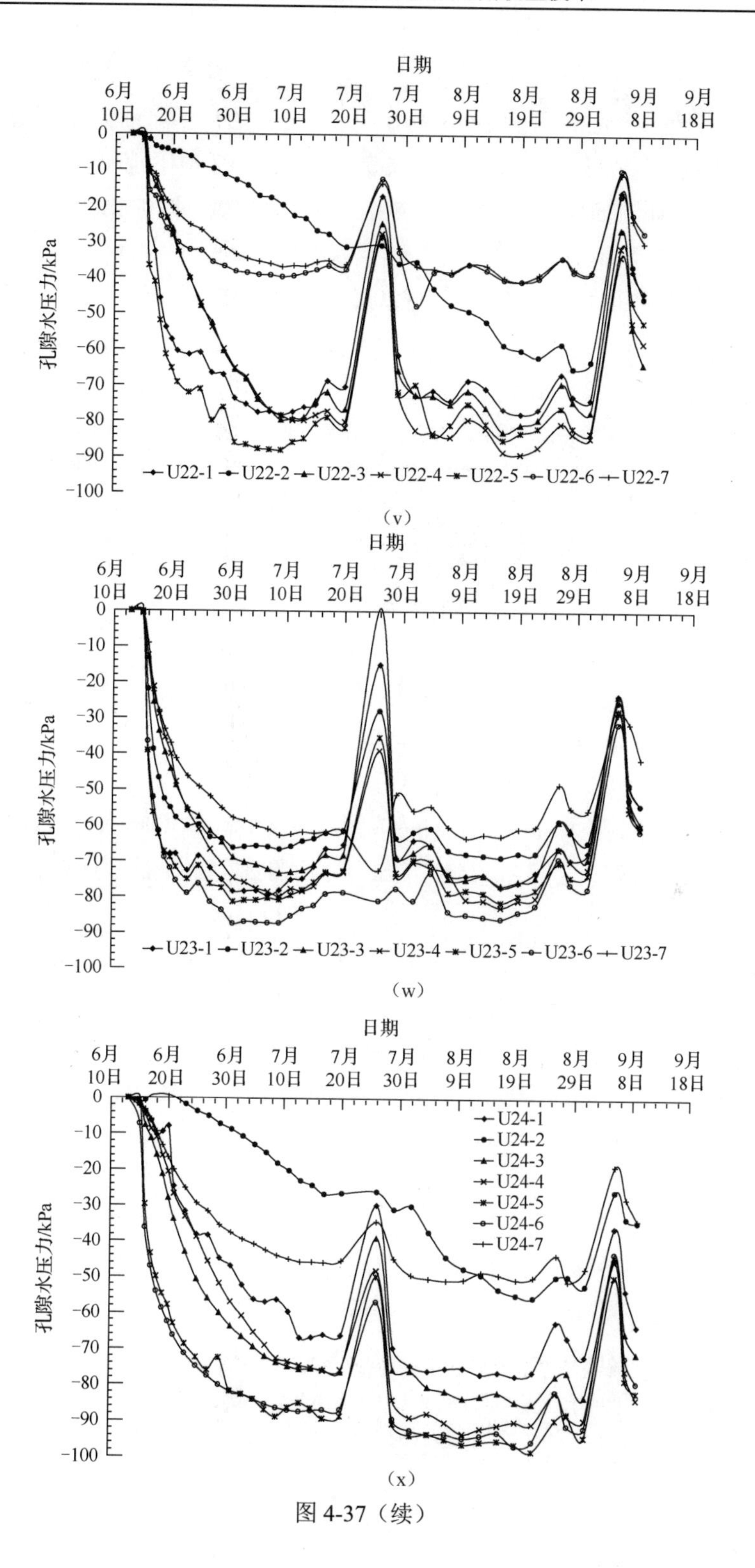
日期
6月10日
6月20日
6月30日
7月10日
7月20日
7月30日
8月9日
8月19日
8月29日
9月8日
9月18日
孔隙水压力/kPa
0
-10
-20
-30
-40
-50
-60
-70
-80
-90
-100
U22-1
U22-2
U22-3
U22-4
U22-5
U22-6
U22-7
(v)
U23-1
U23-2
U23-3
U23-4
U23-5
U23-6
U23-7
(w)
U24-1
U24-2
U24-3
U24-4
U24-5
U24-6
U24-7
(x)

图 4-37（续）

（4）水位分析

NⅠ-1 区地下水位观测于 2003 年 3 月 22 日开始，到目前为止测得的最大水位差为−7.616m，反映出该区抽真空效果良好。NⅠ-2 区地下水位观测于 2003 年 3 月 28 日开始，测得的最大水位差为−3.561m，考虑到初次水位与地面高差达 3.2m，最大水位差在 5m 以上。

NⅡ-1～NⅡ-4 区地下水位观测于 2003 年 4 月 20 日开始，在此之前，该区域均进行短暂的试抽，水位已有所下降。因此正式抽真空时实测的水位差相对偏小。NⅡ-1 区测得的最大水位差为−3.202m，NⅡ-2 区测得的最大水位差为−4.758m，NⅡ-3 区测得的最大水位差为−3.427m，NⅡ-4 区测得的最大水位差为−3.052m。

NⅡ-5～NⅡ-8 区地下水位观测于 2003 年 5 月 9 日开始，抽真空第一周内水位下降至最大水位差的 30%～45%，然后逐步下降，NⅡ-5 区测得的最大水位差为−9.084m，NⅡ-6 区测得的最大水位差为−7.958m，NⅡ-7 区测得的最大水位差为−4.589m，NⅡ-8 区测得的最大水位差为−6.334m。

NⅡ-9 和 NⅡ-10 区地下水位观测于 2003 年 5 月 21 日开始，抽真空第一周内水位有明显下降，整个真空预压期间该区域受多种因素影响水位有起伏，NⅡ-9 区测得的最大水位差为−7.569m，NⅡ-10 区测得的最大水位差为−6.175m。

NⅡ-11 和 NⅡ-12 区地下水位观测于 2003 年 5 月 21 日开始，抽真空第一周内水位有明显下降，整个真空预压期间该区域受多种因素影响水位有起伏，NⅡ-11 区测得的最大水位差为−7.098m，NⅡ-12 区测得的最大水位差为−6.783m。两区平均水位差−6.941m，反映出这两个区域抽真空效果良好。

NⅡ-13～NⅡ-16 区地下水位观测于 2003 年 5 月 28 日开始，抽真空第一周内水位有明显下降，整个真空预压期间该区域受多种因素影响水位有起伏，NⅡ-13 区测得的最大水位差为−6.405m，NⅡ-14 区测得的最大水位差为−8.917m。NⅡ-15 区测得的最大水位差为−7.509m，NⅡ-16 区测得的最大水位差为−7.621m。

NⅢ-1～NⅢ-6 区地下水位观测于 2003 年 6 月 13 日开始，抽真空第一周内水位有明显下降，整个真空预压期间该区域受多种因素影响水位有起伏，到目前为止 NⅢ-1 区测得的最大水位差为−8.446m，NⅢ-2 区测得的最大水位差为−9.445m，NⅢ-3 区测得的最大水位差为−8.570m，NⅢ-4 区测得的最大水位差为−6.804m，NⅢ-5 区测得的最大水位差为−4.139m，NⅢ-6 区测得的最大水位差为−9.095m。上述均反映出 NⅢ区域抽真空效果良好。

（5）分层沉降分析

各区分层压缩已经稳定，分层压缩量的沉降速率已小于 1.5mm/d，15m 以下区域压缩量平均达 20～30cm，表明软基加固效果明显，真空度传递较深，孔隙水压力消散良好。

（6）侧向位移分析（图 4-38）

北段软基处理深层位移监测共布置 5 个孔，监测土体稳定，可控制堆载的加载速率，但真空预压加固软土时土体水平位移方向向内，不会造成土体失稳，所以对真空荷载的施加速率不做要求。侧向位移变化曲线分析如下。

1）NⅠ-1 区抽真空期土体水平位移朝加固区内，水平位移随深度的增加而逐渐减少，管口 12m 以下部位基本没有水平位移，因此 NⅠ-1 区真空预压施工对深层土体位移影响为 12m。查看地质资料，该孔在东石堤旁，下部存在硬砂层，对真空度的传递有一定影响。抽真空第一周位移速率最大，最上部土体位移达到 0.025 4m/d。一周后位移速率逐渐减小，见图 4-38（a）。

2）NⅡ-5 区北侧设置一根测斜管 B2，抽真空期土体水平位移朝加固区内，水平位移随深度的增加而逐渐减小，管口 17m 以下部位基本没有水平位移，因此 NⅡ-5 区真空预压施工对深层土体位移影响达到 17m。抽真空第一周位移速率最大，最上部土体位移达到 0.037 9m/d。往后位移速率逐渐减小，卸载前最上部土体位移为 0.000 6m/d，已趋于稳定，见图 4-38（b）。

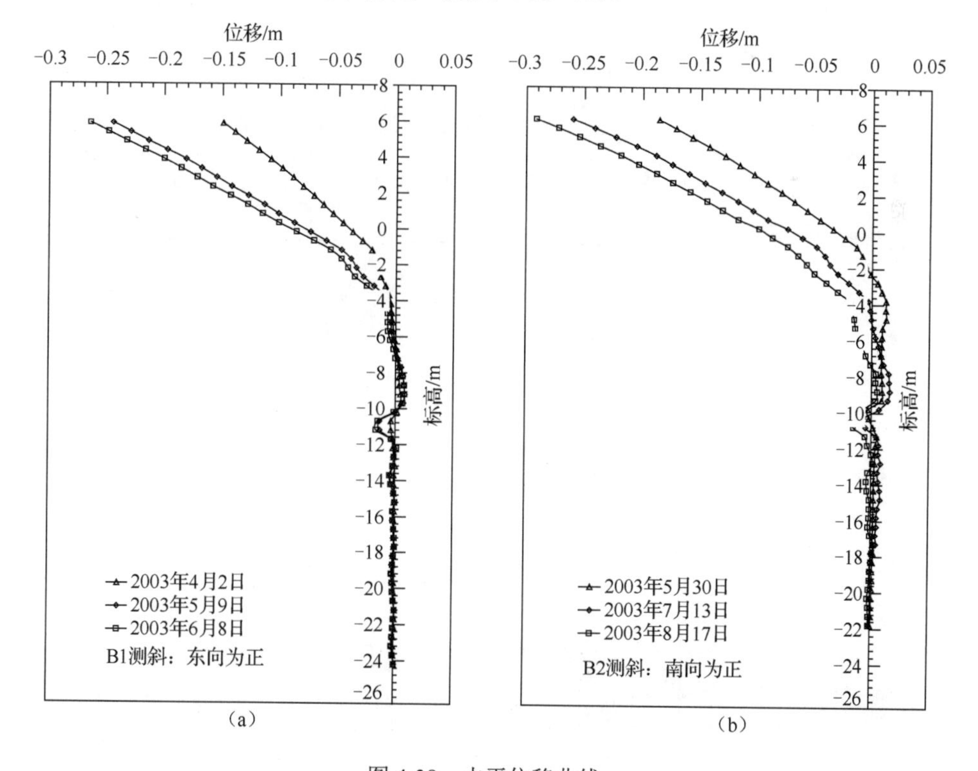

图 4-38　水平位移曲线

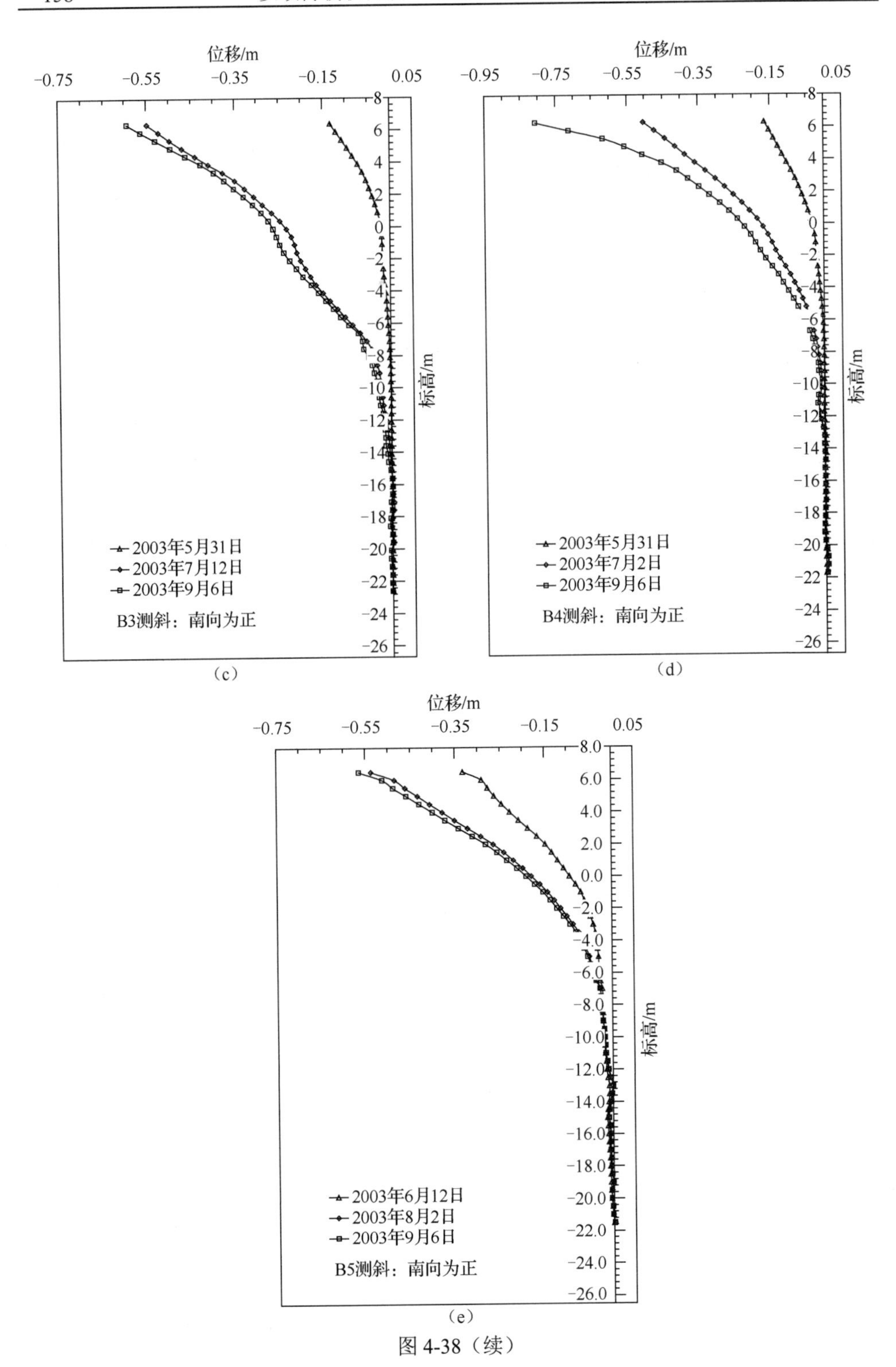

位移/m
−0.75
−0.55
−0.35
−0.15
0.05
标高/m
2003年5月31日
2003年7月12日
2003年9月6日
B3测斜：南向为正
(c)
位移/m
−0.95
−0.75
−0.55
−0.35
−0.15
0.05
标高/m
2003年5月31日
2003年7月2日
2003年9月6日
B4测斜：南向为正
(d)
位移/m
标高/m
2003年6月12日
2003年8月2日
2003年9月6日
B5测斜：南向为正
(e)

图 4-38（续）

3）NⅡ-13 区北侧设置 3 根测斜管（即 B3、B4 和 B5），水平位移随深度的增加而逐渐减小，管口 20m 以下部位基本没有水平位移，表明 NⅡ-13 区真空预压施工对深层土体位移影响可达 20m。查看土工试验可知 20m 以下为含水率低、孔隙比小的黏土，基本上为硬层，所以该处深层位移基本上没有变化。抽真空第一周位移速率最大，最上部土体位移达到 0.058 7m/d。往后位移速率逐渐减小，目前最上部土体位移为小于 0.000 5m/d，已经稳定。由于 NⅡ-13 区真空预压后，膜上堆载 1m 厚的中、细砂，由位移曲线可以看出，真空联合堆载不会影响土体向外滑移，见图 4-38（c）～（e）。

4）由水平位移曲线［图 4-38（a）～（e)］可以看出，堆载时，位移曲线没有明显外移现象，抽真空期间，对于联合堆载，当荷载不是很大时可以一次性施加。

（7）加固前后土体强度分析

1）真空预压加固前后钻探取样土工试验。

按照设计要求，NⅠ区加固前后均在加固区中心点进行了十字板剪切试验、土工试验。从试验数据可以看出，加固后土体抗剪强度有较大提高，土体灵敏度稍有降低，加固效果非常明显。NⅠ-1 和 NⅠ-2 区加固前后十字板抗剪切试验汇总分别见表 4-9 和表 4-10。

表 4-9　NⅠ-1 区十字板剪切试验汇总

试点深度/m	原状土抗剪强度/kPa		重塑土抗剪强度/kPa		土体灵敏度	
	加固前	加固后	加固前	加固后	加固前	加固后
11.0	15.68	18.42	6.44	11.67	2.44	1.6
12.0	13.87	49.98	8.43	22.45	1.65	2.2
13.0	13.32	38.85	6.71	16.56	1.99	2.3
14.0	40.33	39.80	11.87	16.27	3.40	2.4
15.0	23.57	40.35	13.87	21.75	1.70	1.9
16.0	15.23	46.14	10.15	17.86	1.50	2.6
17.0	26.83	57.27	13.96	31.88	1.92	1.8
18.0	56.20	64.01	26.74	35.48	2.10	1.8
平均估值	25.63	44.35	12.27	21.74	2.09	2.08

表 4-10　NⅠ-2 区十字板剪切试验汇总

试点深度/m	原状土抗剪强度/kPa		重塑土抗剪强度/kPa		土体灵敏度	
	加固前	加固后	加固前	加固后	加固前	加固后
11.0	5.06	29.79	1.35	12.18	3.73	2.4
12.0	5.60	31.45	1.26	11.02	4.43	2.9
13.0	12.91	42.30	7.77	20.20	1.66	2.1
14.0	14.90	36.73	11.02	19.93	1.35	1.8
15.0	15.71	35.73	10.11	19.20	1.55	1.9
16.0	13.82	40.63	9.12	22.32	1.51	1.8
17.0	19.14	41.47	13.64	25.86	1.40	1.6
18.0	15.80	49.09	7.49	25.47	2.11	1.9
19.0	14.99	46.81	10.29	22.59	1.46	2.07
平均估值	13.10	39.33	8.01	19.86	2.13	2.06

2）真空预压加固前后钻探取样土工试验。NⅠ区加固前后均在加固区中心点进行了钻探取样土工试验。NⅠ区土体加固后含水率、压缩系数降低，压缩模量、黏聚力和摩擦角等数值有所增加，从土工试验结果反映出NⅠ区下卧土层在真空预压完成后土体由于固结排水，降低了土体的含水率和压缩性，同时提高土体的承载力和抗剪强度。NⅠ-1 和 NⅠ-2 区加固前后土工试验数据对比分别见表 4-11 和表 4-12。

（8）真空预压处理软基技术经济分析

对于软基处理，采用预压荷载方式有堆载预压、真空预压或真空联合堆载预压。对于 85kPa 的荷载，当打完排水板后，采用堆载预压，需要堆载 5.3m 厚中细砂，而采用堆载预压，因有向外的侧向位移，沉降量比真空预压偏大，本工程采用堆载预压将有 2.5～2.8m 的沉降量，因此，卸载砂为 2.6m。

在加载时，需防止堆载预压侧向位移过大而使地基失稳，堆载预压需要分级加载，考虑大面积软基处理可流水作业施工，后段施工时，前段即可作为分级施工间隙期，至少需采用 3 艘大船才能满足每天 3 万 m^3 的施工强度。

堆载预压时，地基土始终处于饱和状态，而真空预压时，地基土上部孔隙水压力为绝对负压，堆载预压相对来说达到相同固结度的时间更长。

采用真空预压与堆载预压的经济对比见表 4-13。

表 4-11　NⅠ-1 区加固前后钻探取土土工试验对比

钻孔编号	取土深度 h/m		含水率 w/%		孔隙比 e		压缩模量 $E_{s1\text{-}2}$/MPa		土体黏聚力（快剪）c/kPa		土体摩擦角（快剪）φ/（°）		土体类别	
	加固前	加固后	加固前	加固后	加固前	加固后	加固前	加固后	加固前	加固后	加固前	加固后	加固前	加固后
BH1-1	3.0～3.2	4.6～5.0											粗砂	粗砂
BH1-2	6.4～6.6	7.4～7.8	22.40	41.90	0.622	1.141	3.504	2.520	26.5	3.1	36.2	25.8	细砂	淤泥质土
BH1-3	9.6～9.8	9.4～9.8	54.50	45.50	1.427	1.195	2.463	2.795	19.6	14.1	7.5	9.6	淤泥质土	淤泥质土
BH1-4	12.4～12.6	12.2～12.6	59.50	44.00	1.581	1.136	1.107	2.799	5.4	1.0	6.5	28.8	淤泥	淤泥质土
BH1-5	15～15.2	15.0～15.4	78.30	52.40	2.005	1.460	1.522	2.109	7.7	13.9	15.5	19.1	淤泥	淤泥质土
BH1-6	17.8～18	17.8～18.2	20.40	19.80	0.464	0.514	5.325	6.241	3.3	19.0	11.5	18.8	粉土	粉土
BH1-7	21.0～21.2	21.0～21.4	24.40	20.40	0.616	0.613	6.227	3.618	11.9	18.4	23.7	25.9	粉土	粉土
BH1-8	22.3～22.5	24.4～24.8	31.60	45.00	0.814	1.366	3.807	1.681	14.1	15.0	8.9	10.0	粉土	淤泥质土
平均估值（BH1-3～BH1-7）			47.42	36.42	1.22	0.98	3.33	3.51	9.58	13.28	12.94	20.44		

表 4-12　NⅠ-2 区加固前后钻探取土土工试验对比

钻孔编号	取土深度 h /m		含水率 w /%		孔隙比 e		压缩模量 $E_{s1\text{-}2}$ /MPa		土体黏聚力（快剪）c /kPa		土体摩擦角（快剪）φ /（°）		土体类别	
	加固前	加固后	加固前	加固后	加固前	加固后	加固前	加固后	加固前	加固后	加固前	加固后	加固前	加固后
BH2-1	3.1～4.1	2.9～3.3											中砂	中砂
BH2-2	6.1～7.1	5.2～5.6	47.30	21.60	0.966	0.636	2.479	16.153	5.8	16.9	3.7	41.0	粉质黏土	粉土
BH2-3	9.1～9.7	8.0～8.4	47.30	20.90	0.966	0.602	1.098	5.386	4.7	9.7	16.3	32.3	粉质黏土	粉土
BH2-4	12.1～13.1	10.8～11.2	68.50	65.00	1.737	1.730	1.551	2.263	0.9	17.5	3.5	8.8	淤泥	淤泥
BH2-5	15.1～16.1	13.7～14.1		18.60		0.472		7.450		13.6		32.5	中砂	黏土
BH2-6	18.1～19.1	16.6～17.0	68.50	54.80	1.805	1.530	1.660	2.065	8.3	6.5	5.1	26.0	淤泥	淤泥
BH2-7	21.1～21.7	19.5～19.9	21.50	37.80	0.546	1.025	5.520	2.897	5.6	4.9	20.7	23.3	粉土	淤泥质土
BH2-8	24.1～25.1	22.7～22.9	28.80	14.50	0.713	0.404	4.906	6.529	7.6	1.7	16.4	31.3	粉土	粉土
BH2-9	27.1～28.1	25.7～25.9	24.60	14.30	0.584	0.414	6.627	7.030	6.20	5.6	22.2	42.0	粉土	粉土
平均估值（BH2-3～BH2-9）			51.45	39.42	1.26	1.07	2.46	4.01	4.88	10.44	11.40	24.58		

表 4-13　真空预压与堆载预压经济对比

内容	荷载/kPa	工程量	工期	造价
真空预压	85	加载：82.02 万 m^2 卸载：0	3 月 15 日～9 月 25 日，其中预压 90～110d，共约 194d	搅拌墙：529 万元 真空预压：6 971.7 万元（含利润）
堆载预压	85	加载：436.7 万 m^3（吹填中细砂） 卸载：207 万 m^3	吹砂 145d（3 万 m^3/d，不考虑分级加载间隙），预压 150～180d，卸载 80d，共 405d	9 141.5 万元（含利润）

通过表 4-13 分析，南沙护岸围堰及试挖工程采用真空预压可比纯粹堆载预压工期少一半以上，省时 211d，造价比堆载节省 18%。

5. 结果与分析

1）该工程采用吹填砂垫层配合真空预压软基处理或真空联合堆载预压软基处理施工，预压 90～110d，各区固结度达到 90%以上，残余沉降量小于 20cm，土体强度提高，加固效果明显，超过设计和合同要求，达到优良等级质量标准。

2）该工程 82 万 m^2 的软基处理仅需不到 9 个月即可施工完成，实际真空预压时间只需 194d，在施工时间上比堆载预压施工时间缩短一半，达 200d 以上。真空预压时土体内缩，不需考虑侧向位移对加载的影响，荷载可一次性施加。堆载预压需要考虑分级加载，加载过程有所间隙，同时堆载预压固结时间相比真空预压相对长一点，并且尚需进行卸载施工。

3）采用真空预压进行大面积软基处理在经济上比单纯堆载预压造价低 18%左右，工程采用真空预压需进行搅拌墙密封施工，而堆载预压尚需进行卸载施工。

4）采用 30～40cm 高度膜面蓄水形成水荷载，不仅保证了真空度荷载值，还起到密封防漏气作用。

5）工程采用排水板竖向排水及采用搅拌墙密封有效地保证了真空度的传递深度。

6）在抽真空初期，总压力基本维持不变，而在抽真空后期，土压力会略有变化。

7）工程大面积真空预压软基处理的施工管理技术与施工技术是成功的，技术经济效果明显，既节约了成本，又缩短了工期，值得其他类似工程借鉴。

4.6.2　京珠高速公路广州段水荷载工程

1. 工程简况

京珠高速公路广州至番禺段北起北京南至珠海，连接我国南北交通主干道，是国家重点工程，本工程京珠高速公路广州至番禺段第十四合同段，工程起讫桩号为 K26+020～K29+400，路线长度 3.380km，位于广州市番禺区东涌镇沙湾水道以南的水网平原区。其路线所处地段为海陆交互相冲积平原地貌，地面高程一般为 0.30～2.00m，上部覆盖层主要为海陆交互相淤泥、淤泥质土和残积土层。全标段软土厚度均大于 10m，最大超过 22m；软土为淤泥质黏性土层，呈深灰色、灰黑色流塑状、压缩性高，含水量较高，工程性能较差。

根据本标段软土地质特征，设计路基软基采用袋装砂井结合砂垫层处理后吹填砂填筑、预压（超载或等载）方案。路基沉降达到稳定标准后才可卸载，铺筑路面。

该工程位于水系发达的珠江三角洲地区，施工区域河网纵横交错，河网每天有两次涨落潮，落潮后平均水位-1.6m，涨潮时最高水位 3.2m，水上交通方便。

该工程所在地属热带、副热带季风气候的特征，高温多雨，降水量的分配不均匀，春夏多雨，历年年平均降雨量 1 714.5mm，雨量充足，夏季多台风。

自上而下土层为耕植土、淤泥、淤泥质黏土层、细砂、中粗砂层、卵石层、弱风化砂岩。

该工程所在地为经济发达地区，四周为农田和经济开发区，石料、黏土资源特别匮缺，但砂源、水源非常丰富。

2. 方案比选与确定

（1）方案的提出

该路段路基设计在满足容许工后沉降量及稳定的前提下，结合当地土资源的具体情况采用了等载预压和超载预压法，等载预压=路面当量荷载填土高度（约为 1m）+路床预压法；超载预压=路面当量荷载填土高度（约为 1m）+路床+超填高度（约为 1m）的预压法。路基等载和超载横断面见图 4-39。

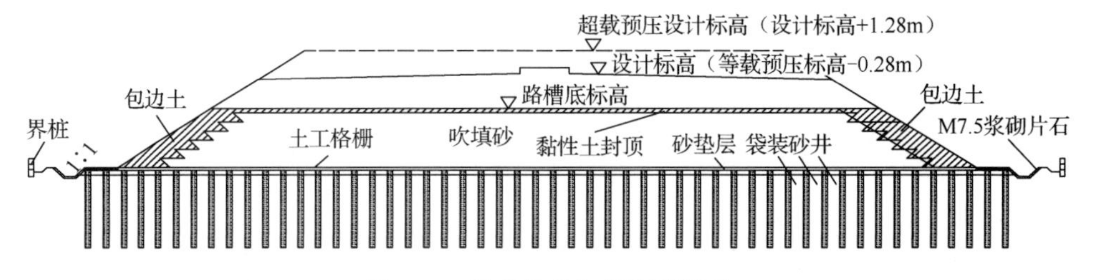

图 4-39　路基等载和超载横断面

路基软基等载和超载的常规做法是采用填土或砂石预压的方法，但附近缺土、缺砂石料，且运输费用高，致使路基施工造价较高，不利于工程成本控制。但附近河网密布，水资源非常丰富，于是提出采用水荷载预压方法，既可减少土方运输等引起高额的工程费用，又可减少因土方卸载的工程量；既可节省施工成本，又可提高环保等综合效果。

水荷载即在需等载预压的路段上筑成蓄水池，在蓄水池里注入等质量水作为荷载进行预压，见图 4-40。现在有两种比选方案：一种是采用土等载和超载方案；另一种是采用土围堰成蓄水池的水荷载方案。

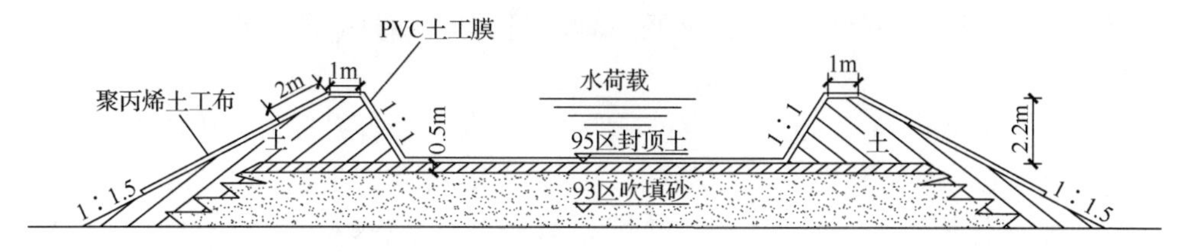

图 4-40　水荷载预压横断面图

（2）方案比选

由于工程所在地的土资源和交通等因素的影响，同时综合考虑工期、经济、环保、运输等方面效益，选择采用水荷载方案。与土荷载方案相比较，水荷载方案具有如下优点。

1）工期短。该工程工期紧，业主要求在一定期限内完成路基等载和超载预压施工任务。由于本标段软土层较厚，为了提高路基的稳定性，需加快施工期沉降量，减小工后沉降量，且设计路基预压期应不少于 6 个月，同时应严格控制路基填土速率，严防因路基填土过快或加载不匀而引起路基失稳。土加载所需材料 6 万 m^3，数量大，受场地道路和资源的限制，采用土荷载材料运输只能用汽车运输，难以保证业主要求的施工工期。

采用水荷载方案，可减少一半以上的用土量，加载部分可用水来代替加载材料，大大减少因土运输等影响施工工期因素，可保证业主要求的施工工期。

2）造价低。由于工程周边黏土资源匮缺，运距远，材料单价高，土荷载造价也高，加大了工程成本预算；而工程周边大小河流纵横交错，水网密布，具有丰富的水资源，可以就地取材，水荷载总体综合单价低，所以工程造价也低。

3）施工与质量有保证。本标段施工路基软土层较厚，地质情况复杂，具有不稳定因素，加载时若荷载过大或加载速率过快，致使剪应力和超孔压力增长过快，极易引起路基失稳。

采用土荷载进行加载预压，因一些外在动力荷载（如拉土车、压路机、挖机等机械）及堆土和地质因素，施工操作难以控制软土路基沉降速率，一旦出现沉降速率过大，极难立即采取有效措施进行处理，此时就可能出现路基滑坡、开裂等破坏路基的整体性，造成工程质量事故。

采用水荷载预压加载，可减少施工过程中外在动力荷载因素，水荷载可分段施工，在设计允许的沉降速率范围之内加水预压，即使出现沉降速率过大时，也可立即放水卸载，防止出现路基质量事故。

4）有利于环境保护。采用土荷载的黏土开采将造成生态破坏，同时填土及汽车运输产生噪声、尘土及交通影响都不利于环境保护，特别是遇上下雨天，将产生水土流失，造成一定的环境污染，而且对路基也会留下安全隐患；而水荷载预压，可减少因填土造成环境污染，且可就地取材（水），对环境不会产生太大影响。

（3）方案可行性论证

1）水荷载所需 3 万 m^3 围堰土可在距工程 60km 处专用采土场开采，并用专业拉土车运至工地施工范围，且供料有保证，不影响施工进度。

2）水荷载是高速公路施工的一种新工艺，本项目技术人员文化程度较高，技术力量相对较强，具备有效解决这一问题的技术能力，为水荷载施工保质、安全提供了组织保证。

3）所用专用土工布可在国内定购，并对土工布指标分析：此次采用的专用土工布抗拉强度大，抗拉强度的经向、纬向分别大于 15MPa 和 13MPa，耐静水压大于 150kPa。经计算此次水荷载预压时所产生的最大压强为 0.027MPa，依上述指标分析可计算出土工布的安全系数为 5.56，使用这种专用土工布在水荷载预压时不会出现被撕裂的现象，安全系数较高。

4）水荷载有效控制路基加载高度，比土荷载更加方便采用“薄层轮加法”组织施工，以及更加清晰观测、判断路基的稳定性，因此其在技术上是可行的。

（4）方案确定

根据工程实际情况，对两种方案进行分析、比较，认为水荷载具有工期短、造价低、施工质量有保证、环境保护好等明显优势；对水荷载方案的可行性进行论证，最后确定本工程 Kk27+330～K28+040 路基为水荷载试验段，其余路段仍采用土荷载进行比较。

3. 水荷载施工过程

（1）施工工艺流程

水荷载施工工艺流程见图 4-41。

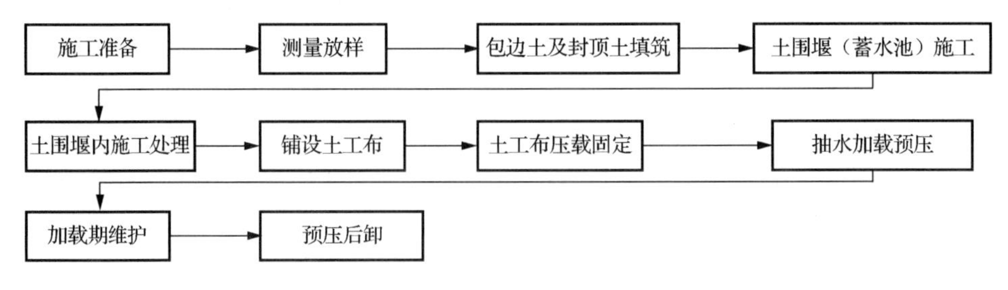

图 4-41　水荷载施工工艺流程

（2）各工序施工

1）施工准备。准备工作包括测量放样、路基施工机械进场、确定土场土的质量是否符合要求，其中土围堰土必须按设计好的里程、前进作业线方向分段堆放土堆，做好施工组织等工作。

2）测量放样。采用全站仪测定出施工水荷载土围堰坝的轴线控制点，施工土坝的中线和边线，然后在路基两边和中线控制点插上立醒目的标杆，方便土坝施工。

3）包边土及封顶土填筑。包边土即在路基吹填砂的两边采用填土方式来填筑路堤，植草防止路基冲刷；封顶土即在吹填砂顶采用填土路基来支承路床和路面。包边土及封顶土采用亚黏土，分层填筑分层压实，每层压实厚度不大于30cm，包边土及封顶土用自卸汽车从指定的取土场运到施工现场，按每延米用土量严格控制卸土，用推土机配合摊铺，平地机整平，重型压路机压实，包边土施工见图4-42。摊铺时，严格按照中桩和边桩上标示的标高线控制每层的松铺厚度，注意按设计要求控制好纵坡和横坡的坡度。碾压时，按先轻后重的方法碾压。一般情况下，由路边线向路中线方向碾压，前后两次轮迹重叠不少于1/2轮迹，并特别要注意均匀。包边土及封顶土的压实度必须符合规定的压实标准后才能进行下一层施工。

图4-42　包边土施工

4）土围堰（蓄水池）施工。蓄水池采用分段分池进行土围堰方法进行施工，围堰所需土料可以用封顶土料，在里程大的路基段可在适当位置分段施工土围堰，既方便土围堰施工，又方便土工布的摊铺，建议50～60m分段施工。土围堰施工时需在围堰上埋设沉降观测断面，方便水荷载预压时沉降量的观测及围堰的维护。水荷载土围堰施工见图4-43。

图 4-43　水荷载土围堰施工

土围堰高度应按设计土荷载与水荷载质量来设计土围堰高度，根据水土比系数 1.5，原设计土等载预压高度为 1m，土围堰的围堰高度为 1.5m，应考虑土围堰安全系数，土围堰顶应高于水面 0.5m，所以设计土围堰高度 $h=1.0\times1.5+0.5=2.0$（m）。土围堰施工可采用钩机筑围堰并用压路机压实，保证土围堰稳固。

5）土围堰内施工处理。土围堰（蓄水池）内施工处理的目的是要把水池底及土围堰周围的草木、乱石、尖物等杂物清理干净，防止铺土工布时水池内杂物等引起渗水现象。在各段蓄水池两侧纵向各设置多个排水口，使下雨时多余水量从排水口排水，排水口出水标高应与设计水位相当，宽度可参考当地年平均降雨量及最大降雨量来确定，并在排水口处设置急流槽，以方便排水。围堰内施工处理见图 4-44。

图 4-44　围堰内施工处理

6）铺设土工布。土工布具有很高的强度和抗渗性能，可根据设计水池定制出相应长度和宽度的土工布，铺设前，应先检查其完好性及各项性能指标，确认完好无损满足设计要求后，方可进行现场铺设，铺设时先把每张土工布按次序卷成一根大圆棒，铺设时应从土围堰一端铺向土围堰的另一端。土工布铺设见图4-45。

图4-45　土工布铺设

7）土工布压载固定。土工布铺设时不应拉紧，按铺设前进方向铺张，中间及纵横两侧围堰底各预留 50cm 左右长土工布，预防因预压沉降时拉裂土工布。土工布应铺出土围堰外2m，防止雨水对围堰土体的冲刷而影响土围堰的安全。铺设完毕后须尽快在其上面进行压载，防止土工布因空气造成移动、鼓起、褶皱而降低防渗效果（图4-46）。压载可用砂袋间隔压在土工布上，在水围堰外侧土工布可用沙袋压住或将土工布埋入土围堰上，防止被风掀起。土工布铺设完后应在池中增加一道沉降观测断面，通过埋设水中观测断面可以与土围堰上观测断面进行比较，并分析水与土的相应沉降速率。固定土工布见图4-46。

图4-46　固定土工布

8）抽水加载预压。铺好土工布后应进行抽水加载预压，抽水加载应采用“薄层轮加法”，抽水可采用附近河涌引向路基边沟抽水，抽水可分水池逐个进行，也可几个水池同时抽水。抽水采用柴油抽水机或汽油抽水机，使用方便，可随时随地移动。水加载每次加水不大于 0.5m^3（相当于 0.3m^3 土的质量），一般情况每次加水控制在 0.2m^3 左右，加载后由沉降观测小组进行观测。加载 7d 内，要求每天进行观测一次，直至沉降达到加载要求后再进行加水荷载，按同等方法加载至设计水位标高。抽水加载预压见图 4-47。

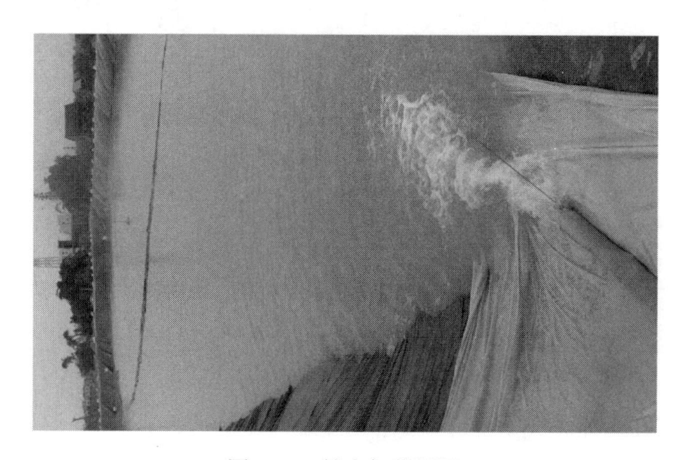

图 4-47　抽水加载预压

9）加载期维护。当加载至一定高度时，应安排专人进行值班，以保证水荷载预压过程中的安全，严禁任何无关人员进入水荷载预压施工范围，确保堤坝安全。

10）预压后卸载。本标段采用允许工后沉降和沉降速率的双重标准控制卸载时间，即根据沉降观测资料推算的剩余观测沉降量小于设计容许值[S_r]时，同时连续两个月沉降观测量每月小于 5mm 时方可卸载。在路面设计使用年限内（通常为 15 年），允许工后沉降 [S_r]为：一般路基段＜0.3mm，桥头段（约 30m 长度范围）＜0.1mm，涵洞和通道处＜0.2mm。根据设计及规范要求，通道和涵洞反开挖时间为路堤连续两个月的沉降量小于 3cm/月。水荷载卸载非常简单，只要将水池内的水抽走后将土工布清理干净，即施工完毕。

4. 注意事项

水荷载土围堰虽然只是个临时工程，但它是本工程的关键工序，具有特殊的作用和经济地位。同时，在水荷载施工中要注意如下事项。

（1）定期观测

施工期间严格按设计要求进行沉降和稳定观测，每加载一次要观测一个星期，若两次加载时间间隔较长时，每 3d 至少观测一次。水荷载加载完成后 7d 内每天观测一次；加载后 7～15d 内，每 3d 观测一次；加载 15～30d 内，每 7d 观测一次；加载 1 个月后，每 10d 观测一次，直至预压完成。

（2）水荷载施工期安全措施

由于路基加载预压时间要求较长（一般要求 6 个月以上），在台风即将到来之前，要对围堰的稳固情况和安全情况进行检查，即检查排水口是否能排水，急流槽是否稳固，多余的雨水能否自动从排水口自动排出，且严禁雨水从围堰上漫流冲毁路基。因此，要求堤坝做好防雨水措施，提防雨水对堤坝的冲刷而影响坝体的安全。

为防止蚂蚁、老鼠等对堤坝及土工布的危害，可配备蚂蚁、老鼠药，并经常巡视检查，如有发现应立即采取措施消灭，确保水荷载预压期施工安全。

为防止在水荷载期间出现意外事故，项目部应成立专门安全领导小组，编制应急措施条例，并做好宣传工作，同时在人群频繁出入或易攀爬的地方设置安全标志牌和安全网作防护，确保做到水荷载施工期的安全。

5. 土荷载及水荷载预压效果分析

（1）土荷载路段

根据设计要求，普通监测断面每隔 100～200m 设置一个，桥头和结构物位置适当加密，每个监测断面设置 3 个沉降板，分别设置在路中和两侧路肩。现场实测路基填土沉降过程曲线变化和速率变化分别见图 4-48 和图 4-49。

从上述图中可以看出，采用土荷载预压加固方法，可以达到设计的沉降标准，但从速率变化图可以看出，土荷载施工前期沉降量较快，后期趋于稳定。由于前期沉降速率较快，容易引起路基失稳，易因不同地段、不同沉降速率的不均匀沉陷及工后沉降量造成路基破坏，在软土路基上施工土荷载应按科学的“薄层轮加法”施工方可保证路基施工质量。

（2）水荷载路段

根据设计要求，水荷载沉降观测除在原设计观测断面设置沉降观测点外，在各水池中新增设一个沉降观测断面，每个监测断面设置 3 个沉降板。现场实测水荷载沉降过程曲线变化见图 4-50。

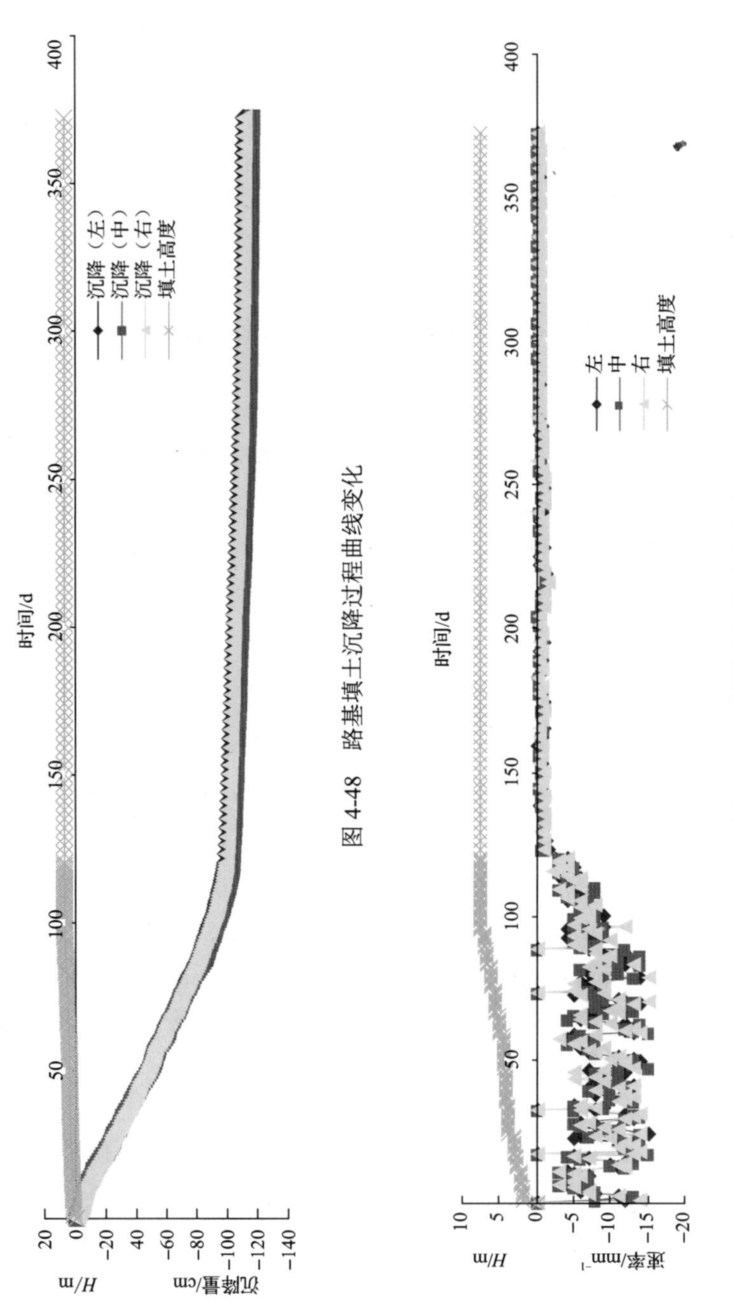

图 4-48　路基填土沉降过程曲线变化

图 4-49　路基填土沉降速率变化

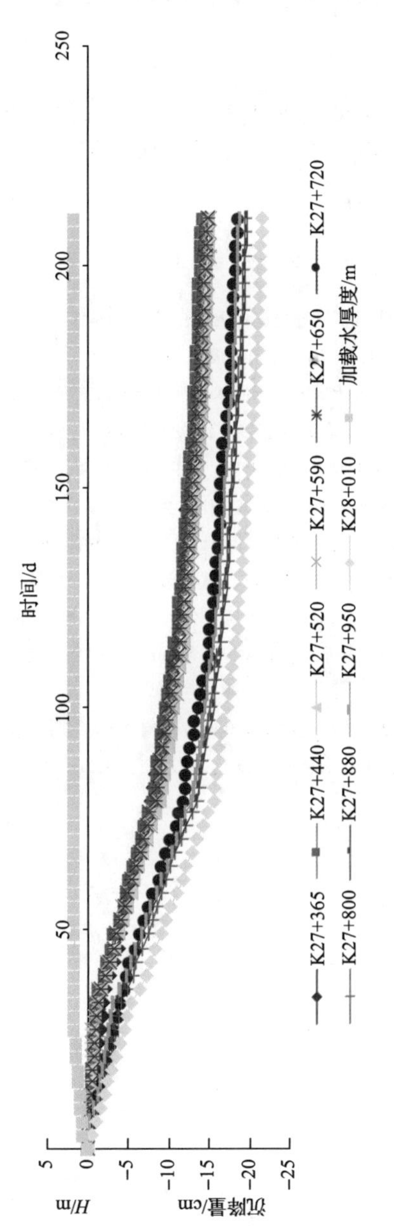

图 4-50　水荷载沉降过程曲线变化

可以看出，采用水荷载预压加固方法，可有效控制路基的沉降量。从图 4-50 中可以看出，水荷载施工前期沉降量稳定，可有效控制路基沉降速率，并实施路基“薄层轮加法”的施工方法，从而保证路基施工质量。

6. 小结

水荷载预压荷载具有成本低、加载速度快、施工受外界干扰小、易于控制，以及施工工艺易于操作、环境保护好、质量有保障等优点，可适用于缺土、多水平原地区的路基预压沉降施工。

参考文献

[1] 潘秋元, 杨国强. 地基处理手册[M]. 北京: 建筑工业出版社, 1988: 45-119.
[2] 魏汝龙. 软黏土的强度及变形[M]. 北京: 人民交通出版社, 1987.
[3] 汪肇京. 国外塑料排水板预压加固的现状[C]//中国土木工程学会港口工程学会，塑料排水学术委员会. 第二届塑料排水板排水法加固软基技术研讨会论文集. 南京: 河海大学出版社, 1993.
[4] 娄炎. 真空排水预压法加固软基技术的现状与展望[R]. 南京: 南京水利科学研究院土工所, 1986.
[5] 刘家豪, 等. 塑料板排水法加固软基技术研讨会论文集[M]. 南京: 河海大学出版社, 1990.
[6] 叶柏荣. 真空预压加固法在我国的发展与应用[R]. 北京: 中交三航局科研所, 1989.
[7] 唐弈生, 矫德全, 杨玉玺. 真空联合堆载预压加固软基试验研究[J]. 港口工程, 1986(6): 4-15.
[8] 华东水利学院土力学教研室. 土工原理与计算(上下册)[M]. 北京: 水利电力出版社, 1982.
[9] 马菲云. 真空-电渗法联合加固模型试验研究[C]//中交三航局科研所. 中交三航局科研所科技成果论文集. 北京, 1999: 137-142.
[10] 陈绪照. 连云港吹填土真空降水加固试验区原体观测与现场测试[R]. 南京: 南京水利水电科学研究院, 1990.
[11] 董志良. 堆载及真空预压砂井地基固结解析理论[J]. 水运工程, 1992(9): 1-7.

第五章　高速公路真空联合预压路基堆载技术

5.1　引　　言

世界各国大力修筑高速公路，发展异常迅速，对各国经济的发展起到巨大推动作用。高速公路的迅猛发展，使其在发达国家的各种运输方式中客货运量及周转量所占的比重大大提高。20 世纪 80 年代中期，我国内地第一条高速公路——沪嘉高速公路建成通车，之后，沈大、京津塘、广佛、广深等高速公路相继建成使用。

高速公路在很短的时间内已显示出巨大的优越性，如在已建高速公路的沿线及腹地地区的经济得到了迅速发展，由于投资环境的改善，高速公路沿线及其腹地迅速兴起了工业企业的建设热潮，工农业生产总值大幅度提高。我国东部和西部地区经济发展差距很大，沿海地区的土地面积仅占全国陆地面积的 13.48%，但人口占全国的 41%，工农业总产值占全国的 60%左右，其中辽宁半岛、山东半岛、京津地区、长江三角洲、珠江三角洲是我国经济繁荣，资金、技术与智力高度密集的地区，这些地区对高速公路的需要更迫切，建成后的经济效益和社会效益更大。连接辽宁省至海南省的南北沿海高速公路正在分段实施，这条干线将与垂直于海岸线的沿海大城市间的支线连成一片，将把中国经济最发达的地区连网成片，扩大其腹地，成为地区运输的动脉，促进沿海地区的经济向西部更大范围辐射。

我国沿海地区除山东部分地段外，大部分的海岸线为淤泥质海岸，特别是大江、大河的河口附近多为河相、海相或潟湖相沉积，在地质上属第四纪全新纪 Q_4 土层，多属于饱和的正常压密黏土。土的类别多为淤泥、淤泥质黏土、淤泥质亚黏土。这类地基主要具有如下特点[1-2]。

1）高含水量、大孔隙比、低强度、高压缩性、低透水性、中—高灵敏度。一般含水量 40%～120%，高于液限，孔隙比大于 1.0，塑性指数约 20，强度为 5～30kPa，压缩系数为 0.8～3.5MPa^{-1}，固结系数为 10^{-3}～$10^{-4}cm^2/s$ 量级，渗透系数为 10^{-7}～10^{-8}cm/s 量级，灵敏度系数为 2～10。这类土具有中—高的压缩性，压缩量大，排水固结缓慢，地基稳定性差。

2）具有一定的结构性。我国沿海常见的软土具有结构性，其特点为：①其力学特性与应力水平有密切关系，应力水平较低时土的压缩性较低，应力水平较高时结构性受到破坏，压缩性较高，二者可以相差 3～4 倍；②结构性是不可逆的，一旦破坏将难以恢复，从而加大了土的压缩量。

在软黏土地基上建造建筑物时，首先会遇到稳定及变形等工程问题，修筑高速公路也不例外[3-5]。沿海地区软基的极限填土高度较低，一般为 2～3m，而高速公路的路堤由于有防涝及通航的需要，一般路段通常都高于 3m，桥头通常高于 5m，加上一定的沉降量，填土的高度都大于软基的极限填土高度（有的桥头部位路堤填土厚度高达 10m），路堤施工的稳定成为高速公路建设中遇到的首个土工问题。珠海南屏大桥台后的滑动、杭甬高速公路某些地段出现的路堤中心开裂、深圳机场某公路桥桥台后发生的纵向推坏桥台桩，以及其他高速公路建设过程中已经发生的大量路基失稳的事故就很好地说明了这一点。地基失稳事故的发生不但给处理带来很多麻烦、造成施工的困难和经济上的损失，而且还给业主、监理及施工单位带来极坏的社会影响。

其次是工后沉降量的问题。沿海地区软土具有高含水量、大孔隙比、高压缩性、低透水性等特点，使得软土路基的沉降量大，沉降完成的时间长，处理不当则工后沉降量大，影响高速公路的正常使用。目前国内对高速公路路面设计使用年限内的容许工后沉降量是：桥台与路堤相邻处≤100mm，涵洞或箱形通道处≤200mm，一般路段≤300mm。从已建软土地基上高速公路运行情况看，工后沉降量较大，而桥涵一般采用桩基础，工后沉降量很小，沉降量差异造成的“桥头跳车”现象，成为高速公路目前普遍存在的通病。如何减小工后沉降量、预估工后沉降量，以及减少工后沉降量差，是软土地基上修建高速公路建设者们迫切需要解决的问题。

在软土地基上修建高速公路，往往需要进行地基处理以保证路堤路基的稳定性、减少工后沉降量和差异沉降量。其处理的思路有采用高架桥、减轻路堤荷载，以及进行地基处理、工后修补和综合处理。

采用高架桥跨越软基地段的方法往往工程造价会比较高，据广东的经验，1km 的高架桥的综合造价一般相当于 2～3km 的地基处理加路堤的综合造价。可见，如无特殊情况，一般不会采用高架桥的方案。

减轻路堤荷载主要是采用轻质材料（如粉煤灰、EPS 超轻材料等）填筑路堤，以减少路堤荷载，直接降低路堤对地基承载力的要求，从而达到有效减少工后沉降的目的。

在满足地基稳定要求的前提下，容许产生较大的工后沉降量和不均匀沉降量，通过工后对路基路面进行不断修补以满足行车要求，这也是一种处理方法。例如，日本最新的《高等级公路设计规范》已不考虑容许工后沉降量，重点放在填方稳定分析上；美国除对桥头引道规定 12.7～25.4mm 的容许差异沉降量外，路面容许总沉降量不作规定，一般道路施工后沉降 300～610mm 是容许的。对施工后沉降量要求的降低主要是把问题放在养护中解决，这样可以减少一次性投资，但养护工作的质量水平、养护机械的自动化程度都必须有一定的要求，否则必然会影响道路的运营效率。

对高速公路软土地基进行地基处理，常用的分类方法见图 5-1[6]。

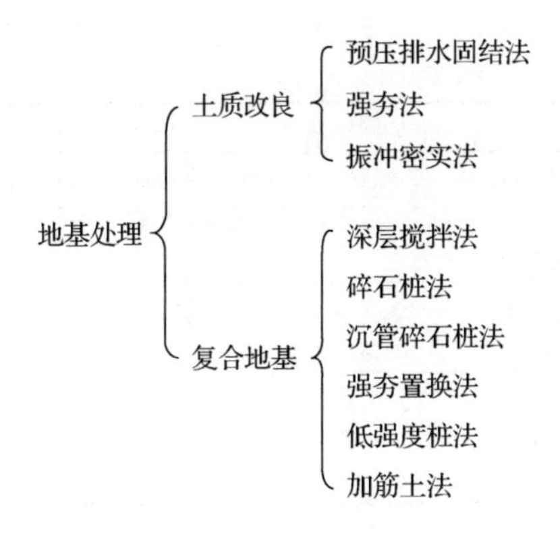

图 5-1　软土地基分类方法

高速公路软土地基常用的地基处理方法、加固原理和适用范围见表 5-1。

表 5-1　高速公路软土地基常用的地基处理方法、加固原理和适用范围

序号	处理方法	加固原理	适用范围
1	预压排水固结法	在软土地基中设置竖向排水系统（如塑料排水板、袋装砂井、普通砂井）和水平排水系统（如砂垫层），在路堤荷载的作用下，地基土体排水固结，产生固结沉降，土体强度增长，从而提高地基承载力，并有效减小工后沉降量。当预压荷载大于路堤的使用荷载时，即为超载预压，超载预压可以进一步减少工后沉降量	软黏土、淤泥和淤泥质土地基
2	强夯法	采用质量为 10～40t 的夯锤从高处自由落下，地基土在强夯的冲击力和振动力作用下振密、挤密，可提高承载力，减少沉降量	碎石土、砂土、低饱和度的粉土、黏性土、湿陷性黄土、杂填土和素填土地基
3	振冲密实法	通过振冲器的强力振动使饱和的砂层发生液化，砂颗粒重新排列孔隙减小，同时回填料通过振冲器的水平振动力也使砂层挤密，从而提高地基承载力，减少沉降量，并提高抗液化能力	黏粒含量小于 10%的疏松砂性地基
4	深层搅拌法	利用深层搅拌机将水泥或石灰和地基土原位搅拌成圆柱状、格栅状水泥桩，形成水泥土桩复合地基以提高地基承载力，减少沉降量。据工艺的不同可以分为喷浆法和喷粉法两种	淤泥、淤泥质土和含水量较高地基承载力小于等于 120kPa 的黏性土、粉土等软土地基。但对有机质含量高的土和地下水具侵蚀性的土，要通过试验确定其适用性
5	碎石桩法	利用振冲器在高压水流作用下边振冲边在地基中成孔，在孔内填入碎石等粗粒料并加以振密形成碎石桩，碎石桩与桩间土形成复合地基，可以大大提高地基承载力，减少沉降量	不排水抗剪强度大于等于 15kPa 的黏性土、粉土、饱和黄土和人工填土等地基
6	沉管碎石桩法	采用沉管碎石桩法在地基中成孔，在孔内填入碎石等粗粒料形成碎石桩。碎石桩与桩间土形成复合地基，以提高地基承载力，减少沉降量	不排水抗剪强度大于等于 15kPa 的黏性土、粉土、饱和黄土和人工填土等地基

续表

序号	处理方法	加固原理	适用范围
7	强夯置换法	边填碎石边强夯在地基中形成碎石墩，由碎石墩、墩间土以及碎石垫层形成复合地基，以提高地基承载力，减少沉降量	人工填土、砂土、黏性土和黄土、淤泥和淤泥质土地基
8	低强度桩法	在地基中设置低强度混凝土桩，形成复合地基，以提高地基承载力，减少沉降量	各类深厚软弱地基
9	加筋土法	在土体中埋置土工合成材料（如土工格栅、土工布等）、金属板条等形成加筋土，增大压力扩散角，提高地基承载力，减少沉降量	各种软弱地基

根据工程实践经验，高速公路最常用的软土地基处理方法有预压排水固结法（包括天然地基、砂井或塑料排水板地基的加载和超载预压）、水泥搅拌法（包括干喷法和湿喷法）、加筋土法等，而其中预压排水固结法的适用条件较为广泛，技术经济效果较为优先，是高速公路软土地基处理的最基本的方法，以已建成通车的杭甬高速公路、沪宁高速公路、广佛高速公路、佛开高速公路、京珠高速公路广珠段和即将开工的江珠高速公路、江中高速公路的运行情况来看，用预压排水固结法处理的软基路段长占总的软基路段长的比例超过 80%以上，预压排水固结法已成为高速公路软基处理的最为主要的一种方法[7-10]。

5.2　真空联合堆载预压排水固结法的提出

预压排水固结法是一种最经济、合理的软基处理方法，其原理是软土地基在荷载的作用下，土中的水慢慢排出，孔隙比减小，地基发生固结变形，随着超静孔隙水压力的消散，土中有效应力增大，地基土的强度逐渐提高，从而有效解决软土地基的稳定和沉降问题。但由于软土地基的低强度、低透水性的特点，要确保软土地基的稳定和解决工后沉降问题，使用常规的等载或超载预压排水固结法加固软土地基需要很长的时间，如沪宁高速公路按每月填筑 1m 的填土速率，施工期和预压期总计为一年；广珠高速公路普遍从 1998 年 2 月或 3 月开始填土，到 1998 年 8 月或 9 月完成填土并超载（一般为 1.5～2.0m），1999 年 7 月才逐步开始路面层的施工，历时近一年半。所以，人们往往认为这是一种“用时间换金钱”的方法。在工期紧、要求的承载力大或缺乏堆载条件的情况下，如何应用这种既经济又合理的预压排水固结法呢？经验证明，真空联合堆载预压排水固结法是最佳选择。

Kjellmann 在 20 世纪 40 年代经一系列的现场试验后，提出了真空预压的方法，随后在世界各国逐步得到认可和运用。其原理是在砂垫层上覆盖一层不透水的薄膜，然后利用真空设备在砂土中形成60～80kPa的真空负压，并认为其作用等同于施加了一个等载的堆载荷载。我国最早在50年代引入真空预压的概念，但由于密封和抽真空技术不过关，未能及时得到实际运用。1980年，为解决天津新港大面积软基处理问题，又对该法进行现场试验，并获初步成功。1983年该项目列入国家“六五”攻关项目，并于1985年底通过国家鉴定。此后，该法在我国被广泛应用。由于真空预压荷载为真空负压，不存在考虑填筑时的稳定问题，荷载可以在最早的时候一次性施加上去，所以至少在缺乏堆载条件、工期紧、地基太软弱以至于难以施加堆载的条件下是很适用的。

5.3　真空预压在京珠高速公路广珠段的应用

京珠高速公路广珠段是京珠高速公路的最南端，全程双向6车道，路面宽33.5m，桥梁总长16.2km，互通立交2座，全程设计时速120km/h，投资18亿元人民币。1993年5月立项，1997年10月开始全线动工兴建，1999年12月20日澳门回归前通车。该路段由京珠高速公路广珠段有限公司负责投资和经营管理，广东冠粤路桥有限公司负责施工总承包。

在京珠高速公路广珠段所经过的番禺、中山地区，广泛分布厚度大、含泥量高、压缩性大、渗透性小、强度低的淤质软土层。其采用的地基处理方法为：一般路段采用袋装砂井超载预压方法；箱涵洞地基采用水泥粉喷桩和袋装砂井堆载预压法，取得了良好的效果。新隆中桥与东河大桥的过渡段软基，由于种种原因，开工较迟（1998年7月才开工，比其他路段迟开工6个月左右），采用正常的袋装砂井超载预压方法，则无法按期完成路堤的固结沉降（通常，路堤填筑要6～8个月，预压要6～8个月，总工期要15个月左右）。业主曾经想用水泥粉喷桩的方法，该法除了造价高以外，由于该段淤泥深度超过40m，而水泥粉喷桩的有效深度为15m，这也是最后没有采用水泥粉喷桩的重要原因。后经中交四研院极力推荐，业主同意将真空预压技术引进高速公路软基处理领域。

京珠高速公路灵山互通的C匝道，有80m长是处于庙南河涌堤边，原设计方案是混凝土灌注桩基础及钢筋混凝土挡墙方案，由于担心淤泥对灌注桩的水平推力会使工程失稳，以及看到新隆中桥过渡段真空联合堆载预压的成功，业主对真空预压的方法产生了浓厚的兴趣，于是主动提出要采用该方法取代原桩基混凝土挡墙的方案。采用真空联合堆载预压排水固结法，不但可以确保河堤路段的稳定，而且还为业主节省了大约180万元的工程造价。

5.4　工程设计及施工概况

5.4.1　中山新隆中桥过渡段软土地基处理工程

1. 工程概况

本工程为中山新隆中桥过渡段地基处理，桩号为K46+908～K47+067.561，该过渡段路基长159.561m、宽50m，边坡坡度为1∶2。地处珠江三角洲冲积平原区，地基表全部是三角洲相淤泥，该路段高速公路路面设计标高较高，地面以上填土厚度5～6m。原设计加固方法为超载预压排水固结法，竖向排水通道采用正三角形布置，间距1.3m、长21m的袋装砂井（其中在砂垫层中70cm，外露30cm）。为了使路基填土在较短的时间内加上去，更好地减小工后沉降量，且工后弃土少，在中交四研院极力建议下，业主同意采用真空联合堆载预压排水固结法进行试验性工作。

为了准确地掌握施工范围内的工程地质条件，在试验前根据场地条件和形状，在现场进行工程地质勘探，基本上按四个基本断面布置勘探孔，见图5-2。

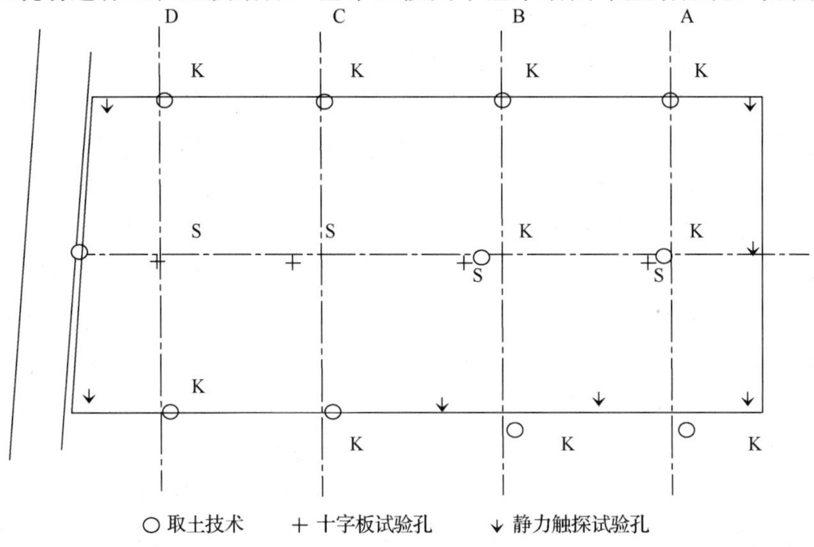

图5-2　现场勘探布孔示意图

根据现场的地质勘察资料，场地内表层为70cm的中粗砂垫层，下为机械吹填的粉细砂，厚度为0～2.5m，下卧地层自上而下分别如下。

1）人工填土：黄褐色，松散状，由机械吹填而成，主要成分是粉砂、细砂，含少量细碎贝壳，夹少量淤泥，在场内分布不均，原场内鱼塘部位厚度约2.5m。

2）耕植土：褐色、黑色，厚0.5～1.3m，含植物根系，较松散，手感软滑。

3）淤泥：炭黑—灰黑色，饱和，软塑—流塑，富含有机质，具有含水量大、孔隙比大、压缩系数大等特点。

4）淤泥夹砂层：厚度 3.5～7.5m，底板埋深最大为 10.5m，灰黑色，含水饱和，强度低。

5）淤泥：该层层厚大于 10m，灰黑色，饱和，流塑—软塑，强度低，具有含水量大、孔隙比大、压缩系数大等特点，也是处理的对象。

各层地质剖面图见图 5-3。

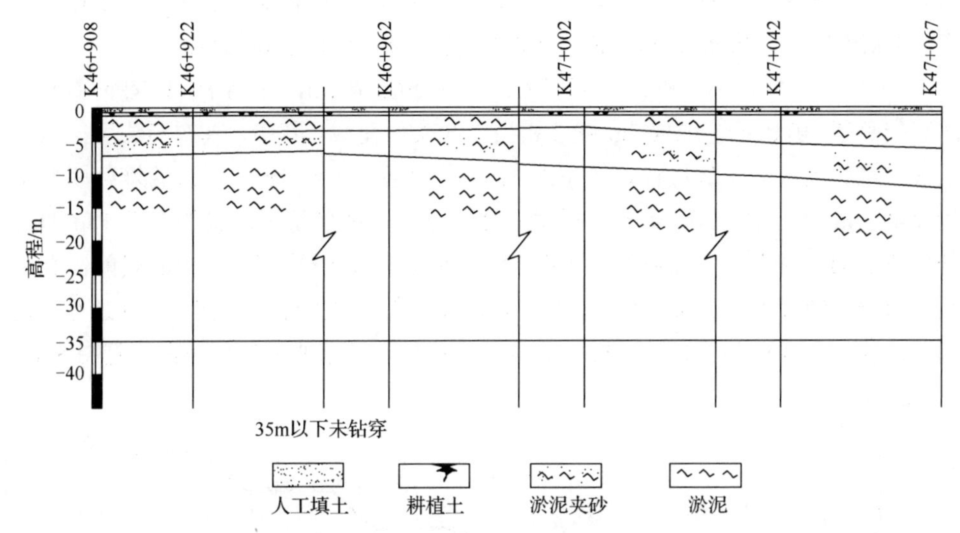

图 5-3　京珠高速公路广珠线中山新隆前后过渡段地质剖面图

加固前后土工试验成果见表 5-2。

表 5-2　加固前后土工试验成果

试验项目		基本物理指标				抗剪指标				压缩试验				十字板强度试验	
						q		C_u							
		含水量 w/%	天然密度 ρ/(g/cm^3)	孔隙比 e	饱和度 S_r/%	黏聚力 c/kPa	摩擦角 φ/(°)	黏聚力 c'/kPa	摩擦角 φ'/(°)	固结系数 $c_{v100\text{-}200}$/(10^{-3}cm^2/s)	渗透系数 $K_{100\text{-}200}$/(10^{-7}cm/s)	压缩系数 $a_{v100\text{-}200}$/MPa^{-1}	压缩模量 $E_{s100\text{-}200}$/MPa	十字板强度（原状）S_u/MPa	十字板强度（重塑）S_u'/MPa
加固前	大值	83.8	1.85	2.11	100	12	11.6	19	30.2	2.81	1.87	2.61	2.21	32.2	30.2
	小值	56.3	1.48	1.41	94.3	1	1.4	4	21.5	0.58	0.38	1.06	1.19	2.6	2.3
	平均	65.5	1.60	1.76	98.5	8.17	3.12	10.3	28.4	1.10	0.94	1.73	1.55	17.0	6.9
加固后	大值	60.0	2.00	1.54	100	31.7	19.3	61.0	26.6	25.9	6.59	1.66	4.20	118.4	33.9
	小值	38.6	1.63	0.84	85.3	14.5	8.5	39.0	15.6	0.49	0.18	0.48	1.76	33.0	8.2
	平均	54.0	1.72	1.45	98.5	20.5	12.3	45.0	21.0	1.75	1.12	1.04	2.67	63.9	20.8

综上所述，本地区地层是典型的珠江三角洲超软土地层，天然地基的填土极限高度小（约 2.7m）。

2. 方案设计

（1）设计计算

真空联合堆载预压方案仍采用原方案的 d 为 7cm、间距为 1.3m、深度为 20m，梅花形布置的袋装砂井作为竖向排水通道，70cm 的中粗砂垫层作为水平排水通道。80kPa 的真空负压和路堤本身荷载作为预压和超载预压的荷载。

1）加载计划。本工程计划荷载为：①砂垫层 70cm，相当于 11.9kPa 荷载；②真空负压 80kPa；③堆载 5m 细砂相当于 85kPa 荷载。其中，真空荷载可一次加上去，堆载荷载分 4 级进行，第 1 级 2m，其余各级每级 1m，每级的堆载期 5d，间隔期 10d。经地质勘察及十字板试验结果分析，真空预压荷载加上后 15d 即可开始进行堆载的第 1 级荷载，为保护真空薄膜不致损破，第 1 级加载前在真空预压薄膜上铺设了一层 4t/m^2 土工布，其余各级荷载均按原设计施工方法进行，局部砂堆控制高度应小于等于 1.5m，以防地基破坏。计划的加载历时曲线见图 5-4。

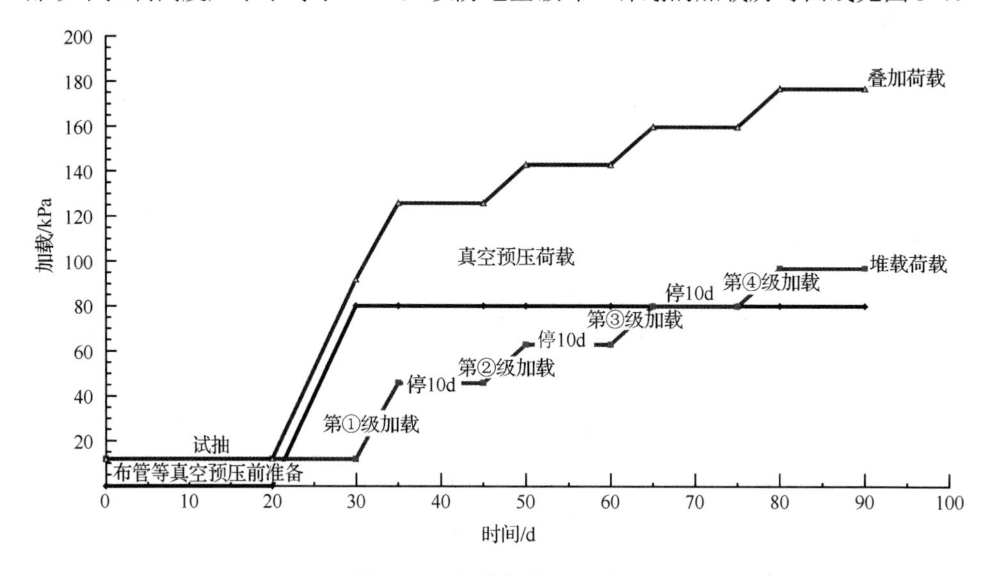

图 5-4　计划的加载历时曲线

2）稳定计算。先进行固结度计算，据此计算十字板强度增长值进行整体稳定计算。

① 固结度的计算：

$$U_{\mathrm{t}}=1-(1-U_{\mathrm{r}})(1-U_{\mathrm{v}}) \tag{5-1}$$

其中

$$U_r = 1 - e^{[-8T_r/F(n)]}$$

$$T_r = \frac{C_r t}{d^2}$$

$$F(n) = \frac{n^2}{n^2 - 1}\ln n - \frac{3n^2 - 1}{4n^2}$$

$$U_v = \frac{2\alpha U_0 + (1-\alpha)U_1}{1+\alpha}$$

式中：U_t、U_v、U_r——排水体、竖直向和水平向的平均固结度；

T_r、C_r——竖直向和水平向的固结系数，C_r 取 $11\times10^{-4}cm^2/s$；

d——地下排水体的有效排水直径，取 7cm；

t——加荷固结历时；

n——井径比，即排水体的有效直径与排水体直径之比。

固结度计算见表 5-3。

表 5-3　固结度计算

t/d	U_v	U_r	U_t
30	5.190	28.29	31.42
60	6.67	56.40	58.90
90	7.47	77.71	79.37
120	7.58	88.75	89.60

② 地基十字板抗剪强度的增长按如下公式进行计算：

$$\Delta\tau = \alpha U_t \sigma \tan\varphi \quad (5\text{-}2)$$

$$\tau = \Delta\tau + \tau_0 \quad (5\text{-}3)$$

式中：$\Delta\tau$——十字板强度增长值；

α——强度衰减系数，由于进行工前十字板试验时，袋装砂井施工已经基本结束，试验结果为扰动后强度，取 1.0；

σ——附加应力；

φ——固结不排水强度增长角，取 16°；

τ——增长后十字板强度值；

τ_0——加固前十字板强度值。

③ 稳定计算采用圆弧条分法，按下列公式计算：

$$F=\frac{\sum S_i+\sum(S_j+P_j)}{P_{\mathrm{T}}} \tag{5-4}$$

其中

$$P_{\mathrm{T}}=\sum(W_i\sin\alpha_i)+\sum(W_j\sin\alpha_j)$$

$$S_i=\tau_i L_i$$

$$S_j=\tau_j L_j$$

上述式中：i、j ——土条编号；

P_{T} ——各土条在圆弧切线方向的下滑力的总和；

S_i ——地基土内的剪力；

S_j ——路堤内的抗剪力；

P_j ——土工织物每延米宽的设计拉力（顺路线方向）；

α ——土条底部滑裂面对水平面的夹角；

L ——土条底部滑弧长，m。

按照设计的加载计划，边坡整体稳定计算见表 5-4。

表 5-4 整体稳定计算

时间 t/d	填土高/m	安全系数 K		备注
		不考虑土工布	考虑土工布	
15	2.0	1.241	1.435	t=0 为真空预压达到-80kPa 时；K≥1.20 为安全
30	1.0	1.07	1.234	
45	1.0	1.085	1.246	
60	1.0	1.035	1.160	

由表 5-4 可见，在真空预压达到-80kPa 后的第 15d 时第 1 层荷载的填土高为 2.0m，第 30d、45d 和 60d 时第 2～4 层荷载的填土高各为 1.0m，是安全的。

3）沉降量计算。地基的主固结沉降量采用分层总和法计算，利用试验的 e-P 曲线按下列公式计算：

$$S_{\mathrm{c}}=\sum_{i=1}^{n}\frac{e_{0i}-e_{1i}}{1+e_{0i}}\Delta h \tag{5-5}$$

式中：n ——地基沉降量计算分层层数；

e_{0i}、e_{1i} ——地基中 i 层分层中点，在自重应力作用下稳定时的孔隙比和在自重应力与附加应力共同作用下稳定时的孔隙比；

Δh ——地基沉降量计算分层第 i 层计算分层厚度。

路基的总沉降量采用沉降系数 m 与主固结沉降量 S_c 计算，即

$$S = mS_c \tag{5-6}$$

式中：m ——沉降系数，考虑到真空负压与堆载预压的联合作用，地基侧向变形较小，m 取为 1.1～1.3。

经运算在使用荷载（路堤荷载及路面荷载，总值约为 120kPa）下最终沉降量：$S \approx 2.70$m。

（2）密封墙的设计

由地质勘探资料揭示，在本场地地区普遍存在一层粉砂和砂混淤泥层。部分边界处为池塘回填区，砂层厚达 3～4m。若不进行封堵，必然会引起真空的泄漏，从而使整个工程趋于失败，为此，本工程还需对密封封堵方案进行设计。

本工程考虑的封堵方案为淤泥搅拌墙的方案，即在就地通过专用机械将黏性高的淤泥与砂层充分搅拌，以达到增大砂层含泥量，减小其渗透性的目的。搅拌后的淤泥墙的渗透系数达到 10^{-4}～10^{-5}cm/s，甚至更小。为了验证设计参数，通过现场取样做室内试验，证明了该技术参数。

搅拌墙设计为单排的淤泥搅拌桩连续墙，淤泥搅拌桩直径 d 为 70cm，桩间搭接 20cm，桩长以穿透粉砂层为要求，取 L 为 7.0m。

为了确保工程的绝对成功，在设置淤泥搅拌墙的基础上，还要求施工时再垂直插塑 3～4m 作为隔水、堵气墙。

（3）观测仪器的布置

为了对软基施工进行有效的监测、控制，也为了分析、验证设计的参数的正确性，在现场布置一系列必要的观测项目，这些项目包括沉降观测、孔隙水压力观测和深层水平位移的观测等项目。本项目布置的观测仪器主要有孔隙水压力计 23 个、测斜管 3 根、沉降板 20 块。

1）沉降观测。沉降杆分四排四个断面布置，用以观测地表的沉降。沉降板采用常规的 40cm×40cm 正方形底盘，6in[①]水管作为沉降管，用瑞士水准仪进行观测，加载期间每天观测一次。

2）孔隙水压力测试。孔隙水压力仪主要用于观测地基孔隙水的消散情况。所采用的孔隙水压力探头为电感式，测试孔的埋设分三类进行，第一类在 A、B 断面中心点分别各钻一钻孔，其中每孔中按 2～3m 间距由下至上分别埋设 7 个压力仪，仪器之间用膨润土隔开。第一类埋设方法存在问题，即观测结果表明出现串孔，采取补救措施是加埋第二类测试孔，即采用静力触探机以静压的方式将探头压入淤泥中，在 C 断面布置 3 个，在 D 断面布置 1 个。第三类测试孔是埋设在袋

① 1in=0.0254m，余同。

装砂井中 3 个，垂直地面的滤管中 2 个。加载期间每天观测一次。

3）深层位移。采用深层测斜仪测量测斜管的倾斜及位移量。加固区共布设三根测斜管，采用英国产 MK4 测斜仪进行观测，每 50cm 读数一次。1 号管埋深 26m，2 号管埋深 34m，3 号管埋深 30m。3 号管由于在抽真空后向内侧斜过大，无法测试而作废。

4）现场取土与原位测试。加固前后各进行勘探现场取土及原位测试。原位测试包括双桥静力触探与十字板剪切试验。

加固前取土采用一般取土办法，加固后采用薄壁取土器取土。加固后取土孔位为 K5～K7 三孔。

加固后原位测试孔位为 S1、S2 和 S3 三孔。

3. 施工及监测过程

由某总承包公司负责场地整平、填筑砂垫层、打设袋装砂井、铺土工布、路堤填筑及路面施工工作。真空预压及监测工作由四研院负责。

在真空预压前，总承包公司已采用吹填办法将区域内池塘用细砂填平，并将整个场地填满 70cm 中粗砂砂垫层，采用滚管振动式插板机打设长 21m 的袋装砂井（砂垫层中 70cm，外露 30cm，进入软土层 20m）。

（1）总体布置

施工区为长条形，面积 8 443m^2，周长约 400m，总体布置如下。

真空泵：一台 7.5kW 的真空泵可控制 1 000～1 500m^2 面积，考虑工期较紧，为确保工程质量，按每台泵控制 600～800m^2 面积，共布设 10 台。由于场区东西两侧均有农田，北侧是鱼塘，抽真空期间会抽出大量的地下水，这些地下水成分含盐碱，如流入农田，会影响耕地；如流入鱼塘，也会影响鱼产量，为此，将所有泵都集中布在一侧，并挖集、排水沟将水集中抽入河道内。

滤管布置：按 6m 间距布置，布置方式采用比较适合长条形场地的鱼刺形。

抽吸主干管：由于场地较宽，边长较长，采用双排平行布置，分别在东侧和西侧。

（2）密封墙的施工

密封墙施工采用深层搅拌机施工，搅拌头由原来的叶片喷粉式改装为中心喷浆式，制浆浓度用密度计控制，密度ρ＞1.5g/mL，改装后的搅刀长 35cm，可形成直径ϕ为 75cm 的圆柱泥桩，两桩彼此搭接 25cm，间距 50cm。

淤泥搅拌墙的施工工艺具体如图 5-5 所示。

（3）真空预压施工

真空预压的施工阶段可细分如下。

1）水平向分布滤管、主管的布设。在工程中滤管布置形式为鱼刺形排列，根据场地的具体形状，抽真空主管和滤管布置示意图见图 5-6。

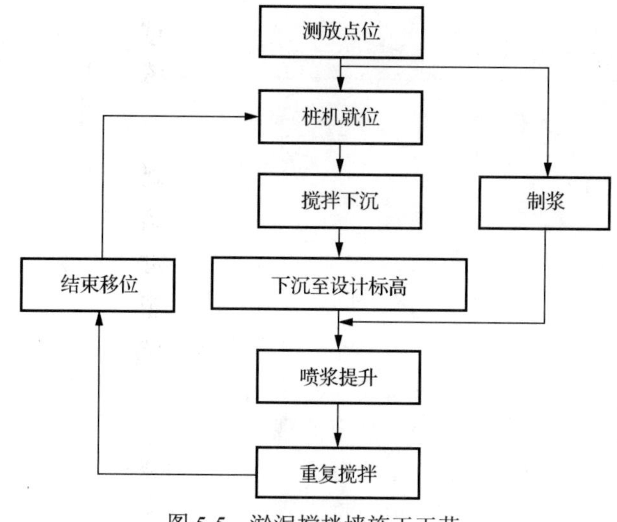

图 5-5 淤泥搅拌墙施工工艺

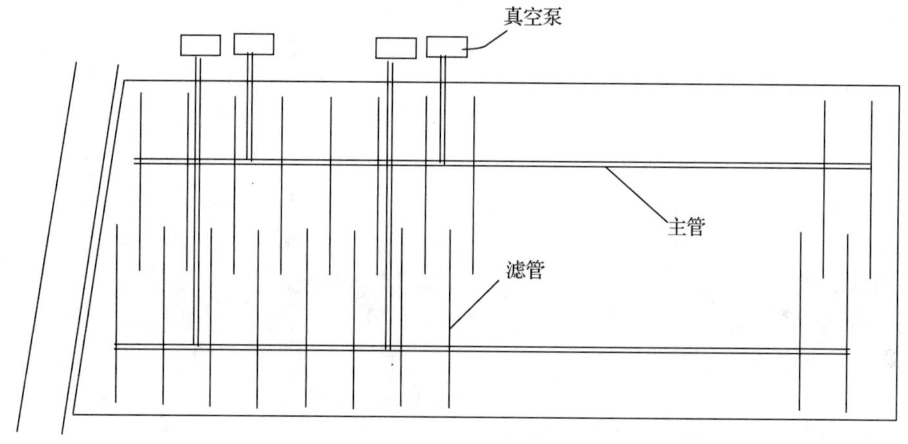

图 5-6 抽真空主管和滤管布置示意图

2）挖滤管沟。按拟定间距在铺膜标高基面挖滤管沟，沟深 10～20cm，在沟边应先将所有管连接好，在挖沟的同时将管埋入沟中。

3）表面清理。埋好管后，需将外露的袋装砂井埋入砂垫层面以下，将砂袋施工时形成的孔坑填实，将面层的所有有棱角的硬物捡出场地，并用铁铲将砂面拍抹平实。

4）挖密封沟。为确保真空预压施工的一次成功，膜的四周密封是关键的一环，本工程采用了泥浆墙搅拌配合垂直插塑技术，并在外围采取开挖式密封黏土围堰，靠铺膜的一边均匀修坡，坡面光滑无硬物，沟挖至不透水黏土中 0.5m 左右。密封沟结构示意图见图 5-7。

5）埋设真空表测量采气端。真空表测量采气端采用硬质空囊，钻以花孔，外包无纺布，将真空表集气塑料管插入空囊中并固定，为准确测量膜下真空度，采气端埋在两平行滤管间距的中心部位。

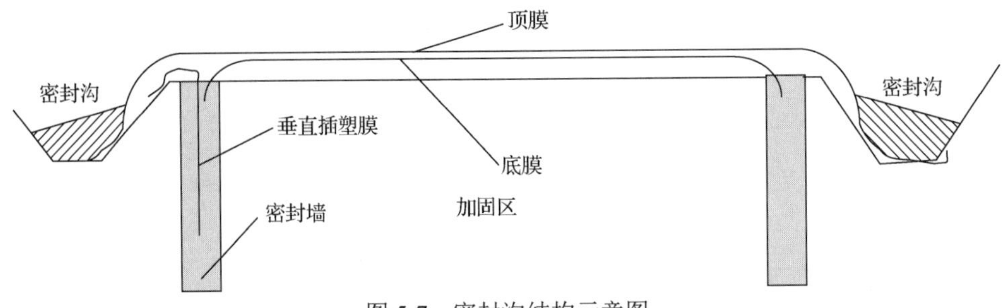

图 5-7　密封沟结构示意图

6）铺膜和出膜。将按设计形状预制好的膜按纵向排在路轴线上，向两边展开铺设第一层膜，并将膜边放入密封沟或黏土墙中，用人力将膜边踩入泥中，铺好后在膜上检查有无可见的破裂口，如有发现应立即补好，检查无缺陷后即进行第二层膜铺设，两层膜的黏接缝尽量错开。主管出膜段采用钢管，出膜口留有可收缩富余的膜。所有上膜操作的人员，均光脚或穿软底鞋作业。

7）试抽。真空泵安装好后要进行试抽，试抽时在膜面上、密封沟边仔细检查有无漏气点，如发现应及时补好。

8）真空预压。试抽至负压 30～40kPa，经检查无漏气现象时，即在膜上覆盖水膜，开足所有的泵，将负压提高到 80kPa，并维持负压大于 80kPa。

本工程真空预压联合堆载区内，我们共布置了 10 个真空表，除了有 3 个表有意识地安排在离滤管 1m、2m、3m 处外，其他各表是均匀地布置在整个场内的。从观测资料看来，在抽真空的当天（12h 内），各表真空度已达 70kPa 以上（最大达 79kPa），各表读数值接近，第二天即全部超过 80kPa。此后，场内各表读数相当接近（相差 1～2kPa），表明膜下的真空度均匀。另外，虽然 11 月 8 日现场停电 12h，但是总的真空度仅下降 3～5kPa，真空度损失率为 1.5～2.5kPa/d，也表明场地密封效果很好，密封墙施工质量好，密封相当成功。1999 年 2 月 8 日试卸真空，1999 年 2 月 13 日降至 0kPa，通过沉降观测，沉降速率保持在 0.4～0.7mm/d，证实工后沉降过大，于 3 月 6 日重抽真空，其后由于钻桩影响，真空度一直维持在 62kPa 左右。可见，真空预压与堆载预压相比有加载灵活的优势，施工质量更有保证。

（4）堆载施工

1）堆载工艺流程。第一级堆载：①铺设一层 4t/m 土工布；②采用人工堆砂包筑堤；③用吹填设备填砂。在吹填过程中，由于总承包公司没有按四研院要求将土工布缝接，出现真空薄膜吹破事故，在补膜后，重新吹填时，采取在吹砂泵口采取加彩条布维护，用砂包压好土工布，在此补救措施后没有出现吹破膜事故。

其他各级吹填施工：①采用推土机推土筑堤，预留一排水口，在排水口处用砂包堆砌，在堤内侧铺膜隔水；②采用吹砂船吹砂；③采用推土机推土整平。

封顶土、包边土施工：①采用自卸汽车堆填，封顶土材料用石粉，包边土材料用开山土；②用推土机整平，用反向铲挖掘埋坡；③采用压路机碾压。

1.5m 超载：采用自卸汽车堆填。

2）堆载时间。实际的加载情况是：9 月 15 日真空度达 80kPa 负压，真空预压薄膜上铺设了一层 4t/m^2 土工布；10 月 15 日开始吹填第 1 层砂约 1.2m 厚，至 10 月 31 日完成。间隔 13d 后，于 11 月 13 日开始吹填第 2 层砂 1.6～1.8m 厚，至 11 月 17 日完成；间隔 8d 后，于 11 月 25 日开始吹第 3 层砂约 1m 厚，至 11 月 28 日完成；间隔 12d 后，于 12 月 10 日开始吹填第 4 层砂约 0.5m 厚，至 12 月 14 日完成；于 1 月 12 日开始填 0.5m 厚封顶土，于 1 月 15 日完成；于 2 月 8 日试卸真空荷载；于 3 月 2 日填 1.5m 超载；于 3 月 7 日重抽真空，此后维持真空度在 62kPa 左右到 5 月 31 日卸真空；于 7 月 1 日开始卸超载。加载过程中加强各项观测工作，用观测数据指导加载，沉降大于 40mm，侧向位移大于 5mm 时停止加载。

实际的加载情况及加载历时曲线分别见表 5-5 和图 5-8。

表 5-5　实际的加载情况

堆载级别	厚度/m	荷载/kPa	开工时间	结束时间	施工时间/d	堆载后间隔时间/d	备注
砂垫层	0.7	11.9		1998 年 7 月 15 日			
第 1 级堆载	1.2	20.4	1998 年 10 月 15 日	1998 年 10 月 31 日	16	13	
第 2 级堆载	1.8	30.6	1998 年 11 月 13 日	1998 年 11 月 17 日	4	8	
第 3 级堆载	1.0	17.0	1998 年 11 月 25 日	1998 年 11 月 28 日	3	12	
第 4 级堆载	0.5	10.0	1998 年 12 月 10 日	1998 年 12 月 12 日	2	27	
第 5 级堆载	0.5	10.0	1999 年 1 月 15 日	1999 年 1 月 18 日	3	44	封顶土
第 6 级堆载	1.5	25.5	1999 年 3 月 2 日	1999 年 3 月 5 日	3		超载

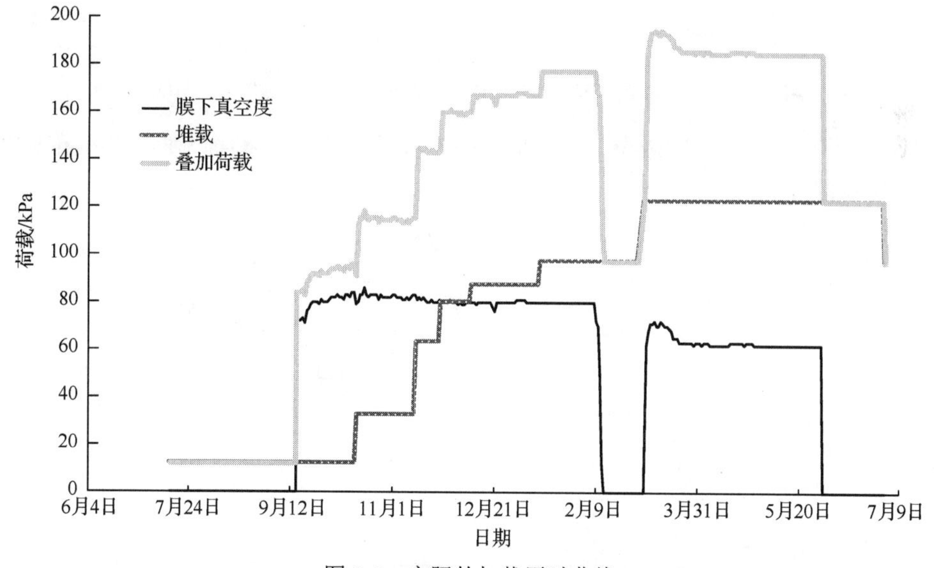

图 5-8　实际的加载历时曲线

（5）监测过程

在施工前，进行钻探取土、十字板剪切强度试验、静力触探试验、埋设孔隙水压力计及测斜管工作。加载期间每天进行沉降观测、孔隙水压力测试。测斜则因仪器调配有问题致使观测频率不确定。在加固结束后进行钻探取土、十字板剪切强度试验、静力触探试验及工后沉降观测。

1）沉降量观测成果。中山新隆中桥前后过渡段 B 断面荷载-时间-沉降量曲线，见图 5-9。

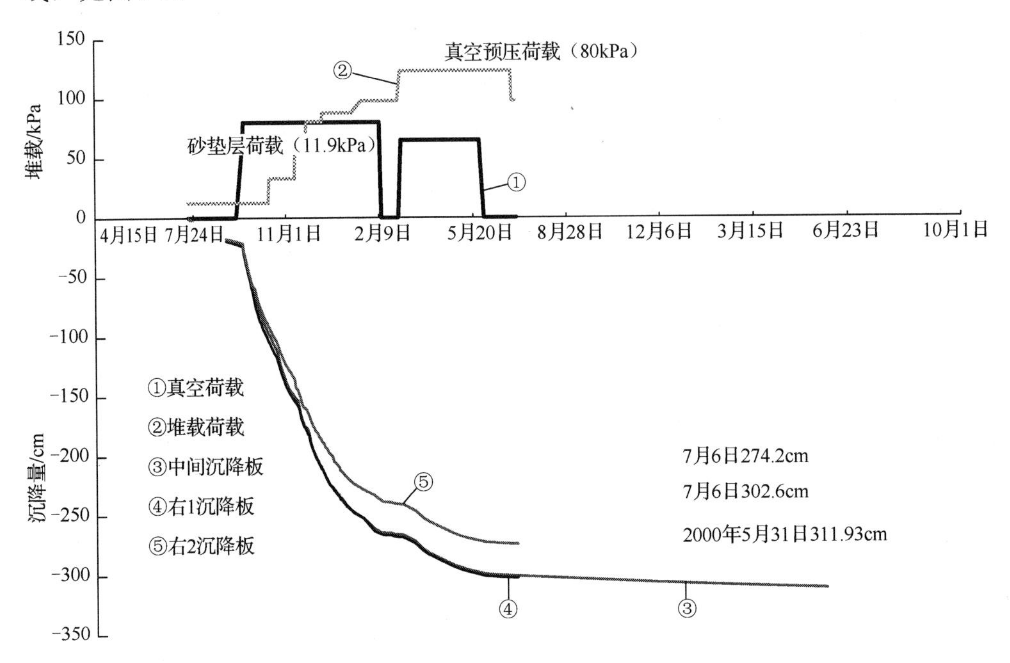

图 5-9　中山新隆中桥前后过渡段 B 断面荷载-时间-沉降量曲线

2）孔隙水压力测试成果。中山新隆中桥前后过渡段 C 断面荷载-时间-孔隙水压曲线见图 5-10。

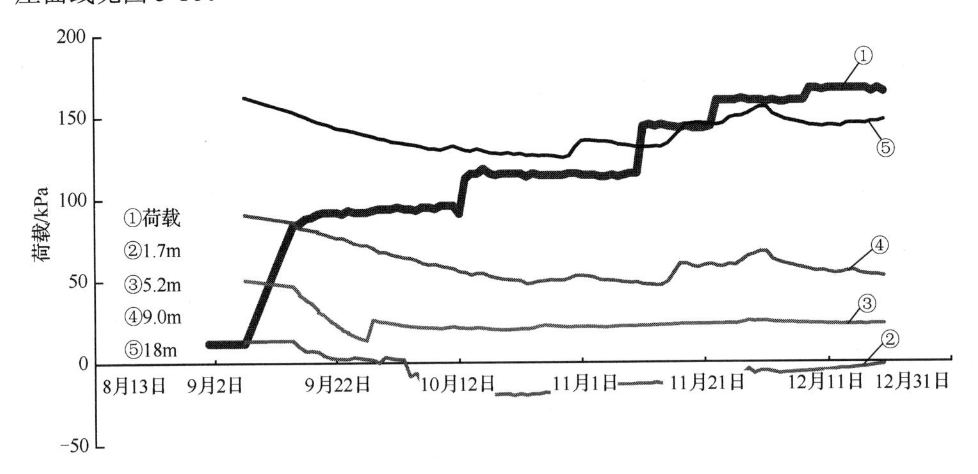

图 5-10　中山新隆中桥前后过渡段 C 断面荷载-时间-孔隙水压曲线

3）测斜观测成果。中山新隆中桥前后过渡段 B 断面位移-时间-深度曲线，见图 5-11。

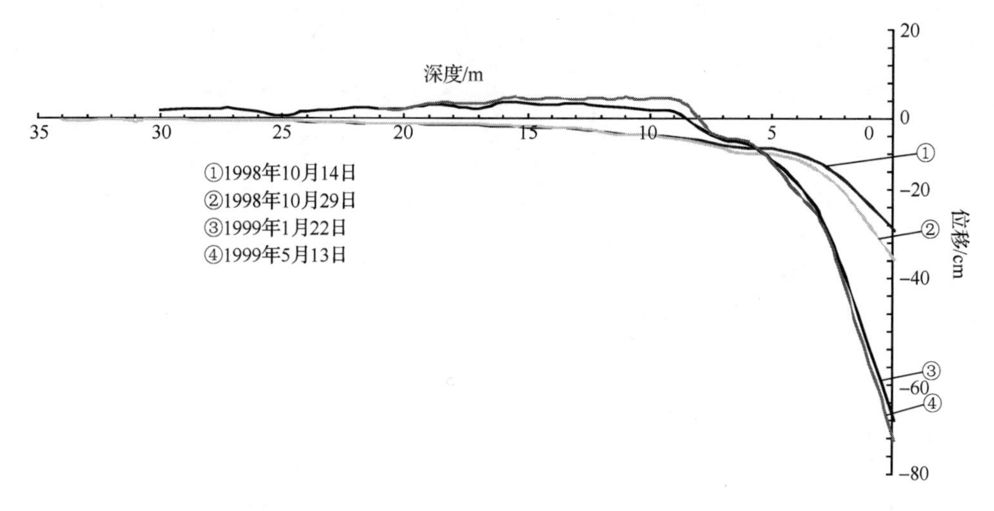

图 5-11　中山新隆中桥前后过渡段 B 断面位移-时间-深度曲线

5.4.2　番禺灵山互通匝道软基处理工程

1. 工程简况

本工程为京珠高速公路广珠段灵山互通匝道的地基处理。灵山互通匝道路基地处珠江三角洲冲积平原，地形平坦开阔。上覆第四系海陆交互地层，软土地基厚度在 19.8～31.6m，呈饱和流塑状，是典型的不良地质地层，如压缩性高，强度很低，扰动后强度更差，同时透水性差，固结时间长，以及抗滑稳定性差、地基承载力差。

（1）作业平面

本匝道路段为 AK0+19～AK0+088.62、BK0+160.2～BK0+295、CK0+240～CK0+305、DK0+064.1～DK0+185.2、LK0+250～LK0+337、CK0+220.5～CK0+240、LK0+406～LK0+600、CK0+305～CK0+408.04，总面积为 25 261m^2。京珠高速公路东线灵山互通真空预压平面图见图 5-12。

该路段填土高度大，均为高路堤软土路基，路基施工采用吹填砂加封顶包边土进行填筑，填土高度见表 5-6。

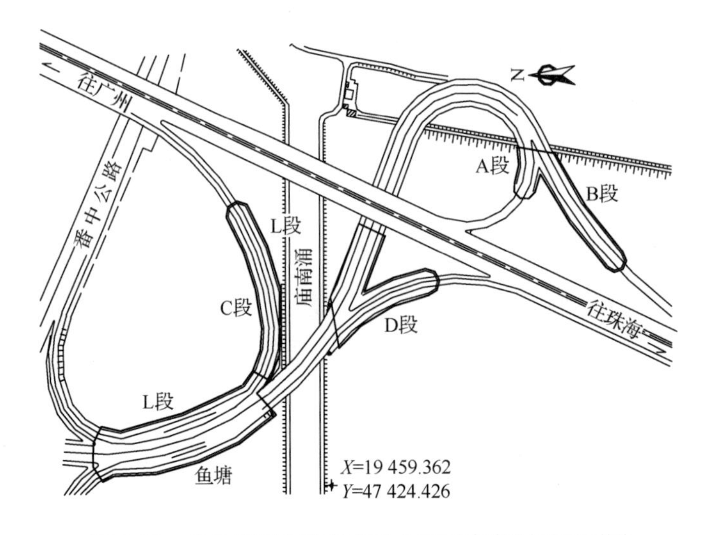

图 5-12　京珠高速公路东线灵山互通真空预压平面图

表 5-6　填土高度

区段		桥台处填土高度/m
AB	A	5.833
	B	6.078
DL	D	6.289
	L	
CL	C	5.171
	L	

由表 5-6 可知，路基填土高度较高，为减少公路在使用期的沉降，加固方案采用真空联合堆载预压的方法，同时也可以使路基填土在较短的时间内加上去，且工后不存在弃土问题，大大缩短了工期。

主要工序有场地整平、铺筑砂垫层、打设袋装砂井、真空预压、堆载等。

施工场地互通匝道，旁边有一小河，两侧是鱼塘、水稻田，天然地基上部是人工吹填粉细砂，对真空预压影响较大的是有无夹砂层或砂性土夹层。

（2）地质条件

根据番禺地区普遍分布的地质情况，其下部主要为耕植土、砂混淤泥（或淤泥混砂）、淤质黏土和亚黏土。

1）人工填土：灰褐色，松散状，由机械吹填而成，主要成分是粉砂、细砂，含少量细碎贝壳，夹少量淤泥，在场区内厚度不均，原水塘或渠道部位吹填厚度较大，达 2～3m，原耕地部位厚度较小，为 0.5m 左右。

2）耕植土：褐色、黑色，含大量植物根茎，软塑，厚度 0.5～1.5m。

3）淤泥混砂：炭黑色—灰黑色，饱和，软塑—流塑，手感黏滑，富含有机质，可见植物根茎，含细碎贝壳，局部见粉细砂夹层呈透镜体分布，层厚较均匀，土质松软，含水量高，透水性差，强度低，是具有高压缩性和易触变的软土，标贯击数小于1。

4）淤质黏土：灰黑色—灰色，饱和，软塑，含大量贝壳及腐殖质，手感黏滑，分布均匀，与淤泥层没有明显的分界线，呈渐变过渡，土工指标较淤泥稍好，标贯2～3击。

5）亚黏土：灰黄色，湿，可塑状，见原岩斑状结构，属典型的风化残积土，该层特点是厚度变化较大，分布广泛，在颜色和强度方面与上部土层界限分明，标贯击数一下提高到8击以上。

图5-13为根据静力触探和取土资料而定的DL区段（D区段）桥台处的地质柱状图。

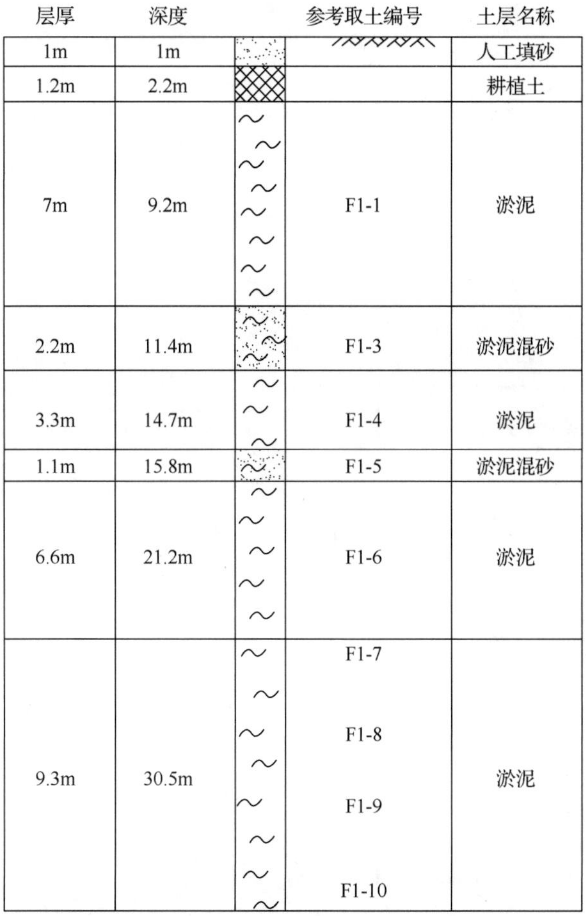

层厚	深度		参考取土编号	土层名称
1m	1m			人工填砂
1.2m	2.2m			耕植土
7m	9.2m		F1-1	淤泥
2.2m	11.4m		F1-3	淤泥混砂
3.3m	14.7m		F1-4	淤泥
1.1m	15.8m		F1-5	淤泥混砂
6.6m	21.2m		F1-6	淤泥
9.3m	30.5m		F1-7 F1-8 F1-9 F1-10	淤泥

图5-13　桥台处的地质柱状图（D区段）

综上所述，本地区地层是典型的珠江三角洲超软土地层，天然地基的填土极限高度小（约 2.7m），采用真空联合堆载的方法，利用真空负压和路堤本身荷载作为超载荷载和预压荷载，按照上述地质条件是可以满足工程要求的。

2. 地基处理方案设计

（1）设计计算

真空联合堆载预压方案采用 d 为 7cm、间距为 1.3m、深度为 20m，梅花形布置的袋装砂井作为竖向排水通道，70cm 的中粗砂垫层作为水平排水通道，80kPa 的真空负压和路堤本身荷载作为超载预压和预压的荷载。

1）稳定验算和加载计划。按照设计的加载速度，加载时间曲线见图 5-14。

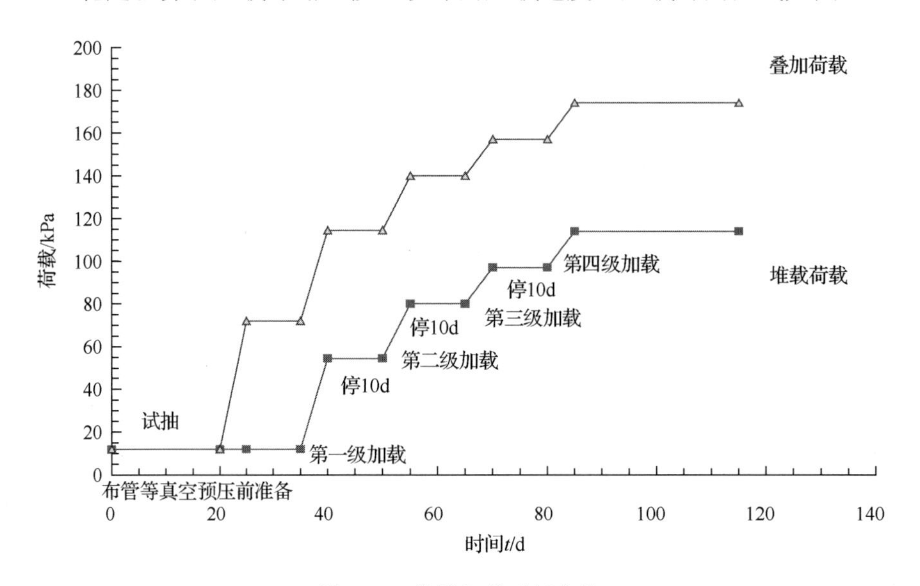

图 5-14　设计加载时间曲线

（t=0 时为袋装砂井完成施工的时刻）

固结度计算结果见表 5-7。

表 5-7　固结度计算结果

时间 t/d	65	90	100	120	130	140
加载级别	3	满载				
固结度 U_t/%	17.20	33.60	43.00	60.53	68.33	74.59

按设计的边坡安全系数计算结果见表 5-8。

表 5-8　边坡安全系数计算结果

路堤厚 H/m	3.6	4.2	4.8	5.4	6.0
抗滑稳定安全系数 K	1.20	1.12	1.10	1.11	1.10

由上述计算结果可知，在设计的真空联合超载预压各级荷载作用下，路堤的抗滑稳定安全系数 $K \geqslant 1.1$，是稳定的。

2）沉降计算。地基的固结沉降量采用分层总和法计算，利用试验的 e-P 曲线计算得到下列结果。

① 当荷载ΔP为 99kPa（路堤厚 6.0m）时，S_{∞}=2.57m。

② 当荷载ΔP为 80kPa（真空预压 6.0m 路堤）时，$S_{1\infty}$=3.45m。

（2）观测仪器的布置

本项目布置的观测仪器主要有孔隙水压力观测点 4 组、测斜管 7 根、沉降板 44 块、深层沉降标 2 个。各区段测点布置见图 5-15。

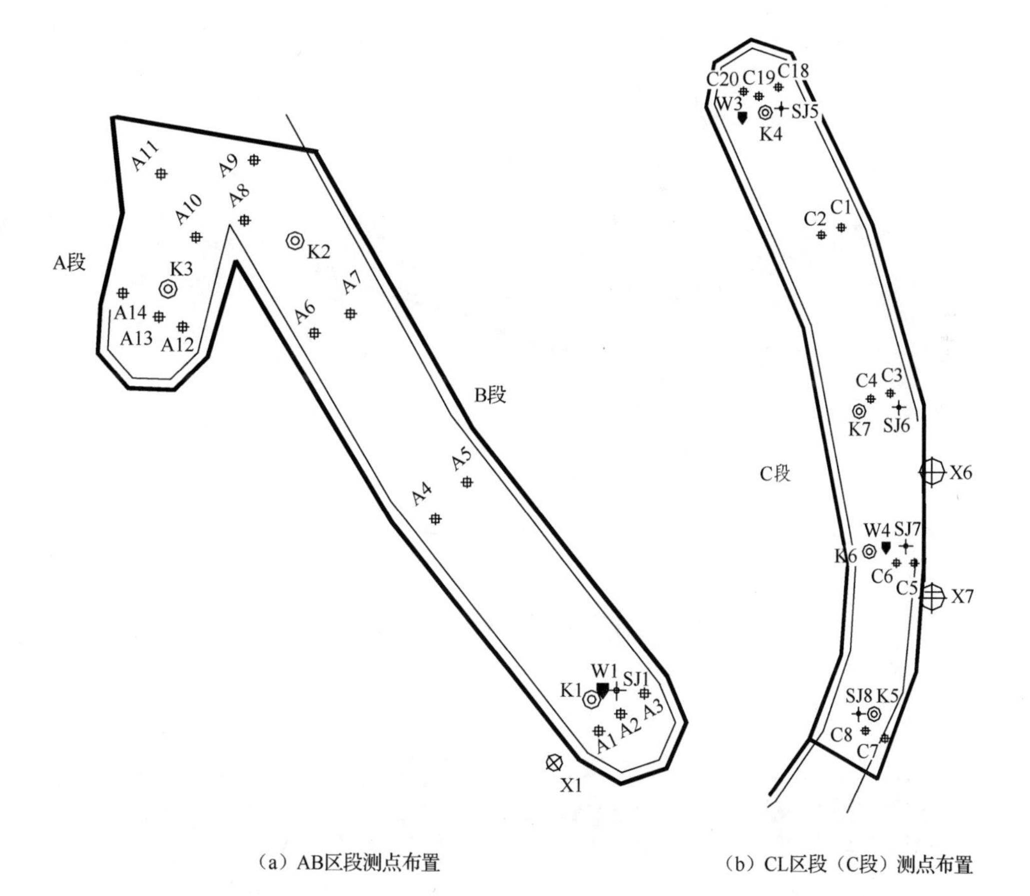

（a）AB区段测点布置　　　　（b）CL区段（C段）测点布置

图 5-15　AB 区段、CL 区段（C 段）、CL 区段（L 段）及 DL 区段的测点布置

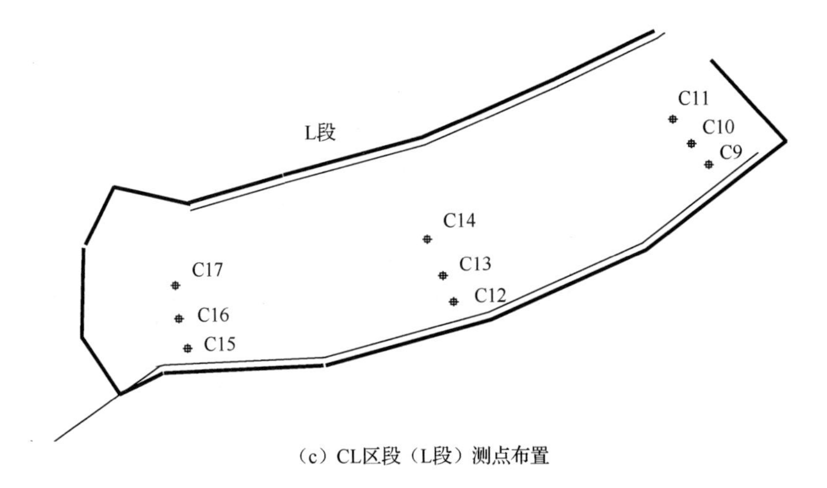

（c）CL区段（L段）测点布置

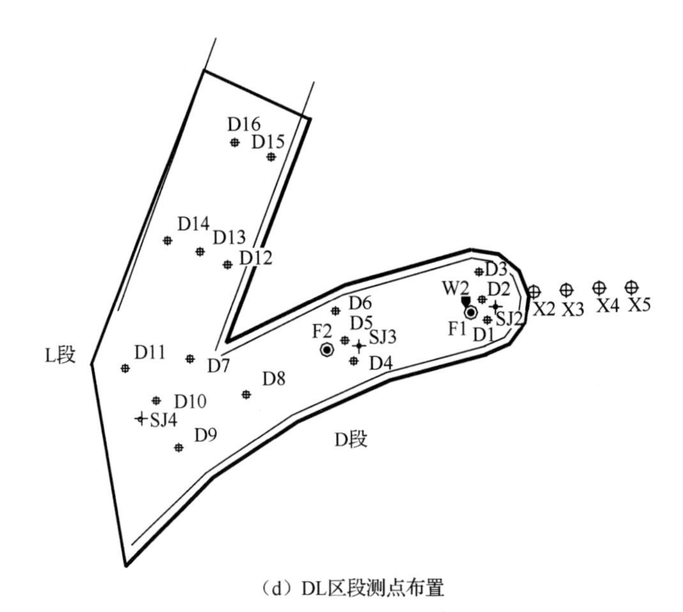

（d）DL区段测点布置

图例	分项	编号字母	实际数量	备注
⊕	沉降观测点	AB、CL(C)、CL(L)、DL	50	
⊕	测斜管	X	7	30m深，20m以下每隔3m取一样
▼	孔隙水压力仪	W	4	4组，每组5个
+	十字板及双桥静力触探	SJ	8	十字板每m一个点
◎	取土技术孔	K	7	22m，每隔3m取一土样
◉	取土技术孔和分层沉降孔	F	2	分层沉降3m一环

图 5-15（续）

沉降测试所用沉降杆共有33根，分布在各个加固区段，用以观测地表的沉降。沉降板采用常规的40cm×40cm正方形底盘，6in水管作为沉降管，用瑞士NAo水准仪进行观测，加载期间每天观测一次，稳定后两天或三天观测一次。

1）孔隙水压力测试主要用于观测地基孔隙水的消散情况，所采用的孔隙水压力探头为电感式，加载期间每天观测一次。

2）深层位移采用深层测斜仪测量测斜管的倾斜及位移量。加固区共布设6根测斜管，采用英国产MK4测斜仪进行观测，每100cm读数一次。

3）深层沉降仪主要用来观测不同土层的压缩情况，每一段时间观测一次。

4）真空度每2h观测一次，随时掌握真空度的变化情况。

3. 施工及监测过程

（1）总体布置

总体布置方案如下。

真空泵：一台7.5kW的真空泵可控面积为1 000～1 500m^2，实际本施工区布置29台泵，抽真空期间会抽出大量的地下水，这些地下水含盐碱，如流入农田，会影响耕地，如流入鱼塘也会影响鱼的产量，为此，在可能对农田和鱼塘有影响的地区，将所有泵都集中布设在一侧，将水集中抽入河道内，但在施工初期，由于工作不到位，在CL区段有地下水流入了农田，后来在工作中进行了改进。

由于软土上层的排水砂垫层为级配良好的中粗砂，滤管间距可控制在6～8m，本工程计划按6m间距布置。真空预压布管图见图5-16。

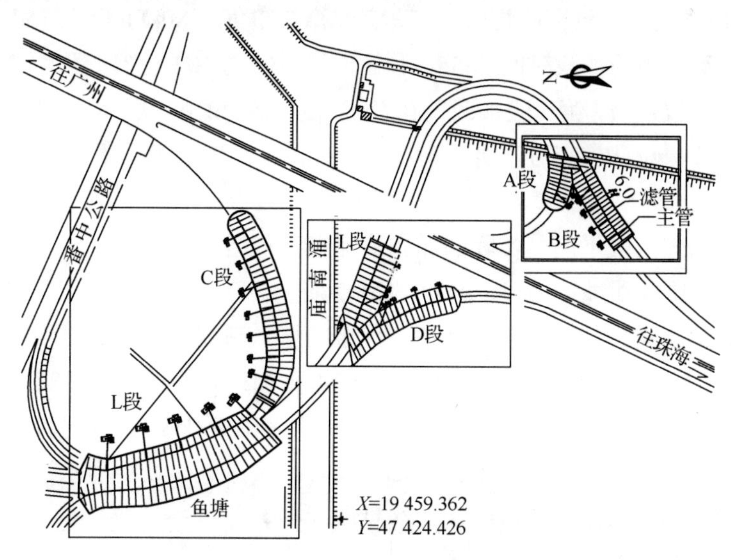

图5-16　真空预压布管图

（2）真空预压施工

真空预压时间见表 5-9。

表 5-9　真空预压时间

序号	区段	桩号	面积/m²	开始抽真空时间	达到 80kPa 时间	真空卸载时间
1	AB	AK0+019～AK0+088.62	1 525.40	1999 年 1 月 20 日	1999 年 2 月 3 日	1999 年 7 月 5 日
		BK0+160.2～BK0+295	2 370.00			
2	DL	DK0+064.1～DK0+185.2	3 122.35	1999 年 1 月 29 日	1999 年 2 月 7 日	1999 年 7 月 10 日
		LK0+250～LK0+337	2 770.33			
3	CL	CK0+220.5～CK0+240	544.05	1999 年 4 月 12 日	1999 年 4 月 16 日	1999 年 8 月 10 日
4		CK0+240～CK0+305	2 047.20	1999 年 2 月 8 日	1999 年 3 月 3 日	1999 年 8 月 10 日
5		CK0+305～CK0+408.04	2 214.90	1999 年 3 月 19 日	1999 年 4 月 1 日	1999 年 7 月 18 日
		LK0+406～LK0+600	10 667.60			

（3）堆载施工

1）堆载工艺流程。第一堆载：与之前工艺相同。

其他各级吹填施工：①采用推土机推土筑堤，并在砂堤内侧敷设塑料薄膜；②预留一排水口，在排水口处用砂包堆砌；③采用推土机推土整平；④吹填采用分段推进方式进行，即一段吹填完成后，再接长管线吹填下段；⑤为保护砂层，在吹填砂路堤竣工后，随即在其上敷砌厚约 40cm 的石渣土铺砌层。

2）堆载时间。按照设计要求，在真空度稳定在负压 80kPa 以上 15d 以后进行堆载施工，每一级的加载时间为 5d、预压间歇时间为 10d（总时间为 15d）。为保护真空薄膜不致损破，第一级加载前在密封薄膜上铺设了一层 4t/m² 土工布，其余各级荷载均按原设计施工方法进行，局部砂堆控制高度小于等于 1.5m，以防地基破坏。

由于各加固区段不同，实际的加载情况也各不相同。在 CL 区段，由于面积很大，分为两块分别进行加载，区间 CK0+240～CK0+305 较早施工，用堆填进行加载，并分层压实，其余为吹填施工，此区间填土高度不高，且面积较大，连续进行吹填施工，中间没有明显的间隔，不能得到加载时间曲线。而在 AB 区段和 DL 区段均得到很好的加载时间曲线，并与观测资料相对应。AB 区堆载厚度和砂面标高见表 5-10。由于各个断面堆载高度不同，选用最接近孔隙水压力观测点的断面中心堆载情况作图，堆载时间曲线见图 5-17。

表 5-10　AB 区堆载厚度和砂面标高　　　　（单位：m）

日期	堆载厚度和砂面标高											
	BK0+190						BK0+220				BK0+250	
	1 号（左）		2 号（中）		3 号（右）		4 号（左）		5 号（右）		7 号（右）	
	堆载厚度	砂面标高	堆载厚度	砂面标高	堆载厚度	砂面标高	堆载厚度	砂面标高	堆载厚度	砂面标高	堆载厚度	砂面标高
2 月 23 日	0.738	0.627	1.055	0.858	0.552	0.618	0.501	0.528	0.420	0.418	0.815	0.803
3 月 17 日	1.475	1.126	1.940	1.456	1.621	1.346	1.830	1.586	1.464	1.206	1.855	1.536
4 月 1 日	2.546	2.084	2.820	2.220	2.440	2.055	2.564	2.199	2.900	2.475	2.120	2.595
4 月 15 日	3.702	3.113	3.830	3.072	3.782	3.193	3.659	3.162	3.699	3.141	3.320	3.582
4 月 24 日	4.427	3.632	4.935	3.927	4.580	3.842	4.801	4.055	5.363	4.502	4.322	4.361
5 月 10 日	5.780	4.641	6.065	4.701	5.745	4.716	5.810	4.801	6.090	4.961		
5 月 22 日	6.010	4.714	6.150	4.697	5.928	4.785						

日期	堆载厚度和砂面标高											
	BK0+290		AK0+050				AK0+075					
	9 号（中）		10 号（左）		11 号（右）		12 号（左）		13 号（中）		14 号（右）	
	堆载厚度	砂面标高	堆载厚度	砂面标高	堆载厚度	砂面标高	堆载厚度	砂面标高	堆载厚度	砂面标高	堆载厚度	砂面标高
2 月 23 日	1.399	1.486	0.749	0.918	0.944	0.897	0.523	0.688	0.955	0.993	0.878	1.030
3 月 17 日	2.603	2.291	2.098	2.014	2.408	1.966	1.628	1.628	1.851	1.682	1.838	1.768
4 月 1 日	3.805	3.265	3.193	2.799	3.617	2.985	2.634	2.415	2.889	2.456	2.839	2.502
4 月 15 日	5.294	4.446	4.379	3.727	5.158	4.235	4.110	3.641	4.441	3.727	4.349	3.777
4 月 24 日	6.103	5.157	5.365	4.457	5.795	4.647	4.912	4.281	5.289	4.335	5.020	4.237
5 月 4 日	6.656	5.423	6.326	5.165	6.568	5.130	5.857	4.999	6.297	5.074	6.063	5.067

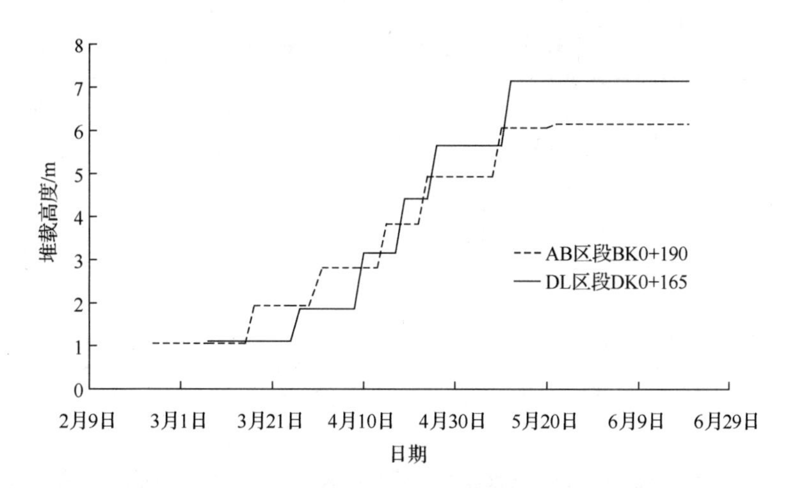

图 5-17　堆载时间曲线

（4）施工监测

为了控制施工进度和质量，在施工过程中进行施工监测，测试项目有沉降、孔隙水压力、真空度、深层位移等。

1）沉降测试。为了有效测量沉降，在加固区现场布置了大量的沉降标桩，共有33个，由于其他施工作业对沉降标桩的保护不够，所得有效沉降标桩数目逐步减少。各区段沉降标桩的埋设情况见表5-11。

表5-11　沉降标桩的埋设情况表

区段	沉降标桩总数/根	观测结束时有效沉降标数量/个（1999年9月3日）	成活率/%
AB	14	6	43
DL	16	7	44
CL	20	7	35

沉降测试因方法简单、测试点密集，可以对堆载施工进行有效监控。加载期间每天观测一次，稳定后两天或三天观测一次。当用沉降量来控制施工进度时，由于对真空联合堆载预压加固软基没有相应的控制指标，现场用孔隙水压力和测斜观测结果来进行综合分析。

2）孔隙水压力测试。孔隙水压力计主要用于观测地基孔隙水的消散情况。所采用的孔隙水压力探头为电感式，加载期间每天观测一次。各区段孔隙水压力计埋设情况见表5-12。

表5-12　孔隙水压力计埋设情况

区段	孔号	孔隙水压力计总数/个	观测结束时有效孔压计数量/个	成活率/%
AB				0
DL	W2	9	7（1999年6月28日）	78
CL	W3	5	5（1999年7月28日）	100
	W4	6	3（1999年7月28日）	50
	W5	4	4（1999年7月28日）	100

注：AB区段因堆填施工把观测孔位埋住，整个孔隙水压力观测点破坏；DL区段有两个压力计在后期被破坏，但影响不大；W4号埋设时成活4个，中期破坏1个，成活率只有50%。

3）真空度测试。采用真空表每2h观测一次，随时掌握真空度的变化。真空表设置情况见表5-13。

表 5-13　真空表设置情况

区段	真空表总数/个
AB	6
DL	8
CL（CK0+240～CK0+305）	2
CL（CK0+305～CK0+408.4；LK0+406～LK0+600）	15
CL（CK0+220.5～CK0+240）	1

4）深层位移测试。采用深层测斜仪测量测斜管的倾斜及位移量。加固区共布设6根测斜管，采用英国产MK4测斜仪进行观测，每100cm读数一次。测斜管埋设情况见表5-14。

表 5-14　测斜管埋设情况

区段	孔号	埋设深度/m
AB	1	27
DL	2	30
	3	28
	4	30
	5	28
CL	6	19
	7	19

5.5　整体稳定技术分析

5.5.1　技术分析方法

1. 固结度的计算

固结度的计算同5.4节。

2. 地基十字板抗剪强度的增长

地基十字板抗剪强度的增长用两种方法进行计算，下面分别进行介绍。

方法一：常规方法。

假设真空压力等效于堆载压力，用常规强度增长公式计算，在预压荷载作用下，土体随着孔隙水排水而固结，地基土的抗剪强度相应增长；另外，剪应力随着荷载的增加而增强，剪应力在某种条件（剪切蠕动）下，还可能导致强度的衰减。地基中某一点在某一时刻的抗剪强度τ_f可表示为

$$\tau_f = \tau_{f0} + \Delta\tau_{fc} - \Delta\tau_{f\tau} \tag{5-7}$$

式中：τ_{f0}——地基中某点在加荷之前的天然地基抗剪强度；

$\Delta\tau_{fc}$——由于固结而增长的抗剪强度增量；

$\Delta\tau_{f\tau}$——由剪切蠕动而引起的抗剪强度衰减量。

由剪切蠕动而引起的强度衰减部分$\Delta\tau_{f\tau}$目前还没有合适的计算方法，为了考虑$\Delta\tau_{f\tau}$的效应，地基中某一点在某一时间的抗剪强度τ_f可表示为

$$\tau_f = \eta(\tau_{f0} + \Delta\tau_{fc}) \tag{5-8}$$

式中：η——考虑剪切蠕动及其他因素对强度影响的折减系数，根据国内有些地区实测反算的结果，η值为0.8～0.85，如判断地基土没有强度衰减可能时，则η=1.0。

土的强度变化可通过剪切前的有效固结压力σ_c'来表示。对于正常固结饱和软黏土，其强度公式为

$$\tau_f = \sigma_c' \tan\varphi_{cu} \tag{5-9}$$

因而由固结而增长的强度可按下式计算：

$$\Delta\tau_{fc} = \Delta\sigma_c' \tan\varphi_{cu} = \Delta\sigma_c U \tan\varphi_{cu}$$

这一方法的试验和计算都比较简便，而且也模拟了实际工程中的一般情况，其在工程中已得到广泛应用。

方法二：分算法。

真空预压法并不增加总应力，而是在总应力保持不变时，使孔隙水压力降低，从而使有效应力增加，达到加固地基的目的。真空预压的加固机理主要反映在以下几个方面。

1）薄膜上面承受等于薄膜内外压差的荷载。在抽气前，薄膜内外都承受一个大气压P_0。抽气后薄膜内气压逐渐下降，首先砂垫层，其次砂井中的气压下降，使薄膜紧贴砂垫层。由于土体与砂垫层和砂井间的压差，发生渗流，土体的孔隙水压力不断降低，有效应力不断增加，从而促使土体固结。土体和砂井间的压差，开始时为P_0-P_v，随着抽气时间的增加，压差逐渐变小，最终趋向于零，这时渗流停止，土体固结完成。

2）地下水位降低，相应增加了附加应力。抽气前，地下水位离地面H_1，抽气后土体水位降至H_2，即下降了H_1-H_2，在此范围内土体便从浮容重变为湿容重，此时土骨架增加了大约水高H_1-H_2的固结压力。

与堆载预压计算参数不同，因为黏土的抗剪强度与密度有唯一的对应关系，如果假定真空预压与堆载预压加固后土体密度相等，根据麦远俭《真空预压加固中软黏土不排水剪切强度的增长》一文[11]，得出如下关系式：

$$P_c = (1+\sin\varphi_{cu})\sigma_c \tag{5-10}$$

式中：σ_c——真空预压固结压力；

P_c——等效的堆载预压固结压力。

把真空预压作为堆载预压来处理，固结压力用上式计算。

3. 稳定计算

稳定计算同 5.4 节。

5.5.2 中山新隆中桥前后过渡段工程稳定技术分析

1. 强度增长

（1）固结度计算

将真空与堆载荷载叠加，进行各级荷载开始施工时间的固结度计算，取C_v=C_h=11×10^{-4}cm^2/s，袋装砂井呈正三角形布置，间距为 1.3m、直径为 7cm。各级堆载开工时间固结度计算结果见表 5-15。

表 5-15　各级堆载开工时间固结度计算结果

堆载级别	厚度/m	荷载/kPa	固结度/%	开工时间边坡顶部实测沉降量/cm	备注
第 1 级堆载	1.2	20.4	25.02	94.8	
第 2 级堆载	1.8	30.6	41.18	141.9	
第 3 级堆载	1.0	17.0	49.63	163.6	
第 4 级堆载	0.5	10.0	59.75	189.7	
第 5 级堆载	0.5	10.0	75.92	223.6	封顶土

（2）十字板强度增长计算

为了进行对比，十字板强度增长分别采用上述的常规方法和分算法分别进行计算，边坡处常规方法计算十字板强度增长计算结果见表 5-16。边坡处分算十字板强度增长计算结果见表 5-17。场地中心点两种计算方法十字板强度增长计算结果见表 5-18。

表 5-16　边坡处常规方法计算十字板强度增长计算结果

深度/m	加固前十字板强度/kPa	附加应力/kPa	级别荷载				
			第 1 级荷载/kPa	第 2 级荷载/kPa	第 3 级荷载/kPa	第 4 级荷载/kPa	第 5 级荷载/kPa
2	4.65	166.4	16.59	24.30	28.34	33.16	40.88
4	12.59	145.2	23.01	29.74	33.26	37.47	44.20
6	16.71	130.6	26.08	32.13	35.30	39.09	45.14
8	18.90	121.3	27.60	33.22	36.16	39.68	45.31
10	15.99	115.0	24.24	29.57	32.36	35.69	41.02
12	17.87	110.4	25.79	30.90	33.58	36.78	41.90
14	14.34	106.9	22.01	26.97	29.56	32.66	37.62
16	21.92	103.9	29.37	34.19	36.70	39.72	44.54

表 5-17　边坡处分算计算十字板强度增长计算结果

深度/m	加固前十字板强度/kPa	附加应力/kPa	堆载附加应力/kPa	真空度/kPa	级别荷载				
					第 1 级荷载/kPa	第 2 级荷载/kPa	第 3 级荷载/kPa	第 4 级荷载/kPa	第 5 级荷载/kPa
2	4.65	166.4	91.2	75.2	18.1	26.8	31.3	36.7	45.4
4	12.59	145.2	79.6	65.6	24.3	31.9	35.8	40.6	48.1
6	16.71	130.6	71.6	59.0	27.2	34.1	37.6	41.9	48.7
8	18.90	121.3	66.5	54.8	28.7	35.0	38.3	42.3	48.6
10	15.99	115.0	63.0	52.0	25.3	31.3	34.4	38.1	44.1
12	17.87	110.4	60.5	49.9	26.8	32.5	35.5	39.1	44.9
14	14.34	106.9	58.6	48.3	23.0	28.5	31.5	34.9	40.5
16	21.92	103.9	56.9	47.0	30.3	35.7	38.5	41.9	47.4

表 5-18　场地中心点两种计算方法计算十字板强度增长计算结果

深度/m	加固前十字板强度/kPa	附加应力/kPa	固结度取卸去真空荷载时计算值 82.5%		
			采用麦远俭公式计算加固后十字板强度/kPa	采用分算计算加固后十字板强度/kPa	加固后实测十字板强度/kPa
2	4.65	176.9	51.7	46.5	55.1
4	12.59	176.8	59.6	54.4	89.1
6	16.71	176.3	63.6	58.4	59.3
8	18.90	175.8	65.7	60.5	46.3
10	15.99	174.5	62.4	57.3	53.6
12	17.87	172.4	63.7	58.7	46.0
平均值			61.1	56.0	58.2

按常用公式计算边波处十字板强度见图 5-18。

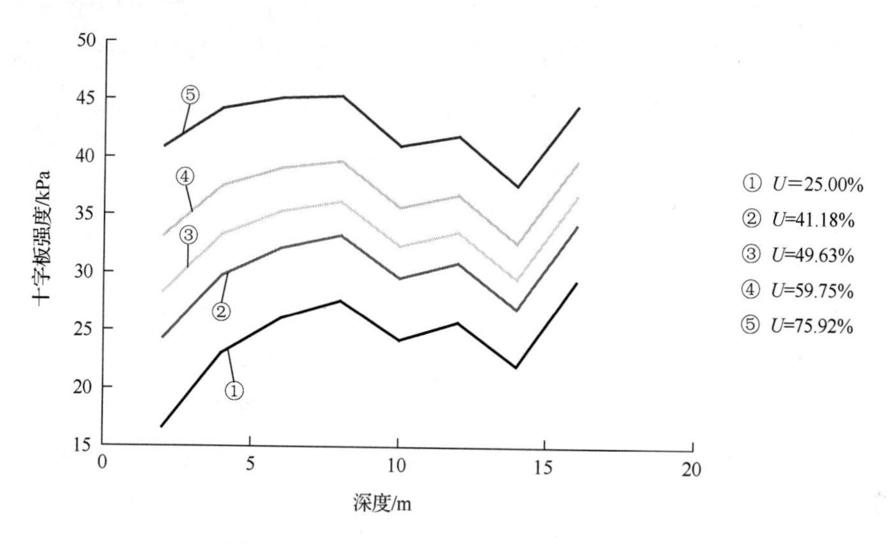

图 5-18　按常用公式计算边坡处十字板强度

按分算法计算边坡处十字板强度见图 5-19。

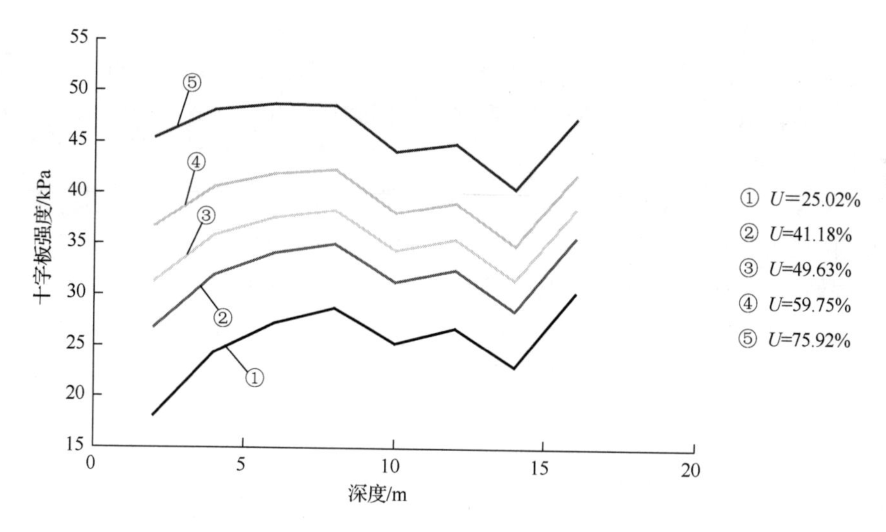

图 5-19　按分算法计算边坡处十字板强度

场地中心点十字板强度计算与实例对照见图 5-20。

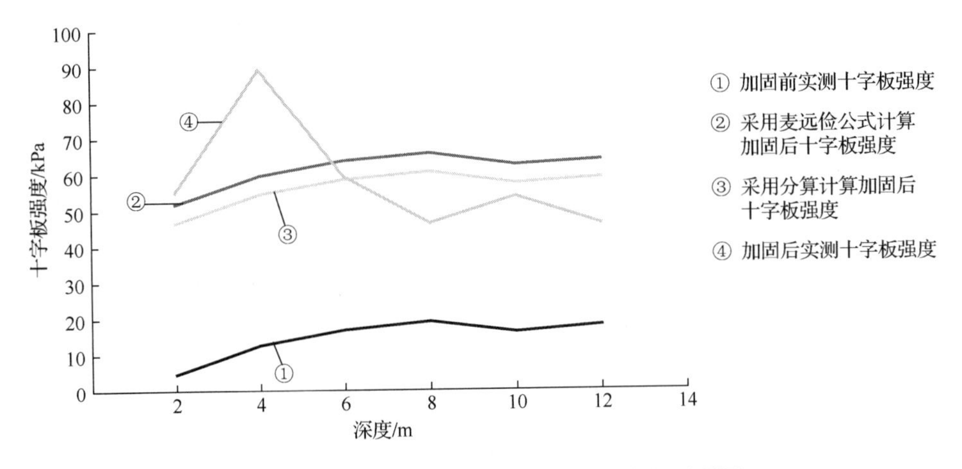

图 5-20　场地中心点十字板强度计算与实例对照图

从计算结果可知，在深度 6m 以上软土的强度计算值比实测值小（加固后实测值＞分算计算值＞常规计算值），6m 以下计算强度计算值比实测值大（分算计算值＞常规计算值＞加固后实测值），12m 以上平均值三种结果基本一致（分算计算值＞加固后实测值＞常规计算值）。其原因分析如下。

上部主要为淤泥夹砂层，故固结系数较大、ϕ_{CU} 较大。

真空压力的传递的计算按堆载附加应力计算。实际上，真空压力的传递与堆载附加应力传递规律不同，真空压力的传递随时间的变化而变化，随时间的推移向深处发展，真空压力上部比附加应力大，下部比附加应力小，故计算固结度上部偏小、下部偏大。

在真空压力计算准确的情况下，分算计算值＞常规计算值，分算计算值更为接近实际情况，其原因为：真空预压加固土体是非 K_0 固结，而堆载预压加固土体是 K_0 固结。换句话说，即真空负压在土体中的某一点为各向同性，堆载正压引起的附加应力在土体中的某一点为各向异性，水平向是竖向的 K_0 倍（K_0＜1）。

通过三种结果对比采用常用公式计算，在浅处偏小、深处偏大，对于整体稳定计算采用这种方法计算是可以接受的。

2. 整体稳定验算

根据前面介绍的技术分析方法及强度增长计算结果，对每级堆载进行稳定验算，在验算过程中做了两点假设：①加固区外采用不考虑强度增长；②原地面标高以上堆载砂不计强度。如表 5-19～表 5-23 示出第 1 级～第 5 级实际堆载验算结果及土层指标。从上述表中可知，最大安全系数为 4.996，最小安全系数为 2.244。这表明实际的堆载速度过慢，在堆载速率方面仍有潜力可挖。

表 5-19a　第 1 级堆载验算结果

总加载厚度/m	本级加载厚度/m	加载开工时已沉降量/m	安全系数		半径/m	
			不计土工布	计土工布	不计土工布	计土工布
1.9	1.2	0.948	3.874	4.996	3.369	3.367

表 5-19b　第 1 级堆载土层指标（一）

土层代号	1	2	3	4	5	6	7	8	9
十字板强度/kPa	4.7	12.6	16.7	18.9	16.0	17.9	14.3	21.9	0
土层代号	10	11	12	13	14	15	16	17	18
十字板强度/kPa	50	16.6	23.0	26.1	27.6	24.2	25.8	22.0	29.4

表 5-19c　第 1 级堆载土层指标（二）

土层代号	（1）	（2）	（3）	（4）	（5）	（6）	（7）	（8）	（9）
密度/（g/cm^3）	6.0	6.0	6.0	6.0	6.0	6.0	6.0	17.0	7.0
土层代号	（10）	（11）	（12）	（13）	（14）	（15）	（16）	（17）	
密度/（g/cm^3）	6.0	6.0	6.0	6.0	6.0	6.0	6.0	6.0	

表 5-20a　第 2 级堆载验算结果

总加载厚度/m	本级加载厚度/m	加载开工时已沉降量/m	安全系数		半径/m	
			不计土工布	计土工布	不计土工布	计土工布
3.7	1.8	1.42	2.668	2.949	5.998	8.012

表 5-20b　第 2 级堆载土层指标（一）

土层代号	1	2	3	4	5	6	7	8	9
十字板强度/kPa	4.7	12.6	16.7	18.9	16.0	17.9	14.3	21.9	0
土层代号	10	11	12	13	14	15	16	17	18
十字板强度/kPa	50	24.3	29.7	32.1	33.2	29.6	30.9	27.0	34.2

表 5-20c　第 2 级堆载土层指标（二）

土层代号	（1）	（2）	（3）	（4）	（5）	（6）	（7）	（8）	（9）
密度/（g/cm^3）	6.0	6.0	6.0	6.0	6.0	6.0	6.0	17.0	7.0
土层代号	（10）	（11）	（12）	（13）	（14）	（15）	（16）	（17）	
密度/（g/cm^3）	6.0	6.0	6.0	6.0	6.0	6.0	6.0	6.0	

表 5-21a　第 3 级堆载验算结果

总加载厚度/m	本级加载厚度/m	加载开工时已沉降量/m	安全系数		半径/m	
			不计土工布	计土工布	不计土工布	计土工布
4.7	1.0	1.64	2.244	2.286	14.88	7.452

表 5-21b　第 3 级堆载土层指标（一）

土层代号	1	2	3	4	5	6	7	8	9
十字板强度/kPa	4.7	12.6	16.7	18.9	16.0	17.9	14.3	21.9	0
土层代号	10	11	12	13	14	15	16	17	18
十字板强度/kPa	50	28.3	33.3	35.3	36.2	32.4	33.6	29.6	36.7

表 5-21c　第 3 级堆载土层指标（二）

土层代号	（1）	（2）	（3）	（4）	（5）	（6）	（7）	（8）	（9）
密度/（g/cm^3）	6.0	6.0	6.0	6.0	6.0	6.0	6.0	17.0	7.0
土层代号	（10）	（11）	（12）	（13）	（14）	（15）	（16）	（17）	
密度/（g/cm^3）	6.0	6.0	6.0	6.0	6.0	6.0	6.0	6.0	

表 5-22a　第 4 级堆载验算结果

总加载厚度/m	本级加载厚度/m	加载开工时已沉降量/m	安全系数		半径/m	
			不计土工布	计土工布	不计土工布	计土工布
5.2	0.5	1.90	2.404	2.485	17.22	16.69

表 5-22b　第 4 级堆载土层指标（一）

土层代号	1	2	3	4	5	6	7	8	9
十字板强度/kPa	4.7	12.6	16.7	18.9	16.0	17.9	14.3	21.9	0
土层代号	10	11	12	13	14	15	16	17	18
十字板强度/kPa	50	33.2	37.5	39.1	39.7	35.7	36.8	32.7	39.7

表 5-22c　第 4 级堆载土层指标（二）

土层代号	（1）	（2）	（3）	（4）	（5）	（6）	（7）	（8）	（9）
密度/（g/cm^3）	6.0	6.0	6.0	6.0	6.0	6.0	6.0	17.0	7.0
土层代号	（10）	（11）	（12）	（13）	（14）	（15）	（16）	（17）	
密度/（g/cm^3）	6.0	6.0	6.0	6.0	6.0	6.0	6.0	6.0	

表 5-23a　第 5 级堆载验算结果

总加载厚度/m	本级加载厚度/m	加载开工时已沉降量/m	安全系数		半径/m	
			不计土工布	计土工布	不计土工布	计土工布
5.7	0.5	2.24	2.497	2.575	13.31	10.87

表 5-23b　第 5 级堆载土层指标（一）

土层代号	1	2	3	4	5	6	7	8	9
十字板强度/kPa	4.7	12.6	16.7	18.9	16.0	17.9	14.3	21.9	0
土层代号	10	11	12	13	14	15	16	17	18
十字板强度/kPa	50	40.9	44.2	45.1	45.3	41.0	41.9	37.6	44.5

表 5-23c　第 5 级堆载土层指标（二）

土层代号	(1)	(2)	(3)	(4)	(5)	(6)	(7)	(8)	(9)
密度/(g/cm^3)	6.0	6.0	6.0	6.0	6.0	6.0	6.0	17.0	7.0
土层代号	(10)	(11)	(12)	(13)	(14)	(15)	(16)	(17)	—
密度/(g/cm^3)	6.0	6.0	6.0	6.0	6.0	6.0	6.0	6.0	—

3. 沉降速率、孔隙水压力消散及深层侧向位移分析

(1) 沉降速率分析

取加固区所有沉降点（共 12 个点）进行统计，并按荷载级别分别统计出在各荷载时段出现的最大沉降速率及平均沉降速率，总结出加载时安全的沉降速率指标。将每一级沉降速率观测数据列于表 5-24 中。

表 5-24　沉降速率观测数据

阶段	真空荷载/kPa	堆载荷载/kPa	持续时间/d	最大沉降速率/(mm/d)	平均沉降速率/(mm/d)	平均沉降量/mm
砂装砂井施工（开始日期：7 月 19 日；结束日期：9 月 8 日）	0	11.9	52	21.0	4.7	243.8
砂垫层荷载联合真空（开始日期：9 月 15 日；结束日期：10 月 14 日）	80	11.9	30	72.0	23.7	710.1
第 1 级堆载联合真空（开始日期：10 月 15 日；结束日期：11 月 12 日）	80	32.3	29	70.0	15.3	444.9
第 2 级堆载联合真空（开始日期：11 月 13 日；结束日期：11 月 24 日）	80	62.9	12	49.0	19.4	233.3
第 3 级堆载联合真空（开始日期：11 月 25 日；结束日期：12 月 9 日）	80	79.9	15	51.0	19.9	298.9

续表

阶段	真空荷载/kPa	堆载荷载/kPa	持续时间/d	最大沉降速率/（mm/d）	平均沉降速率/（mm/d）	平均沉降量/mm
第 4 级堆载联合真空（开始日期：12 月 10 日；结束日期：1 月 12 日）	80	87.1	34	42.0	12.2	413.2
第 5 级堆载联合真空（开始日期：1 月 22 日；结束日期：2 月 10 日）	80	97.1	20	12.9	5.2	103.9
第 5 级堆载无真空压力（开始日期：2 月 12 日；结束日期：3 月 2 日）	0	97.1	19	17.0	1.9	35.2
超载联合真空（开始日期：3 月 5 日；结束日期：5 月 27 日）	62	122.6	84	9.3	3.5	297.9
超载无真空压力（开始日期：6 月 1 日；结束日期：7 月 1 日）	0	122.6	31	2.2	0.9	26.6
卸去超载阶段（开始日期：7 月 2 日；结束日期：7 月 6 日）	0	97.1	5	0.4	0.3	1.3

加固过程中最大沉降速率在砂垫层荷载联合真空荷载时出现，为 72mm/d。次之为第 1 级荷载时出现的最大沉降速率为 70mm/d。可见，最大沉降速率远大于规范规定的 10mm/d。

（2）孔隙水压力消散分析

三个孔压计采用静压方法埋设的埋深分别为 5.2m、9m、15m，将施工过程中观测到的孔隙水压力进行分析。统计出各级堆载过程中出现的上一级综合孔压系数、上一级单级孔压系数、本级综合孔压系数、本级单级孔压系数。孔隙水压力消散分析见表 5-25，其中各项系数的计算公式为

上一级综合孔压系数=（孔压值-静水压）/累计到上一级总堆载　（5-11）

上一级单级孔压系数=（本级开始时刻孔压值-上一级开始时刻孔压值）/上一级堆载　（5-12）

本级综合孔压系数=（本级最大孔压值-静水压）/累计到本级总堆载　（5-13）

本级单级孔压系数=（本级最大孔压值-本级开始时刻孔压值）/本级堆载　（5-14）

表 5-25　孔隙水压力消散分析

荷载级别	深度/m	静水压力/kPa	开始值/kPa	峰值/kPa	上一级综合孔压系数	上一级单级孔压系数	本级综合孔压系数	本级单级孔压系数
1 级	5.2	46.68	20.84	22.53	−2.16	−0.74	−0.74	0.08
	9.0	90.00	47.70	52.60	−3.48	−1.13	−1.13	0.24
	15	150.20	130.00	132.30	−1.58	−0.51	−0.51	0.10
2 级	5.2		22.17	23.31	−0.76	0.06	−0.37	0.04
	9.0		46.80	59.90	−1.31	−0.04	−0.47	0.42
	15		131.30	145.90	−0.54	0.06	−0.06	0.44

续表

荷载级别	深度/m	静水压力/kPa	开始值/kPa	峰值/kPa	上一级综合孔压系数	上一级单级孔压系数	本级综合孔压系数	本级单级孔压系数
3级	5.2		24.15	24.86	−0.36	0.06	−0.27	0.04
	9.0		58.10	67.20	−0.50	0.36	−0.28	0.52
	15		145.70	155.70	−0.07	0.44	0.06	0.55
4级	5.2		23.59	22.94	−0.29	−0.03	−0.27	−0.09
	9.0		53.80	55.75	−0.44	−0.25	−0.39	0.27
	15		143.60	145.50	−0.08	−0.11	−0.05	0.25

由表5-25可知，加固过程中出现最大综合孔压系数为0.06，最大单级孔压系数为0.55。堆载开始时刻上一级最大综合孔压系数为-0.07，上一级最大单级孔压系数为0.44，均出现在第3级荷载的加载时刻，与稳定安全系数计算的结果相吻合。

通常堆载预压的极限控制指标为最大综合孔压系数为0.5，最大单级孔压系数为0.6。

（3）深层侧向位移分析

最大侧向位移为3.85mm/d，深度在16m处。因测斜仪调配问题，测量频率不够，难以得出其他结论。

5.5.3　番禺灵山互通匝道工程

1. 软土强度增长

在整个加固区范围，DL区段桥台处的堆载高度最高，观测和试验数据最为完善，所以以DL区段桥台处的加固效果为分析代表。

（1）加载时间和加载量

以DL区段的桥台处（DK0+165）作为计算断面，加载时间见表5-26。

表5-26　加载时间

日期	堆载厚度/m				堆载荷载/kPa	每级荷载/kPa	真空荷载/kPa	总荷载/kPa
	1号（右）	2号（中）	3号（左）	平均厚度				
1月9日	1.3m的砂垫层				20.8	20.8		20.8
1月29日	开始抽真空						0	20.8
2月7日	达到80kPa					80.0	80	100.8
3月7日	1.051	1.110	0.816	0.992	36.7	15.9		116.7
3月27日	2.023	1.864	2.012	1.966	52.3	15.6		132.3
4月10日	3.239	3.155	3.231	3.208	72.1	19.8		152.1
4月19日	4.434	4.415	4.710	4.520	93.1	21.0		173.1
4月26日	5.740	5.649	5.859	5.749	112.8	19.7		192.8
5月12日	7.148	7.147	7.239	7.178	135.6	22.8		215.6
7月10日	真空卸载							

注：真空度达80kPa时，堆载预压1个月后才开始记录堆载厚度，所以3月7日前无堆载厚度数据。

（2）固结度的计算

为了计算每级荷载施加时边坡的稳定性，需要计算相应时间软土的固结度。工后固结度的计算有两种方法：一种是利用固结理论计算；另一种是利用实测沉降曲线计算固结度。实测曲线计算固结度分为双曲线法和三点法，以断面DK0+165（表 5-26）为例，下面分别用这两种方法进行计算。

1）实测数据计算固结度。

① 用双曲线法计算最终沉降量和固结度。

双曲线法计算最终沉降量公式为

$$S=\frac{t_2-t_1}{\dfrac{t_2}{S_{t2}}-\dfrac{t_1}{S_{t1}}} \tag{5-15}$$

式中：S——待定的最终基础沉降量；

S_t——在时间 t（从施工期一半开始计算）时基础的实测沉降量。

DL 区段桥台处沉降标桩为 1 号、2 号和 3 号，从实测沉降量曲线选取几组数据，进行计算。

a．第一组数据见表 5-27。

表 5-27　实测沉降量曲线第一组数据

沉降标桩号	累计沉降量/m		计算最终沉降量/m	9 月 3 日固结度/%	9 月 3 日平均固结度/%
	t_1=120d	t_2=218d			
1	2.399	2.681	3.132	85.61	82.18
2	2.572	2.944	3.578	82.29	
3	2.321	2.726	3.467	78.63	

b．第二组数据见表 5-28。

表 5-28　实测沉降曲线第二组数据

沉降标桩号	累计沉降量/m		计算最终沉降量/m	9 月 3 日固结度/%	9 月 3 日平均固结度/%
	t_1=158d	t_2=218d			
1	2.660	2.681	2.738	97.92	92.47
2	2.885	2.944	3.112	94.61	
3	2.578	2.726	3.212	84.88	

② 用三点法计算最终沉降量。

三点法计算公式见式（3-1）。

从实测沉降-时间曲线上按等时段取值。

a．第一组数据见表 5-29。

表 5-29　三点法计算沉降第一组数据

沉降标桩号	累计沉降量/m			计算最终沉降量/m	9 月 3 日固结度/%	9 月 3 日平均固结度/%
	t_1=120d	t_1=169d	t_1=218d			
1	2.399	2.696	2.681	2.68	99.97	99.32
2	2.572	2.923	2.944	2.95	99.95	
3	2.321	2.622	2.726	2.78	98.03	

b．第二组数据见表 5-30。

表 5-30　三点法计算沉降第一组数据

沉降标桩号	累计沉降量/m			计算最终沉降量/m	9 月 3 日固结度/%	9 月 3 日平均固结度/%
	t_1=142d	t_1=180d	t_1=218d			
1	2.582	2.704	2.681	2.68	99.86	96.00
2						
3	2.500	2.632	2.726	2.96	92.14	

2）利用固结系数计算固结度，计算结果见表 5-31。

表 5-31　固结度计算结果

日期	1 月 29 日	2 月 7 日	3 月 7 日	3 月 27 日	4 月 10 日	4 月 19 日	4 月 26 日	5 月 12 日	9 月 3 日
固结度 U_t/%	3.02	8.82	22.20	31.06	37.35	42.18	46.66	56.52	92.71

固结度计算结果表明，实测数据计算的固结度比较分散。

（3）十字板抗剪强度的增长

由于加固前后十字板强度值很分散，为了便于统计，将抗剪强度按深度进行分段，加固后孔口标高与加固前不同，需要将加固后的孔口标高换算成加固前的孔口标高，又因地表沉降，所以实际高差还应该加上沉降量。实测十字板抗剪强度见表 5-32。

表 5-32　实测十字板抗剪强度

深度/m	原状土十字板强度平均值/kPa					
	S1		S2		S3	
	加固前	加固后	加固前	加固后	加固前	加固后
0～3.5	23.03		15.34	35.27	25.57	23.75
3.6～6.5	9.09	21.04	7.47	32.35	6.55	23.8
6.6～9.5	10.85	32.18	9.27	62.76	13.43	61.13

续表

深度/m	原状土十字板强度平均值/kPa					
	S1		S2		S3	
	加固前	加固后	加固前	加固后	加固前	加固后
9.6～12.5	21.27	41.52	20.38	56.61	29.73	23.6
12.6～15.5	29.58	24.72	22.81	49.40	27.04	23.8
15.6～18.5	23.36	20.67	24.76	27.91	17.11	18.53
18.6～21.5	25.90		22.19		20.75	
21.6m 以下						

深度/m	原状土十字板强度平均值/kPa					
	S4		S5		S6	
	加固前	加固后	加固前	加固后	加固前	加固后
0～3.5	14.16	44.16	15.22		21.49	63.10
3.6～6.5	6.55	48.18	7.30	53.16	15.45	63.96
6.6～9.5	8.27	81.96	12.83	54.88	23.11	77.93
9.6～12.5	21.19	38.50	15.85	55.99	25.25	82.84
12.6～15.5	12.25	52.6	29.90		19.39	90.94
15.6～18.5	9.53	86.75	54.12		16.70	
18.6～21.5	30.96		105.9		22.39	
21.6m 以下						

由表 5-32 可知，土体十字板抗剪强度都有不同程度的增长，增长率变化较大，大体上是上部土体抗剪强度增长多，如果按区段划分，因为 S1 属于 AB 区段，S2～S4 属于 DL 区段，S5、S6 属于 CL 区段，剔除个别最大值，则得到十字板抗剪强度平均值，见表 5-33。

表 5-33　十字板抗剪强度平均值　（单位：kPa）

区段	加固前十字板抗剪强度平均值	加固后十字板抗剪强度平均值
AB	20.44	28.03
DL	17.40	43.95
CL	21.46	67.85
综合平均	19.77	46.61

加固前十字板平均强度为 19.77kPa，加固后十字板平均强度为了 46.61kPa，十字板抗剪强度增长了 26.84kPa，工后是工前的 2.36 倍。从各项指标看，加固效果比较理想。

2. 整体稳定验算

根据前面计算的固结度，以及边坡处十字板强度、沉降量等，可以对边坡的整体稳定进行验算，稳定计算采用圆弧条分法，按下列公式计算：

$$F = \frac{\sum S_i + \sum (S_j + P_j)}{P_T} \tag{5-16}$$

式中：i、j——土条编号；

P_T——各土条在圆弧切线方向的下滑力的总和；

S_i、S_j——地基土内的和路堤内的抗剪力；

P_j——土工织物每延米宽的设计拉力（顺路线方向）。

（1）边坡稳定安全系数

第 3 级堆载～第 6 级堆载的实际堆载情况整体稳定验算见表 5-34～表 5-37。

表 5-34　第 3 级堆载的实际堆载情况整体稳定验算

总加载厚度/m	本级加载厚度/m	加载开工时已沉降量/m	安全系数		半径/m		圆心坐标	
			不计土工布	计土工布	不计土工布	计土工布	不计土工布	计土工布
3.208	1.242	1.122	1.301	1.384	16.68	16.67	(3.262，-8.631)	(3.266，-8.650)

表 5-35　第 4 级堆载的实际堆载情况整体稳定验算

总加载厚度/m	本级加载厚度/m	加载开工时已沉降量/m	安全系数		半径/m		圆心坐标	
			不计土工布	计土工布	不计土工布	计土工布	不计土工布	计土工布
4.520	1.312	1.267	1.045	1.107	15.84	15.84	(3.767，-7.839)	(3.767，-7.839)

表 5-36　第 5 级堆载实际堆载情况整体稳定验算

总加载厚度/m	本级加载厚度/m	加载开工时已沉降量/m	安全系数		半径/m		圆心坐标	
			不计土工布	计土工布	不计土工布	计土工布	不计土工布	计土工布
5.749	1.229	1.401	0.922	0.974	15.75	15.75	(3.798，-7.721)	(3.798，-7.721)

表 5-37　第 6 级堆载实际堆载情况整体稳定验算

总加载厚度/m	本级加载厚度/m	加载开工时已沉降量/m	安全系数		半径/m		圆心坐标	
			不计土工布	计土工布	不计土工布	计土工布	不计土工布	计土工布
7.178	1.429	1.697	0.786	0.889	19.95	19.95	(6.815，-19.94)	(6.815，-19.94)

边坡稳定安全系数计算结果说明以下几点。

第 3 级堆载，即总加载厚度为 3.208m 时，安全系数达到 1.3 以上，这时边坡是稳定的。

第 4 级堆载，即总加载厚度为 4.520m 时，安全系数达到 1.045，如果计算土工布的作用，安全系数是 1.107，所以边坡同样稳定。

第 5 级堆载，即总加载厚度为 5.749m 时，安全系数约等于 1，第 6 级堆载时安全系数只有 0.889，当不计土工布作用时只有 0.786，但实际上边坡并没有失稳。

（2）失稳实例

AB 匝道其中有一段临近真空预压加固区，没有进行真空处理，仅采用 1.3m×1.3m 的袋装砂井及 4 层土工布进行处理，结果在堆载过程中出现失稳（图 5-21）。失稳长度大约 80m，路堤沿纵向在 1/3 宽度处向下滑动，垂直滑动位移为 80～110cm，坡脚处隆起范围为 10～15m，隆起高度有 50～80cm 不等。

失稳边坡平面图见图 5-21。

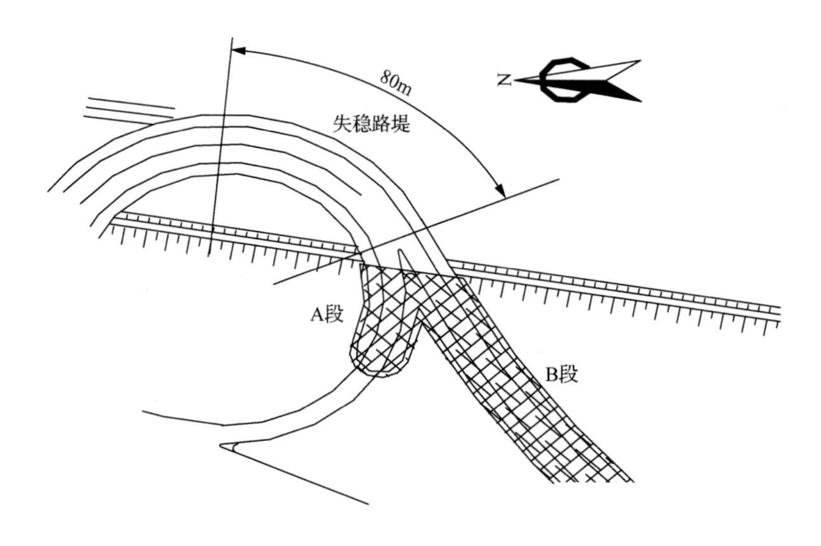

图 5-21　失稳边坡平面图

实际加载情况是：土工布共 4 层，整平场地时填砂 2m，砂垫层 0.7m，停 30d，袋装砂井打设后停 15d，堆载每级约 1.0m，加载时间 20d，间隔 10d，即每级 30d，共堆载 4 级时失稳，共堆填高度为约 6.7m，堆载-时间曲线见图 5-22。

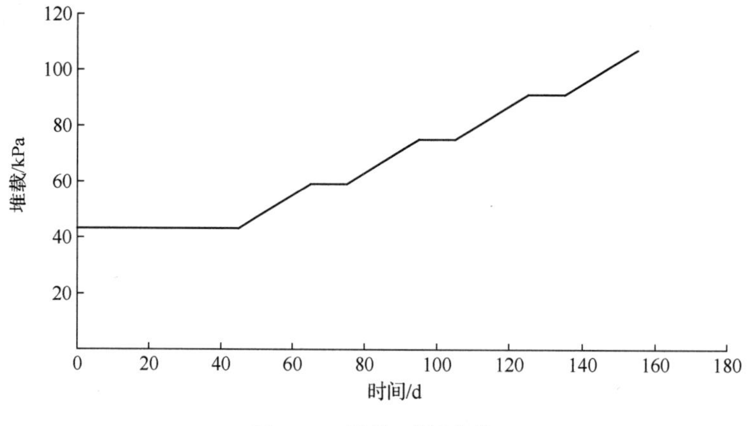

图 5-22　堆载-时间曲线

滑坡出现后，施工被迫停止。后用增加反压护道的方法进行处理，业主为此增加征地 1 600m^2，增加工程费用约 10 万元人民币，停工 3 个月。

用 AB 区段十字板强度对失稳段进行稳定验算。结果表明：考虑 4 层土工布都发挥作用时，第 4 级堆载时安全系数为 1.05，如果只考虑一层土工布时，安全系数为 0.89。可见，铺设 4 层土工布在抗滑稳定上是不能完全发挥作用的。

3. 沉降速率、分层沉降、孔隙水压力消散及深层位移分析

（1）沉降速率分析

由于是吹填加载，荷载大，沉降也大，且沉降速率在加载时和加载后一段时间内较快，以 DL 区段为例，沉降速率都比较大，在观测到的沉降速率中，最大值为 77mm/d，大大超过了规范对堆载预压的沉降速率要求，如果对各个沉降标的沉降速率进行平均，就可以得到 DL 区段沉降速率曲线（图 5-23）。

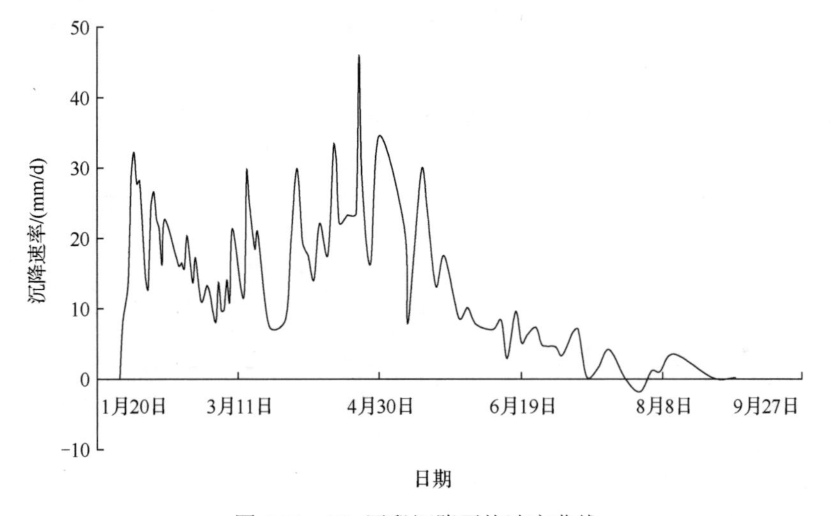

图 5-23　DL 区段沉降平均速率曲线

图 5-23 综合 DL 区段的加载时间表可知，沉降速率的平均值在开始抽真空时较大，随后减小，至 3 月 7 日开始堆填，沉降速率上升，在 4 月 26 日前堆载速度最快，沉降速率也最大，堆填完成后，沉降速率下降，7 月 10 日真空卸载后，沉降速率减少较快，随后对路面进行整平，有些断面进行了开挖，致使沉降速率出现负值。

由于 DL 区段填土高度不同，桥台处（DK0+165）填土最高，该处沉降速率与加载曲线见图 5-24。

由图 5-24 可知，堆载每施加一次，沉降速率就突然增大，然后减小，与堆载的施加可以很好对应，而且随着加荷频率的增加，沉降速率最大值也一直增加。

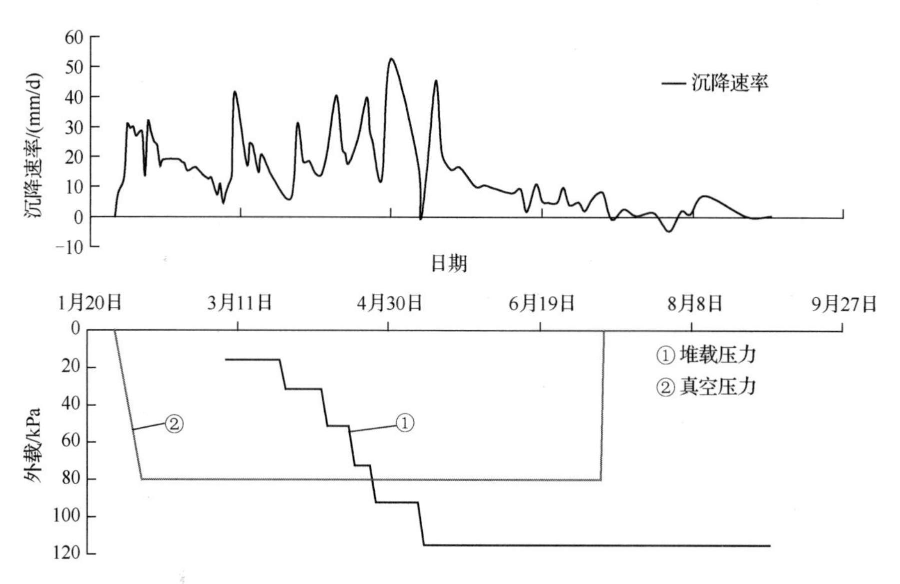

图 5-24　沉降速率与加载曲线

每一级加载的最大沉降速率见表 5-38。

表 5-38　最大沉降速率

堆载级别	真空荷载/kPa	堆载/kPa	最大沉降速率/（mm/d）
第 1 级（开始时间：3 月 7 日）	80	15.9	77
第 2 级（开始时间：3 月 27 日）		31.5	48
第 3 级（开始时间：4 月 10 日）		51.3	74
第 4 级（开始时间：4 月 19 日）		72.3	75
第 5 级（开始时间：4 月 26 日）		92.0	55
第 6 级（开始时间：5 月 12 日）		114.8	56

综上所述，沉降速率最大值达到了 7.7mm/d，而路堤仍然安全。

（2）分层沉降分析

由于施工期遭到破坏，分层沉降标最后只有两个有效，孔号为 f1 和 f4，其中 f1 位于 DL 区，f4 位于 CL 区。从观测资料来看，深度越深，土层压缩量越小，符合附加应力在土中传递的规律，DL 区段由于含有夹砂层，各土层的固结度并不统一，土层压缩量有一些变化，但总体来说符合一般规律。各孔分层沉降和各层压缩量见表 5-39、表 5-40、图 5-25 和图 5-26。

表 5-39　F1 孔分层沉降各层压缩量

深度/m	F1 孔分层沉降各层压缩量/m										
	1999 年 1 月 28 日	1999 年 4 月 23 日	1999 年 5 月 2 日	1999 年 5 月 15 日	1999 年 5 月 23 日	1999 年 6 月 11 日	1999 年 6 月 17 日	1999 年 6 月 25 日	1999 年 7 月 7 日	1999 年 7 月 23 日	1999 年 8 月 4 日
0～4	0.000	0.300	0.370	0.414	0.443	0.491	0.509	0.522	0.548	0.549	0.551
4～6	0.000	0.225	0.245	0.279	0.300	0.316	0.320	0.322	0.328	0.329	0.330
6～8	0.000	0.370	0.399	0.436	0.455	0.482	0.489	0.496	0.497	0.498	0.499
8～10	0.000	0.061	0.105	0.144	0.160	0.185	0.189	0.196	0.202	0.213	0.220
10～12	0.000	0.286	0.308	0.338	0.355	0.363	0.365	0.367	0.368	0.374	0.380
12～14	0.000	0.214	0.214	0.264	0.268	0.277	0.279	0.281	0.285	0.276	0.276
14m 以下	0.000	0.367	0.453	0.505	0.541	0.600	0.622	0.639	0.670	0.671	0.673

表 5-40　F4 孔分层沉降各层压缩量

深度/m	F4 孔分层沉降各层压缩量/m										
	1999 年 4 月 12 日	1999 年 4 月 23 日	1999 年 5 月 2 日	1999 年 5 月 15 日	1999 年 5 月 23 日	1999 年 6 月 11 日	1999 年 6 月 17 日	1999 年 6 月 25 日	1999 年 7 月 7 日	1999 年 7 月 23 日	1999 年 8 月 4 日
0.9～3.9	0.358	0.404	0.514	0.639	0.681	0.713	0.717	0.722	0.730	0.741	0.749
3.9～6.9	0.005	0.003	0.009	0.100	0.164	0.210	0.219	0.231	0.246	0.259	0.267
6.9～9.9	0.001	0.007	0.006	0.010	0.032	0.085	0.096	0.108	0.126	0.147	0.150
9.9～12.9	0.011	0.015	0.015	0.020	0.027	0.052	0.058	0.066	0.078	0.094	0.106
12.9～15.9	0.000	0.003	0.005	0.008	0.009	0.011	0.014	0.018	0.024	0.032	0.038
0.9～15.9	0.375	0.432	0.549	0.777	0.913	1.071	1.104	1.145	1.204	1.273	1.310
15.9m 以下	0.001	0.091	0.200	0.274	0.351	0.417	0.401	0.419	0.414	0.404	0.407

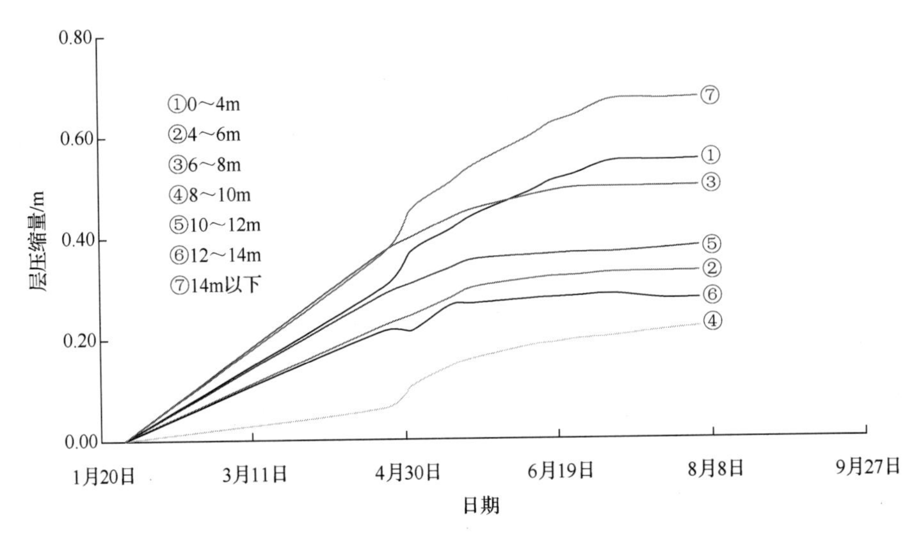

图 5-25　D 区分层沉降孔各土层压缩量

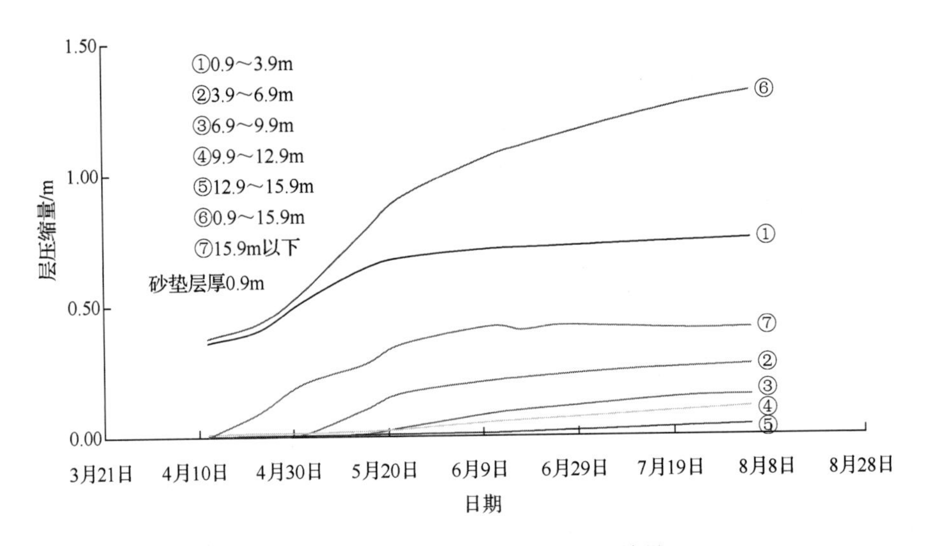

图 5-26　C 区分层沉降孔各土层压缩量

根据表 5-39 和表 5-40 中最后观测的数据，做出各层压缩量的百分比柱状图（图 5-27 和图 5-28）。

由于 F1（DL 区段）有很厚的回填砂，致使 0～4m 深度压缩量偏小。

由图 5-27 和图 5-28 可知，深度越浅，土层压缩量就越大，深度小于 15m 的土层压缩量达到总压缩量的 70%以上，15m 以下的土层压缩量接近 30%，也是不能忽视的。

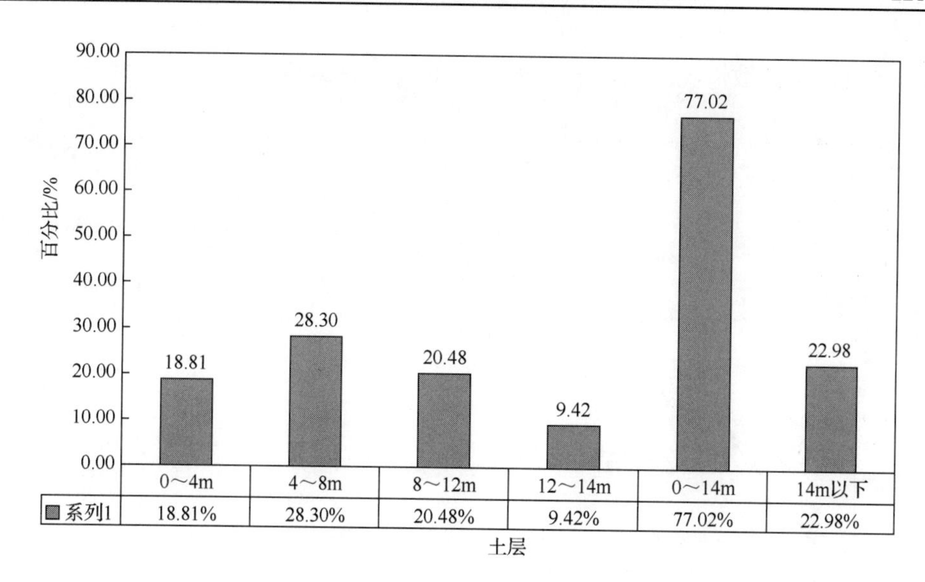

图 5-27　F1 孔分层沉降各层压缩百分比柱状图

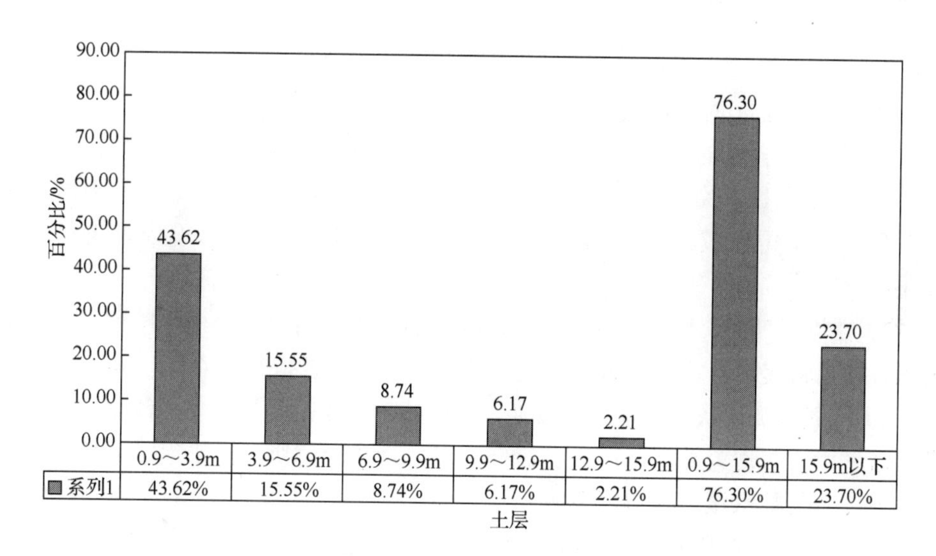

图 5-28　F4 孔分层沉降各层压缩量百分比柱状图

（3）孔隙水压力消散分析

孔隙水压力测点共有 5 个，其中 1 号位于 AB 区段，2 号位于 DL 区段，其余位于 CL 区段。但 1 号孔由于施工的影响，完全遭到破坏，所以没有 AB 区段的孔压数据。位于 DL 区段的孔隙水压力数值，由于 DL 区段堆载高度和观测数值都具有代表性，本例具体分析 2 号孔隙水压力数值。

2 号孔隙水压力测点位于 DK0+165 段，共设有 9 个测头，埋设深度 3～25m，因为砂井打设深度为 20m，超过该深度的孔隙水压力测头，主要是测量加固深度以下的孔隙水消散情况。孔隙水压力-时间曲线见图 5-29。

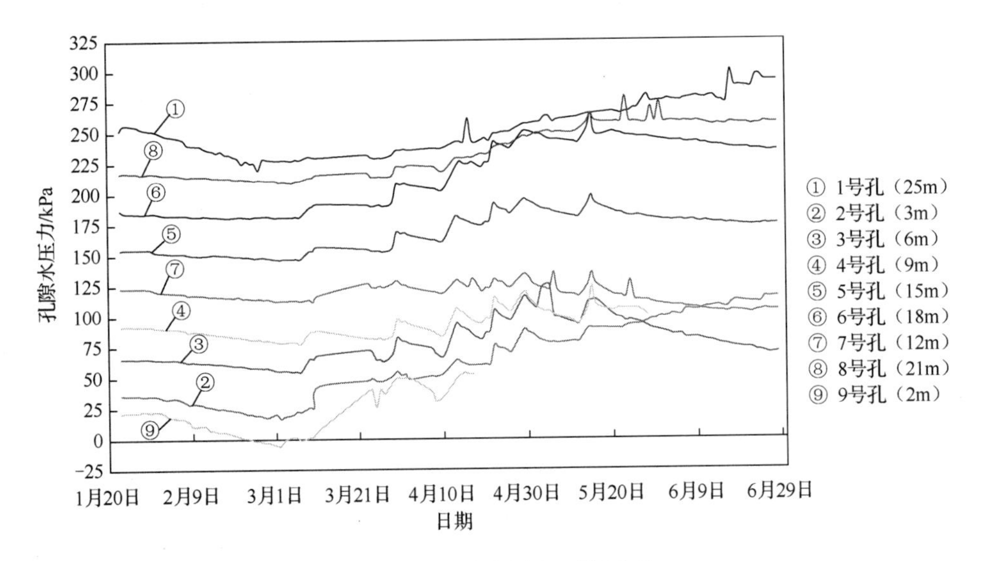

图 5-29　孔隙水压力-时间曲线

从孔隙水压力-时间曲线图分析可得到下列几点。

1）各探头孔压的稳定初始值基本为地下水位的水头值。

2）孔压在抽真空一开始，就全部下降，而其中地面以下 12m 范围内的探头孔压值下降得比较快，曲线比较陡，说明真空预压在 12m 深度内都有很好的效果。

3）在堆载期间，每加一级荷载，各探头的孔压值均出现一个孔压突然增大的过程，随后慢慢消散，但消散过程比常规的堆载预压要快很多。

4）堆载施加过快，特别是在后期，两级荷载之间间隔期较短，使得孔隙水压力显著增大，表现为孔隙水压力曲线向上扬，后来经过协调，推迟了最后一期的加载速度，孔隙水压力才得以下降。

5）孔隙水压力数值的变化与堆载施加和深度密切相关，深度较浅时，孔压变化较明显。

6）由于竖向排水体打设深度为 20m，深度超过 20m 时不能较快地消散堆载预压引起的超孔隙水压力，表现在孔压数值上就是一直向上扬。

为了说明孔压变化与真空联合堆载预压的密切关系，以深度 6m 的孔隙水压力和该断面外载为例作图，见图 5-30。

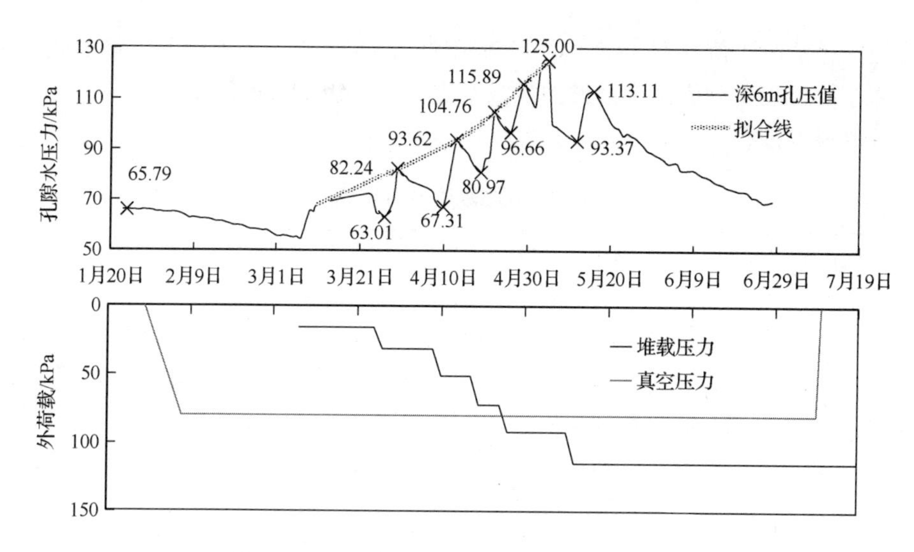

图 5-30　W2 号孔 3 号（6m）孔隙水压力曲线

从试抽真空开始，孔隙水压力就一直下降，3 月 7 日第一次堆填加载，使得孔压上升，以后孔压值随加载的变化而变化，但是由于其他施工单位追求速度，堆填间隔期越来越短，孔隙水不能及时消散，如果把孔隙水压力曲线各加载时段的峰值连接起来，可以看出是一条明显上扬的曲线（图 5-30 中拟合线），后来经过协商，最后一级加载时间往后推迟了几天，孔隙水压力数值明显下降。每级荷载下孔隙水压力增长数据整理见表 5-41。

表 5-41　孔隙水压力计算

堆载级别	堆载/kPa	本级堆载/kPa	开始时间	初始孔压/kPa	最大孔压/kPa	孔压升高值/kPa	孔压消散值/kPa	升高比值/%	单级孔压系数/%	间隔时间/d
第 1 级	15.9	15.9	3 月 7 日							
第 2 级	31.5	15.6	3 月 27 日	63.01	82.24	19.23	14.93	123.27	4.29	20
第 3 级	51.3	19.8	4 月 10 日	67.31	93.62	26.31	12.65	132.88	36.11	14
第 4 级	72.3	21.0	4 月 19 日	80.97	104.76	23.79	8.1	113.29	61.43	9
第 5 级	92.0	19.7	4 月 26 日	96.66	125.00	28.34	31.63	143.86	39.44	7
第 6 级	114.8	22.8	5 月 12 日	93.37	113.11	19.74		86.58		16

注：1．初始孔压为本级堆载时的孔隙水压力值；
2．最大孔压为本级堆载过程中出现的最大孔隙水压力值，都出现在本级加载刚结束时；
3．孔压升高值为本级最大孔压减去本级初始孔压；
4．孔压消散值为本级最大孔压减去下级初始孔压；
5．升高比值为孔压升高值除以本级堆载；
6．单级孔压系数为本级未消散孔压除以本级堆载。

表 5-41 中升高比值大于 100%，是因为吹填施工有很大的水荷载，当水流掉后，孔隙水压力数值很快下降。消散比值反映下一级荷载施加时土体的固结情况，

堆载最快时消散比值只有 38.57%，当考虑吹填时水的因素，消散比值将很低，说明土体在前一级荷载固结度很低的情况下进行下一级堆载的施工，而这时孔隙水压力数值根本没有多大的下降。孔隙水压力消散情况见表 5-42。

表 5-42　孔隙水压力消散情况

堆载级别	堆载/kPa	静水压/kPa	本级初始孔压/kPa	本级最大孔压/kPa	ΔU_0/kPa	ΔU_{max}/kPa	$\Delta U_0/\Delta p$/%	$\Delta U_{max}/\Delta p$/%
第 1 级	15.9	65.79						
第 2 级	31.5		63.01	82.24	−2.78	16.45	−8.83	52.22
第 3 级	51.3		67.31	93.62	1.52	27.83	2.96	54.25
第 4 级	72.3		80.97	104.76	15.18	38.97	21.00	53.90
第 5 级	92.0		96.66	125.00	30.87	59.21	33.55	64.36
第 6 级	114.8		93.37	113.11	27.58	47.32	24.02	41.22

注：1．ΔU_0 为本级初始孔压减静水压；

2．ΔU_{max} 为本级最大孔压减静水压；

3．Δp 为本级累计堆载。

表 5-42 中的数据显示，当孔压升高值与堆载的比值达到 64.36%时，路堤仍然安全，从孔隙水压力数值上对堆载速度的控制，对将来类似的工程有一定的指导意义。

（4）深层位移资料分析

本工程埋设了 7 个水平位移观测孔（测斜孔），深度按照设计为 30m，实际上由于地质条件不同，埋设深度也不同，1 号孔的埋设深度是 27m，2 号和 4 号的埋设深度是 30m，3 号和 5 号的埋设深度是 28m，6 号和 7 号的埋设深度是 19m。由测斜观测数据可以得出位移量与深度和时间的关系曲线，由水平位移-深度-时间关系曲线可知，土体位移情况并不相同，地表以下 4～6m 内向外位移较大，而管口处则向内位移。这可以在现场由肉眼看到测斜管明显地向场内倾斜的现象得到旁证。

AB 区段：1 号测斜孔设在 AB 区段路堤的斜坡上，从测量数据可知，深度 6m 处向外位移最大，最大值是 123.14mm，管口附近的位移开始是向内收缩的，后来由于推土机施工，外力使测斜管向外倾斜，管口附近的位移数据不能反映土体的真实情况。以深度 6m 的位移数值为例，施工中期由于堆填速度加快，位移值也很快增加，堆载施加完成后，真空压力又使土体向内收缩。

CL 区段：6 号和 7 号测斜管埋设在靠近河堤处，由于该路段有一段距离紧靠河堤，担心填土使边坡失稳，原设计方案是打桩做挡土墙，但费用较高，用真空联合堆载预压作替代方案，费用低廉，但主要问题是要确保河堤的安全。由于路堤填土高度不是很高，经过计算表明此方案是可靠的。实践证明，真空预压可以提高边坡的稳定性，由于附加的堆载不是很大，边坡处的土体位移都是向内的，只有在深度 6m 以下的土体位移向外，且位移值很小，不会对边坡稳定产生任何影响，而在深度 6m 以上的土体都向内收缩，位移值也比较大，施工现场也多处出现了土体地表向场内收缩被拉裂的现象。

DL 区段：2 号～5 号测斜管都设在 DL 区段，为了反映真空联合堆载预压对周围土体的影响，各个测斜管依次以 5m 间距向外埋设，其中 2 号测斜管设在边坡上，埋设情况见图 5-31。

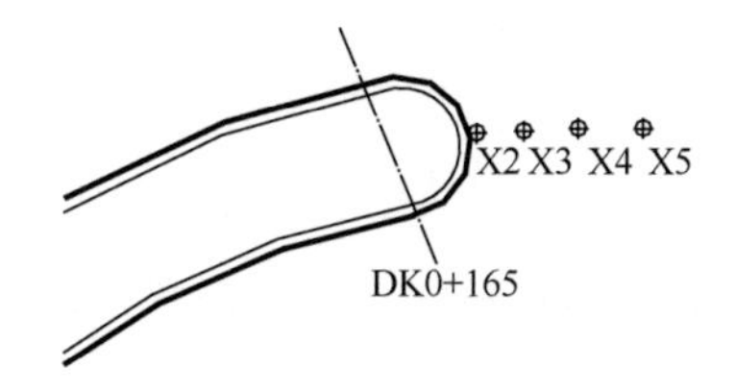

图 5-31　DL 区段测斜管埋设图

以 2 号测斜管观测的几组数据作图，见图 5-32。

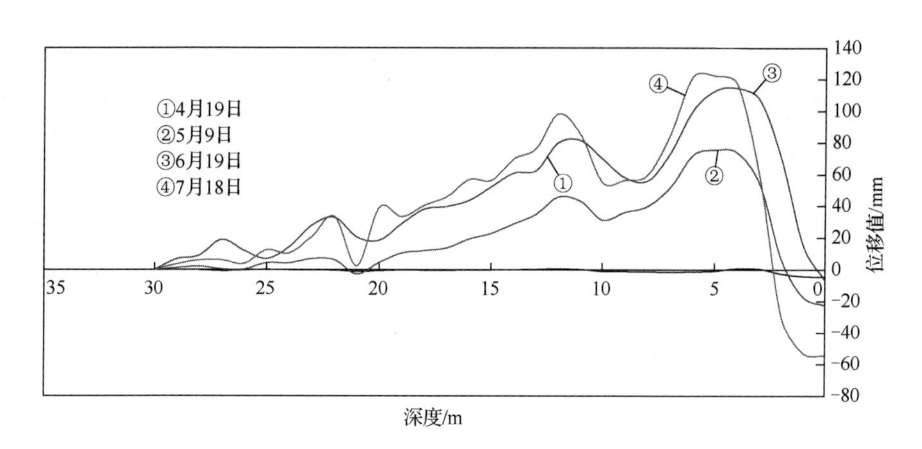

图 5-32　2 号测斜管观测图

由图 5-32 可知，地面处侧向位移为负值，深度 5m 处的侧向位移最大，在观测深度范围内，侧向位移随时间递增，说明堆载效果大于真空预压的效果，以深度 5m 作位移图，见图 5-33。

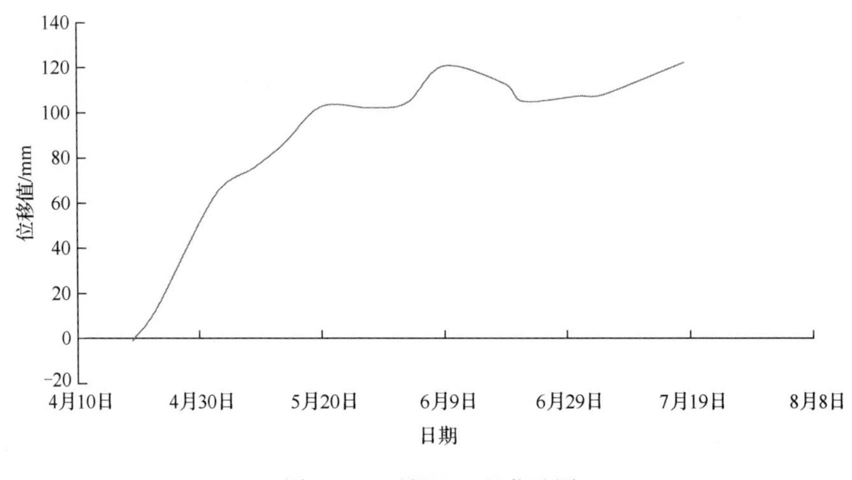

图 5-33　2 号深 5m 处位移图

位移图显示位移量随时间的增加而增大，同样说明堆载引起的侧向位移要大于真空收缩的位移量。

为了比较各孔侧向位移的大小，选取三个时间作分析对比（图 5-34～图 5-36）。

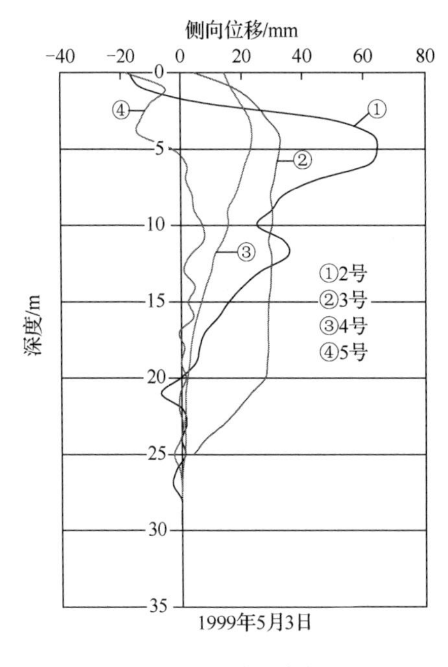

图 5-34　一次侧向位移

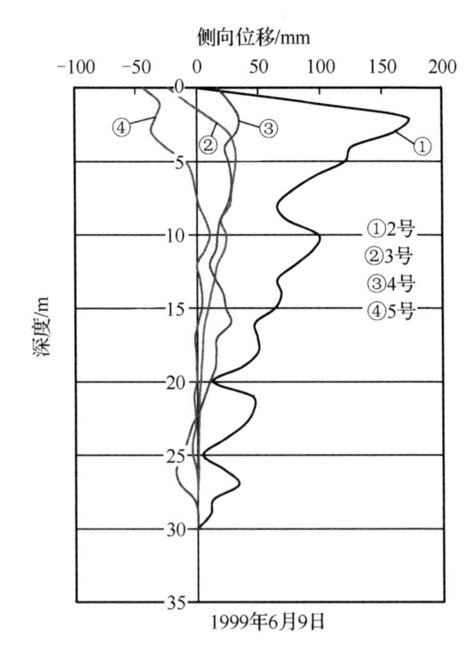

图 5-35　二次侧向位移

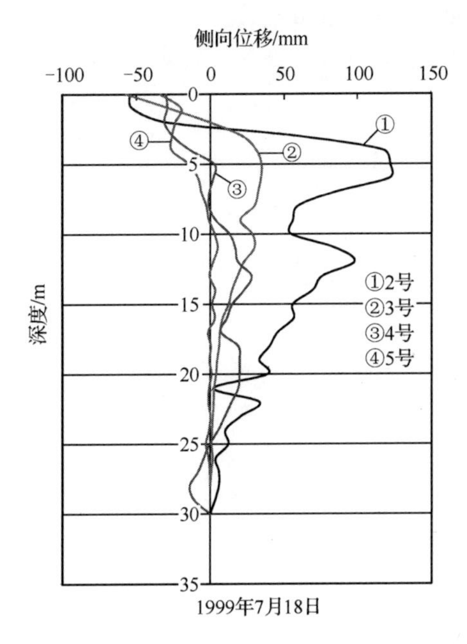

图 5-36　三次侧向位移

由图 5-34～图 5-36 可知，2 号测斜孔侧向位移最大，依次为 3 号～5 号测斜孔，说明侧向位移与距离加固区的远近有关，距离越小，侧向位移越大，符合附加应力在土体中传递的理论，其中 5 号孔的侧向位移值很小，最大位移量为 5.14mm，深度在 11m 处，其余深度处侧向位移值有正有负，所以可以认为该处基本上没有侧向位移。

2 号测斜孔在深度 6m 和 12m 处侧向位移最大，选取该深度，比较各测斜管在各个时间的侧向位移量，见表 5-43。

表 5-43　侧向位移量　　（单位：m）

时间	侧向位移量							
	测斜管编号（深度 6m）				测斜管编号（深度 12m）			
	2 号	3 号	4 号	5 号	2 号	3 号	4 号	5 号
5 月 3 日	61.88	21.00	31.56	1.86	35.16	10.88	29.82	2.82
5 月 20 日	100.54	29.34	30.31	−0.82	63.90	16.60	13.28	1.76
6 月 9 日	96.22	30.30	27.94	−3.68	80.46	16.64	10.30	0.00
7 月 1 日	106.60	29.52	8.62	−7.36	84.58	17.82	15.96	−0.02
7 月 18 日	121.86	34.46	2.04	−8.28	98.30	22.96	19.00	2.04

由表 5-43 作图，见图 5-37 和图 5-38。

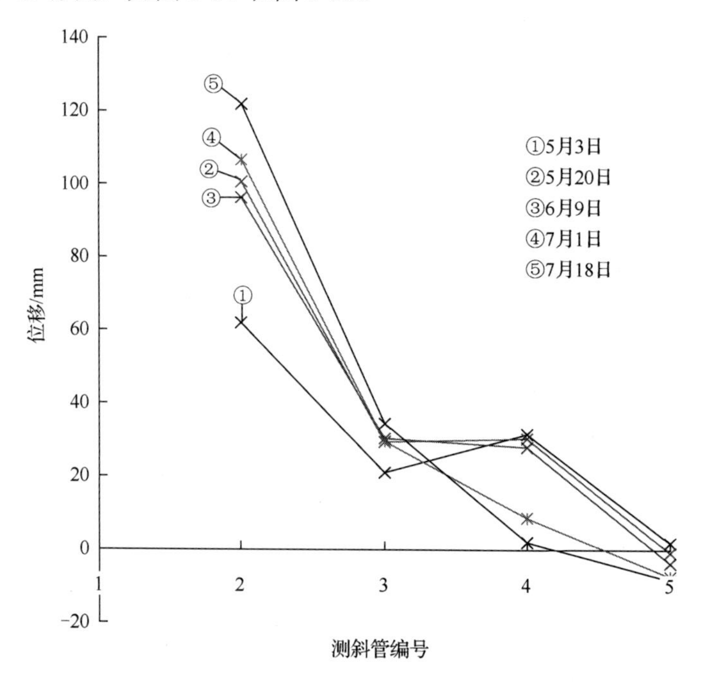

图 5-37　侧向位移图（深度 6m）

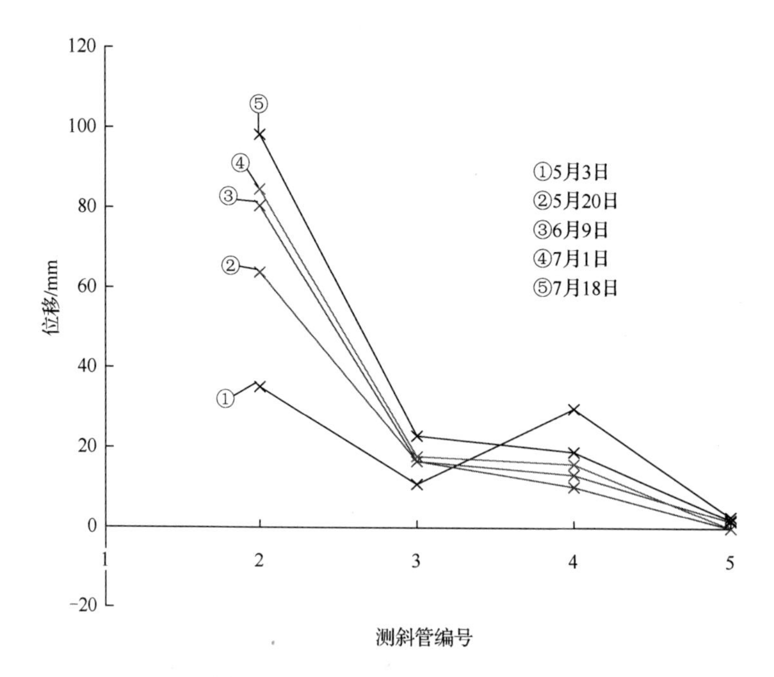

图 5-38　侧向位移图（深度 12m）

图 5-37 和图 5-38 都反映了同样的情况，具体表现在以下几个方面。

1）在同一时间，2 号位移量最大，依次为 3 号～5 号，即越靠近路堤侧向位移越大。

2）2 号位移量相对于其他孔位的位移量要大很多，3 号～5 号的位移量虽然大小不同，但相差不大，且位移量都较小，说明真空联合堆载对距离 5m 以外的影响较小。

3）坡脚处的 2 号孔位移量随时间的增加而增加，水平位移速率递减。

4）离坡脚处 5m 远的 3 号孔位移数值也是增加的，但增长不大，特别在堆载施加完以后，位移量增长很小，可以认为这时堆载与真空压力在离加固区 5m 远的地方对土体水平位移的效果相互抵消。

5）离坡脚处 10m 远的 4 号孔位移量在初期增加到一定数值后，就一直随时间而下降，这时真空压力的效果要大于堆载的效果。

6）离坡脚处 15m 远的 5 号孔位移量也是随时间的增加而下降，但位移量都很小，接近零。

在一段时间内，侧向位移最大值对边坡稳定起控制作用，各个测斜孔的位移最大值见表 5-44。

表 5-44　侧向位移最大值

<table>
<tr><th rowspan="2">观测时间</th><th rowspan="2">间隔时间/d</th><th colspan="3">最大位移值/mm</th><th colspan="3">对应深度/m</th></tr>
<tr><th>2 号</th><th>3 号</th><th>4 号</th><th>2 号</th><th>3 号</th><th>4 号</th></tr>
<tr><td>4 月 19 日～4 月 23 日</td><td>4</td><td>14.80</td><td>13.60</td><td rowspan="2">34.40</td><td>3</td><td>3</td><td rowspan="2">4</td></tr>
<tr><td>4 月 23 日～5 月 3 日</td><td>10</td><td>55.10</td><td>10.76</td><td>6</td><td>4</td></tr>
<tr><td>5 月 3 日～5 月 9 日</td><td>6</td><td>11.12</td><td rowspan="2">3.84</td><td rowspan="2">-9.56</td><td>4</td><td rowspan="2">10</td><td rowspan="2">14</td></tr>
<tr><td>5 月 9 日～5 月 14 日</td><td>5</td><td>11.78</td><td>4</td></tr>
<tr><td>5 月 14 日～5 月 20 日</td><td>6</td><td>18.36</td><td>6.48</td><td rowspan="2">-3.36</td><td>4</td><td>4</td><td rowspan="2">13</td></tr>
<tr><td>5 月 20 日～5 月 28 日</td><td>8</td><td>4.20</td><td>0.06</td><td>12</td><td>6</td></tr>
<tr><td>5 月 28 日～6 月 3 日</td><td>6</td><td>4.14</td><td>0.96</td><td>-0.92</td><td>12</td><td>6</td><td>14</td></tr>
<tr><td>6 月 3 日～6 月 9 日</td><td>6</td><td>57.72</td><td>0.12</td><td>33.80</td><td>10</td><td>11</td><td>1</td></tr>
<tr><td>6 月 9 日～6 月 19 日</td><td>10</td><td>4.03</td><td>0.74</td><td>2.83</td><td>6</td><td>11</td><td>12</td></tr>
<tr><td>6 月 19 日～6 月 22 日</td><td>3</td><td>4.03</td><td rowspan="2">0.74</td><td rowspan="2">2.83</td><td>6</td><td rowspan="2">11</td><td rowspan="2">12</td></tr>
<tr><td>6 月 22 日～7 月 1 日</td><td>9</td><td>5.26</td><td>20</td></tr>
<tr><td>7 月 1 日～7 月 5 日</td><td>4</td><td>2.70</td><td>0.64</td><td>1.98</td><td>20</td><td>11</td><td>11</td></tr>
<tr><td>7 月 5 日～7 月 18 日</td><td>13</td><td>14.54</td><td>4.90</td><td>2.30</td><td>6</td><td>10</td><td>11</td></tr>
</table>

由表 5-44 可知，3 号和 4 号孔在 5 月 20 日堆载施加完以后就基本上没有侧向位移了，且位移速率最大的深度都比较深，在这之上的深度基本上是向里收缩的。

对施工进度起控制作用的是 2 号测斜管，最大位移处是深度 4～6m，在整个加载其间，最大侧向位移速率出现在 6 月 3 日～9 日，间隔时间是 6d，而位移量为 57.72mm。

5.5.4 真空联合堆载预压作用下的路堤填筑稳定控制指标

一般规范要求，路堤填筑时的稳定控制标准为：路堤中心线地面沉降速率每昼夜不大于 1.0cm；坡脚水平位移速率每昼夜不大于 0.5cm，其填筑速率应以水平位移控制为主。有关路线实际采用的稳定控制标准见表 5-45。

表 5-45　有关路线实际采用的稳定控制标准　（单位：cm）

路线名称	垂直沉降量	水平位移	路线名称	垂直沉降量	水平位移
京津塘高速公路	1.0	0.5	深汕高速公路	1.3～1.5	0.6～1.5
杭甬高速公路	≤1.0	≤0.5	泉夏高速公路	1.0	0.2
佛开高速公路	＜1.0	＜0.5			

由具体实施的真空联合堆载预压处理软基路段的上述两个工程实践来看，中山新隆中桥过渡段工程路堤高 5～6m，填土厚度达到 7～8m（包括沉降），路堤填筑时间为近 3 个月，比常规施工快 3～4 个月，而且安全稳定性有很大的富余（最小安全系数为 2.44），灵山互通匝道路堤最高达 6.3m，填土厚度达 9.3m，路堤填筑时间为 50d，比常规堆载施工缩短 5～6 个月，边坡并未失稳，但稳定安全系数计算值小于 1。实测各类指标最大值见表 5-46。

表 5-46　实测各类指标最大值

项目	最大沉降速率/（mm/d）	最大水平位移/（mm/d）	最大综合孔压系数	最大单级孔压系数
中山新隆中桥过渡段	72	3.85	0.06	0.55
灵山互通匝道	77	9.62	0.64	0.61
一般规定	≤10	≤5	0.5	0.6

由表 5-46 可见，两个项目的实测最大沉降速率均大大突破了规范的要求。中山新隆中桥过渡段最大水平位移、最大综合孔压都远低于规范要求，说明孔隙水消散速度比常规堆载要快很多。而灵山互通匝道工程，由于堆载速度过快，最快时间间隔只有 7d，稳定安全性大大降低，观测到的最大水平位移、最大综合孔压、最大单级孔压系数都高于相关要求，但路堤并未失稳。

综合这些情况，提出以下一般的真空联合堆载预压处理高速公路软基路段的路堤稳定控制标准，供类似工程参考。

最大沉降速率：≤70mm/d。

最大水平位移：向外≤5mm/d，向内不做要求。

最大综合孔压系数：≤0.5。

最大单级孔压系数：≤0.6。

5.6　工后沉降量估算

5.6.1　工后沉降量估算方法

用理论公式计算或利用实测沉降曲线推算最终沉降量，然后减去已完成的沉降量，即为工后沉降量。所以，工后沉降量估算有采用土工指标进行计算和根据现有沉降量观测数据进行拟合推求两种方法。通常是：在施工前采用掌握的土工指标进行计算；在施工后期采用根据现有沉降量观测数据进行拟合推求，但前者往往有较大的误差。

最终沉降量的计算方法采用现有观测数据进行估算，估算方法通常有三点法及双曲线法两种方法，根据以往工程经验，双曲线法误差较小，在此两种方法都采用。其计算见公式（3-1）和 5.5.3 小节。

5.6.2　中山新隆中桥前后过渡段工后沉降量估算

该工程路段在 1999 年 12 月 6 日正式通车，通过采用三点法及双曲线法计算工后沉降量，工后沉降量计算如表 5-47 和表 5-48 所示。

表 5-47　三点法工后沉降量计算　（单位：mm）

内容	平均数值	桥头数值
S_1	2 861.7	2 314.7
S_2	2 892.2	2 343.8
S_3	2 918.2	2 368.5
S_∞	3 068.4	2 507.2
1999 年 12 月 6 日工后沉降量	2 867.9	2 320.3
工后沉降量	200.5	187.6

注：S_1为 1999 年 11 月 18 日的工后沉降量；S_2为 2000 年 2 月 23 日的工后沉降量；S_3为 2000 年 5 月 31 日的工后沉降量；通车后的 S_∞与刚通车时的后沉降量进行比较，得出前后过渡段工后沉降量。下同。

表 5-48　双曲线法工后沉降量计算

内容	平均数值	桥头数值
t_1/d	290	290
t_2/d	471	471
S_1/mm	2 861.7	2 314.7

续表

内容	平均数值	桥头数值
S_2/mm	2 918.2	2 368.5
S_∞/mm	3 013.5	2 460.1
1999 年 12 月 6 日沉降量/mm	2 867.9	2 320.3
工后沉降量/mm	145.7	139.8

注：t_1为 1999 年 11 月 18 日；t_2为 2000 年 5 月 31 日。

5.6.3 番禺灵山互通匝道工后沉降量估算

灵山互通匝道工程不处于主线上，业主进行真空联合堆载预压的主要目的是解决快速堆填路堤的稳定问题，业主在路堤全部堆填好预压 1～2 个月以后，就要求我们卸除真空负压，因此没有进行充分的预压；加上匝道路面较窄（只有 8m），观测仪器被其他施工干扰破坏的机会很大，也无法进行满载后的沉降及其他方面的观测，同时也无法得到一段较长且平缓的沉降-时间曲线，这也是用三点法和双曲线法计算的固结度比较离散的主要原因。进行该段的工后沉降的预测只能用固结系数进行理论计算，得到的固结度与已经实测到的沉降数据进行反算最终沉降量，减去已完成的沉降量，即为预测的工后沉降量。对应于 1999 年 9 月 3 日的固结度的理论计算值为 92.71%，桥台处实测沉降量平均值为 2.784m，路堤中间断面 DK0+125 处实测沉降量平均值为 2.569m。灵山工后沉降量结算见表 5-49。

表 5-49 灵山工后沉降量结算

项目	实测沉降量/m（9 月 3 日）	相应固结度/%	计算最终沉降量/m	工后沉降量/mm
桥台处（DK0+165）	2.784	92.71	3.003	219
路堤中间（DK0+125）	2.569		2.771	202

5.6.4 工后沉降量的讨论

高速公路一般路段使用年限内工后沉降量最大为 30cm，桥台与路段相邻处为 10cm，二级公路的桥台与路段相邻处容许工后沉降量为 20cm。计算结果表明，一般路段工后沉降量都能达到此要求。

桥台过渡段计算得到的工后沉降量分别为 14cm 和 20cm，由于灵山加固区属于匝道工程，不是高速公路主线，该区工后沉降量达到规定的要求。中山新隆中桥前后过渡段工后沉降量为 14cm，不满足规定的要求，其原因可能有以下几点。

1）预压时间不够。

2）袋装砂井加固深度只有 20m，而实际的淤泥深度超过 40m 厚，20m 以下的下卧层没有加固，则会产生长期而缓慢的沉降。

3）尚存在次固结的问题。

由于尚没有长期的实测工后沉降量数据，本次计算的结果仅作为预测值，有待于与将来的实测值进行比较。

5.7　经济分析

真空联合堆载预压作为一种高速公路工程领域新应用的地基处理工艺，与以前常用的方法如搅拌桩、碎石桩、袋装砂井+土工布+超载预压等方法在经济上、技术上是可以进行比较的。各种地基处理方法的经济、技术指标对比见表 5-50。

表 5-50　各种地基处理方法的经济、技术指标对比

软基处理方法	处理单价/（元/m^2）	质量可靠度	处理总工期	缺点
搅拌桩	330	差。12m 以下质量难以保证，工后沉降难以控制	短	质量难以保证；有机质含量高的淤泥土不适用。部分省份已禁止使用
真空预压联合堆载	200	好。可大大加快施工速度，稳定安全有保证，工后沉降可消除	适中	含砂层地基适用差（造价升高）
碎石桩	400	好。堆填稳定有较大保证	较短	造价太高
袋装砂井+土工布+堆载预压	180	一般。路堤稳定安全基本有保证，工后沉降解决有困难	长	工期太长；土方缺乏地区很难应用

由表 5-50 可见，在地层条件适用条件下，真空联合堆载预压的处理软土路基的方法不失为一种经济合理、技术可行的方法。

5.8　小　结

由上述分析计算可以得出以下结论[1,10]。

1）在类似珠江三角洲地区的高填土软基路段高速公路，采用真空联合堆载预压的方法，可以大大加快路堤的填筑速度。在填筑速率的稳定控制标准上，主要采用向外的水平位移值和孔压消散系数来作为控制指标，而沉降速率可以大大突破有关规范的规定；5.0～6.0m 填高路堤最快可以在 50d 内填筑到设计路高（比常规的方法快 4～6 个月），而且可以确保路堤填筑的稳定安全。

2）利用 80kPa 的真空预压作为超载荷载，可以一次性在最早期加载，预压时间长，而且荷载数值大大超过上部路面结构物荷载，使得路堤软土地基压缩层在较短的预压期内完成 90%以上的固结沉降，可以较好地解决软土路基工后沉降过大的问题。

3）真空联合堆载预压处理高速公路软基，技术可靠、经济合理，在珠江三角洲软基高速公路建设中推广运用，必将会产生较大的社会效益和经济效益。

由此可见，采用真空联合堆载预压处理软基，完全可以快速、安全加载填土，消除过多工后残余沉降量，满足高填土深厚软基路段高速公路快速建设和工后正常使用。

自1998年8月首次由四研究院将真空预压技术引入高速公路软基路段作为软基处理的方法以来，真空联合堆载预压加固软土路基的方法已被广东、江苏、浙江等省份高速公路界所认同，该技术先后用于京珠高速公路广珠段、新台高速公路。据不完全统计，西部沿海高速公路、广惠高速公路、广肇高速公路、宁盐高速公路等的真空预压面积已超过25万m^2，充分显示了其广阔的应用前景。

参 考 文 献

[1] 钱家欢，等. 土工原理与计算[M]. 北京：中国水利水电出版社，1996.

[2] 魏汝龙. 软黏土的强度与变形[M]. 北京：人民交通出版社，1987.

[3] 张诚厚，等. 高速公路软基处理[M]. 北京：中国建筑工业出版社，1997.

[4] 蔡家范，等. 沪宁高速公路软土地基综合处理技术研究和实践[J]. 水利水电科技进展，1998(02): 3-5.

[5] 龚晓南，等. 高速公路软弱地基处理理论与实践[M]. 上海：上海大学出版社，1998.

[6] 《地基处理手册》编写委员会. 地基处理手册[M]. 北京：中国建筑工业出版社，1988.

[7] 麦远俭. 真空预压加固中软黏土不排水剪切强度的增长[J]. 水运工程，1998(12): 3-5.

[8] 交通部第二公路勘察设计院. 公路路基设计规范: TJT 013—95 [S]. 北京：人民交通出版社，1995.

[9] 刘成云，陈双华，关学原. 京珠高速公路广珠段中山新隆中桥前后过渡段真空联合堆载预压加固地基工程总结报告[R]. 广州：中交四航工程研究院有限公司，1999.

[10] 郑新亮. 京珠高速公路广珠段灵山互通匝道真空联合堆载预压加固地基工程总结报告[R]. 广州：中交四航工程研究院有限公司，2000.

第六章　软基变形及强度增长计算理论

6.1　引　　言

软土在我国分布十分广泛，不仅大量分布在沿海、沿湖、沿江地区，在内陆山间洼地也有大量的软基分布。由于软黏土具有孔隙比大、含水量高、压缩系数大、渗透系数小、抗剪强度低等显著特点，在软土地基上填筑路堤或修建建筑物不仅会产生较大的沉降量，而且还有可能由于地基承载力不足而发生滑动破坏，从而严重影响施工安全和工程质量。软土地基是典型的不良土质，对于软土地基的工程特性及其处理方法的研究已经得到了国内外学者的广泛关注。

大量工程实践和室内外试验研究表明，软土地基在上覆荷载的作用下，发生排水固结作用，随着固结的进行，软土抗剪强度得到了增强。对于本身承载能力就较低的软土地基而言，这种强度的增长极为重要。考虑软土地基强度的增长，有助于充分利用软土地基的承载能力，获得更为经济有效的筑路方法。以软土地基强度增长理论为基础，发展了多种软土地基的处理措施,如堆载预压法、塑料排水板等。这些方法都是要加快软土固结作用，使土体压密、软土地基承载能力得到提高，并使其能够满足承载能力要求。

稳定和变形问题是在软土地基上建造建筑物遇到的两大主要问题，而软土的强度是软土地基稳定的决定性因素。软土随着排水固结强度不断增强是软土的重要工程特性之一，这种强度的增强对于低承载力的软土地基而言十分重要。掌握软土地基的变形和强度增强规律是合理控制软土地基上的施工速度，缩短工期，获得更科学、更经济的施工方法的基础。

真空预压排水固结法作为一种软土地基处理方法，得到了广泛应用，取得了很好的工程和经济效益。近年来，真空预压排水固结法在机理研究、施工工艺、设计理论等方面得到了较大发展，但是对真空预压过程中软基强度及承载力增长规律的研究很少，制约了该方法的进一步发展和应用。

基于此，本节对堆载预压和真空预压加固中软土地基固结沉降计算值的合理修正方法作了分析和探讨。影响加固土体固结沉降的主要因素是体积应变和侧向位移，用本节提出的可计算的体变修正系数 m_{sv} 和侧移修正系数 m_{sl} 进行沉降修正要比按单一综合系数 m_s 取值修正更加实用和切合实际。此外，在真空预压加固中，土中固结压力是各向相等的周围压力，与堆载预压时的 K_0[①]固结压力不同，简单地将真空预压等同堆载作用的处理方法必然导致推算不排水剪切强度增量时出现偏差，其值不宜忽略。本节对此进行了理论探讨，并结合工程实例作了引证。同时建议使用现行港工地基规定推算强度增量时，以等效固结压力去考虑真空预压的作用。该成果对于提高软土地基加固设计及软土地基上施工技术水平的提高具有重要的理论意义和工程实用价值。

6.2　地基沉降量的计算与修正

6.2.1　地基沉降量

计算地基沉降量的常用方法——单向分层总和法是以土样室内固结仪压缩试验曲线为依据的。由于这种压缩试验是在无侧向变形的 K_0 固结下进行，单向分层总和法的适用条件应是地基在大面积堆载下发生无侧向变形的 K_0 固结沉降。在工程实践中，除了大型堆场的地基之外，多数软基加固是承受局部堆载或加荷，地基中的附加应力与 K_0 状态并不相同。所以，按单向分层总和法计算的地基沉降量只有经过修正后才能与实际相接近。

众所周知，地基沉降的大小取决于地基土的体积应变大小及其侧向位移的大小和性状。当地基无侧向变形和位移时，土的体积应变将全部转化为地基竖直沉降，且体积应变越大，地基沉降量越大；当软土地基出现侧向变形或位移时，向外的侧向位移将增加沉降量，而向内的侧向位移将减少沉降量。这种现象已被大量的软土地基加固的实践所证实。因此，影响软土地基沉降量的主要因素可归纳为土的体积应变和侧向位移；不考虑侧向变形的单向分层总和法计算的沉降量可作为基准的 K_0 固结沉降量；而实际加固中地基非 K_0 固结所产生的沉降量则可用反映体积应变影响的体变修正系数和反映侧向位移影响的侧移修正系数进行修正。

软土地基加固中，土的体积应变与 3 个方向的线应变之间的关系可由下式表示：

$$\varepsilon_{\mathrm{v}} = \varepsilon_x + \varepsilon_y + \varepsilon_z \tag{6-1}$$

式中：ε_{v}——土的体积应变；

ε_x、ε_y——土的 2 个水平方向的侧向应变；

ε_z——土的竖直方向应变。

由式（6-1）可得

① K_0 为静止土压力系数。土的静止土压力系数是指土体在无侧向变形条件下固结后的水平向主应力与竖向主应力之比。

$$\varepsilon_z = \frac{\varepsilon_v}{\varepsilon_{x,K_0}} \varepsilon_{v,K_0} \left(\frac{1}{1+\varepsilon_x/\varepsilon_z+\varepsilon_y/\varepsilon_z} \right) \tag{6-2}$$

式中：ε_{v,K_0}——土处于 K_0 固结状态时的体积应变。

ε_z 和 ε_{v,K_0} 可分别用 S/H 和 S_{K_0}/H 表示，故式（6-2）可改写为

$$S = m_{s_v} m_{s_l} S_{K_0} \tag{6-3}$$

其中

$$m_{s_v} = \varepsilon_v / \varepsilon_{v,K_0}$$

$$m_{s_l} = \frac{1}{1+\varepsilon_x/\varepsilon_z+\varepsilon_y/\varepsilon_z}$$

式中：S_{K_0}——K_0 固结状态下的沉降量，即基准沉降量，可由单向分层总和法算出；

m_{s_v}——体变修正系数；

m_{s_l}——侧移修正系数。

这就是可对地基沉降进行体积应变修正和侧向位移修正的沉降计算表达式。显然，只有地基附加应力符合 K_0 固结状态，$\varepsilon_v = \varepsilon_{v,K_0}$，$\varepsilon_x = \varepsilon_y = 0$ 时，才有 $m_{s_v} = 1$、$m_{s_l} = 1$，$S = S_{K_0}$。

6.2.2　体变修正系数 m_{s_v}

1. K_0 固结状态下地基土的体积应变

地基土的体积应变 ε_{v,K_0} 由下式表示：

$$\varepsilon_{v,K_0} = m_v \Delta u_{K_0} \tag{6-4}$$

式中：m_v——土的体积压缩系数；

Δu_{K_0}——K_0 固结状态下的初始孔隙水压力。

根据 Henkel[4]的初始孔隙水压力表达式，对于竖向附加应力为 $\Delta\sigma_1$，水平向附加应力为 $K_0\Delta\sigma_1$ 的 K_0 固结，其初始孔隙水压力为

$$\Delta u_{K_0} = \beta \frac{1+2K_0}{3} \Delta\sigma_{1K_0} + \alpha \frac{\sqrt{2}}{3} (1-K_0) \Delta\sigma_{1K_0} \tag{6-5}$$

其中

$$\alpha = \frac{3}{\sqrt{2}} \left(A - \frac{1}{3} \right)$$

式中：$\Delta\sigma_{1K_0}$——K_0 固结状态下的竖向附加应力；

β——对应平均压应力的 Henkel 孔隙水压力系数，对于饱和软黏土，β=1；

α——对应平均偏应力的 Henkel 孔隙水压力系数；

A——Skempton 孔隙水压力系数。

当用孔隙水压力系数 A 来表达时，式（6-5）可改写为

$$\Delta u_{K_0} = \Delta\sigma_{1K_0}\left[\frac{1+2K_0}{3}+(1-K_0)\left(A-\frac{1}{3}\right)\right] \tag{6-6}$$

由于 K_0=1−sinφ'（其中 φ'为有效内摩擦角），式（6-6）中的试验参数均可在已有大量工程实践经验的室内三轴试验中求得。

2. 非 K_0 固结状态下地基土的体积应变

1）局部堆载时地基土体积应变可由下式表示：

$$\varepsilon_{vs} = m_v \Delta u_s \tag{6-7}$$

式中：Δu_s——局部堆载情况下，地基土的初始孔隙水压力。

当局部堆载在中心轴线产生的土中附加应力竖向为 $\Delta\sigma_1$、水平向为 $K\Delta\sigma_1$ 时，其初始孔隙水压力根据类似于式（6-5）和式（6-6）的推导，也可表示为

$$\Delta u_s = \Delta\sigma_{1K}\left[\frac{1+2K}{3}+(1-K)\left(A-\frac{1}{3}\right)\right] \tag{6-8}$$

式中：σ_{1K}——局部堆载下的竖向附加应力；

K——土中水平向附加应力与竖直向附加应力比。

2）真空预压时地基土的体积应变可由下式表示：

$$\varepsilon_{vv} = m_v \Delta u_v \tag{6-9}$$

式中：Δu_v——真空预压情况下，地基土的初始孔隙水压力。

由于真空预压在地基土中产生的附加应力是各向相等的周围压力，水平的与竖直向的附加应力比为 1，其初始孔隙水压力表达式可写为

$$\Delta u_v = \Delta\sigma_1 \tag{6-10}$$

式中：$\Delta\sigma_1$——真空预压下地基土中的竖向附加应力。

3. 体积应变修正系数 $m_{s_v}^{s}$

局部堆载时体变修正系数 $m_{s_v}^{s}$ 可由式（6-7）和式（6-4）之比求得，此时

$$m_{s_v}^{s} = \frac{\varepsilon_{vs}}{\varepsilon_{vK_0}} = \frac{m_v \Delta u_s}{m_v \Delta u_{K_0}} = \frac{\Delta u_s}{\Delta u_{K_0}} \tag{6-11}$$

又据式（6-8）和式（6-6），$m_{s_v}^{s}$ 可表达为

$$m_{s_v}^{s} = \frac{\Delta\sigma_{1K}\left[\frac{1+2K}{3}+(1-K)\left(A-\frac{1}{3}\right)\right]}{\Delta\sigma_{1K_0}\left[\frac{1+2K_0}{3}+(1-K_0)\left(A-\frac{1}{3}\right)\right]} \tag{6-12}$$

由于在单向分层总和法沉降计算中 $\Delta\sigma_{1K}=\Delta\sigma_{1K_0}$（尽管 $\Delta\sigma_{3K}\neq\Delta\sigma_{3K_0}$），有

$$m_{s_v}^{s}=\frac{\dfrac{1+2K}{3}+(1-K)\left(A-\dfrac{1}{3}\right)}{\dfrac{1+2K_0}{3}+(1-K_0)\left(A-\dfrac{1}{3}\right)} \tag{6-13}$$

从式（6-13）可见，当竖向附加应力相同时，应力比 K 增大，则平均附加压应力增大，但同时平均附加偏应力也相应减少；反之，应力比 K 减少，则在平均附加压应力减小的同时平均附加偏应力增加。因此，土的体积应变受附加应力影响是综合的，应对平均压应力和平均偏应力的作用都予以考虑。

真空预压时体变修正系数 $m_{s_v}^{s}$ 可由式（6-9）和式（6-4）之比求得，此时

$$m_{s_v}^{s}=\frac{\varepsilon_{vs}}{\varepsilon_{vK_0}}=\frac{m_v\Delta u_s}{m_v\Delta u_{K_0}}=\frac{\Delta u_s}{\Delta u_{K_0}} \tag{6-14}$$

据式（6-10）和式（6-6），$m_{s_v}^{s}$ 可表达为

$$m_{s_v}^{s}=\frac{\Delta\sigma_{1v}}{\Delta\sigma_{1K_0}}\cdot\frac{1}{\dfrac{1+2K_0}{3}+(1-K_0)\left(A-\dfrac{1}{3}\right)} \tag{6-15}$$

式（6-15）中，由真空预压在地基土中产生的竖向附加应力，其分布与地面堆载所产生的竖向附加应力是不同的。$\Delta\sigma_{1v}$ 沿加固深度的变化取决于真空压力不同程度的衰减，而 $\Delta\sigma_{1K_0}$ 沿加固深度的变化在单向分层总和法中则由土中应力计算决定，因此 $\Delta\sigma_{1v}/\Delta\sigma_{1K_0}$ 约为 1，如真空压力沿深度损失较小，则此比值甚至会大于 1。当 $\Delta\sigma_{1v}/\Delta\sigma_{1K_0}\approx1$ 时，由式（6-15）计算的值一般情况下都会大于 1。在 K_0=0.50～0.65、A=1/3～1 的常见范围内。$m_{s_v}^{s}$ 的变化为 1～1.5。由此也可见，以土的体积压缩为表征的加固效果是真空预压优于堆载预压。

6.2.3　侧移修正系数 m_{s_l}

式（6-1）由式（6-3）可知，侧向位移修正系数取决于侧向应变与竖向应变之比，进一步推导可以发现此应变比与侧向位移量、加固面积和深度、地面沉降量等密切相关。设加固区长度为 L、宽度为 B、深度为 H，2 个水平方向的侧向位移为 δ_x 和 δ_y，则应变比

$$\frac{\varepsilon_x+\varepsilon_y}{\varepsilon_z}=\frac{\dfrac{2\delta_x}{B}+\dfrac{2\delta_y}{L}}{\dfrac{S}{H}}=\frac{\dfrac{H(2L\delta_x+2B\delta_x)}{LB}}{S} \tag{6-16}$$

而 $H(2L\delta_x+2B\delta_y)/LB$ 所表达的正是加固土体在侧向位移时产生并分布在加固面积范围内的平均附加沉降量，可用 S_δ 来表示，若以 δ 作为平均侧向位移量，则

侧向位移引起的附加沉降量 S_δ 可表示为

$$S_\delta = \frac{H(2L\delta_x + 2B\delta_x)}{LB} \tag{6-17}$$

因此，$(\varepsilon_x + \varepsilon_y)/\varepsilon_z = S_\delta/S$，以此式代入式（6-3）的 m_{s_1}，可得

$$m_{s_1} = \frac{1}{\left(1 \pm \dfrac{S_\delta}{S}\right)} \tag{6-18}$$

式中：S_δ/S——侧向位移引起的沉降比值，向内位移为正，向外位移为负。

从式（6-18）可见，当进行局部堆载预压时，地基中加固土体将出现向外挤出的侧向位移，m_{s_1} 将大于 1，而进行真空预压时，将出现向内收缩的侧向位移，m_{s_1} 将小于 1。

1）影响侧向位移量的主要因素是加固土体中附加应力的量级和性状，制约侧向变形的边界约束和地基土的软弱程度。一般情况下，附加应力越大，δ 越大；附加应力的应力比小于 K_0 时出现侧向挤出，大于 K_0 时出现侧向收缩边界约束越强，δ 越小；土质越软弱，δ 越大。要寻找一个能把上述影响因素全部考虑在内的 m_{s_1} 理论计算公式是很困难的，但从若干真空和堆载预压实例中寻找 δ 或 S_δ/S 的变化规律，建立经验关系式，则是有可能的。

2）在饱和软黏土地基预压加固的实践中，真空压力或堆载的水平大多在 80kPa 左右，软土软弱程度的变化幅度一般在含水率 w=50%～70%、重度 γ=15～17kN/m^3 的范围。但表征边界约束程度的加固范围周长与加固深度之比却变化较大，往往成为影响侧向位移大小的主要因素。由一些真空或堆载预压加固实例中得出的平均侧向位移量 δ 及由侧向位移产生的沉降比 S_δ/S 汇总于表 6-1。表 6-1 中的实例主要来自我国华北、华南等沿海地区，具有一定的代表性。

表 6-1　一些预压加固工程实例的 δ 和沉降比 S_δ/S

加固实例	预压荷载/kPa		加固范围 ($L×B×H$)	δ /m	S_δ/S	lgC/H
44 区（文献[5]）	真空 80	堆载 17	86m×80m×20m	0.15	0.142	1.220
33 区（文献[6]）	97	0	234.9m×185.2m×17.59m	0.15	0.039	1.697
72 区（文献[6]）	80	17	109.4m×95.0m×17.07m	0.22	0.135	1.379
文献[7]	80	17	168.86m×50m×20m	0.09	0.100	1.340
Ⅰ+Ⅱ区（文献[8]）	80	17	136m×120m×13.22m	0.075	0.032	1.588
文献[9]	80	19.8	140m×110m×14m	0.20	0.057	1.553
文献[10]	80	0	45m×45m×8m	0.16	0.143	1.352
文献[11]	80	0	259m×55.8m×20m	0.10	0.085	1.498

续表

加固实例	预压荷载/kPa		加固范围 (L×B×H) /m	δ /m	S_δ / S	lg$C$/H
Ⅱ区（文献[5]）	0	97	50m×50m×20m	0.27	0.248	1.000
堆Ⅱ区（文献[6]）	0	97	50m×50m×19.34m	0.30	0.280	1.015
西主坝（文献[12]）	0	120	500m×30.8m×18m	0.06	0.002	1.770
堤坝Ⅲ区（文献[13]）	0	74	191m×24m×12m	0.325	0.035	1.550
文献[14]	0	60	160m×69m×30.2m	0.19	0.16	1.181

注：δ 为沿加固深度的平均值；C 为加固范围周长，C=2(L+B)。

从表 6-1 可见，沉降比 S_δ/S 与加固范围的周深比 lgC/H 之间存在某种规律性的关系。S_δ/S -lgC/H 曲线如图 6-1 所示。

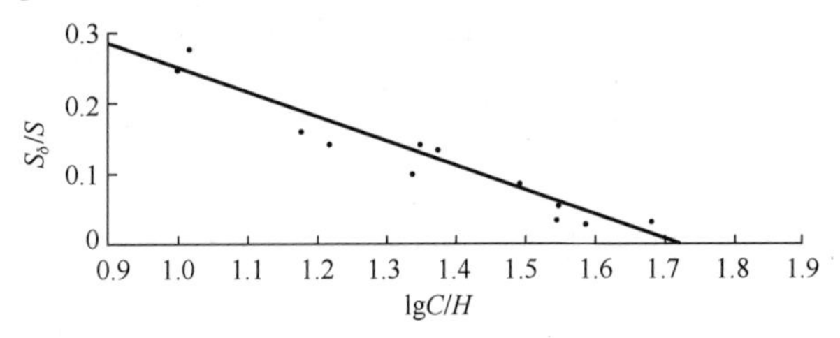

图 6-1　S_δ/S -lgC/H 曲线

图 6-1 中的 S_δ/S -lgC/H 曲线可由下式表示：

$$S_\delta/S = 1.59 \sim 0.34\,\lg C/H \tag{6-19}$$

式（6-19）表明，加固范围的周深比越大，加固土体侧向位移影响的沉降比越小，说明加固土体范围越大，侧向位移就越受约束，当 C/H 足够大时，即可视为大面积加荷，土体将不出现侧向位移。显然，式（6-19）反映的仅仅是某种经验统计规律，未能从理论上对所有的影响因素都逐一予以考虑，明显地存在缺陷，但由于其具有相当的实践经验依据，用来考虑侧向位移的影响，对预估沉降量作修正，则是可信和实用的。

6.2.4　堆载和真空预压加固的沉降修正分析

1）软基堆载预压加固时，对体积应变的修正系数 $m_{s_v}^{s}$ 和对侧向位移的修正系数 $m_{s_l}^{s}$ 分别由式（6-13）、式（6-18）和式（6-19）计算。假设一软土地基有效内摩擦角 φ'=26°（则 K_0=1−sinφ'=0.60），孔隙水压力系数 A=0.7，加固的面积 L×B=100m×50m，加固深度为 H=20m；堆载压力为 ΔP=80kPa，则加固区中心轴线上的附加应力平均应力比为 K=0.575。由式（6-13）可求得 $m_{s_v}^{s}$ =0.99；由式（6-19）求得 $S_\delta/S=0.19$，再由式（6-18）可求得 $m_{s_l}^{s}$ =1.23。因此，对沉降量的总修正为 $m_{s_v}^{s} m_{s_l}^{s}$ =1.22。

2）软基真空预压加固时，若仍以上述为例，加固深度内的平均$\Delta\sigma_{K_0}$近似等于σ_{1v}，由式（6-15）可求得$m_{s_v}^{v}$=1.14；而由式（6-19）求得$S_\delta/S=0.19$，由式（6-18）可求得$m_{s_1}^{v}$=0.84。因此，对沉降量的总修正为$m_{s_v}^{v}m_{s_1}^{v}$=0.96。可见，唐敏[15]指出"根据天津新港计算经验，在超软土中修正系数$m_s=1$时计算沉降量与实际观测结果相一致"的经验总结是有道理的。

3）从上述堆载和真空预压加固的沉降分析结果可见，在相同条件下，真空预压加固效果显然要比堆载预压好（$m_{s_v}^{v}>m_{s_v}^{s}$），但其实际沉降量却反而比堆载预压小（$m_{s_v}^{v}\ m_{s_1}^{v}<m_{s_v}^{s}\ m_{s_1}^{s}$）。这正是真空预压加固软基技术的优越性所在。如果把真空预压简单地视同堆载预压去进行地基沉降量计算和修正，将会与实际工程严重不符。

6.3　真空预压及真空联合堆载预压加固软基不排水剪切强度增长计算

6.3.1　土中固结压力与不排水剪切强度

在大面积堆载预压加固中，土中固结压力类似于一维固结仪中的上载压力和侧向压力。在侧面位移为零的情况下，侧压力和上载压力之比是常数K_0，这种固结称为K_0固结。而真空预压加固中，膜下真空压力传递（通过竖向排水途径）到土中的固结压力是与堆载完全不同的，陈环在1985年进行的真空预压加固软土地基的机理研究中指出，它是负的孔隙水压力。因此，它应是各向相等的周围固结压力，其竖向和侧向压力是相等的。这就是真空预压之所以不同于堆载预压的实质所在。

所谓不排水剪切强度，是指饱和软黏土被固结到某一密度（或含水量）时，在其后的剪切破坏过程中不发生密度（或含水量）改变情况下的剪切强度，它的大小只与固结后的密度（或含水量）有关，而与之后剪切破坏过程中剪切面上的应力大小无关。这一概念在弗洛林[16]的著作中早就提出过；Bishop等[17]更明确地提出了"ψ=0"总强度的概念，而且被工程界广泛接受，特别是原地十字板剪切试验被广泛应用之后，"ψ=0"不排水剪切总强度S_u更成为检验软黏土原地强度的可信性高的指标。但在不排水剪切情况下的剪切强度角ψ_u=0并不意味着软黏土的ψ_r=0，许多软黏土三轴压缩试验出现的破裂角α_f并不等于45°就充分说明了这一点。因此，"ψ=0"不排水剪切强度S_u准确地说应为$\left(\dfrac{\sigma_1-\sigma_3}{2}\right)\cdot\cos\varphi_r$[18]，而不是$\left(\dfrac{\sigma_1-\sigma_3}{2}\right)$。但考虑到软黏土极易受扰动而引起强度削弱的因素，作为补偿，上述的差异往往被忽略不计。

Henkel[19]早在 20 世纪 60 年代就通过对威尔特和伦敦两地的两种重塑黏土的试验，证实了在饱和软黏土中有效应力-含水量-剪切强度三者之间存在唯一的关系。软黏土只要被固结到某一含水量相同的状态，则不管是通过哪一种固结应力路径（例如 K_0 固结和各向相等固结或其他固结应力组合的固结），它们都具有相同的不排水剪切强度，并可由同一剪切破坏莫尔圆表征。这一试验结果有力地支持了用常规的三轴固结不排水剪切试验去建立不排水剪切强度和固结压力之间的关系，并可推算其强度增强，从而为堆载预压排水加固软黏土技术的广泛应用从理论上铺平了道路。

6.3.2　不排水剪切强度的增长

1．堆载预压的排水固结是 K_0 固结

影响不排水剪切强度随上载固结压力 P 的变化关系的因素，最直观的就是由原地十字板剪切强度随深度变化求得的 S_u/P 比。据此，不管对天然的或是后加的上载固结压力都可求得相应的不排水剪切强度。用室内三轴固结不排水剪切试验也可求得这一关系（图 6-2），在固结到某一含水量（密度）后不排水剪切破坏的莫尔圆上的剪切强度为 $\left(\dfrac{\sigma_1-\sigma_3}{2}\right)\cdot\cos\varphi_r$，相应的上载固结压力为 P_c，穿过 R 点的斜线的斜率就是不排水剪切强度随上载固结压力变化的增率。但破裂角是难以在试验中准确测定的，所以一般都以一组不同固结压力下得到的破坏莫尔圆的共同切线来代替，即是与莫尔圆上 T 点的相切的斜线。显然，它的斜率与穿过 R 点的斜线的斜率相差并不大，故实际工程中就近似地以过 T 点的斜线（斜率为固结不排水剪切的 $\tan\varphi_{cu}$）来表征不排水剪切强度随上载固结压力的增长。

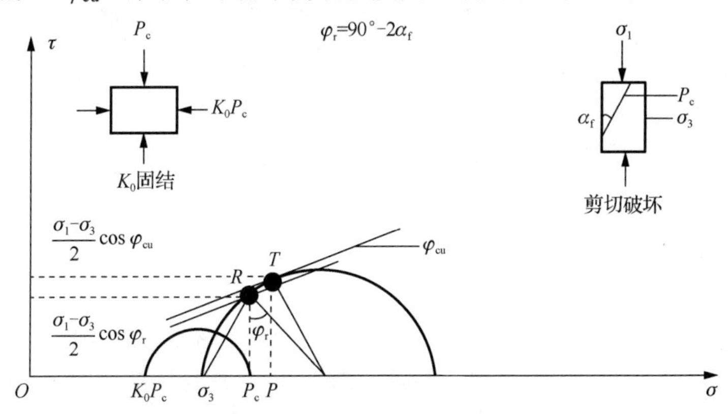

图 6-2　不排水剪切强度随上载固结压力的增加

2. 真空预压的排水固结是各向等压固结

不排水剪切强度随各向等压固结压力 σ_c 的增加（图 6-3）也可在室内三轴固结不排水剪中求得，穿过图中 A 点的斜线表征 $\left(\dfrac{\sigma_1-\sigma_3}{2}\right)\cdot\cos\varphi_r$ 随 σ_c 的变化。显然，它的斜率与图 6-2 所示的不同，当 σ_c 与图 6-2 的 P 等值时，其相对应的不排水剪切强度将会较高。

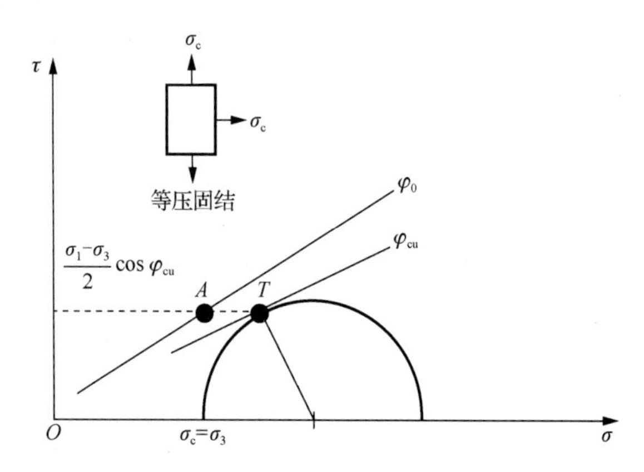

图 6-3　不排水剪切强度随各向等压固结压力 σ_c 的增加

3. 从堆载预压和真空预压固结引起的含水量变化不同证明不排水剪切强度增加也不相同

以亨克尔对重塑威尔特黏土的有效应力-含水量-剪切强度唯一关系试验结果为例证（图 6-4），堆载预压是沿 K_0 固结路径，含水量从初始的 w_0 变化到 w_l，相应的不排水剪切强度从 S_{uo} 变化为 S_{uL}；而真空预压则是沿各向等压固结路径，含水量从初始的 w_0 变化到 w_v，相应的不排水剪切强度从 S_{uo} 变化为 S_{uv}。由图 6-3 可以清楚地看出 $\Delta w_v > \Delta w_l$，故 $\Delta S_{uv} > \Delta S_{uL}$。因此，简单地把真空预压固结视同堆载预压固结是不合适的，其理论不正确，在实践中也有较明显的偏差。

6.3.3　等效固结压力

1. $\Delta\sigma_c \neq \Delta p_c$

由图 6-4 可见，沿 K_0 固结或各向等压固结到同一含水量并相应于同一不排水剪切强度的固结压力应可相互等效转换。据 1962 年沈珠江的研究， 含水量变化与有效固结压力变化之间的关系如下：

$$\Delta w = C_0 \cdot \Delta\sigma' + C_d \cdot \Delta\tau \tag{6-20}$$

式中：Δw ——含水量变化量；

C_0——压密系数；

$\Delta\sigma'$——平均有效固结压力变化量；

C_d——剪胀系数，负剪胀（剪密）时为正值；

$\Delta\tau$——平均剪应力变化量。

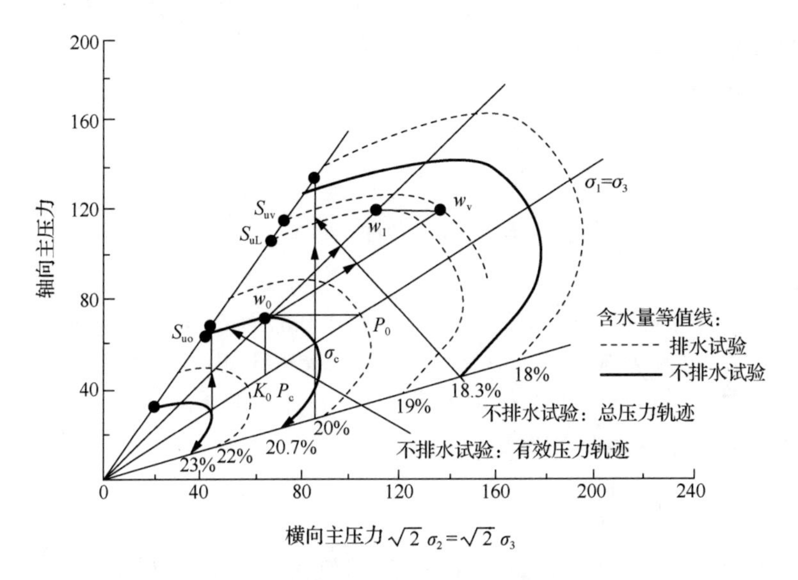

图 6-4　K_0 固结和各向等压固结中 w 和 S_u 的变化

对于堆载预压固结情况，上载有效固结压力增量为 $\Delta P_c'$，侧向有效固结压力增量为 $K_0\Delta P_c'$。此时平均有效固结压力增量为

$$\Delta\sigma' = \frac{\Delta P_c' + K_0\Delta P_c' + K_0\Delta P_c'}{3} = \frac{1+2K_0}{3}\Delta P_c' \tag{6-21}$$

而平均剪应力为

$$\Delta\tau = \frac{1}{3}\sqrt{\left(\Delta P_0' - K_0\Delta P_0'\right)^2 + \left(K_0\Delta P_0' - K_0\Delta P_0'\right)^2 + \left(K_0\Delta P_0' - \Delta P_0'\right)^2} = \frac{\sqrt{2}}{3}(1-K_0)\Delta P_0' \tag{6-22}$$

对于真空预压固结情况，各向相等的有效固结压力增量为 $\Delta\sigma_c'$，此时平均有效固结压力增量为

$$\Delta\sigma' = \frac{\Delta\sigma_c' + \Delta\sigma_c' + \Delta\sigma_c'}{3} = \Delta\sigma_c' \tag{6-23}$$

而平均剪应力为

$$\Delta\tau = \frac{1}{3}\sqrt{(\Delta\sigma_c' - \Delta\sigma_c')^2 + (\Delta\sigma_c' - \Delta\sigma_c')^2 + (\Delta\sigma_c' - \Delta\sigma_c')^2} = 0 \tag{6-24}$$

将式（6-21）～式（6-24）分别代入式（6-20），则可得堆载预压固结时的含水量

变化量 Δw_l 为

$$\Delta w_l = C_0 \cdot \frac{1+2k_0}{3} \cdot \Delta P_c' + C_d \cdot \frac{\sqrt{2}}{3}(1-K_0) \cdot \Delta P_c' \tag{6-25}$$

而真空预压固结时的含水量变化量 Δw_v 为

$$\Delta w_v = C_0 \cdot \Delta \sigma_c' \tag{6-26}$$

当上述两种固结效果等效时，$\Delta w_l = \Delta w_v$。此时便可得出 $\Delta P_c'$ 与 $\Delta \sigma_c'$ 相互等效转换的关系式为

$$\Delta P_c' = \left[\frac{3}{(1+2K_0) + \sqrt{2}(1-K_0)\dfrac{C_d}{C_0}} \right] \cdot \Delta \sigma_c' \tag{6-27}$$

对于一般正常固结的饱和软黏土，$K_0 \approx 0.5 \sim 0.6$，而 C_d/C_0 在 K_0 固结中小于 1，故 $\Delta P_c'$ 将大于 $\Delta \sigma_c'$。这就是说，真空预压荷载 $\Delta \sigma_c'$ 应按式（6-27）乘以一个大于 1 的系数之后才能等效转化为堆载预压荷载 $\Delta P_c'$。如果简单地把 $\Delta \sigma_c'$ 等同 $\Delta P_c'$，则会导致对含水量变化和强度增量的偏小估计。

2. 固结压力相互等效转换的关系式的推导

由于正确测定 C_d 和 C_0 较复杂，式（6-27）在工程中应用会有困难。若土体含水量、密度相同，其不排水剪切强度也相同，可从 K_0 固结和各向等压固结等效时具有的同一不排水剪切破坏莫尔圆推导出一个更为简便的、固结压力相互等效转换的关系式（图 6-5）。

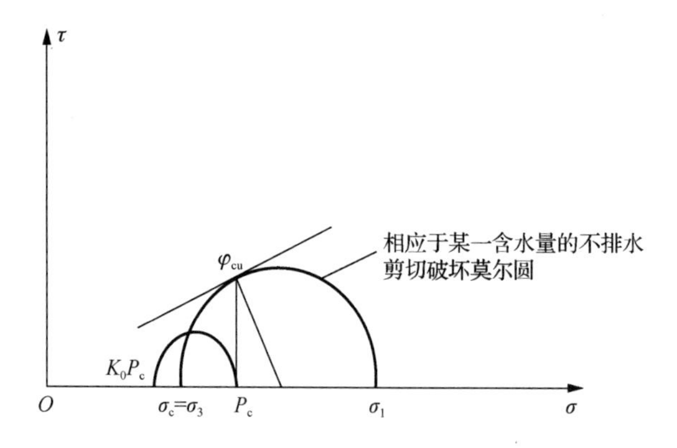

图 6-5　P_c 与 σ_c 对不排剪切强度等效的相互转换

从几何关系可得

$$\sigma_c = \sigma_3 = \frac{\sigma_1 + \sigma_3}{2} - \frac{\sigma_1 - \sigma_3}{2} \tag{6-28}$$

$$P_c = \frac{\sigma_1 + \sigma_3}{2} - \frac{\sigma_1 - \sigma_3}{2} \cdot \sin\varphi_{cu} \tag{6-29}$$

由式（6-28）和式（6-29）可得

$$\frac{P_c}{\sigma_c} = \frac{1 - \dfrac{\sigma_1 - \sigma_3}{\sigma_1 + \sigma_3} \cdot \sin\varphi_{cu}}{1 - \dfrac{\sigma_1 - \sigma_3}{\sigma_1 + \sigma_3}} = \frac{1 - (\sin\varphi_{cu})^2}{1 - \sin\varphi_{cu}} = 1 + \sin\varphi_{cu}$$

因此

$$P_c = (1 + \sin\varphi_{cu})\sigma_c \tag{6-30}$$

式（6-30）表明，当真空预压视同堆载预压时，真空固结压力σ_c必须乘以一个$(1+\sin\varphi_{cu})$＞1 的系数才能与堆载固结压力等效转换。

6.4　案例分析

6.4.1　案例一

以京珠高速公路广珠段中山新隆中桥前后过渡段真空联合堆载预压加固地基工程为实例，用上述的计算沉降修正方法作一验算。该工程被加固土层是典型的珠江三角洲淤泥质软土层，其平均含水率为 65.5%。平均天然重度 16kN/m^3，平均孔隙比 1.76，平均有效内摩擦角 28.4°，平均压缩模量 1.55MPa；加固区面积 $L\times B$=168.8m×50m，加固深度 H=20m；平均预压荷载 151.17kPa，其中真空压力 73.25 kPa，堆载压力 77.92 kPa。按单向分层总和法计算的地基沉降量为 2.646m，其中真空预压部分为 1.282m，堆载预压部分为 1.364m。

对真空预压和堆载预压沉降量分别进行修正。地基软土的静止侧压力系数 K_0=1−sin28.4°=0.524，相应的 A（＜A_f）取 0.75。对真空预压部分体变修正系数由式（6-15）求得 $m_{s_v}^{v}$=1.12（$\Delta\sigma_{1k_0} \approx \Delta\sigma_{1v}$）。本工程 lg$C/H$=1.340，由式（6-19）求得 $S_\delta/S = 0.134$，由式（6-18）求得 $m_{s_1}^{v}$=0.88。因此，在真空预压下地基沉降经修正后为 S_v=1.264m。对于堆载预压部分，其体变修正系数由式（6-13）求得 $m_{s_v}^{s}$ = 1.02（K=0.575）；由 $S_\delta/S = -0.134$，按式（6-18）求得 $m_{s_1}^{s}$=1.15。因此，在堆载预压下地基沉降经修正后为 S_s=1.600m。修正后的总计算沉降量 S=S_v+S_s=2.864m。

根据沉降计算点附近的沉降观测结果，A、B 两断面内 6 个沉降板的实测沉降量平均值为 2.72m，另由曲线拟合法求得的工后沉降量为 0.13m，故地基实际最终沉降量为 2.85m，与本方法修正计算的结果相当接近。如果把真空预压视同堆载，并按《建筑地基基础设计规范》（GB 50007—2011）修正计算沉降量，则会得出 S=1.4×2.646m=3.704m，比实测值高出 0.854m 的不合理结果。

6.4.2 案例二

1）在深圳美视软基加固试验区对平均层厚 10m、含水量 74.4%、重度 15.7kN/m^3 的淤泥层，采用塑料板排水，由真空联合砂、水堆载预压加固。砂、水、真空预压加固荷载分别为 Δp_s=50kPa、Δp_w=20kPa、Δp_v=70kPa；由实测孔隙水压力消散推算的固结度平均为 U_t=82.3%；固结前、后的固结快剪强度角 ψ_{cg}，平均值分别为 16.6° 和 12.6°，考虑到固结快剪试验中因不能完全控制剪切破坏过程的排水，故在推算中，选固结后的 ψ_{cg} 较小值（12.6°）作为 ψ_{cu} 值。由原地十字板试验测定的固结前、后不排水强度分别为 5.55kPa 和 35.05kPa，增量为 29.5kPa。当把 Δp_v 等同于堆载作用时，总的固结压力增量为 $\Delta p=\Delta p_s+\Delta p_w+\Delta p_v=50+20+70=140$（kPa）。不排水剪切强度增量 $\Delta\tau_f=U_t\cdot\Delta p\cdot \mathrm{tg}\psi_{cu}=0.823\times140\times\tan12.6°=25.82$（kPa），小于实际增长值。当对真空荷载 Δp_v 进行等效转换之后，$\Delta p=50+20+70\times(1+\sin12.6°)=155.3$（kPa），从而推算出 $\Delta\tau_f$=28.57kPa，接近实测的 29.5kPa。

2）在治理深圳河一期工程中，在边坡区对淤泥质黏土—亚黏土层使用塑料板排水，施加真空预压荷载进行加固。该土层的 w=46%，γ=17.5kN/m^3，ψ_{cu}=11.2°。对左、右两岸全部 8 个加固单元的加固效果用原地十字板剪切进行了检验，实测的平均强度增量为 11.2kPa；土中实际真空压力为 Δp_v，平均强度增量为 52kPa；达到的平均固结度为 82.44%。未经等效转换固结压力时，推算的强度增量为 8.5kPa，小于实测的 11.2kPa；经等效转换固结压力后，强度增量为 10.1kPa，比较接近实测值。

3）在天津港东突堤南侧码头接岸部分的软基预压排水加固中，对单纯堆载的 B 单元和真空联合堆载的真 3 单元进行了效果对比，发现“真空联合堆载预压方案要比相同条件下的堆载方案的地基强度增长大”。在 B 单元，堆载 Δp_L=119.6kPa，平均固结度 U_t=95%，固结快剪设计采用值为 $\tan\psi_{cg}$=0.176，求得强度增长 $\Delta\tau_f$=20kPa；在真 3 单元，堆载 Δp_L=79kPa，真空压力 Δp_v=80kPa，平均固结度 U_t=96.7%。不对固结压力作等效转换时，求得不排水剪切强度增量 $\Delta\tau_f$=27.1kPa。B 单元和真 3 单元计算的加固后强度增量相差 27.1−20=7.1kPa，但现场实测该两单元强度增量相差远大于 7.1kPa。真 3 单元固结后的十字板剪切强度设计平均为 45.2kPa（不计亚黏土层），而 B 单元为 33.6kPa，两者实际相差 11.6kPa，当对真空固结压力作等效转换后，推算得真 3 单元的强度增量 $\Delta\tau_f$=29.4kPa，比 B 单元高 9.4kPa，与实测的 11.6kPa 较接近。

4）在天津港东突堤南侧码头后方码Ⅲ区进行了真空联合堆载预压加固软基工程。该区地基为淤泥质黏土层，平均 ψ_{cg}=11°，堆载 Δp_L=31.3kPa，真空压力 Δp_v=80kPa，平均固结度 U_t=92.1%；加固前、后的原地十字板剪切强度平均值分别为 21.98kPa 和 45.33kPa，实测增量为 23.35kPa。对真空压力不作等效转换时，推算得强度增量$\Delta\tau_f$=19.93kPa，而作等效转换后推算出的$\Delta\tau_f$=22.61kPa，显然，后者的强度增量更接近实测值。

参考文献

[1] 董志良. 堆载及真空预压砂井地基固结解析理论[J]. 水运工程, 1992(9): 1-7.

[2] 黄文熙. 土的工程性质[M]. 北京: 水利电力出版社, 1983.

[3] SKEMPTON A W, BJERRUM L A. A contribution to the settlement analysis of foundation on clay[J]. Geotechnique, 1957, 7(4): 168-178.

[4] HENKEL D J. The relationship between the strength, pore-water pressure, and volume-change characteristics of saturated clays[J]. Geotechnique, 1959, 9(3): 119-135.

[5] 杨国强. 真空预压法在 48 万平方米超软基加固工程中的应用[C]//超软基的真空预压加固技术. 天津: 第一航务工程局, 1991, 5(2): 10-34.

[6] 郭志平, 赵维炳. 不同预压方法对软基变形的对比研究[J]. 水运工程, 1994(1): 1-5.

[7] 刘成云, 陈双华. 中山新隆中桥前后过渡段真空联合堆载预压加固地基工程总结报告[R]. 广州: 第四航务工程局科研所, 1999.

[8] 郭述军. 真空预压软基加固在广东地区的应用[C]//第一航务工程局. 港口技术进步论文选编. 天津, 1995: 175-182.

[9] 杨玉玺. 真空预压法加固软土地基在越南的应用[C]//第一航务工程局. 港口技术进步论文选编. 天津, 1995: 183-192.

[10] 杨京方, 叶国良. 真空预压法加固碱碴浮泥[C]//第一航务工程局. 港口技术进步论文选编. 天津, 1995: 193-205.

[11] 吴跃东, 赵维炳. 真空堆载联合预压加固高速公路软基的研究[J]. 河海大学学报, 1996(6): 77-81.

[12] 董志良, 赵维军. 深圳妈湾电厂湿灰场灰坝软基处理工程[C]//塑料板排水法加固软基工程实例集. 北京: 人民交通出版社, 1990: 60.

[13] 赵维军, 董志良. 深圳河一期岸坡软基处理加固工程[C]//塑料板排水法加固软基工程实例集. 北京: 人民交通出版社, 1990: 156.

[14] 蔡华. 某工程挡土墙后方回填软基处理评述[J]. 华南港口, 2000(4): 36-42.

[15] 唐敏. 真空预压加固软基技术的研究与应用[C]//中交第一航务工程勘察设计院有限公司. 港工技术进步论文选编. 天津, 1995: 155-164.

[16] B. A. 弗洛林. 土力学原理(第一卷)[M]. 同济大学土力学及地基基础教研室, 译. 北京: 中国建筑工业出版社, 1965.

[17] BISHOP A W, HENKEL D J. The Measurement of Soil Properties in the Triaxial Test[R]. London, Edward Arnold, 1957.

[18] 华东水利学院土力学教研室. 土工原理与计算(上册)[M]. 北京: 水利电力出版社, 1982.

[19] HENKEL D J. The shear strength of suturated remoulded clays[C]//Osterbergeoutros. J. O. Proc., Research Conference on Shear strength of Cohesive Soils. Colorado, 1960.

丁坝工程附近典型微地貌水沙响应规律

张立 著

·北京·

内 容 提 要

本书内容包括：绪论；河流微地貌观测技术；冲刷坑表面曲率分布与河床变形特征；附近水流的[illegible]传递特征；丁坝群河床变形与水流响应规律；结论与展望。本书顾了理论[illegible]与实际应用，可为水利水电工程领域的科研与工程技术人员提供参考，也可供高[illegible]校相关专业的师生参考。

图书在版编目（CIP）数据

丁坝工程附近典型微地貌水沙响应规律 / 张立著. -- 北京：中国水利水电出版社，2021.7
ISBN 978-7-5170-9759-4

Ⅰ. ①丁… Ⅱ. ①张… Ⅲ. ①丁坝－水利工程－含沙[illegible]研究 Ⅳ. ①TV863

中国版本图书馆CIP数据核字(2021)第149940号

书 名	丁坝工程附近典型微地貌水沙响应规律 DINGBA GONGCHENG FUJIN DIANXING WEI DIMAO SHUISHA XIANGYING GUILÜ
作 者	张立 著
出版发行	中国水利水电出版社 （北京市海淀区玉渊潭南路1号D座 100038） 网址：www.waterpub.com.cn E-mail：sales@waterpub.com.cn 电话：（010）68367658（营销中心）
经 售	北京科水图书销售中心（零售） 电话：（010）88383994、63202643、68545874 全国各地新华书店和相关出版物销售网点
排 版	中国水利水电出版社微机排版中心
印 刷	清淞永业（天津）印刷有限公司
规 格	170mm×240mm 16开本 7.25印张 138千字
版 次	2021年7月第1版 2021年7月第1次印刷
定 价	48.00元

前言

河流微地貌是规模相对较小的地貌形态，如涉河工程群附近尺度不一的冲刷坑及沙波共同组成了典型微地貌。不同的微地貌形态附近水沙运动规律各异。精准掌握微地貌产生、演化及迁移规律，对于河流稳定性、生物多样性、航运与工程安全运行均至关重要。

本书以丁坝附近典型微地貌为研究对象。综合运用理论分析，结合实地勘查成果及地形实时观测手段，开展物理模拟，以此为基础开展数值模拟工作，深入探讨微地貌水沙响应规律及背后的驱动机制。研究表明：

(1) 分别从时间及空间维度，详细讨论了局部冲深、展宽、二维形态及三维结构等参数发展规律。引入曲面高斯曲率，提出局部冲刷坑曲面演变量化模型。依据实验观测数据，发现冲刷坑形成过程中，不同区域的河床侵蚀程度存在显著差异，反映了水流结构不同引起的河床变形差异性特征。

(2) 水流是驱动河床变形的动力机制。详细讨论了丁坝附近流场、湍流特征。在此基础上，提出了涡分裂或合并判别方法。认为丁坝附近角涡呈现分裂现象，马蹄涡主涡呈现合并现象；分裂程度接近自身体积的一半，合并程度甚至达到自身的两倍。表明丁坝对水流挤压增大小尺度涡与主涡合并的概率，揭示了冲刷坑内水流能量传递机制。

(3) 根据丁坝群实地勘查相关成果，讨论了丁坝群局部冲刷规律等。坝群中首、次坝局部深度接近，并共同掩护下游丁坝冲刷。

(4) 工程局部冲刷的同时往往产生淤积体，即沙波。引入地貌演化方程，理论分析沙波迁移规律，并开展实验验证。发现尺度相同的沙波同时运动，下游沙波优先加速迁移。增加沙波数量，不仅呈现同样加速趋势，且存在向下游传递现象。这一规律与上游沙波下游尾涡对下游沙波运动规律的影响密切相关。沙波通过调整间距，避免相碰，该成果对于浅滩水生物栖息地修复提供新的认知。

本书共6章，内容包括：绪论、河流微地貌观测技术、冲刷坑表面曲率分布与河床变形特征、丁坝附近水流能量传递特征、丁坝群河床变形与水流响应规律、结论与展望。本书兼顾了理论研究与实际应用，可为科研与工程技术人员提供参考。

感谢与作者一起参与丁坝工程附近典型微地貌水沙响应规律研究并进行推广应用的同仁们！感谢书中提及的相关工程为课题组提供了许多科研成果在重大工程中的应用的机会！

限于作者水平和经验所限，敬请读者对错误及不足之处提出批评指正，以便修改。

作者

2021年5月

符 号 意 义

θ——丁坝迎流角度

L——丁坝长度

L'——丁坝投影长度

d_{50}——泥沙中值粒径

h——水深

U——流速

U_c——泥沙起动流速

d_{st}——任意演变时刻局部冲深

A_{st}——任意演变时刻局部冲刷坑平面面积

V_{st}——任意演变时刻局部冲刷坑体积

p、q——描述冲刷坑平面面积及体积幂指数

ρ——液体密度

t——冲刷时间

p——液体压强

μ——液体运动黏滞性系数

u、v、w——x、y、z 三个方向的瞬时流速

$\overline{u}$、$\overline{v}$、$\overline{w}$——时均值

u'、v'、w'——各方向脉动流速

K——水流湍流动能

τ_b——当地河床切应力

τ_{bx}——顺水流方向河床切应力

τ_{by}——横向河床切应力

u_{*c}——临界摩阻流速

τ_c——临界河床切应力

ω_{vt}——t 时刻涡管的体积

ω_{vT}——$t+\Delta t$ 时刻涡管的体积，$T=t+\Delta t$

ω_{rt}——t 时刻马蹄涡管的直径

ω_{rT}——$t+\Delta t$ 时刻马蹄涡管的直径，$T=t+\Delta t$

t——局部冲刷任意演变时刻

T——冲刷演变终止时刻

τ_b——冲刷坑当地河床切应力

τ_c——河床临界切应力

h_s——丁坝群局部冲刷水深

目录

1 绪　论

1.1 研究背景

河流地貌学是研究河流地貌发生和发展过程，揭示流域泥沙运动规律和地质、自然地理条件对地貌发育影响的科学，是地貌学的分支。随着水力学及河流动力学的发展，大大地扩展了河流地貌的研究领域[1]。河流微地貌一般是指规模相对较微小单一或群体组成的地貌形态。河流微地貌形态可划分为平整河床、沙纹/波、冲刷痕、凹坑及岸坡侵蚀5类。也有学者提出平整河床、卵石夹砂、沙纹/波和深槽/浅滩均属于河流（床面）微地形。可以看出，划分种类略有差别，而人为引起床面形态的改变并没有被纳入，如河道采砂、涉河工程墩、桩群等引起强烈的河床冲刷和淤积变形。不难理解，人类活动产生的微地貌在经过长时间演变后，其最终依然可归纳为浅滩/深槽地形，或动态调整的沙纹/波形态。典型的如丁坝局部冲刷坑，丁坝下游尺度不一的淤积体，经过长时间演变近似形成浅滩/深槽共存的微地貌形态。

近年来，微地貌附近水沙变异对河床演变、河流生态环境所产生的影响，逐渐引起了学者的关注。周宜林等[2]指出沙波运动引起的河床变形强度是判别冲积河流河床稳定性重要指标之一。微地貌演变的物理过程已不仅仅属于河流动力学领域，应纳入生态河流动力学理论框架[3]。因此，微地貌附近水沙响应规律的讨论就显得尤为重要。

自然界中，河流地貌形态众多，研究对象应具有代表性。丁坝工程是常见的治河工程，特别是黄河下游游荡性河段，常用来束水攻沙，有效控导水流，在保证河流稳定性、航运安全性和生物多样性方面发挥了重要作用。以往讨论基本均针对局部冲刷的相关问题，成果众多。但往往忽略了局部冲刷产生的同时，也常伴随着各类尺度沙波的演化、迁移。特别是涉河工程下游局部河段，当地的局部冲刷坑，下游各类尺度沙波群，共同组成了典型微地貌，如图 1－1 所示。

(a) 冲刷坑

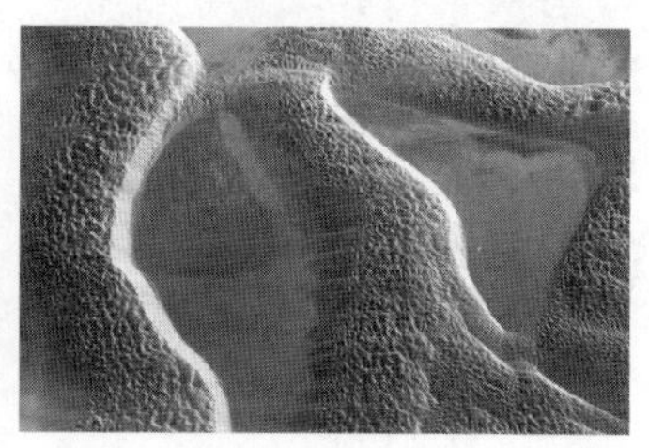
(b) 大尺度沙波

图 1－1　典型微地貌

本书拟选取丁坝工程，以其周围局部冲刷坑、沙波群组成的微地貌为研究目标，讨论微地貌形成、演变及迁移规律，揭示微地貌变形与迁移的物理机制。对这一问题的讨论必然涉及下列两方面的内容。

1.1.1　传统水沙问题

水沙关系是河流微地貌演变的根本动力。丁坝工程所导致的局部冲刷在严重情况下会导致水毁。但事实上，更严重、更突出的问题是每年丁坝工程巨大的维护费用，包括大量物力和财力的损耗。以黄河下游河段为例，根据某河段相关根石探测报告[4]，统计了若干丁坝工程附近冲深与抛投石量关系，如图 1－2 所示。

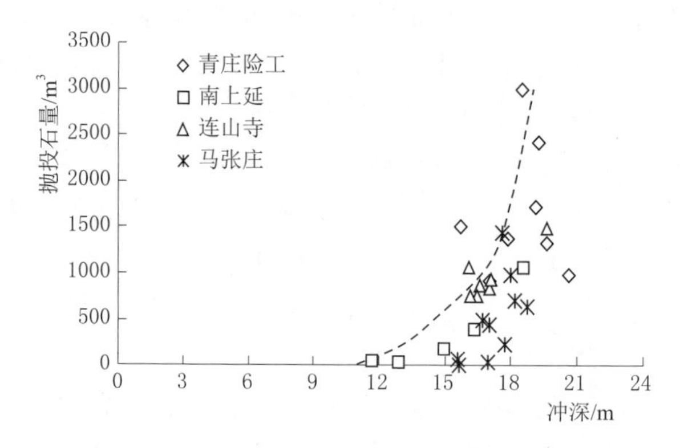

图 1－2　黄河下游某河段冲深与抛投石量关系曲线

可以看出，丁坝工程的冲深与抛投石量呈近似指数关系。黄河下游近千座丁坝工程，其背后无疑是巨大的社会资源投入。评估及预测丁坝附近局部冲刷发展规律，对于维护根石稳定、节省维护成本、保障工程安全运行就显得非常必要。

沙波的迁移不仅影响当地局部冲刷特征，如洪水期大型沙波运动对桥墩局部冲刷深度的影响显著，还增大了因局部冲刷引起的工程安全问题[4]。大尺度沙波发育、演化以及迁移对航运工程、海底管道等均是不利的，如长江南通河段，曾数次发生浅滩引起船舶搁浅事故[5]。由此可见，沙波的演化和迁移对工程安全、河床演变及河流生态的影响仍知之甚少，有待于深入探讨。

1.1.2 水下微地貌附近生态问题

微地貌不仅影响河流自身演变特性，其对生物多样性的影响甚至是灾难性的。近些年，泥沙与水生态等学科的交叉研究拓展了泥沙学科理论范围。微地形的演变与发展、涡体结构的解析、床面垂向物质传输过程等越来越受到人们的关注[3]。微地貌是水生动植物的重要水生生境、重要栖息场所和庇护场所。如深滩段、水深增加、流速减缓、床面结构稳定，是底栖动物最喜爱的生存环境。又如丁坝附近水流紊动增强，利于鱼类洄游。沙波床面为穴居的底栖动物，如寡毛类、摇蚊等提供了良好生存环境[6]。把握微地貌水沙响应规律，是探讨水生物制灾机理、生态环境影响评估的前提和基础。

无论是工程运行安全还是生态问题，均具有长期性和致灾性，务必重视。搞清楚这些现象背后的关键科学问题就显得尤为重要。水沙是河流系统的最基本要素，也是驱动改变的动力因子，又是微地貌水沙响应关系的本质。认识和掌握微地貌附近水沙运动规律无疑搭建了传统河流动力学与生态河流动力学之间的桥梁纽带[7]。不仅为水利工程领域制定防灾措施提供理论支撑，同时对维持河湖生态体系建设也具有重大理论意义，是未来水利工程领域研究趋势之一。

1.2 研究面临的挑战

1.2.1 丁坝对水流能量传递的驱动机制

在流体力学基本知识体系中，涡没有明确的定义。基于欧拉观点，根据速度梯度张量不变量，给定特定阈值条件下，通过各类准则识别涡流结构[8]。瞬时流场得到的涡无法准确地反映与时间相关的漩涡流动结构演化过程，利用相关准则所构建的涡管结构，并假定封闭涡管体积随时间变化，这一变化的过程即是水流能量传递过程。

如何根据丁坝物理或数值模拟成果提出涡结构演变模型，判别涡体积、涡形态时-空维度特征，解释涡分裂与合并现象，探讨丁坝引起涡结构改变所扮演的角色，揭示丁坝对水流能量传递的驱动机制，无疑是具有挑战性的问题。

1.2.2 沙波的自我调整规律

大尺度沙波是由较小尺度沙波碰撞而产生，但目前仍未有任何观测记录。如何基于地形演变相关基础理论，通过观测多沙波运动特征，讨论沙波迁移规律，探讨沙波之间自我调整规律，验证沙波碰撞理论，是本研究的另一重要挑战。

1.3 国内外研究进展

1.3.1 丁坝局部冲刷

1.3.1.1 量纲分析

丁坝或桥墩等类似工程局部冲刷影响因子的讨论通常是建立在无黏性泥沙基础上。查阅相关文献，选取典型研究成果[9-13]，对影响局部冲刷的相关参数归纳如下：

流体参数：水密度（ρ），运动学黏度（υ），重力加速度（g）；

水流参数：水深（h），行进流速（U）和速度（v），泥沙起动流速（U_c）；

泥沙物理特征：密度（ρ_s），泥沙中值粒径（d_{50}），颗粒不均匀系数（σ_g），泥沙颗粒水下休止角（ϕ）；

建筑物尺寸与形式：长度（L），迎流角度（θ）。

上述各影响参数采用数学表达式为

$$f\left\{\overbrace{d_s}^{\text{冲深}},\underbrace{h,U,U_c}_{\text{水流特征}},\overbrace{\rho,g,\upsilon}^{\text{流体特性}},\underbrace{\rho_s,d_{50},\sigma_g,\phi}_{\text{泥沙特性}},\overbrace{L,\theta}^{\text{丁坝参数}},\underbrace{t}_{\text{历时}}\right\} \tag{1-1}$$

根据量纲分析，式（1-1）改写成无量纲形式：

$$f\left\{\frac{h}{L},\frac{U}{U_c},\frac{L}{d_{50}},\sigma_g,\frac{t}{T}\right\} \tag{1-2}$$

式中：h/L 为相对水深；U/U_c 为来流强度，$U/U_c<1$ 为清水冲刷条件；L/d_{50} 为相对粗糙度；$\sigma_g=\sqrt{d_{84}/d_{16}}$ 为泥沙颗粒非均匀系数；t/T 为清水冲刷条件下的冲刷历时，其中 t、T 分别是冲刷任意时间和总历时。

各参数对丁坝局部冲深的影响分述如下。

(1) 对于清水冲刷条件，床沙为均匀沙，来流大小对局部冲深的影响最大，局部冲刷深度与流速近似呈现线性关系。按照泥沙起动进行分类，来流达到泥沙起动临界条件时，局部冲深达到最大值，此工况称为局部冲刷的阈值。来流超过泥沙起动流速时，局部冲深呈现先下降而后再次上升的趋势，参照上一个工况最值，可称为第二高峰值，也可称为“动床冲刷峰值”。与前一峰值相比，其数值大致约减小10%。因此，为便于观测，水槽实验常常采用清水冲刷坑条件，当来流条件 $U/U_c=0.85\sim0.9$ 时，局部冲刷深度也更接近浑水冲刷条件，可满足工程需求。来流强度与局部冲深关系如图1-3所示。

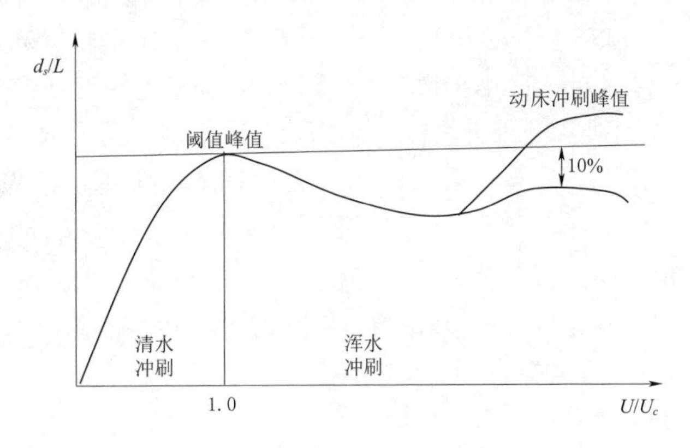

图1-3 来流强度与局部冲深

(2) 相对水深对局部冲深的影响获得了普遍共识[14-16]，局部冲深随相对水深的增加而增大并趋于常量，如图1-4所示。根据这一特征，文献［12］进一步详细划分了相对水深与局部冲深的关系，定义了相对长、短及中间型丁坝，其判别式分别为

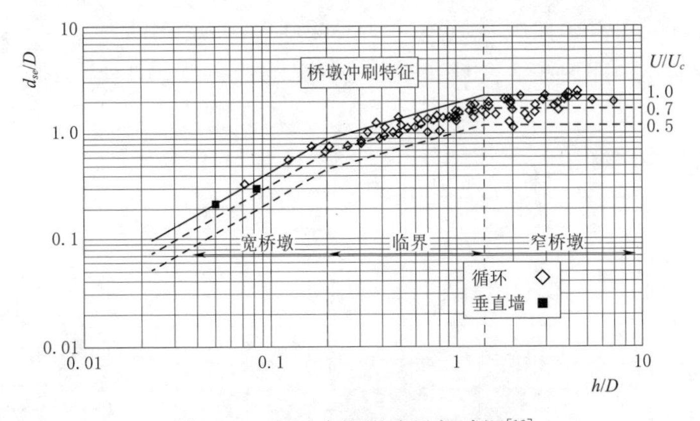

图1-4 相对水深影响局部冲深[12]

$$\text{短型丁坝}(L/h<1): d_s=2K_sL, d_s\propto L;$$

$$\text{中间型丁坝}(1\leqslant L/h<25): d_s=2K_sK_\theta\sqrt{Lh}, d_s\propto\sqrt{Lh};$$

$$\text{长型丁坝}(L/h\geqslant 25): d_s=10K_\theta h, d_s\propto h。$$

式中：K_s 为丁坝结构形式修正系数；K_θ 为丁坝迎流角度修正系数。

(3) 以桥墩为例。发现当桥墩直径 D 与泥沙颗粒中值粒径 d_{50} 的比值，即 $D/d_{50}=25\sim50$，其对局部冲刷的影响显著；当 D/d_{50} 比值大于 50，泥沙粗糙度对局部冲深影响甚微[12]。Sheppard 等[13]通过对码头桩基附近局部冲深的调查也发现了类似规律，随着相对粗糙度进一步增大，局部冲深具有减小趋势。Lee 等[14]在上述讨论的基础上，更为详细讨论了相对粗糙度对局部冲深影响，认为 $D/d_{50}=25$，局部冲深达到峰值，随相对粗糙度增大，局部冲深呈现下降趋势并逐渐趋于恒定。丁坝局部冲深是否仍然符合相似规律，暂未有可信的文献供参考。

(4) 非均匀系数是用来衡量泥沙颗粒级配特征的参数，其表达式为 $\sigma_g=\sqrt{d_{84}/d_{16}}$。根据相关定义，$\sigma_g>1.4$ 为非均匀沙，反之为均匀沙[15]。总结已有的研究成果可知，随着 σ_g 值的增大，局部冲深演变速率及冲刷深度都呈现减小趋势[16]。但需要指出的是，上述规律仅应用于讨论清水冲刷条件，对于浑水冲刷条件，泥沙颗粒的非均匀性则对局部冲刷没有明显的影响。

1.3.1.2 局部冲刷演变

清水持续冲刷条件下，常采用无量纲参数描述建筑物局部冲深演变规律[14-16]。近年来，有部分学者以时间尺度为度量标准，讨论局部冲深随时间演变特性。Ettema 等[11]和 Sheppard 等[13]通过水槽实验，侧重讨论大类时间尺度影响局部冲深演变规律。Cheng 等[17]讨论了大、小两类时间尺度影响局部冲刷演变规律，采用指数型函数关系进行描述，并进一步指出，指数型变量随相对粗糙度增大而减小，并趋于常量。部分学者依据实验观测结果，通过回归分析等技术手段，采用幂函数关系描述局部冲深随时间演变规律[18-20]。或采用对数型函数关系描述局部冲深演变规律[19-20]。代表性公式如表 1-1 所示。

表 1-1 局部冲刷演变公式

建筑物	公式类型	文献	公式	参数（n 或 K）	U/U_c
桥墩	$f=\mathrm{Exp}()$	Lai	$\frac{d_{st}}{d_{se}}=\left(\frac{t}{T}\right)^n$	0.11	0.85～0.97
	$f=\ln()$	Diab	$\frac{d_{st}}{d_{se}}=K\ln\left(\frac{t}{T}\right)+B$	0.1098	
丁坝	$f=\mathrm{Exp}()$	Rodrigue	$\frac{d_{st}}{d_{se}}=C\left(\frac{t}{T}\right)^n$	0.12	
	$f=\ln()$	Rodrigue	$\frac{d_{st}}{d_{se}}=K\ln\left(\frac{t}{T}\right)+B$	0.157	

1.3.1.3 冲刷坑剖面二维形态

冲刷坑剖面面积随时间演变特征是讨论局部冲刷坑当地河床切应力演变的重要参数之一[21-24]。因此，局部冲刷坑剖面形态演变被研究者所关注[19,21]。已有的研究成果指出，随时间演变冲刷坑剖面形态均保持恒定[25]。也有研究成果指出，随时间演变，当地的河床切应力逐渐减小，达到平衡状态，当地河床切应力接近常量[26-28]。

冲刷坑剖面形态的另一重要参数即是泥沙颗粒休止角。其不仅反映了冲刷坑形态，也涉及冲刷坑形态的预报以及当地涡流特征等问题的讨论[22,29]。Zhang等[30]指出，冲刷达到平衡状态，丁坝上下游剖面保持相对稳定的斜率，斜率的大小近似为泥沙颗粒休止角。Karami等[31]不仅认为冲刷坑上游剖面平均坡度等于泥沙颗粒休止角，且冲刷坑上游坡度要陡于冲刷坑下游坡度。有学者根据泥沙颗粒休止角等于冲刷坑边坡斜率这一特征，采用数值模拟技术，预测当地冲刷坑的深度和形状[32]。Bouratsis等[25]详细讨论了桥墩冲刷坑各方位剖面平均斜率，认为各方位平均斜率分布特征近似呈现一个正弦函数。

另外，受下潜流及马蹄涡流共同作用，冲刷坑剖面形态上存在一个尖点[29]。Zhang等[33]根据丁坝局部冲刷坑剖面斜率呈现倒U形分布特征证实了尖点的存在。

1.3.1.4 冲刷坑三维结构

清水冲刷条件下，相对于局部冲深、冲刷坑平面面积、冲刷坑体积讨论成果略少。Bouratsis等[25,34]获得了冲刷坑三维形态演变可视化，详细地描述了冲刷坑体积随时间演变趋势，指出这一幂函数增长趋势也存在两类不同的演变速率。Kuhnle等[35-36]认为随时间演变，冲刷坑体积与局部冲深比值近似为常量。文献[19]报告了随时间演变，局部冲深与冲刷坑体积呈现三次多项式函数关系，冲刷坑体积随时间演变呈现幂函数增长。

从空间维度特征看，Fael等[37]提出了采用局部最大冲深预测冲刷坑平面面积与体积的经验公式。在此基础上，后续的研究者对冲刷坑几何参数预测做了较多的补充或修正工作[20,34]。

近年来，虽局部冲刷坑三维形态的演变趋势被关注，但建筑物局部冲刷坑三维结构演变观测更依赖于测量手段的改进。目前，激光传感器及高分辨率监控系统、高速激光扫描仪等测量技术逐渐应用于桥墩或丁坝冲刷坑三维结构观测[25,33-34]。借助新的测量手段，桥墩或丁坝局部冲刷坑几何结构演变，空间维度精细化特征也就容易获得。冲刷坑几何结构研究进展如图1-5所示。

以往的研究成果基本上获取的是二维形态，地形地貌相关信息难以发掘。随着观测手段的增多，以及对三维结构的认识逐渐加深，其自身所包含的信息

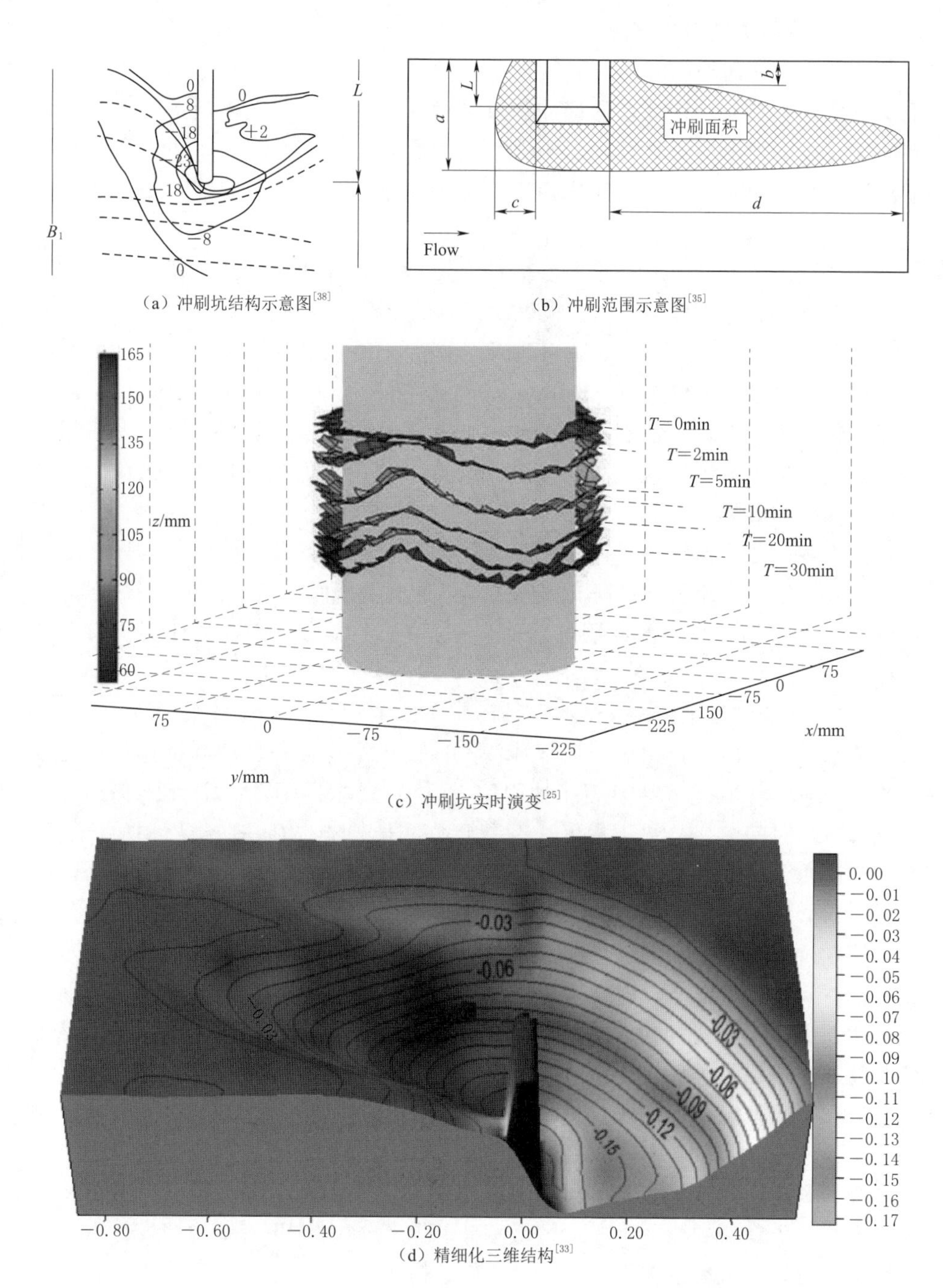

(a) 冲刷坑结构示意图[38]　(b) 冲刷范围示意图[35]

(c) 冲刷坑实时演变[25]

(d) 精细化三维结构[33]

图 1-5　冲刷坑几何结构研究进展示意图

也会逐渐被揭示。而相关研究成果对于更深入探讨水流泥沙相互影响和作用规律是十分有利的。

1.3.2 湍流结构

1.3.2.1 基本参数

黏性力相对于惯性力的大小决定了水流是层流还是湍流。黏性力和惯性力的比率被定义为雷诺数：

$$Re=\frac{Uh}{\nu} \tag{1-3}$$

式中：Re 为雷诺数；h 为水深，代替水力半径。

弗劳德数 Fr 等于惯性和引力的比率。对明渠均匀流，计算公式为

$$Fr=\frac{U}{\sqrt{gh}} \tag{1-4}$$

式中：g 为重力加速度。

基于流体动力基本理论，速度和压力均随时间和空间而变化。若 u、v 和 w 是某时刻瞬时速度分量，$\overline{u}$、$\overline{v}$ 和 $\overline{w}$ 是速度平均分量，u'、v' 和 w' 为速度沿水流方向在横向和垂直方向的分量，相关关系式可以写为

$$u=\overline{u}+u' \tag{1-5}$$

$$v=\overline{v}+v' \tag{1-6}$$

$$w=\overline{w}+w' \tag{1-7}$$

湍流动能（TKE）被定义为在湍流中与涡流有关的单位质量的平均动能，其计算表达式为

$$TKE=0.5(\overline{u'^2}+\overline{v'^2}+\overline{w'^2}) \tag{1-8}$$

其中，TKE 也常常用 K 表示。

此外，速度的波动部分可以用来量化雷诺应力，是流体中总应力张量。雷诺应力张量的分量定义为

$$\tau_{uv}=-\rho\overline{u}'\overline{v}' \tag{1-9}$$

$$\tau_{vw}=-\rho\overline{v}'\overline{w}' \tag{1-10}$$

$$\tau_{uw}=-\rho\overline{u}'\overline{w}' \tag{1-11}$$

根据式（1-10）和式（1-11）可得到，当地河床切应力计算式[39]如下：

$$\tau_b=\sqrt{\tau_{bx}^2+\tau_{by}^2} \tag{1-12}$$

其中，$\tau_{bx}=\tau_{uv}+\tau_{uw}$；$\tau_{by}=\tau_{uv}+\tau_{vw}$。

1.3.2.2 丁坝附近典型湍流结构

Koken 等[40]及 Safarzadeh 等[41]均详细总结并描述了丁坝附近典型水流结

构，如图 1-6 所示。丁坝附近水流结构可大致分为以下几类：

（1）丁坝上游与侧壁区域，呈现周期循环的环流。

（2）由于丁坝上游垂向压力梯度停滞，而形成强大的下潜流，并引起丁坝上游局部范围壅水。

（3）由于下潜流和边界层的相互作用，形成了一种呈现周期性振荡的马蹄涡流系统。

（4）丁坝下游尾流区域，包括卡门涡街，回流等水流结构。

（5）其他还包括，尾流和主要流区之间的完全湍流和动态的分离剪切层区域；以及丁坝下游，接近主流区域，大规模、低频率、非稳定涡流。

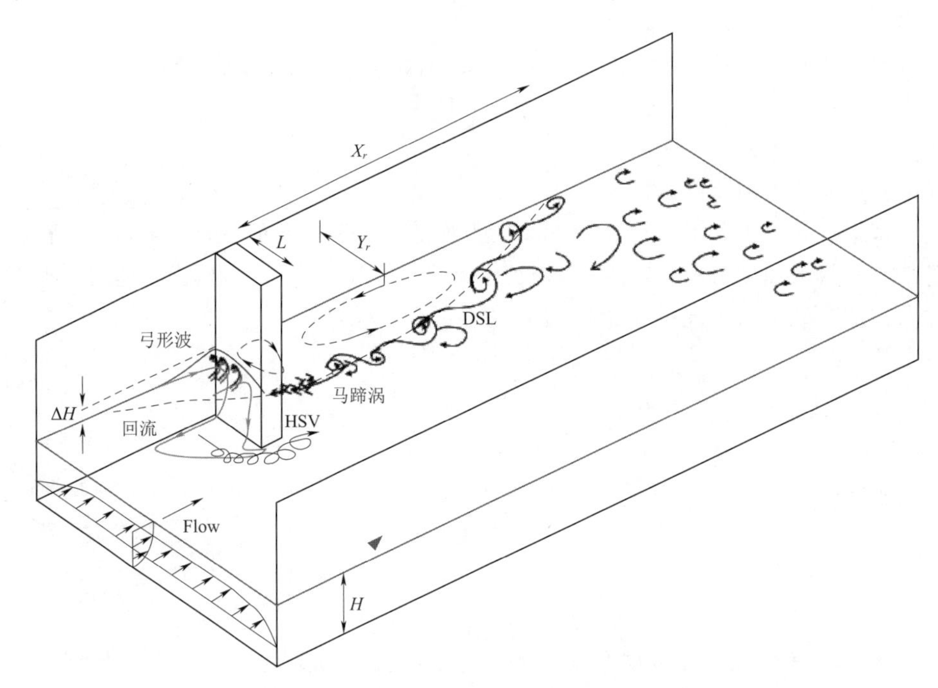

图 1-6　丁坝附近水流结构示意图

涡是流体中一种常见的流动现象，是一种时间上无序但统计上又存在一定规律的流体运动，在湍流研究的各个领域均具有重要的研究价值。对于如丁坝、桥墩类似建筑物而言，其附近具有典型的涡流结构，如马蹄涡、卡门涡等复杂湍流结构[42]。实验观测、数值模拟技术是获得湍流结构的两类重要的技术手段。其中，采用声学、光学等设备观测流体，如 PIV 及 LDV 等高精度测流设备的发展，逐渐应用于建筑物周围的流场观测，典型涡流结构，如马蹄涡系的分布特征被观测[42]。因观测设备众多，本书将在下一个章节重点介绍。本节仅从建筑物附近流场，涡流结构可视化两个方面对相关成果进行总结和讨论。

(1) 流场。唐洪武等[43-44]采用粒子图像等技术获得了流场紊动特征。除此之外，油膜摄影、片光源等技术也分别用于观测丁坝附近三维流场[45-46]。相关研究成果对湍流的讨论提供了极大的技术支撑。但若获得更细致的水流结构，如涡的特征，仍需进一步引进或改进更高质量的观测设备或手段。

(2) 马蹄涡及尾涡可视化。数值模拟手段也取得了飞速发展。其在涡流可视化方面具有特定的优势，对于更进一步直观理解湍流结构大有帮助。N－S方程用来描述流体流动的基本理论方程，但方程很难求出精确解，通常采用一些简化的理论模型或者求助于数值模拟的方法来预测流体的运动。如高精度直接数值模拟（DNS）和大涡模拟（LES）等手段讨论湍流运动规律[47-50]。其中，魏文礼等[51]基于大涡模拟算法，讨论丁坝附近回流和涡量分布特征。李子龙等[52]采用有限体积法，针对非淹没、正挑丁坝开展了模拟工作，讨论了马蹄涡的演化特征以及涡系变化特征。近年来，结合局部冲刷坑几何形态讨论水流结构的趋势明显增多，曹艳敏等[53]指出冲刷坑形成后极大地改变了丁坝坝后回流区的水流流动结构及紊流动能分布。杨兰等[54]依据FLOW－3D计算手段，选取RNG $k-\varepsilon$ 湍流模型模拟了丁坝群附近流态及冲刷坑形态。宁建等[55]采用同样技术手段，讨论了单丁坝附近流场、冲刷坑形态等，认为冲刷坑边坡的斜率等于泥沙颗粒休止角，并未进一步讨论冲刷坑形态与涡流间影响规律。

(3) 马蹄涡3D结构。相较而言，国外对水流结构，特别是涡流3D结构的讨论要成熟得多。手段也更为丰富，可视化效果突出。如均匀剪切流动和圆柱尾迹流流拟序结构、拓扑结构等可视化[56-59]。鉴于丁坝附近水流结构相关成果极其丰富，不再一一描述。采用图片形式，可以更直观地展示对建筑物附近流态的知识过程，典型成果如图1－7和图1－8所示。

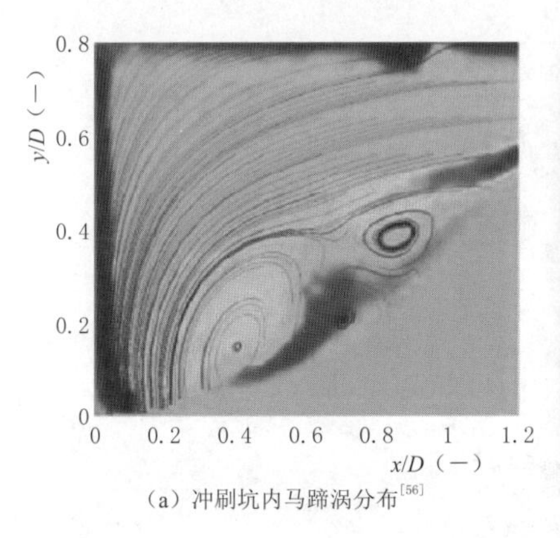

(a) 冲刷坑内马蹄涡分布[56]

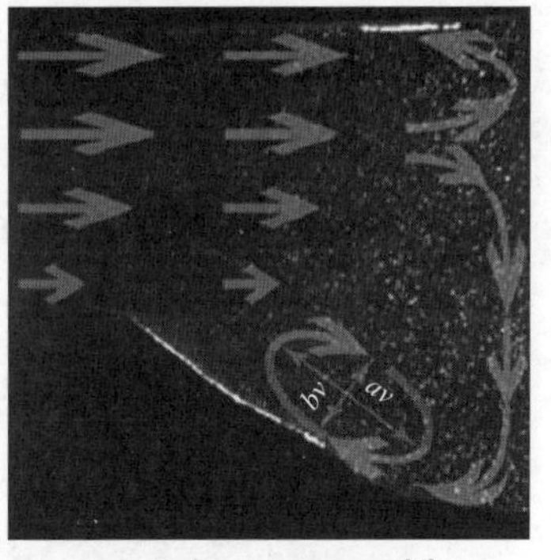

(b) 基于PIV马蹄涡流态[57]

图1－7 马蹄涡流形态

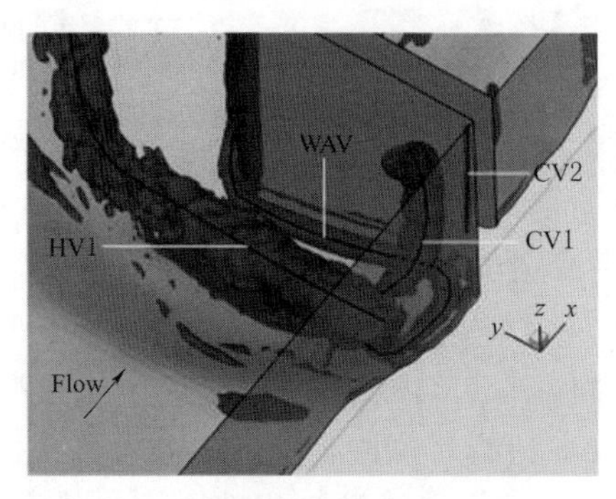

图 1-8　冲刷坑内涡流拟序结构[40]

可以看出，对流态的认识基本呈现从二维形态到三维结构，从定性描述到定量描述发展历程。陈小莉等[47]指出由于紊动涡体的复杂性，对于漩涡的观察仍然无法全面透彻，还有待于研究手段进一步提高。而流体观测手段进一步提升，数值模拟及相关算法进一步优化无疑是提高涡流的认识基础和前提。

(4) 湍流能量级串。俄罗斯数学家Kolmogorov提出了各向同性的“湍能级串”理论，该理论描述了能量从大漩涡转移到其相近小漩涡而非更远距离处的图景，即大漩涡破裂成小漩涡，随后小漩涡破裂成更小的漩涡[58]。湍流在不同尺度间存在逐级能量传递，由大漩涡传递给小漩涡，直到雷诺数达到充分小，涡的运动处于稳定状态，湍流动能被消耗。各向同性三维湍流能量是从大尺度的漩涡传递给了更小尺度漩涡。

近年来，湍流运动的研究获得了突破性成果，特别是涡的识别，能量消耗和传输过程都有了新的认识，如图 1-9 所示。Cardesa 等[58]采用了直接数值求

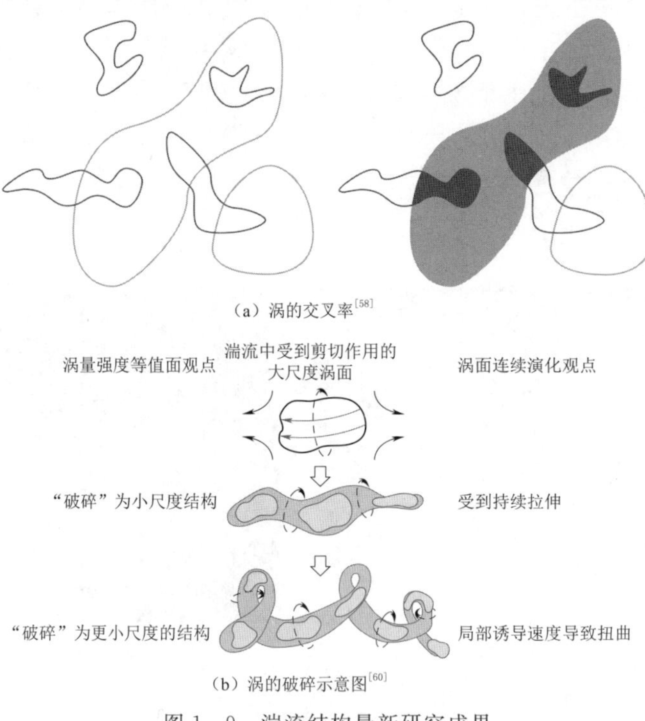

图 1-9　湍流结构最新研究成果

解的方法，通过解不可压缩流体的 N－S 方程对在三维周期立方体中的各向同性的湍流进行模拟。首次成功地完全模拟了湍流中动能在小尺度漩涡以及更小漩涡中传递过程。并提出了漩涡交叉率的概念，由此来反应湍流中漩涡的分裂关系。Tian 等[59]分析了流体微团转动，提出局部流体转动轴的概念，并定义了一个新的矢量。该方法对研究涡结构内流动参数变化规律、追踪流场中漩涡结构的生成、发展演化过程以及研究湍流生成和维持机理等具有潜在意义。Wang 等[60]提出了通用算法可在任意流场中构造涡面场数值解。该涡面场等值面为具有明确数学定义的涡面，呈现为管状或层状等几何特征。这一构造算法包含求解沿涡量输运的标量伪时间演化方程与含混合约束的泛函极值问题，并使得涡面场可作为普适的流动结构识别方法用于各类复杂流动中的涡动力学分析。如在均匀各向同性湍流中，涡面场数值解的零等值面揭示了复杂交织网络的纠缠涡管结构。

综上所述，这些新的研究成果引入讨论局部冲刷问题对推动河流动力学相关理论发展大有裨益。

1.3.3 丁坝群局部冲刷问题

坝群局部冲深预测是另一项具有挑战性的课题[61-62]，不仅涉及单体丁坝局部最大冲深，还涉及坝群间相互影响规律。明确和把握双丁坝对水流的影响规律，对于航道整治建筑物的设计和维护具有十分重要的意义[63]。类比单丁坝发展历程，对丁坝群局部冲刷问题进行简要总结。

在单体丁坝实验基础之上，因各坝间相互影响，丁坝附近最大冲深小于同一边界条件下单体丁坝的局部冲深[64]。程永舟等[65]着重讨论了水流、坝距、坝长等因素对丁坝群中各丁坝局部冲深的影响，提出坝群冲深的计算公式。Karami 等[31]指出在同一边界条件下，首坝（串联布置上游丁坝称为首坝，下游坝体称为次坝）局部冲深与单体丁坝局部冲深相似，受相邻坝体的影响，次坝冲深往往略小于首坝局部冲深。有学者指出，坝群中各丁坝间相互作用较为明显，当间距增大到一定程度后，丁坝间的相互掩护作用消失，$n=4\sim5$ 时首坝对次坝掩护作用最大[66]。杨石磊等[67]则进一步提出了如首坝与次坝比值关系，首坝与第三坝比值关系。Fazli 等[68]考虑河流形态影响丁坝坝群局部冲刷，弯曲河段坝相对丁坝间距 $n=2.6$ 时，两坝的局部冲刷深度最小，超过此间距，冲刷深度随间距增大而增加。杜飞[69]发现同因素影响，与单丁坝局部冲深相比，双丁坝之间存在掩护作用。

杨兰等[54]讨论了上挑丁坝群的周围流场分布和局部冲刷特性。认为丁坝群间涡系结构复杂，第一座丁坝坝头处存在反向的漩涡和下潜流，但没有进一步解释与单丁坝的区别或者相似性特征。刘易庄等[63]探讨淹没双丁坝对坝间水流的结构特征，认为坝间回流区宽度随丁坝间距的增大而增大。不难发现，对于坝群水流的讨论极少。基于单体丁坝附近水流特征，通过水槽实验或数值模拟等方法，对比分析双丁坝水流结构及冲刷特性应引起重视。T 形丁坝同一布置形式时仍具有此规律[70]。

近年来，新理论和方法也逐渐被运用讨论坝群局部冲深，如基于神经网络方法，人工神经网络（ANNS）、遗传算法（GAS）、神经模型系统（Neuro fuzzy systems），自适应模型等[71-72]。

墩群的影响并不是简单个体影响的叠加[73-74]。当多个互不独立的丁坝组成的丁坝群，丁坝群中各丁坝间相互作用较为明显。Zhang 等[75]认为若两个丁坝相对间距 $n>4$，坝群其他坝体局部冲深讨论就显得无关紧要。然而距离尺度对坝群局部冲深影响规律，丁坝间影响与协作规律仍不明确，需进一步深入探讨。

1.3.4 沙波迁移运动

1.3.4.1 沙波形态与影响因素

沙波是沙漠、河流和海洋环境中常见，且典型的微地貌形态广泛分布于河道、河口以及浅海区。沙波的迁移和演化对于海底管线、油气开发等具有不可忽视的影响，如管道铺设过程张力及埋设深度的影响[76]。对于内河航运而言，大量的沙波发育，增大淤塞碍航的几率[77]。因此，沙波的运移规律一直是研究焦点问题。

沙波的形态特征是指沙波外部形态或轮廓，常见如平面形态特征、剖面形态特征，以及二维沙波和三维沙波[78]等，种类繁多。从平面二维形态看，沙波的形状有直线形、弯曲形、网状形[79]等。从空间三维形态上看，沙波又分为孤立的新月形、串珠状新月形、链珠状等形态[78]。有学者详细整理了各类型沙波的形态特征[80]，如图 1－10 所示。

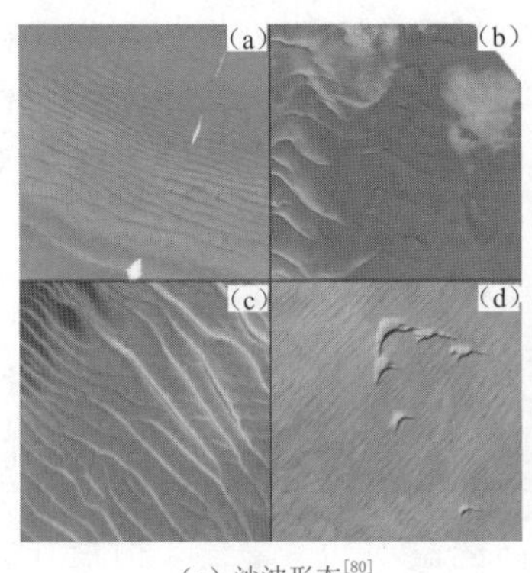

（a）沙波形态[80]

（b）海湾下游沙波[81]

图 1－10　不同类型沙波形态

另外，根据剖面形态的对称性，沙波分为对称性沙波和不对称性沙波。根据大小形态不同，沙波分为小、中、大和巨型[78]，如表1-2所示。

表1-2 沙波分类表

沙波参数	沙波等级			
	小型	中型	大型	巨型
波长/m	0.6～5	5～10	10～100	>100
波高/cm	7.5～40	40～75	75～500	>500

除沙波形态外，沙波几何参数也非常重要，如波长，波高等。有学者对沙波几何参数之间的关系进行了详细的统计[82]，如表1-3所示。

表1-3 内陆河流及海湾沙波的几何关系

研究者	水动力环境	波高-水深	波长-水深	波高-波长
Yalin Rubin	单向流水槽实验	$H_{sw}=0.167h$	$L_{sw}=2\pi h$	
Van Rijn	单向流		$L_{sw}=7.3h$	
Flemming	水槽实验河流			$H_{sw}=0.16L_{sw}^{0.84}$
杨世伦	长江口			$H_{sw}=0.07625L_{sw}^{0.8299}$
Francken	斯海尔德弯	$H_{sw}=0.25h$	$L_{sw}=9h$	$H_{sw}=0.0321L_{sw}^{0.9179}$
Van Landeghem	爱尔兰海流	$H_{sw}=0.388h$	$L_{sw}=0.601h^{1.2169}$	$H_{sw}=0.0692L_{sw}^{0.802}$
马小川	海南岛西南湾			$H_{sw}=0.1192L_{sw}^{0.901}$

1.3.4.2 水动力环境和泥沙特性

水动力环境和泥沙特性是影响沙波形态及迁移规律的两个重要因素。床面水流流速超过泥沙的起动流速，沙粒开始运动；流速增加到一定程度时，沙纹开始形成。沙纹形成后，水流在沙纹的背水坡面形成漩涡，使泥沙产生向上的剪切应力，从而维持沙纹形态的稳定[83]。但流速继续增大反而会造成消峰作用，产生抑制沙波发育的局面[84-85]。由此可见，水动力环境对于沙波的形成，演化至关重要。在实际问题的讨论中，水流弗劳德数（Fr）常作为水动力环境代表性参数。若$Fr<1$，水流处于低能态，沙波形成；若$Fr>1$，且持续增大，会导致沙波消失，甚至出现逆行沙波[81]。

除了水动力环境外，泥沙物理特性是另一重要影响参数。包括泥沙粒径大小、形状等均会影响沙波的形成和演化。泥沙粒径的大小影响沙波迁移速率，容易理解，粒径越大的泥沙颗粒越需要更大的起动流速，而粒径较小的颗粒更容易运动而发生迁移[87]。如庄振业等[88]指出当泥沙粒径介于0.15～0.60mm之间，最容易形成沙波。泥沙颗粒形状影响沙波两侧坡脚的稳定性，若用泥沙磨圆度表示，磨圆度差的泥沙颗粒具有较大泥沙休止角，坡脚相对较陡。而磨圆度较好的泥沙颗粒，其休止角往往较小，坡度明显偏缓[87]。另外，输沙率也是影响沙波形态发育及演化的因素。当地输沙率加大，通常会发育直线型沙波；而输沙率偏小甚至不足时，泥沙得不到有效补充，一般会发育成新月形沙波。但需要指出的是，沙波并不是一成不变的，存在相互演化情况，概括起来基本呈现沙纹—沙垄—沙波—急滩和深潭形态转化过程[88]，如图 1-11 所示。

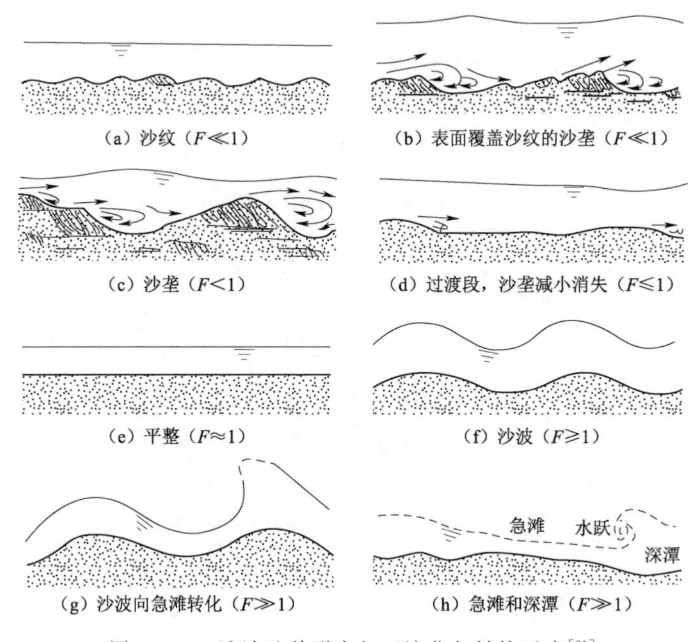

图 1-11 沙波地貌形态相互演化与转换示意[81]

1.3.4.3 沙波迁移

沙波迁移是沙波问题的重要内容之一。沙波的形成已具有广泛共识，沙波在特定环境下的迁移运动，包括迁移方向、迁移速率以及沙波间的影响仍不清晰，有待于进一步讨论。单向流作用下，沙波迁移方向是缓坡到陡坡方向，即与沙波倾向一致，但是海洋中环境要复杂得多[89]。鉴于本书研究的范围，重点讨论河流环境下沙波迁移规律。

沙波运动距离一般指沙波在平面上偏移出原来位置的相对长度。对于沙波运动距离的讨论，主要是通过观测获得。目前最常用是通过原位观测法和重复水深测量法，另外还有数值模拟法、卫星遥感法[80]等。通过多次重复水深测量，获得了目标沙波迁移速率[90]。利用高精度多波束测深数据对沙波区水深进行多次测量，通过比对所对应的位置来确定沙波迁移[91]。戴志军等[86]则进一步利用数字高程模型，获得了侵蚀/淤积波年际迁移速率。虽然如单波束测量、光学成像测量、多波束测深系统等测量技术已被广泛用于海底沙波的现场观测，并获得定性或半定量沙波的几何特征，或通过剖面以及平面对比等方法讨论沙波地貌的演化及迁移。但目前仍无法实现对沙波的实时、长序列监测。

除此之外，数学模型不仅能解释沙波形成，而且能预测沙波运移，是一种经济、高效的研究方式。但是也存在局限，如模拟结果需结合实测数据以相互验证和支持。Paolo 等[92]提出了一种确定浅海沙波波长、波高和迁移速率的线性稳定性模型，预测了浅海沙波生长，尤其是移动速率。

相较于沙波的迁移速率观测，迁移方向及沙波之间相互作用关系等相关成果明显较少。Fenster 等[93]通过对某海域高精度水深数据的分析，研究了海底沙波的迁移及体积变化，发现沙波沿波峰方向迁移速率不均匀性，并且在迁移过程中还会发生旋转等现象。Voropayev 等[94]认为沙波迁移规律与沙波形成后引起的次生流密切相关，但详细的物理机制目前还不清楚。王伟伟等[95]通过实测资料分析，认为北部湾海底沙波的迁移速率、迁移方向均不相同。

1.4 技术路线和方法

河流微地貌水沙响应规律，既属于非常传统和经典的问题，又牵涉河流生态领域，不容忽视。在前人的研究基础之上，借助新的观测手段，对相关重点、难点问题的突破无疑是较大的挑战。包括新观测技术上的难点，基本理论的改进等各方面。虽研究具有挑战，但取得的相关成果对完善传统河流动力学，丰富生态河流动力学，其作用是不言而喻的。

本书以此为出发点，在参考微地貌水流特性，泥沙输移规律相关成果的基础上，引入水流、地形演变等相关基础理论，通过开展水槽实验，引入新的观测手段，采用物理与数值模拟结合手段，选取涉河建筑物丁坝为研究对象，针对丁坝附近微地貌水沙输移的若干重点、难点问题进行讨论。主要包括下列几点重要内容：

(1) 以单丁坝为例，探讨冲刷坑形成过程中水流与河床变形影响与作用特征，即水沙响应规律。

(2) 以单丁坝讨论成果为基础，着重讨论了双丁坝附近水流与河床变形之间相互影响与作用特征。

(3) 针对丁坝下游沙波推移速率不均匀现象，开展专项研究，重点讨论了沙波群之间自我调整规律。

整个研究技术路线如图 1-12 所示。

综上，以丁坝附近典型微地貌为主线，以观测手段由微地貌地形扫描技术

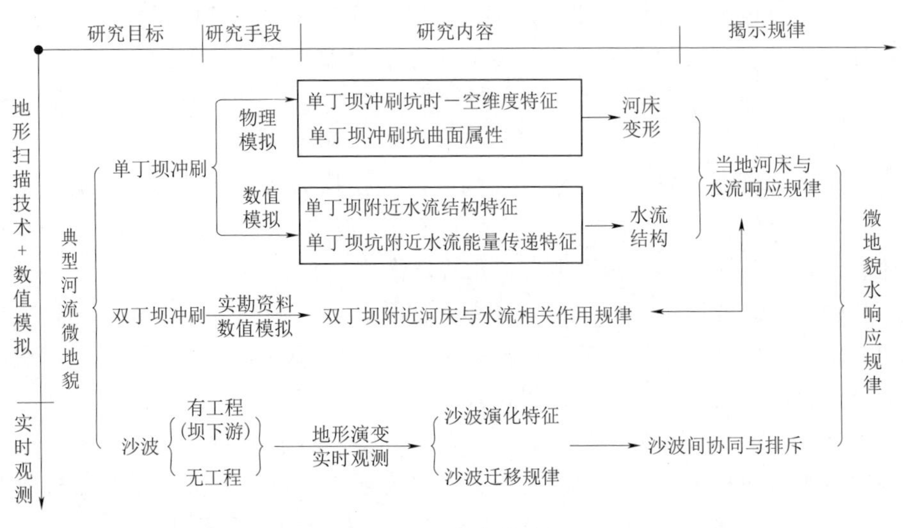

图 1-12 技术路线图

发展至微地貌实时观测技术为纵线，讨论微地貌附近水沙响应规律。以上述思路为主线，辅以相关措施为支撑，为问题的讨论提供了可行性。

参 考 文 献

[1] 沈玉昌，蔡强国. 试论国外河流地貌学的进展 [J]. 地理研究，1985 (2)：79-88.

[2] 周宜林，唐洪武. 冲积河流河床稳定性综合指标 [J]. 长江科学院院报，2005 (1)：16-20.

[3] 濮阳第一河务局非汛期根石探测报告 [R]. 郑州：黄河水利勘测设计有限公司，2018.

[4] 王冬梅，程和琴，李茂田，等. 长江口沙波分布区桥墩局部冲刷深度计算公式的改进 [J]. 海洋工程，2012，30 (2)：58-65.

[5] 刘延. 不同床面形态泥沙输移的大涡模拟研究 [D]. 北京：清华大学，2017.

[6] 段学花，王兆印，程东升. 典型河床底质组成中底栖动物群落及多样性 [J]. 生态学报，2007 (4)：1664-1672.

[7] 方红卫，何国建，黄磊，等. 生态河流动力学研究的进展与挑战 [J]. 水利学报，2019，50 (1)：75-87，96.

[8] 孟庆国，李睿劬，李存标. 湍流级串和动力学过程之间的关系 [J]. 物理学报，2004，53 (8)：2621-2624.

[9] 周银军，陈立，刘金，等. 桩式丁坝局部冲刷深度试验研究 [J]. 应用基础与工程科学学报，2010，18 (5)：750-758.

[10] 周哲宇，陶东良，哈岸英，等. 丁坝局部冲刷研究现状与展望 [J]. 人民黄河，2010，32 (6)：18-21.

[11] Ettema R，Muste M. Scale effects in flume experiments on flow around a spur dike in

flatbed channel [J]. Journal of Hydraulic Engineering, 2004, 130 (7): 635-646.

[12] Melville B W. Bridge abutment scour in compound channels [J]. Journal of Hydraulic Engineering, 1995, 121 (12): 863-868.

[13] Sheppard D, Max, Mufeed Odeh, et al. Large scale clear-water local pier scour experiments [J]. Journal of Hydraulic Engineering, 2004: 957-963.

[14] Lee S O, Sturm T W. Effect of sediment size on physical modeling of bridge pier scour [J]. Journal of Hydraulic Engineering, 2009, 135 (10): 793-802.

[15] Oliveto G, Hager W H. Temporal evolution of clear-water pier and abutment scour [J]. Journal of Hydraulic Engineering, 2002, 128 (9): 811-820.

[16] Cardoso A H, Bettess R. Effects of time and channel geometry on scour at bridge abutments [J]. Journal of Hydraulic Engineering, 1999, 125 (4): 388-399.

[17] Cheng N S, Chiew Y M, Chen X. Scaling Analysis of Pier-Scouring Processes [J]. Journal of Engineering Mechanics, 2016: 06016005.

[18] Lai J S, Chang W Y, Yen C L. Maximum local scour depth at bridge piers under unsteady flow [J]. Journal of Hydraulic Engineering, 2009, 135 (7): 609-614.

[19] Diab R M A E A. Experimental Investigation on scouring around piers of different shape and alignment in gravel [D]. TU Darmstadt, 2011.

[20] Rodrigue-Gervais K, Biron P M, Lapointe M F. Temporal development of scour holes around submerged stream deflectors [J]. Journal of Hydraulic Engineering, 2010, 137 (7): 781-785.

[21] Williams P D. Scale effects on design estimation of scour depths at piers [J]. 2014.

[22] Kothyari, Umesh C, Ashish Kumar. Temporal variation of scour around circular compound piers. Journal of Hydraulic Engineering, 2012: 945-957.

[23] Kumar, Ashish, Umesh C et al. Flow structure and scour around circular compound bridge piers-A review [J]. Journal of Hydro-environment research, 2012: 251-265.

[24] Yilmaz, Meric, A. Melih Yanmaz, et al. Clear-water scour evolution at dual bridge piers [J]. Canadian Journal of Civil Engineering, 2017: 298-307.

[25] Bouratsis, Pol, et al. Quantitative Spatio-Temporal Characterization of Scour at the Base of a Cylinder [J]. Water, 2017: 227.

[26] Dey, Subhasish, Abdul Karim Barbhuiya. Time variation of scour at abutments [J]. Journal of Hydraulic Engineering, 2005: 11-23.

[27] Yanmaz A M, Omer Kose. A semi - empirical model for clear-water scour evolution at bridge abutments [J]. Journal of Hydraulic Research, 2009: 110-118.

[28] Barbhuiya A K. Clear water scour at abutments. PhD thesis, Dept. of Civil Engineering [J]. Indian Institute of Technology, Kharagpur, India, 2003.

[29] Muzzammil M, Gangadhariah T. The mean characteristics of horseshoe vortex at a cylindrical pier [J]. Hydraul Res, 2003, 41 (3): 285-297.

[30] Zhang H, Nakagawa H, Mizutani H. Bed morphology and grain size characteristics around a spur dyke [J]. International Journal of Sediment Research, 2012, 27 (2): 141-157.

[31] Karami H, Ardeshir A, Saneie M, et al. Prediction of time variation of scour depth around spur dikes using neural ne tworks [J]. Journal of Hydro in formatics, 2012, 14 (1): 180-191.

[32] Bihs H, Olsen N. R. B. Numerical modeling of abutment scour with the focus on the incipient motion on sloping beds [J]. Hydraul. Eng. 2011, 137, 1287-1292.

[33] Zhang, Li, et al. Geometric Characteristics of Spur Dike Scour under Clear-Water Scour Conditions [J]. Water, 2018: 680.

[34] Bouratsis, Polydefkis Pol, et al. High-resolution 3-D monitoring of evolving sediment beds [J]. Water Resources Research, 2013: 977-992.

[35] Kuhnle R A, Alonso C V, Shields F D. Geometry of scour holes associated with 90 spur dikes [J]. Journal of Hydraulic Engineering, 1999, 125 (9): 972-978.

[36] Kuhnle R A, Alonso C V, Shields Jr F D. Local scour associated with angled spur dikes [J]. Journal of Hydraulic Engineering, 2002, 128 (12): 1087-1093.

[37] Fael C M S, Simarro-Grande G, Martín-Vide J P, et al. Local scour at vertical-wall abutments under clear-water flow conditions [J]. Water resources research, 2006, 42 (10).

[38] Kwan T F. A study of abutment scour [J], 1988.

[39] Karami H, Hosseinjanzadeh H, Hosseini K, et al. Scour and three-dimensional flow field measurement around short vertical-wall abutment protected by collar [J]. KSCE Journal of Civil Engineering, 2018, 22 (1): 141-152.

[40] Koken M, Constantinescu G. An investigation of the flow and scour mechanisms around isolated spur dikes in a shallow open channel: 2. Conditions corresponding to the final stages of the erosion and deposition process [J]. Water resources research, 2008, 44 (8).

[41] Safarzadeh A, Salehi Neyshabouri S A A, Zarrati A R. Experimental investigation on 3D turbulent flow around straight and T-shaped groynes in a flat bed channel [J]. Journal of Hydraulic Engineering, 2016, 142 (8).

[42] Castiblanco M E M. Experimental study of local scour around complex bridge piers [J], 2016.

[43] 唐洪武. 复杂水流模拟问题及图像测速技术的研究 [D]. 南京：河海大学，1996.

[44] 唐洪武，徐夕荣，张志军. 粒子图象测速技术及其在垂直进水口漩涡流场中的应用 [D], 1999.

[45] 彭静. 丁坝群近体流动结构的可视化实验研究 [J]. 水利学报，2000 (3): 42-45.

[46] 齐鄂荣，黄明海，李炜，等. 应用 PIV 进行二维后向台阶流流动特性的研究 (2) 二维后向台阶流起动流的研究 [J]. 水动力学研究与进展 (A 辑), 2004 (4): 533-539.

[47] 陈小莉，马吉明. 受漩涡作用的水下块石的起动流速 [J]. 清华大学学报：自然科学版，2005, 45 (3): 315-318.

[48] 孙志林，於刚节，许丹，等. 正态曲面丁坝三维水流数值模拟 [J]. 浙江大学学报 (工学版), 2016, 50 (7): 1247-1251.

[49] 余俊华，夏云峰，徐华，等. 护底条件下淹没丁坝坝头局部冲刷试验 [J]. 水科学进

展，2016，27（4）：579-585.

[50] Brevis W，Garcia-Villalba M，Nino Y. Experimental and large eddy simulation study of the flow developed by a sequence of lateral obstacles [J]. Environ. Fluid Mech，2014，14（4），873-893.

[51] 魏文礼，邵世鹏，刘玉玲. L头丁坝绕流水力特性的三维大涡模拟 [J]. 武汉大学学报：工学版，2015，48（2）：145-151.

[52] 李子龙，寇军，张景新. 明渠条件下单丁坝绕流特征的数值模拟 [J]. 计算力学学报，2016，33（2）：245-251.

[53] 曹艳敏，张华庆，蒋昌波，等. 丁坝冲刷坑及下游回流区流场和紊动特性试验研究 [J]. 水动力学研究与进展：A辑，2008，23（5）：560-570.

[54] 杨兰，李国栋，李奇龙，等. 丁坝群附近流场及局部冲刷的三维数值模拟 [J]. 水动力学研究与进展：A辑，2016（3）：372-378.

[55] 宁健，李国栋，马森. 丁坝绕流流场及局部冲刷三维数值模拟研究 [J]. 水动力学研究与进展：A辑，2017，32（1）：46-53.

[56] Ferreira R M L. Turbulent flow hydrodynamics and sediment transport：Laboratory research with LDA and PIV [M]//Experimental methods in hydraulic research. Springer，Berlin，Heidelberg，2011：67-111.

[57] Unger J，Hager W H. Down-flow and horseshoe vortex characteristics of sediment embedded bridge piers [J]. Experiments in Fluids，2007，42（1）：1-19.

[58] Cardesa J I，Vela-Martín A，Jiménez J. The turbulent cascade in five dimensions [J]. Science，2017，357（6353）：782-784.

[59] Tian S，Gao Y，Dong X，et al. Definitions of vortex vector and vortex [J]. Journal of Fluid Mechanics，2018，849：312-339.

[60] Wang T，Yang Y，Fu C，et al. Wrinkling and smoothing of a soft shell [J]. Journal of the Mechanics and Physics of Solids，2020，134：103738.

[61] 李明龙. 山区河流上下双丁坝水流特性试验研究 [D]. 重庆：重庆交通大学，2015.

[62] 杨兰，李国栋，李奇龙，等. 丁坝群附近流场及局部冲刷的三维数值模拟 [J]. 水动力学研究与进展：A辑，2016（3）：372-378.

[63] 刘易庄，蒋昌波，邓斌，等. 淹没双丁坝间水流结构特性PIV试验 [J]. 水利水电科技进展，2015，35（6）：26-30.

[64] 张家善，王军. 群坝局部冲刷有关问题试验研究 [J]. 合肥工业大学学报：自然科学版，1998，21（3）：99-105.

[65] 程永舟，周援衡. 群坝局部冲深计算试验研究 [J]. 水道港口，2000（4）：19-22.

[66] 周哲宇. 黄河沙质河床丁坝局部冲刷模型试验研究 [D]. 北京：清华大学，2010.

[67] 杨石磊，张耀哲. 非淹没式丁坝群局部冲刷规律试验研究 [J]. 水利水电技术，2013，44（11）：81-84.

[68] Fazli M，Ghodsian M，Neyshabouri S. A. A. S. Scour and flow field around a spur dike in a 90° bend. International Journal of Sediment Research [J]. 2008，23（1），56-68. doi：10.1016/s1001-6279（08）60005-0.

[69] 杜飞. 山区河流上下双丁坝冲刷机理研究 [D]. 重庆：重庆交通大学，2015.

[70] Vaghefi M, Ahmadi A, Faraji B. The Effect of Support Structure on Flow atterns Around T-Shape Spur Dike in 90° Bend Channel [J]. Arab J Sci Eng 40, 2015: 1299－1307.

[71] Ghodsian M, Vaghefi M. Experimental study on scour and flow field in a scour hole around a T-shape spur dike in a 90 bend [J]. International Journal of Sediment Research, 2009, 24 (2): 145－158.

[72] Hosseini R, Amini A. Scour depth estimation methods around pile groups [J]. KSCE Journal of Civil Engineering, 2015, 19 (7): 2144－2156.

[73] 褚晓岑，唐洪武，袁赛瑜，等. 甬江感潮河流桥梁群对防洪纳潮累积影响 [J]. 河海大学学报：自然科学版，2014，42 (3)：223－229.

[74] Jennifer D, Li H E, Guangqian W, et al. Turbulent burst around experimental spur dike [J]. International Journal of Sediment Research, 2011, 26 (4): 471－523.

[75] Zhang H. Study on flow and bed evolution in channels with spur dykes [J], 2005.

[76] Games, Ken P, Gordon, et al. Study of sand wave migration over five years as observed in two windfarm development areas, and the implications for building on moving substrates in the north sea [J]. Earth and environmental science transactions of the Royal Society of Edinburgh, 2015.

[77] Besio G, Blondeaux P, Brocchini M, et al. The morphodynamics of tidal sand waves: a model overview [J]. Coastal Engineering, 2008, 55.

[78] Ashley G M, Boothroyd J C, Bridge J S, et al. Classification of large-scale subaqueous bedforms: a new look at an old problem [J]. Journal of Sedimentary Research, 1990, 60: 160－172.

[79] 曹立华，徐继尚，李广雪，等. 海南岛西部岸外沙波的高分辨率形态特征 [J]. 海洋地质与第四纪地质，2006 (4)：15－22.

[80] 蔺爱军，胡毅，林桂兰，等. 海底沙波研究进展与展望 [J]. 地球物理学进展，2017，32 (3)：1366－1377.

[81] 张贺，邹志利，徐杰. 沙垄和沙波非线性演化特征研究 [J]. 海岸工程，2018，37 (2)：61－72.

[82] Van Landeghem K J J, Wheeler A J, Mitchell N C, et al. Variations in sediment wave dimensions across the tidally dominated Irish Sea, NW Europe [J]. Marine Geology, 2009, 263 (1－4): 108－119.

[83] 钱宁，万兆惠. 泥沙运动力学 [M]. 北京：科学出版社，1983：140－183.

[84] 庄振业，林振宏，周江，等. 陆架沙丘（波）形成发育的环境条件 [J]. 海洋地质动态，2004 (4)：5－10，37.

[85] 高抒. 大型海底、海岸和沙漠沙丘的形态和迁移特征 [J]. 地学前缘，2009，16 (6)：13－22.

[86] 戴志军，李占海. 海岸水下大尺度沉积地貌单元迁移运动问题研究进展 [J]. 海洋学研究，2011，29 (2)：72－78.

[87] 夏东兴，吴桑云，刘振夏，等. 海南东方岸外海底沙波活动性研究 [J]. 黄渤海海洋，2001 (1)：17－24.

[88] 庄振业，曹立华，刘升发，等. 陆架沙丘（波）活动量级和稳定性标志研究 [J]. 中国海洋大学学报（自然科学版），2008（6）：1001－1007.

[89] 王伟伟，阎军，范奉鑫. 波流联合作用下的海底沙波移动对海底底床稳定性影响的研究进展 [J]. 海洋科学，2007（3）：91－95.

[90] 马小川. 海南岛西南海域海底沙波沙脊形成演化及其工程意义 [J]. 海洋地质与环境重点实验室，2013.

[91] 李泽文，阎军，栾振东，等. 海南岛西南海底沙波形态和活动性的空间差异分析 [J]. 海洋地质前沿，2010，26（7）：24－32.

[92] Paolo，Blondeaux，Giovanna，et al. A model to predict the migration of sand waves in shallow tidal seas [J]. Continental Shelf Research，2016.

[93] Fenster M S，Fitzgerald D M，Moore M S. Assessing decadal-scale changes to a giant sand wave field in eastern Long Island Sound [J]. Geology，2006，34（2）：89－92.

[94] Voropayev S I，Mceachern G B，Boyer D L，et al. Dynamics of sand ripples and burial/scouring of cobbles in oscillatory flow [J]. Applied Ocean Research，1999，21（5）：249－261.

[95] 王伟伟，范奉鑫，李成钢，等. 海南岛西南海底沙波活动及底床冲淤变化 [J]. 海洋地质与第四纪地质，2007（4）：23－28.

2　河流微地貌观测技术

2.1　微地貌观测技术

2.1.1　水下目标观测

水下目标信息识别是未来水利和海洋工程领域的主要技术，在工程建设、海洋开发及防洪减灾等领域均发挥重要作用，特别是河流微地貌形态特征的获取，对于解决具体工程问题也是十分必要的。无论是河道安全、淤泥挖掘、水库监测和水下考古等大尺度工程问题，还是小尺度如工程局部冲刷、床面沙波发育和迁移等问题，均需获取水下地形地貌信息[1-2]。非可视环境下，采用数字化、高度自动及智能化集成系统，实现实时可视，高精度和高分辨率信息等综合技术[3]是发展的趋势。随着信息需求日益加大，相关探测技术价值也不断显现。但由于存在空气与水交界所形成的，类似于弹性薄膜屏障。因此，空气-水的边界障碍难以逾越。鉴于此，传统上更多的观测均采用探杆测深、人力观测等，既不安全，效率也非常低。

随着社会经济及科学技术的发展，基于声学、光学相关传感器，通过设备性能优化、算法优化等逐渐适用于野外，室内各类环境下微地貌的观测。典型的如光学雷达、声呐、多波束探测等技术[4-5]。若按信息获取方式，又可分为主动、被动测量，如激光扫描设备和多目视觉系统[6]。有学者采用激光或双目视觉，在实验室环境下，获得了桥墩局部冲刷坑动态演变过程，实现了非接触、实时测量[7]，与传统观测手段相比，已有很大进步。常见观测方式如图 2-1 所示。

受设备本身、环境等复杂因素影响，在满足工程需要的同时也存在作用距离有限、精度低等不足。这一问题的解决，一方面在于后期处理手段的提高，

(a) 人工根石探测

(b) 人力探测

(c) 激光传感器

(d) 高分辨率三维监测[8]

图 2-1　常见观测方式

或算法的优化；另一方面，不同环境下，优选设备也是重要的一环。学者对观测设备进行了详细的分类，同时也明确了各类技术存在难点及后续发展趋势。因牵涉专业范围较广，相关典型成果见文献［9］至文献［16］，不再一一赘述。通过文献可视化展示形式，以便更直观地理解各类传感器在工程应用方面的宽度及广度，如图 2-2 所示。

可以看出，对于水下目标，获取地形信息主要有 3 类仪器设备。

(1) 基于光学系统的仪器设备，主要是激光水下探测设备，多用于水下目标、水声信号等观测。

(2) 基于声学系统、声呐、多波束等的仪器设备，多用于水下地形信息观测。

(3) 基于立体视觉的仪器设备，属于被动观测，多用于水下成像，其核心是图形处理系统。

水下信息的观测是系统性、多学科交叉的科学。未来，随着多学科的互相

图 2-2 微地貌观测技术文献可视化

融合，观测手段的多样化，多种探测技术的融合和发展，可以全面和清晰地反映水下信息。

2.1.2 水流参数观测技术

因水下目标探测范围较广。从本书的研究内容出发，针对水力学及河流动力学领域，水位（面）、流速（场）和水深（微地貌）3个重要参数的获取为主线。借助上述统计文献，罗列相关各水流参数观测技术，讨论各自技术特点，优化选取合适仪器设备。从而获取高精度，高分辨率，实时及数字化参数信息，为问题的讨论提供支持。

各水流参数获取方式如图 2-3 所示。

可以看出，各参数的获取明显具有两个特征：一是光学更多地应用于流态、流场及实验室环境；声学多用于水位、水面及水深（水下地形）及野外观测环

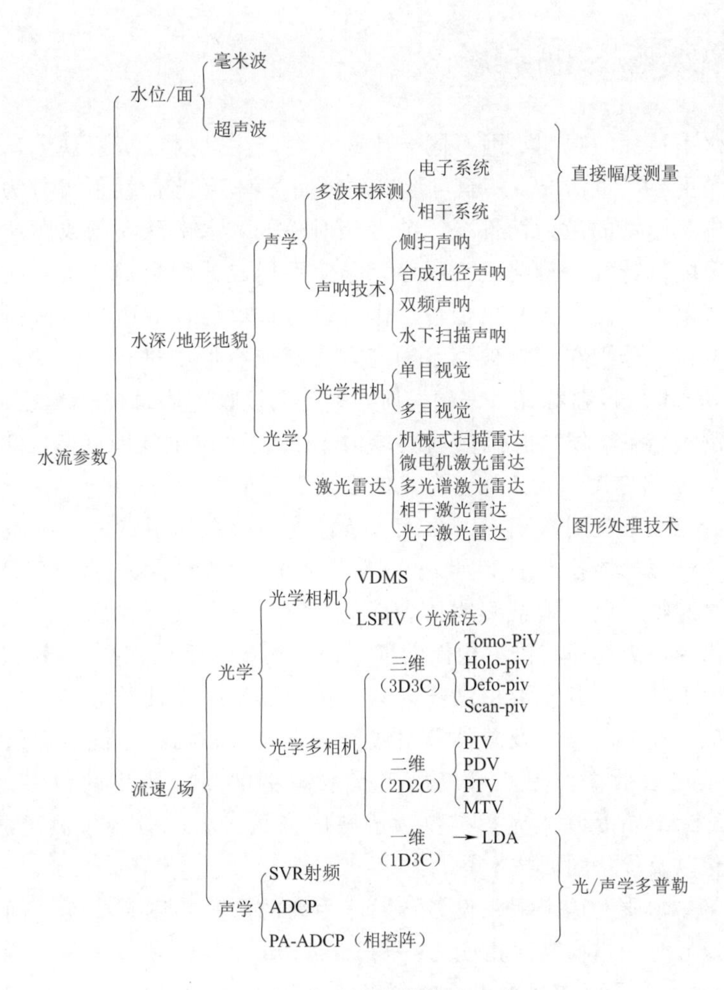

图 2-3　各水流参数获取方式

境；二是无论是声学还是光学，除直接幅度测量获得参数外，图形处理技术占据非常重要的地位。

以立体视觉为例，其属于一类非接触式测量模式，是计算机视觉领域的重要课题，目的在于重构或复制场景的三维几何信息[7]。如双目立体视觉。因地形地貌具有显著三维特征，需两摄像机利用不同视点，获取多幅图像信息重构三维结构。

数据采集的密度直接决定了曲面重构平滑特征。因此，高精度地形扫描设备，河床演变实时观测设备是最优选择，同时优化相关算法，获得典型微地貌实时精细化特征。

2.2 无水地形扫描系统

对于水下目标的观测，因不同介质间光会产生散射或折射现象，以至于影响成像的精度，严重情况下甚至可形成“镜面黑洞”。光的散射可分为水本身的散射和水中悬浮物的散射两部分，前者相对较弱。水中悬浮物或颗粒导致散射具有杂乱及随机特征，最终成为噪声，导致目标成像图模糊。激光在水中传输能量衰减幅度大，无法长距离传输。作者曾与某单位针对激光衰减强度进行了专项实验合作，分别在钢化玻璃水槽与有机玻璃容器中进行。清水条件下，采用450～580nm波段蓝绿光，一端发射，另一端接收，从而获得激光强度衰减规律。根据测量结果，发现有机玻璃衰减约15%。而钢化玻璃（厚度19mm）衰减约55%，材料厚度增加1倍，激光的衰减程度最大达到80%。

鉴于激光水下应用缺陷，因此无水条件下地形数据拟选取三维激光扫描仪获取。三维激光扫描技术是20世纪90年代初出现的新技术。其原理是通过发射激光扫描被测物，以获取被测物体表面的三维坐标。其可快速、大量获取采集空间点位信息，为物体三维重构提供了一种全新技术手段，具有高效、非触性、实时高精度等特性。其主要由激光射器、接收器、时间计数器、马达控制可旋转的滤光镜、控制电路板及软件等组成。三维激光扫描技术能够提供扫描物体表面的三维点云数据，因此可以用于获取高精度高分辨率的数字地形模型。Leica Scan Station P30激光扫描仪为成熟的商用设备，融合了测角测距技术、波形数字化以及优化图像技术等。

激光雷达本质上是个测距设备，因此距离的测量精度是毫无疑问的核心指标。采集地形时，扫描噪声精度为0.5mm@50m，1km范围内最大测距误差不超过1.2mm。由此可知，采用中值粒径为小于1mm的均匀沙，在实验室环境下其获得的地形特征精度较高。仪器设备及相关工作界面如图2-4所示。

（a）Leica Scan Station P30

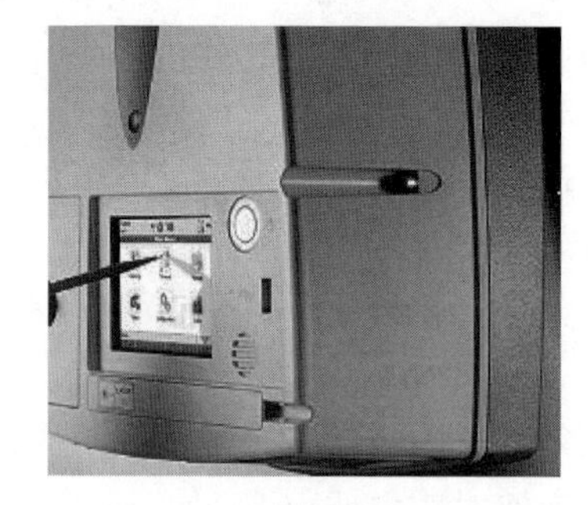

（b）采集界面

图2-4 仪器设备及相关工作界面

2.3　水下地形实时观测技术

2.3.1　双目视觉测量技术

在水利工程领域，双目视觉测量技术应用越来越广。如基于双目或多目视觉建立的大尺度粒子图像测速技术，其已逐步应用于山区，以及中小河流的洪水观测，甚至是泥石流观测。不仅为洪水形成和演进机制的讨论提供技术支撑，同时对洪水预测与防治也起着至关重要的作用[10]。

三维物体投影至二维平面，留下只有目标的二维信息，称为灰度信息，较多的三维信息在投影过程中丢失。但是，数字化灰度信息依然包含目标三维信息。多目立体视觉技术就是利用这些隐含的信息对目标进行恢复，再重构过程。一般常采用双目视觉对目标进行重构。即利用左右相机得到的两幅图像找到特征匹配点，然后根据几何原理恢复目标三维信息。

本套采集系统主要包括三脚架、两台相机以及相应配套开发系统。其中相机采用两台 CMOS 相机，相机分辨率为 2048×1536，帧率为 12.8FPS。该机型支持多台相机同时工作及多种开发语言。采集图像为 RAW 格式并存储到计算机。双目视觉系统如图 2-5 所示。

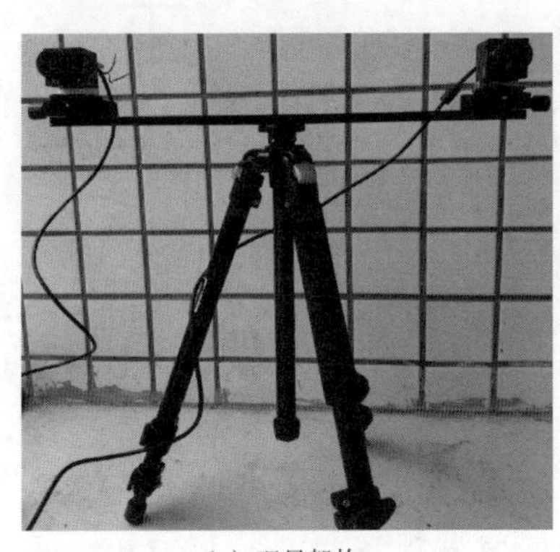

(a) 双目架构

(b) 工业相机

图 2-5　双目视觉系统

根据左、右相机在平面上成像点位置的差异，利用三角测量原理，计算双目视差，恢复场景三维信息。具体原理如图 2-6 所示。

利用相机参数，采用三角函数公式及相关方程组可计算出空间坐标，获得目标区域的景深值[17]，具体表达式为

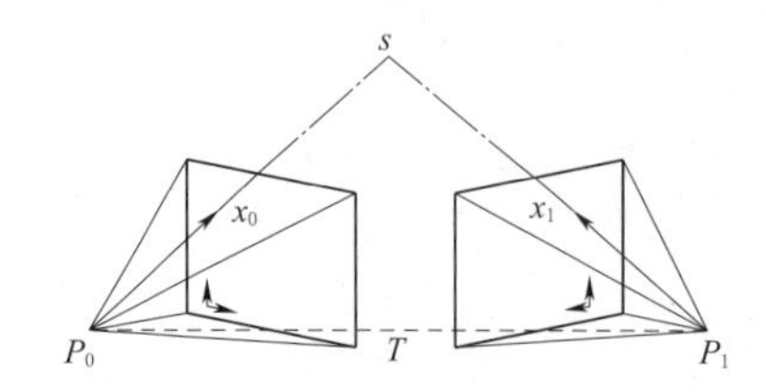

图 2-6 双目三维成像原理示意

$$D=\frac{fT}{disparity} \tag{2-1}$$

式中：D 为景深；f 为相机焦距；$disparity$ 为 x_0、x_1 在像元平面上的投影视差；T 为基线距离。

事实上，其成像原理非常简单，只是算法实现略复杂。双目视觉在实时观测方面具有明显优势，但也面临计算量巨大问题，同时又要满足观测精度，对于尺度稍大微地貌实现起来仍存难度。本书针对沙波微地貌观测，因沙波尺度略小，且实时性要求较高，采用双目视觉观测水下沙波输移规律是合理且必要的。

2.3.2 技术流程与算法实现

综上所述，针对本书典型微地貌观测的思路如下：

(1) 采用激光扫描仪，其精度高，获取无水条件下丁坝及丁坝群实验地形。

(2) 采用双目视觉采集系统，后续进行后处理，获得水下床面沙波实时地形数据。

两者既相互独立又相互联系，整个技术路线如图 2-7 所示。

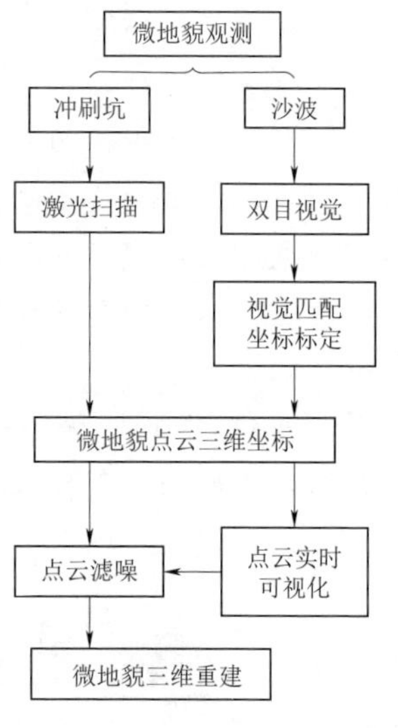

图 2-7 微地貌观测技术路线

因激光扫描仪可以直接获得地形点云数据，因此其主要的工作是数据降噪、三维重建，不再详细讨论。相较而言，双目图形对地形的实时监测整个流程略复杂，就主要步骤简述如下。

(1) 目标区域立体标定与校正。对目标区域架设相机，根据区域大小调整相机视场角等参数。读取目前区域图形，进行目标区域图像的对准，并对输出双目图像行对齐等工作。在目标区域放置棋盘格标定板，采用相关开源软件对目标区域坐标进行标定。获取有效的摄像机内外参数及相机之间的联系。并利用极线约束进行立体校正及畸变校正。为后续图像匹配，立体匹配及目标三维重建提供基本参数。一般而言，立体标定过程是根据实验目的，对实验观测区域进行坐标标定。本研究仅对沙波微地形重构，具有很强的针对性，而且若相机微调坐标需重新标定，反复多次标定等。鉴于此，本节不做描述。详细的相机标定流程，相关程序及标定结果可视化等部分详见相关章节。

(2) 立体匹配。将左右相机图像上的对应点匹配起来，由此计算视差。算法种类众多，主要分为两类：一是局部区域立体匹配算法、二是全局立体匹配算法。其中前者主要包括差值平方和（SSD）、绝对差求和（SAD）、归一化相关系数（NCC）等。总体看，算法简单，匹配速度快，但精度低。后者主要包括动态全局规划（DP）、全局置信传播（BP）、图形分割（Graph Cut）等算法[17]。总的来看，后者虽然明显改变了误差较大的弱点，但同时算法也变得复杂。全局置信传播算法对匹配相对较优化，在精度和细节上有所改观。因此，本次计算采用全局置信算法。

(3) 目标区域深度图。根据三角测量法原理来实现对视场内物体的三维成像（如图 2-6 所示），获取两台相机 P_0、P_1 的内、外参数，通过左、右视图中对同一个空间位置 S 在像元上的投影点 x_0、x_1，获取 S 对应的空间三维坐标，获取目标区域所有三维坐标后进行三维点云成像。图像采集器到场景中各点的距离值作为像素值的图像。

(4) 点云获取及三维重建。对于图像深度信息经过坐标转换可以转换为点云数据。规则的信息点云亦可反算深度信息。虽可相互转化，但仍有区别。根据研究目的，需进一步根据图形视差及几何关系，获得目标三维点云。基于目标点云，即可恢复出三维场景信息。

三维重建精度受匹配精度影响，各个步骤、各个环节需紧密配合，从而实现精度高、误差小的立体视觉观测系统。在进行立体匹配时要注意场景中一些因素的干扰，比如噪声干扰、景物几何形状畸变、表面物理特性以及摄像机特性等诸多变化因素，最终都会影响重建精度。

2.4 微地貌重构

2.4.1 数据点云预处理

无论是激光传感器还是双目视觉，对微地貌进行数据采集时，一次测量获得的数据量巨大，如冲刷坑点云数据可达百万。数据不仅包含了目标本身，还包括了几何边界之外非观测目标细节特征，且点云数据只包含冲刷坑表面三维坐标信息，并没有明确的几何信息[18]。另外，特殊情况下受目标物遮挡，需从不同角度获取目标信息，再通过拼接而成。因此，点据密集、数量庞大、冗余数据过多，处理过程繁琐是最显著特点。

点云数据预处理必不可少，包括拼接、去噪等。数据精简是曲面重构的基础。根据不同的重构方式选取合理的精简方式是曲面重构效果的重要环节。数据精简的算法众多，通常采用网格法、聚类法、迭代法、保留边界法等[19-20]。但针对河流微地貌曲面散乱点云的精简方法并不存在。根据实际情况，优选并优化相关算法。

无论是丁坝局部冲刷坑，还是沙波地形，均是水流作用下泥沙输移结果，其表面是极其光滑的，为尽可能保留较多特征点，使得局部曲面不至于丢失更多细节。因此，与曲面曲率相关的算法较为合适。以丁坝局部冲刷坑为例，其采用激光扫描仪获得整个冲刷坑区域复杂曲面点云，以及丁坝结构点云。首先采用专业软件对点云进行预处理。但是仅靠商业软件还远远不能满足重构的需求，如丁坝结构处理，上下游数据拼接等，同时再辅以南方 CASS，Matlab，Surfer 等相关计算软件进行数据预处理工作。微地貌点云数据预处理如图 2-8 所示。

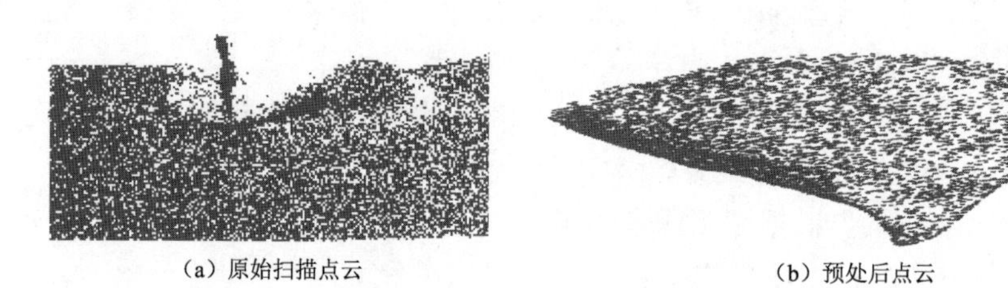

(a) 原始扫描点云　　(b) 预处后点云

图 2-8　微地貌点云数据预处理

基于双目视觉获得的沙波数据，除了建筑物及数据拼接问题，整个预处理过程基本是类似的。具体执行流程及方法详见具体章节。

2.4.2　曲面拟合

物体曲面重构可以分为代数曲面法与参数曲面法两大类。代数曲面法可以用方程进行描述和表示，插值方法众多。参数曲面法主要是通过逼近方法重建曲面模型[21]。针对微地貌曲面重构方法并不存在，在上述数据预处理基础上，基于离散曲面的微分几何理论，采用局部 n 次曲面参数算法拟合曲面[22-24]，由 $(k+1)$ 个点集合 $\{p_i, N_k(p_i)\}$ 及其对应的归一化二维坐标 $(x_j,\ y_j)$，可得基于欧几里德距离的 3 个局部 n 次曲面方程系数，即 a、b 和 c。其中：

$$[a,b,c]=(W^{\mathrm{T}}PW)^{-1}W^{\mathrm{T}}P[X,Y,Z] \tag{2-2}$$

式中：$a=(W^{\mathrm{T}}PW)^{-1}W^{\mathrm{T}}PX$；$b=(W^{\mathrm{T}}PW)^{-1}W^{\mathrm{T}}PY$；$c=(W^{\mathrm{T}}PW)^{-1}W^{\mathrm{T}}PZ$。

X，Y，Z 为空间坐标。其他各参数分别为

$$W=\begin{bmatrix}W_0\\ \vdots\\ W_k\end{bmatrix},\ X=\begin{bmatrix}X_0\\ \vdots\\ X_k\end{bmatrix},\ Z=\begin{bmatrix}Z_0\\ \vdots\\ Z_k\end{bmatrix},\ Y=\begin{bmatrix}Y_0\\ \vdots\\ Y_k\end{bmatrix},\ W_j^T=\begin{bmatrix}U_j\\ U_jv_j\\ \vdots\\ U_jv_j^n\end{bmatrix},\ \boldsymbol{U}_j=\begin{bmatrix}1\\ u_j\\ \vdots\\ u_j^n\end{bmatrix},$$

$$\boldsymbol{a}=\begin{bmatrix}a_0\\ a_1\\ \vdots\\ a_n\end{bmatrix},\ \boldsymbol{b}=\begin{bmatrix}b_0\\ b_1\\ \vdots\\ b_n\end{bmatrix},\ \boldsymbol{c}=\begin{bmatrix}c_0\\ c_1\\ \vdots\\ c_n\end{bmatrix},\ \boldsymbol{a}_i=\begin{bmatrix}a_{i0}\\ a_{i1}\\ \vdots\\ a_{in}\end{bmatrix},\ \boldsymbol{b}_i=\begin{bmatrix}b_{i0}\\ b_{i1}\\ \vdots\\ b_{in}\end{bmatrix},\ \boldsymbol{c}_i=\begin{bmatrix}c_{i0}\\ c_{i1}\\ \vdots\\ c_{in}\end{bmatrix}$$

整个流程，简单概括如下：

（1）导入经简化后的点云数据。

（2）进行曲面重构。

（3）网格剖分。

（4）曲率计算。

（5）3D表面曲率分布可视化。

上述过程在Matlab环境下实现，首先导入经简化后的点云数据，然后计算并可视化微地貌三维结构特征。

重构效果可视化如图2-9所示。

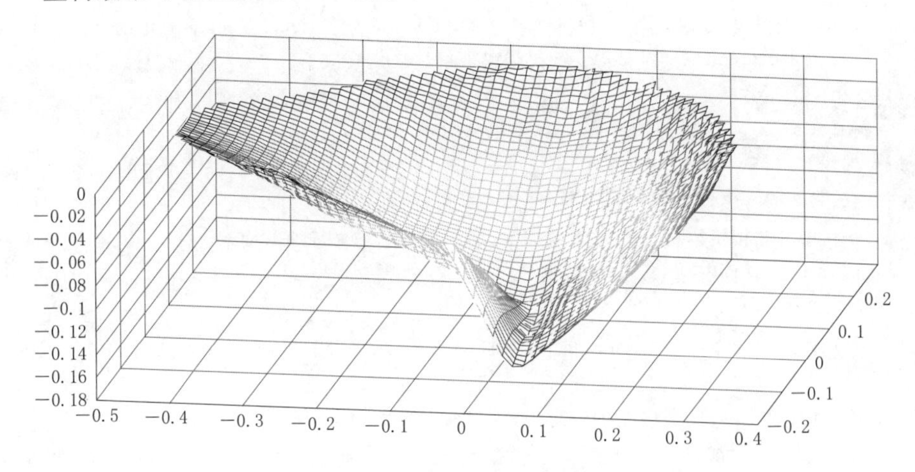

图2-9　微地貌可视化效果

参　考　文　献

［1］ 宋帅，周勇，张坤鹏，等. 高精度和高分辨率水下地形地貌探测技术综述［J］. 海洋开发与管理，2019，36（6）：74-79.

[2] 王书芳，徐向舟，徐飞龙．实验地貌的观测方法讨论 [J]．测绘科学，2012，37 (2)：149-151，178.
[3] Brown C J，Todd B J，Kostylev V E，et al. Image-based classification of multibeam sonar backscatter data for objective surficial sediment mapping of Georges Bank，Canada [J]. continental shelf research，2011，31.
[4] 王林振，曹彬才，栾奎峰，等．基于机载激光技术的浅海水深测绘应用分析 [J]．海洋科学，2017，41 (4)：82-87.
[5] 高珏．基于声图像的水下目标感知技术研究 [D]．哈尔滨：哈尔滨工程大学，2018.
[6] 杜娜．多目视觉坐标测量的关键技术研究 [D]．青岛：青岛大学，2005.
[7] 肖洋，刘杰卿，吴峥．桥墩冲刷坑动态冲刷过程研究 [J]．泥沙研究，2018 (6)：67-72.
[8] Bouratsis P，Diplas P，Dancey C L，et al. High-resolution 3-D monitoring of evolving sediment beds [J]. Water Resources Research，2013，49 (2)：977-992.
[9] 罗柏文，卜英勇，赵海鸣．一种高精度的超声波微地形探测系统的研究 [J]．传感器与微系统，2007 (7)：63-65，71.
[10] 李蔚．基于立体视觉与 LSPIV 的河流水动力过程近距遥感测量系统 [D]．杭州：浙江大学，2016.
[11] 黄子恒．基于距离选通激光成像技术的水下目标三维成像方法研究 [D]．武汉：华中科技大学，2016.
[12] 杨文．水下地形激光自动测量系统的开发与应用 [D]．上海：上海交通大学，2009.
[13] 靳秀青．多相机三维流场测量技术的研究 [D]．天津：天津大学，2012.
[14] Poggi D，Kudryavtseva N O. Non-Intrusive Underwater Measurement of Local Scour Around a Bridge Pier [J]. Water，2019，11 (10)：2063.
[15] Link O，Mignot E，Roux S，et al. Scour at Bridge Foundations in Supercritical Flows：An Analysis of Knowledge Gaps [J]. Water，2019，11 (8)：1656.
[16] 郝丽婷，杨兴雨，王贺龙，等．基于双目立体视觉的远距离目标实时三维点云成像技术 [J]．激光杂志，2019，40 (12)：14-18.
[17] 张裕海．多相机坐标测量技术的研究 [D]．合肥：中国科学技术大学，2017.
[18] 周华伟．地面三维激光扫描点云数据处理与模型构建 [D]．昆明：昆明理工大学，2011.
[19] 王侃昌，师帅兵．自由曲面的高斯曲率计算方法 [J]．西北农业大学学报，2000，28 (6)：150-153.
[20] 成思源．基于可变形模型的轮廓提取与表面重建 [D]．重庆：重庆大学，2003.
[21] 贺美芳．基于散乱点云数据的曲面重建关键技术研究 [D]．南京：南京航空航天大学，2006.
[22] 杨荣华，花向红，游扬声．基于散乱点的局部 n 次曲面拟合及其曲率计算 [J]．大地测量与地球动力学，2013，33 (3)：141-143.
[23] 杨荣华，游扬声，吴浩．一种混合曲面散乱点云曲率计算方法 [J]．测绘科学，2014，39 (6)：129-131，125.
[24] 谭成国，范业稳，司顺奇．基于 DEM 的地理坐标系下航空摄影技术设计 [J]．测绘科学，2008 (2)：84-87.

3　冲刷坑表面曲率分布与河床变形特征

3.1　引言

局部冲刷产生是水流与河床相互作用的结果。局部冲刷产生机制学说，局部最大冲深预测及涡流结构是局部冲刷研究的三大问题。目前成果非常丰富，但仍有很多问题需要突破。通过开展丁坝局部冲刷实验，采用高精度地形扫描技术，分别从时间及空间维度讨论冲刷坑曲面动态调整规律。

3.2　实验概况

丁坝局部冲刷实验在矩形水槽中进行。水槽基本尺寸为长 50.0m，宽 0.8m，高 1.0m。水槽上下游通过管道连接，并在管道上布置双向轴流泵，形成闭合循环系统。实验观测区位于水槽中部，铺设床沙，铺设厚度约为 0.4m。床沙为均匀沙，中值粒径 d_{50} 分别为 1.2mm，0.7mm 及 0.2mm，非均匀系数 $\sigma_g=1.3\sim1.14$。

主要量测仪器设备：水泵变频控制系统、电磁流量计、ADV 剖面流速仪等。各参数如图 3-1 所示。水流、泥沙特性及工况设计见表 3-1。

采用清水冲刷，床沙中值粒径 d_{50} 为 0.7mm，丁坝长度 0.12m。丁坝上游水深恒定，$h=0.15$m。设计来流强度 $U/U_c=0.85$，其中上游行进流速 U 采用 ADV 测量。相应的，U_c 为泥沙起动流速，采用张瑞瑾[1] 泥沙起动公式进行计算。

$$U_c=1.34\left(\frac{h}{d_{50}}\right)^{0.14}\left(17.6\frac{\rho_s-\rho}{\rho}gd_{50}+0.000000605\frac{10+h}{d_{50}^{0.72}}\right)^{0.5} \tag{3-1}$$

式中：ρ_s 为泥沙密度；ρ 为水的密度。

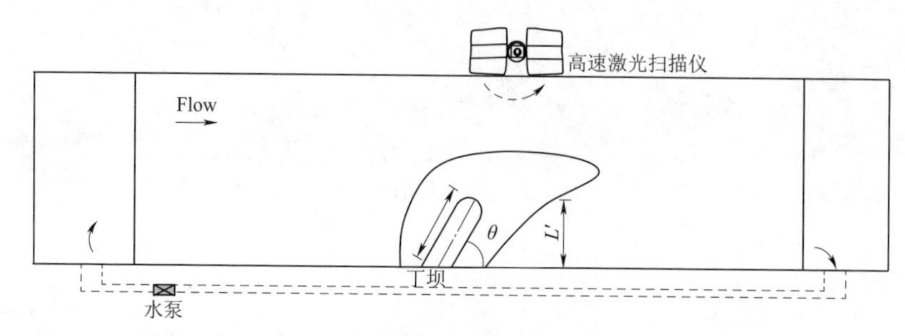

(a) 实验布置示意图

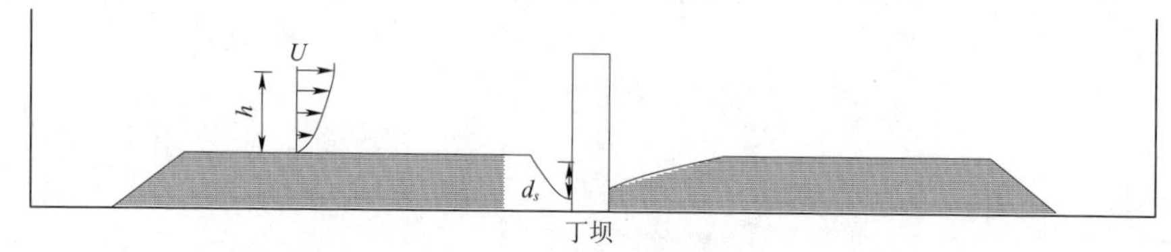

(b) 局部冲刷参数示意图

图 3-1 各参数示意图

表 3-1 **丁坝冲刷演变系列工况**

工况	泥沙 d_{50}/mm	水深 h/m	迎流角 θ/(°)	投影长度 L'/m	相对水深 L'/h	相对粗糙度 L'/d_{50}	历时/h
S1	0.7	0.15	150	0.06	0.4	86	0.5
							1
							2
							3
							5
							12
							24
							48
S2	0.7	0.15	90	0.12	0.8	171	0.5
							1
							2
							3
							5
							12
							24
							48

续表

工况	泥沙 d_{50}/mm	水深 h/m	迎流角 θ/(°)	投影长度 L' /m	相对水深 L'/h	相对粗糙度 L'/d_{50}	历时 /h
S3	0.7	0.15	30	0.06	0.4	86	0.5
							1
							2
							3
							5
							12
							24
							48

丁坝采用有机玻璃材料制成，其结构形式概化为直墙形、半圆形坝头。实验前，分别按上挑、正挑及下挑3种布置形式安装并固定丁坝。安装完成后，实验区床面抹平。水槽内缓慢蓄清水至设计水深，通过变频器调节轴流泵转速，电磁流量计及ADV分别控制流量和流速。达到设计来流强度，开始计时并进行丁坝局部冲刷实验。实验历时分别为t=0.5、1、2、3、5、12、24h，以及T=48h，以达到最终的平衡状态[2]。分别完成上述冲刷历时后，停水并缓慢放空水槽，架设激光扫描仪采集局部冲刷坑实验地形。由于工程遮挡部分区域地形，采用换站，后续拼接处理的方式获取。

3.3 冲刷坑几何形态时间维度特征

3.3.1 三维结构

根据水槽实验，提取各工况实验地形。为了更直观地理解丁坝局部冲刷坑几何形态调整过程及特征。采用上一章关于地形数据预处理、曲面重构等相关流程及方法，分别对上挑丁坝布置形式（θ=150°），正挑丁坝布置形式（θ=90°）及下挑丁坝布置形式（θ=30°）冲刷坑几何形态进行重构。重构各布置形式在冲刷历时分别完成0.5、1、2、3、5、12、24、48h后局部冲刷坑形态，并可视化，如图3-2所示。

可以看出，随时间演变局部冲深，冲刷坑几何尺寸逐渐增大。达到平衡状态，三类布置形式局部最大冲深分别为13.9cm、16.3cm及10.7cm。其中，正挑丁坝局部冲深、冲刷坑几何尺寸均最大。因丁坝迎流角度不同，丁坝上下游冲刷范围也明显发生改变，上挑丁坝上游冲刷范围明显大于下游，而下挑丁坝下游冲刷的范围略大。

冲刷至平衡状态，对于正挑丁坝，局部冲刷坑三维几何形态明显较规则，冲刷坑平面形状近似半圆形。对于其他两类布置形式（或称 $\theta \neq 90°$ 布置形式），局部冲刷坑三维形态略呈不规则。沿丁坝轴线方向，卡门涡街作用区域，冲刷坑内存在一个台阶，特别是下挑丁坝这一布置形式尤其明显，其与当地水流密切相关。

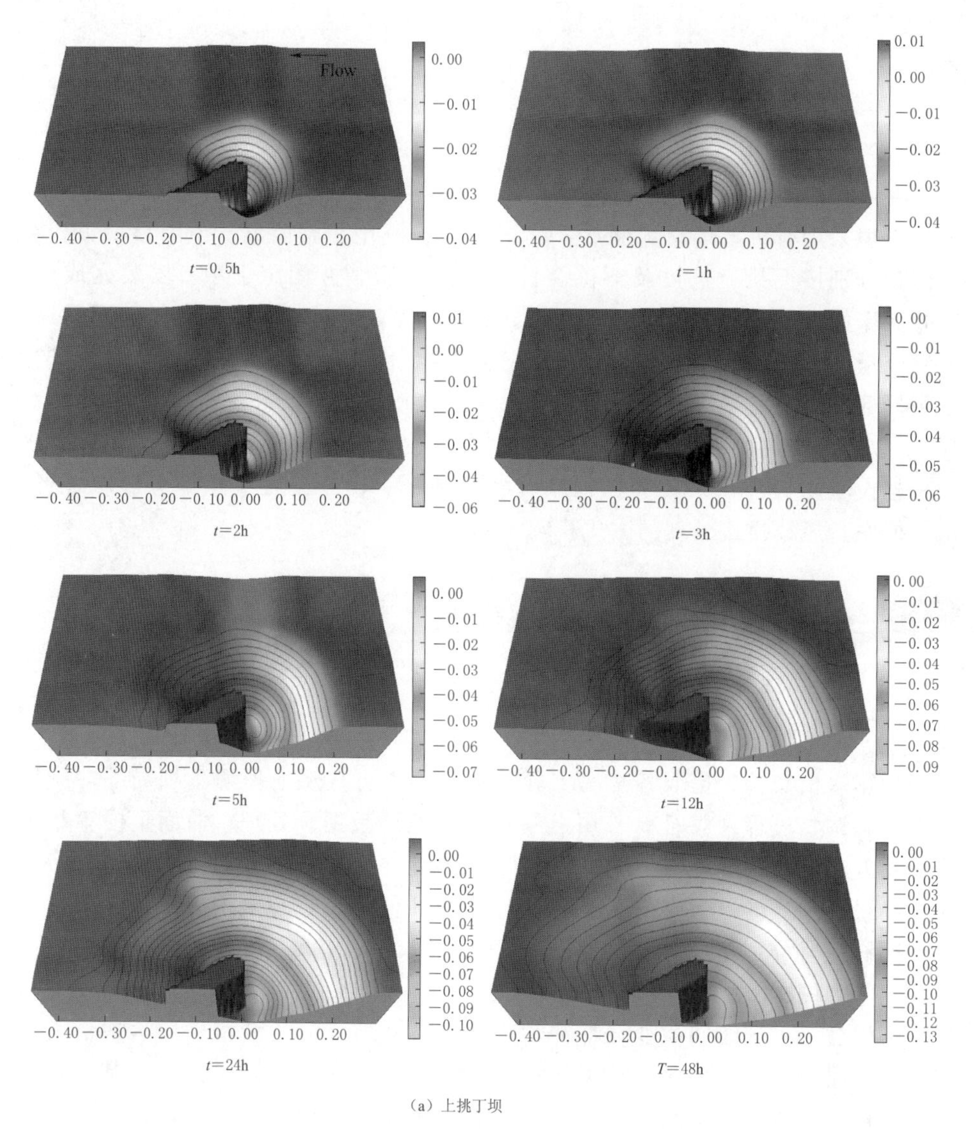

(a) 上挑丁坝

图 3-2（一） 各演变阶段局部冲刷坑三维形态（单位：m）

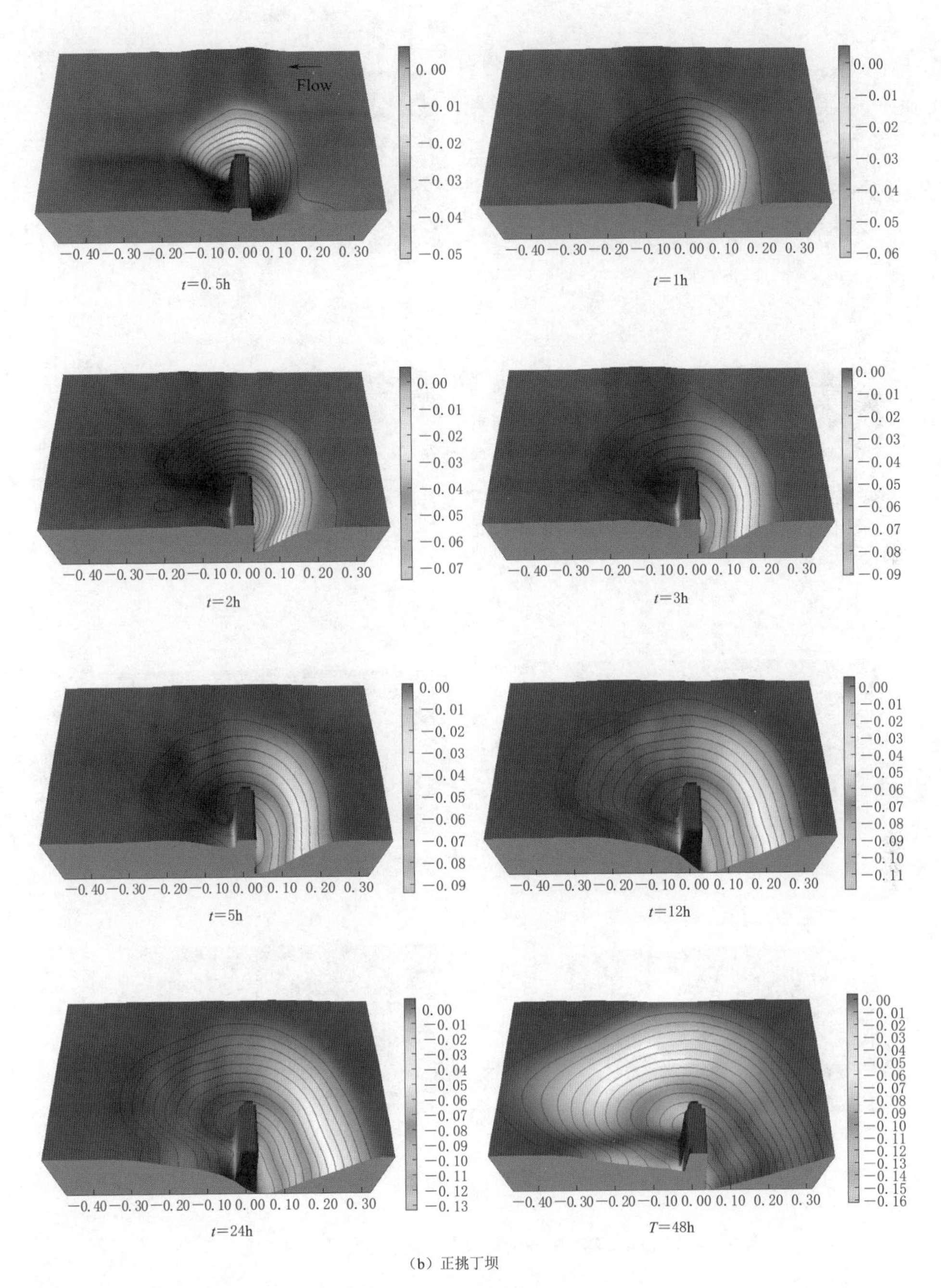

(b) 正挑丁坝

图 3-2（二） 各演变阶段局部冲刷坑三维形态（单位：m）

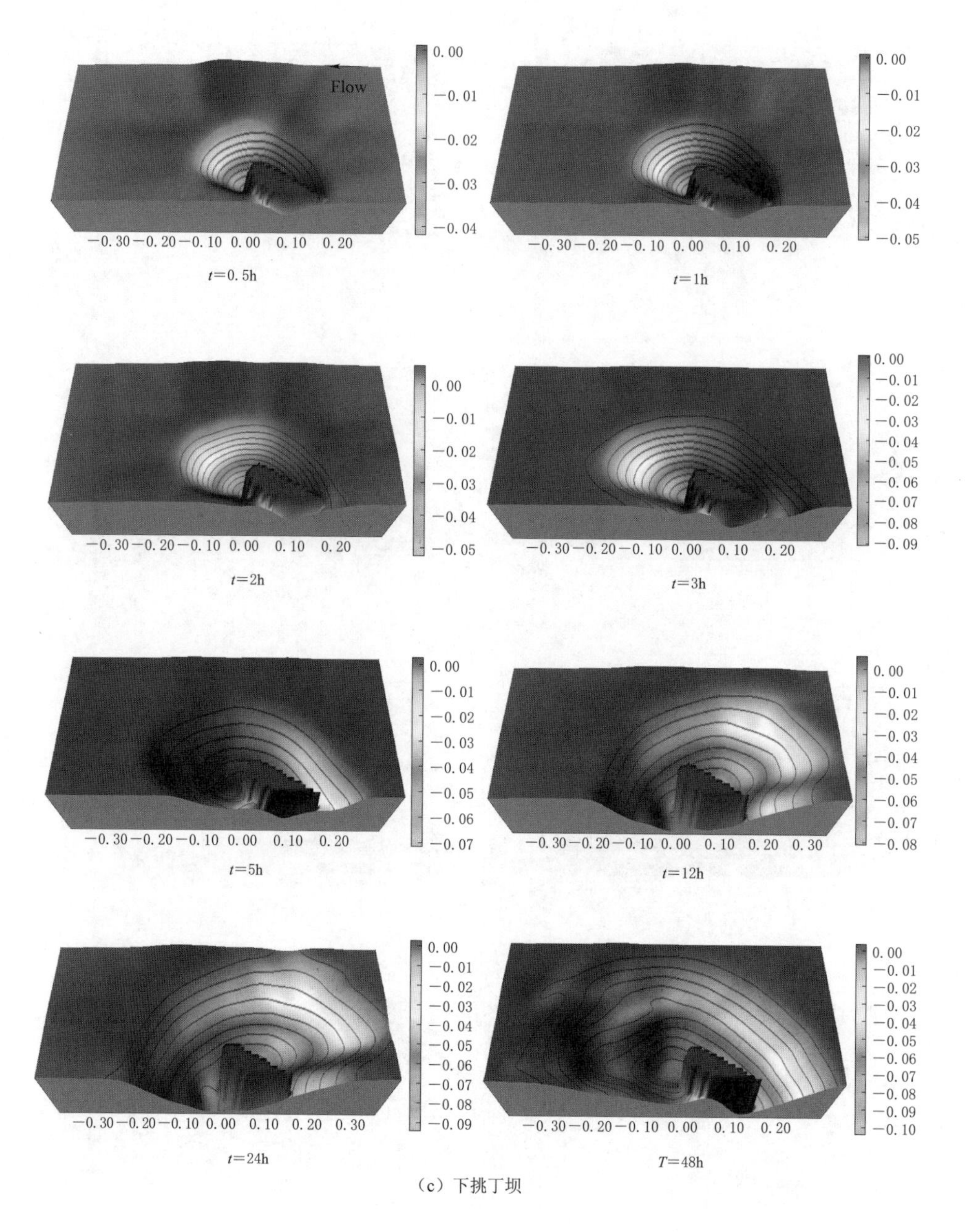

(c) 下挑丁坝

图 3-2（三） 各演变阶段局部冲刷坑三维形态（单位：m）

以正挑丁坝为例，发现整个演变过程，其结构形态保持自相似性，后续针对这一现象的产生机制进行讨论。

3.3.2 冲刷坑平面面积与体积

统计各工况水流条件，计算各工况局部冲深、冲刷坑平面面积、冲刷坑体积。各参数示意及统计结果分别如图 3-3 及表 3-2 所示。

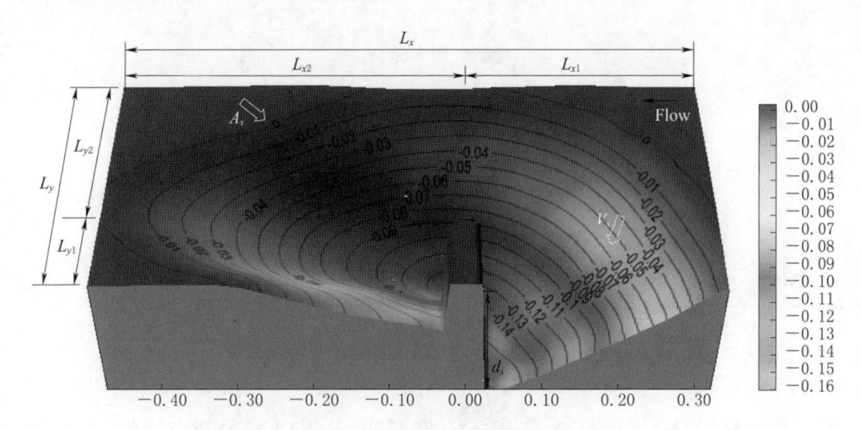

图 3-3 重构冲刷坑三维结构几何参数示意图

表 3-2 水流条件及几何形态参数实验结果统计

迎流角 $\theta/(°)$	水深 h/m	投影长度 L'/m	局部冲深 d_{st}/cm	冲刷坑平面面积 A_{st}/cm^2	冲刷坑体积 V_{st}/cm^3	冲刷历时 /h
150	0.15	0.06	4.3	196.27	387.76	0.5
			5.2	287.63	630.80	1
			6.2	357.68	842.34	2
			6.8	431.52	1229.00	3
			7.7	571.99	1836.62	5
			9.6	804.50	3203.94	12
			13.1	1009.68	4674.46	24
			13.9	1285.27	7097.38	48
90	0.15	0.12	5.6	234.28	485.68	0.5
			6.6	417.23	959.99	1
			7.8	605.10	1570.12	2
			8.9	778.07	2266.63	3
			9.8	898.55	2747.63	5
			12.2	1317.20	5002.13	12
			13.7	1698.56	7720.24	24
			16.3	2285.44	12415.15	48

续表

迎流角 $\theta/(°)$	水深 h/m	投影长度 L'/m	局部冲深 d_{st}/cm	冲刷坑平面面积 A_{st}/cm^2	冲刷坑体积 V_{st}/cm^3	冲刷历时 /h
30	0.15	0.06	4.2	219.27	323.66	0.5
			5.1	290.14	474.57	1
			5.9	396.68	663.13	2
			6.5	464.60	1025.67	3
			7.4	580.11	1522.65	5
			8.6	737.43	2259.77	12
			9.6	917.72	3013.09	24
			10.7	1087.89	4014.74	48

清水冲刷条件下，局部冲深随时间演变特征研究成果极其丰富，呈现幂函数或对数函数关系[3-4]。而局部冲刷坑平面面积 $A_{st}\sim A_{se}$，冲刷坑体积 $V_{st}\sim V_{se}$ 随时间演变特征的讨论成果略欠缺。依据各演变阶段局部冲刷坑几何形态参数观测成果，讨论其演变特征，如图 3-4 所示。

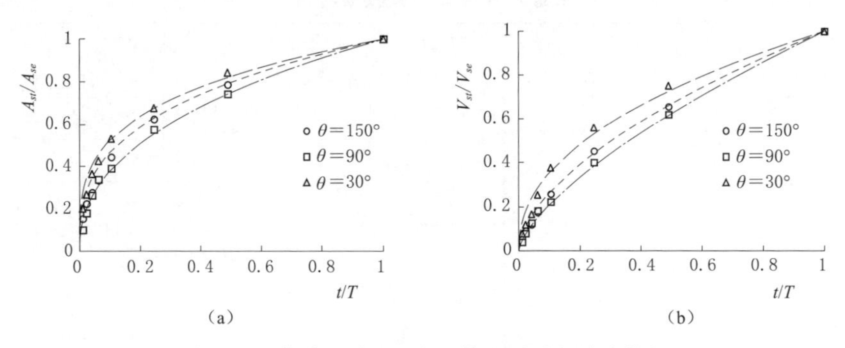

图 3-4 冲刷坑平面面积及体积随时间演变特征

需要强调的是，丁坝上游床面始终保持静止，而丁坝下游往往形成数个尺度不一的沙波。为了便于对比分析各工况冲刷坑几何形态特征，重构冲刷坑三维形态，提取局部冲深、冲刷坑平面面积、体积时，均以丁坝上游冲刷未发生床面作为基准面进行计算，下游大尺度沙波及较小的冲刷坑忽略不计。

同局部冲深演变规律相似，随时间演变，冲刷坑平面面积、体积也呈现幂函数关系，其表达式为

$$\frac{A_{st}}{A_{se}}=C_1\left(\frac{t}{T}\right)^m;\frac{V_{st}}{V_{se}}=C_2\left(\frac{t}{T}\right)^k \tag{3-2}$$

式中：C_1、C_2 为常量；m、k 为指数。

回归分析表明，$\theta=150°$、$\theta=90°$、$\theta=30°$时 C_1 及 C_2 均接近常量 1；m 值分别为 0.33、0.42、0.28；k 分别为 0.58、0.68、0.45。Kuhnle 等[3]认为描述冲刷坑体积演变特征，k 值取值范围为 0.579～0.653，C_2 接近常量 1。认为 $\theta=150°$～$30°$时，采用 $m=0.28$～0.42；$k=0.45$～0.68 描述局部冲刷坑平面面积与体积演变特征均是合理的。相较而言，$\theta=90°$布置形式，演变曲线均相对较顺直，指数 m、k 值略大；$\theta\neq90°$布置形式，其演变曲线均相对弯曲，指数 m、k 值略小。

3.3.3　冲刷坑垂向与纵向演变差异性

这里采用式 $A_{st}\sim d_{st}^p$；$V_{st}\sim d_{st}^q$ 讨论局部冲刷坑纵向与垂向演变速率的差异性特征，其改写成等号形式为

$$A_{st}=C_3 d_{st}^p ; V_{st}=C_4 d_{st}^q \tag{3-3}$$

式中：C_3、C_4 为常量；p、q 为指数。

对式（3-3）右端进一步变形，常量归一化，令 $A'_{st}=\frac{1}{C_3}A_{st}$，$V'_{st}=\frac{1}{C_4}V_{st}$，可得到冲刷坑纵向及垂向演变速率差异性判别式：

$$A'_{st}=d_{st}^p ; V'_{st}=d_{st}^q \tag{3-4}$$

式中：A'_{st}、V'_{st}分别为常量归一化后冲刷坑平面面积与体积。

依据实验观测结果，根据指数 p、q 取值，讨论局部冲刷坑垂向与纵向演变差异，如图 3-5 所示。

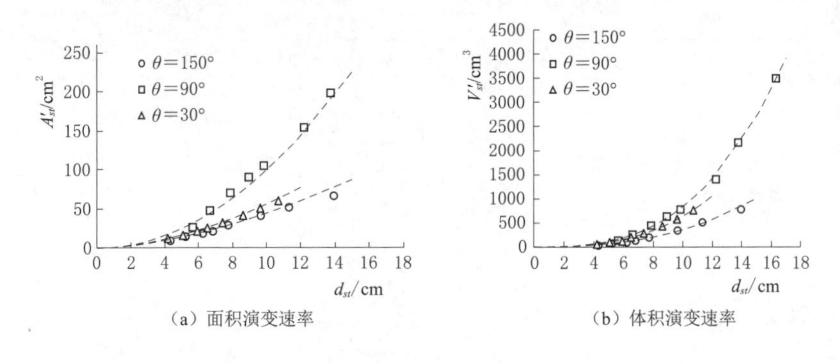

（a）面积演变速率　（b）体积演变速率

图 3-5　局部冲刷坑几何形态空间演变速率

回归分析表明，$\theta=150°$、$\theta=90°$、$\theta=30°$时，p 值分别为 1.65、2.0、1.75；q 值分别为 2.55、2.92、2.8。Cheng 等[4]指出若局部冲刷坑纵向演变速

率大于垂向的演变速率，则 $p<2$、$q<3$，反之 $p>2$、$q>3$。因此，不难理解，对于 $\theta=90°$布置形式，p、q 值分别接近 2.0、3.0；冲刷坑纵向与垂向演变速率接近相同；对于 $\theta\neq90°$布置形式，$p<2$、$q<3$，冲刷坑纵向演变速率大于垂向的演变速率。

3.3.4 冲刷坑二维剖面形态演变特征

根据各演变阶段的实验地形，提取丁坝上下游冲刷坑剖面形态，布置示意图见实验设计部分。各演变阶段，冲刷坑剖面形态如图 3-6 所示。

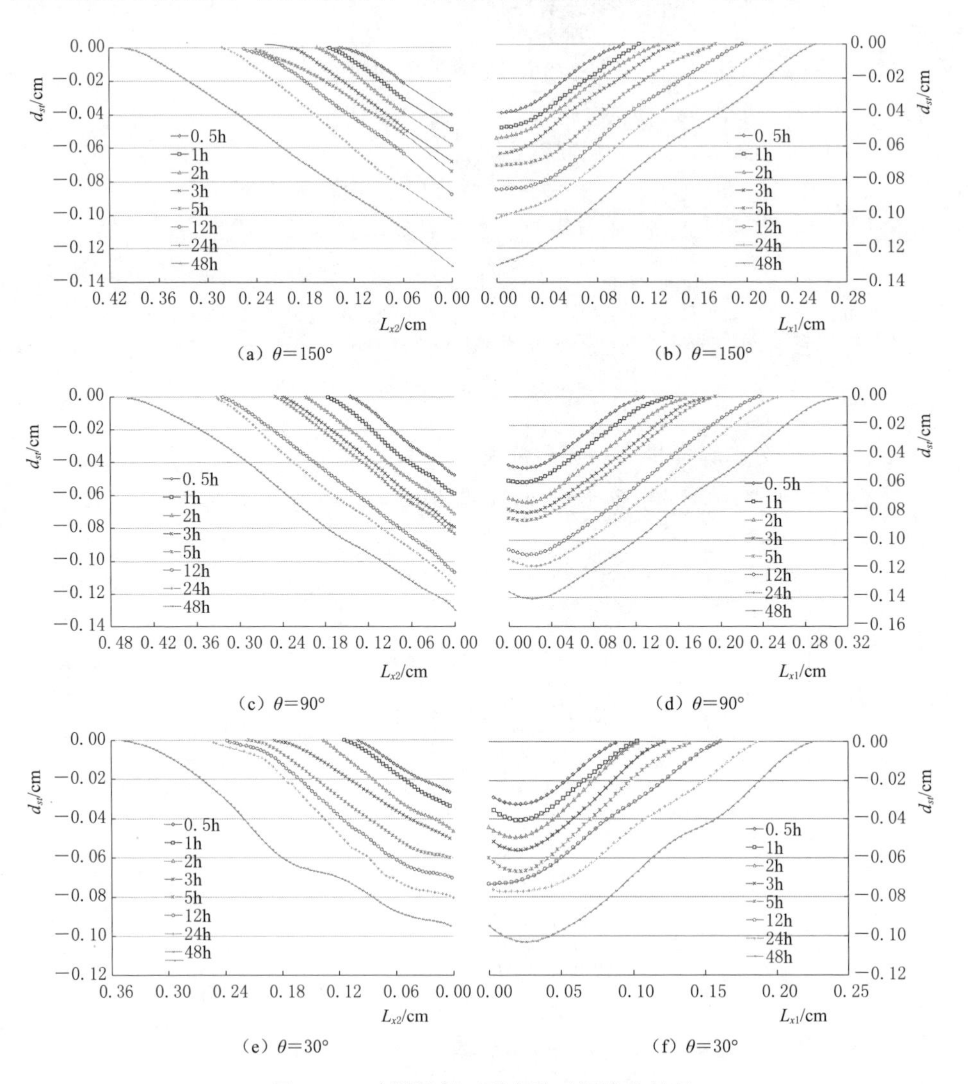

(a) $\theta=150°$　(b) $\theta=150°$

(c) $\theta=90°$　(d) $\theta=90°$

(e) $\theta=30°$　(f) $\theta=30°$

图 3-6　冲刷坑剖面形态随时间演变特征

局部冲刷演变各阶段，冲刷坑上下游剖面形态较一致，其形状大概呈现倒置三角形。实验观测结果显示，当 $\theta=150°$，等式左右两端的均值分别为 1.43、1.70；$\theta=90°$，分别为 1.48、1.67；当 $\theta=30°$，分别为 1.35、1.74。三种布置条件下其值均较接近常量 1.618，表明整个演变过程中，顺水流方向，丁坝上下游几何特征长度近似符合黄金比例分割特征，而且越接近冲刷平衡状态，这一特征越明显。而且对于桥墩局部冲刷坑平面形态，类似特征也被报道[5]。

Kirkil 等[6]认为冲刷坑内马蹄涡核心及涡系分布相对稳定。随时间演变，剖面斜率在整个演变过程中保持相对恒定。

3.4 冲刷坑几何形态空间维度特征

3.4.1 冲刷坑三维结构

水深、泥沙特性是影响丁坝局部冲刷坑几何形态的重要因素。为便于更直观地理解丁坝局部冲刷三维形态空间维度特征，按布置形式、泥沙特性及水流条件等影响因素分类，分别做了大量水槽实验。局部冲刷历时均 48h。实验工况见表 3-3。

表 3-3　　空间维度系列工况

工况	粒径 d_{50}/mm	丁坝长度 L/m	水深 h/mm	角度 θ/(°)	投影长度 $(L\times\sin\theta)$/m	相对水深 L/h	相对粗糙度 L/d_{50}
A1	0.2	0.12	0.1	90	0.12	1.20	600
A2				60	0.10	1.04	520
A3				30	0.06	0.60	300
A4		0.12	0.15	90	0.12	0.80	600
A5				60	0.10	0.69	520
A6				30	0.06	0.40	300
A7		0.12	0.3	90	0.12	0.40	600
A8				60	0.10	0.35	520
A9				30	0.06	0.20	300
A10		0.2	0.3	90	0.20	0.67	1000
A11				60	0.17	0.58	866
A12				30	0.10	0.33	500

续表

<table>
<tr><th>工况</th><th>粒径
d_{50}/mm</th><th>丁坝长度
L/m</th><th>水深
h/mm</th><th>角度
θ/(°)</th><th>投影长度
($L\times\sin\theta$)/m</th><th>相对水深
L/h</th><th>相对粗糙度
L/d_{50}</th></tr>
<tr><td>B1</td><td rowspan="12">0.7</td><td rowspan="3">0.2</td><td rowspan="3">0.1</td><td>90</td><td>0.20</td><td>2.00</td><td>286</td></tr>
<tr><td>B2</td><td>60</td><td>0.17</td><td>1.73</td><td>247</td></tr>
<tr><td>B3</td><td>30</td><td>0.10</td><td>1.00</td><td>143</td></tr>
<tr><td>B4</td><td>0.12</td><td>0.1</td><td>150</td><td>0.06</td><td>0.60</td><td>86</td></tr>
<tr><td>B5</td><td rowspan="4">0.12</td><td rowspan="4">0.15</td><td>150</td><td>0.06</td><td>0.40</td><td>86</td></tr>
<tr><td>B6</td><td>90</td><td>0.12</td><td>0.80</td><td>171</td></tr>
<tr><td>B7</td><td>60</td><td>0.10</td><td>0.69</td><td>148</td></tr>
<tr><td>B8</td><td>30</td><td>0.06</td><td>0.40</td><td>86</td></tr>
<tr><td>B9</td><td rowspan="4">0.12</td><td rowspan="4">0.20</td><td>150</td><td>0.06</td><td>0.30</td><td>86</td></tr>
<tr><td>B10</td><td>90</td><td>0.12</td><td>0.60</td><td>171</td></tr>
<tr><td>B11</td><td>60</td><td>0.10</td><td>0.52</td><td>148</td></tr>
<tr><td>B12</td><td>30</td><td>0.06</td><td>0.30</td><td>86</td></tr>
<tr><td>C1</td><td rowspan="3">1.1</td><td>0.20</td><td>0.08</td><td>90</td><td>0.20</td><td>2.50</td><td>182</td></tr>
<tr><td>C2</td><td>0.20</td><td>0.12</td><td>90</td><td>0.20</td><td>1.67</td><td>182</td></tr>
<tr><td>C3</td><td>0.20</td><td>0.15</td><td>90</td><td>0.20</td><td>1.33</td><td>182</td></tr>
</table>

根据实验地形点云数据，重构并可视化局部冲刷坑三维几何形态。因工况多，选取部分工况成果进行展示，如图 3-7 所示。

可以看出，同因素影响下，正挑丁坝其局部冲深，冲刷坑几何尺寸均最大，

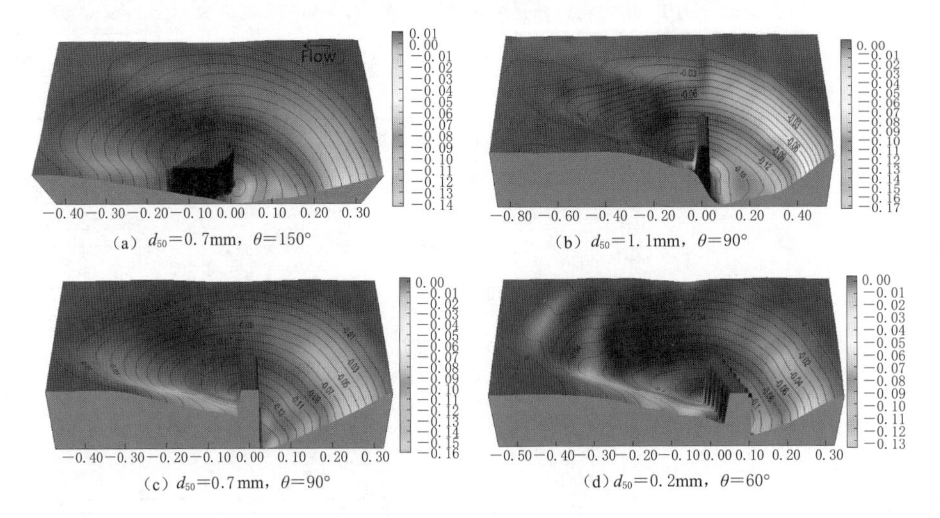

(a) d_{50}=0.7mm，θ=150°　(b) d_{50}=1.1mm，θ=90°

(c) d_{50}=0.7mm，θ=90°　(d) d_{50}=0.2mm，θ=60°

图 3-7（一） 丁坝局部冲刷坑三维形态（水流方向一致，单位：m）

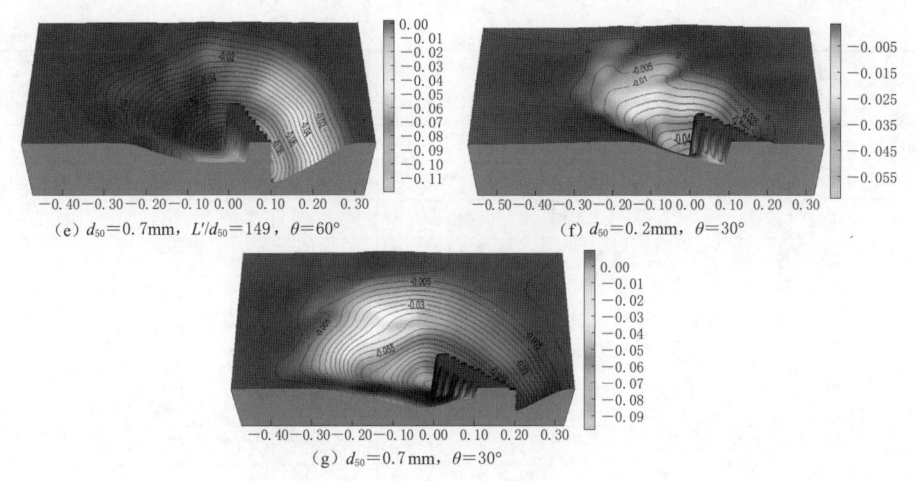

(e) d_{50}=0.7mm，L'/d_{50}=149，θ=60°

(f) d_{50}=0.2mm，θ=30°

(g) d_{50}=0.7mm，θ=30°

图 3-7（二） 丁坝局部冲刷坑三维形态（水流方向一致，单位：m）

其他布置形式略小。对比局部冲刷坑几何形态，正挑丁坝其冲刷坑三维结构明显较规则，丁坝上游冲刷坑平面形状近似半圆形。而另外两类布置形式，局部冲刷坑三维形态略不规则，其形状与丁坝布置形式相关。

3.4.2 局部冲深验证

统计各工况实验观测结果，如局部冲深、冲刷坑平面面积及体积，见表3-4，另外为更进一步讨论冲刷坑几何形态空间维度特征，同时也统计了已发表的研究成果，见表3-5，其中F1～F16数据源自文献［7］；K1～K17数据源自文献［3］。

表 3-4　　水流条件及几何形态参数

<table>
<tr><th>工况</th><th>丁坝长度 L/m</th><th>角度 θ/(°)</th><th>泥沙粒径 d_{50}/mm</th><th>水深 h/m</th><th>冲深 d_s/cm</th><th>平面面积 A_S/cm²</th><th>体积 V_S/cm³</th><th>L'/h</th><th>L'/d_{50}</th><th>A_S/d_s^2</th><th>V_S/d_s^3</th></tr>
<tr><td>A1</td><td rowspan="9">0.12</td><td>90</td><td rowspan="12">0.2</td><td rowspan="3">0.1</td><td>17</td><td>2589.85</td><td>12608.42</td><td>1.2</td><td>600</td><td>8.961</td><td>2.566</td></tr>
<tr><td>A2</td><td>60</td><td>13.5</td><td>2393.81</td><td>11565.47</td><td>1.04</td><td>520</td><td>13.135</td><td>4.701</td></tr>
<tr><td>A3</td><td>30</td><td>7</td><td>897.66</td><td>1963.36</td><td>0.6</td><td>300</td><td>18.32</td><td>5.724</td></tr>
<tr><td>A4</td><td>90</td><td rowspan="3">0.15</td><td>8.5</td><td>798.87</td><td>2186.84</td><td>0.8</td><td>600</td><td>11.057</td><td>3.561</td></tr>
<tr><td>A5</td><td>60</td><td>7.9</td><td>1108.11</td><td>3101.92</td><td>0.69</td><td>520</td><td>17.755</td><td>6.291</td></tr>
<tr><td>A6</td><td>30</td><td>2.8</td><td>271.91</td><td>315.05</td><td>0.4</td><td>300</td><td>34.682</td><td>14.352</td></tr>
<tr><td>A7</td><td>90</td><td rowspan="6">0.3</td><td>5.7</td><td>301.72</td><td>593.44</td><td>0.4</td><td>600</td><td>9.287</td><td>3.204</td></tr>
<tr><td>A8</td><td>60</td><td>4.8</td><td>436.11</td><td>992.11</td><td>0.35</td><td>520</td><td>18.928</td><td>8.971</td></tr>
<tr><td>A9</td><td>30</td><td>2.1</td><td>141.97</td><td>100.65</td><td>0.2</td><td>300</td><td>32.193</td><td>10.868</td></tr>
<tr><td>A10</td><td rowspan="3">0.2</td><td>90</td><td>12.3</td><td>1692.79</td><td>6278.4</td><td>0.67</td><td>1000</td><td>11.189</td><td>3.374</td></tr>
<tr><td>A11</td><td>60</td><td>8.4</td><td>870.28</td><td>3178.4</td><td>0.57</td><td>865</td><td>12.334</td><td>5.363</td></tr>
<tr><td>A12</td><td>30</td><td>3.4</td><td>399.91</td><td>494</td><td>0.3</td><td>500</td><td>34.594</td><td>12.569</td></tr>
</table>

续表

工况	丁坝长度 L/m	角度 θ/(°)	泥沙粒径 d_{50}/mm	水深 h/m	冲深 d_s/cm	平面面积 A_S/cm²	体积 V_S/cm³	L'/h	L'/d_{50}	A_S/d_s^2	V_S/d_s^3
B1	0.2	90	0.7	0.1	19.5	4337.44	22029.48	2	286	11.407	2.971
B2		60			13.9	2796.7	13687.77	1.73	247	14.475	5.097
B3		30			7.2	1610.18	4722.7	1	143	31.061	12.653
B4	0.12	150		0.1	15.5	2990.90	11009.09	0.6	86	12.449	2.956
B5		150		0.15	13.9	1285.27	7097.38	0.4	86	6.652	2.643
B6		90			16.3	2285.44	12415.15	0.8	171	8.602	2.867
B7		60			14.3	2216.03	10156.05	0.69	149	10.837	3.473
B8		30			10.7	1087.89	4014.74	0.4	86	9.502	3.277
B9		150		0.2	14.6	1768.14	9499.61	0.3	86	8.29	3.05
B10		90			12.6	1701.08	6287.63	0.6	171	10.715	3.143
B11		60			12.1	2112.84	6397.93	0.52	149	14.431	3.611
B12		30			9.6	1793.41	5732.78	0.3	86	19.46	6.48
C1	0.2	90	1.1	0.08	20.2	6169.6	30927.71	2.5	182	15.12	3.752
C2	0.2	90		0.12	18.6	2922.98	18230.19	1.67	182	8.449	2.833
C3	0.2	90		0.15	17.8	3634.43	20715.28	1.33	182	11.471	3.673

表 3-5　水流条件及几何形态参数

工况	丁坝长度 L/m	角度 θ/(°)	泥沙粒径 d_{50}/mm	水深 h/m	冲深 d_s/cm	平面面积 A_S/cm²	体积 V_S/cm³	L'/h	L'/d_{50}	A_S/d_s^2	V_S/d_s^3
F1	140	90	1.28	6.5	40.7	50100	776000	21.5	1094	30.245	11.510
F2	125			6.6	19.9	7770	34000	18.9	977	19.621	4.314
F3	125			6.9	29.4	25370	189000	18.1	977	29.351	7.437
F4	125			6.6	37.2	41160	595000	18.9	977	29.743	11.558
F5	109			7.0	16	4730	19000	15.6	852	18.477	4.639
F6	109			6.9	27.3	22340	170000	15.8	852	29.975	8.355
F7	109			6.6	35.9	36690	480000	16.5	852	28.468	10.374
F8	94			6.7	33.4	34480	385000	14.0	734	30.908	10.333
F9	94			7.0	24.3	15920	103000	13.4	734	26.961	7.178
F10	94			7.0	13.1	3050	9000	13.4	734	17.773	4.003
F11	79			6.9	31.2	26250	284000	11.4	617	26.966	9.351
F12	79			7.1	23.1	13550	88000	11.1	617	25.393	7.139
F13	79			7.1	10.4	3090	6000	11.1	617	28.569	5.334
F14	64			7.0	29.7	23170	236000	9.1	500	26.267	9.008
F15	64			7.0	8	850	2000	9.1	500	13.281	3.906
F16	64			7.2	20.8	12450	69000	8.9	500	28.777	7.668

续表

工况	丁坝长度 L/m	角度 θ/(°)	泥沙粒径 d_{50}/mm	水深 h/m	冲深 d_s/cm	平面面积 A_S/cm²	体积 V_S/cm³	L'/h	L'/d_{50}	A_S/d_s^2	V_S/d_s^3
K1	30.5	45	0.8	30.2	18.99	/	106700	1.39	381	/	15.581
K2	30.5	45		18.6	22.41	/	113800	0.86	381	/	10.112
K3	15.2	45		30.66	16.68	/	67630	2.84	190	/	14.573
K4	15.2	45		30.7	26.69	/	185280	2.84	190	/	9.745
K5	15.2	45		18.45	27.98	/	166720	1.71	190	/	7.611
K6	15.2	45		18.49	17.16	/	55690	1.71	190	/	11.021
K7	30.5	90		18.56	22.15	/	135730	0.61	381	/	12.490
K8	30.5	90		30.0	25.68	/	197600	0.98	381	/	11.668
K9	15.2	90		18.42	15.45	/	99160	1.21	190	/	26.888
K10	15.2	90		18.63	9.29	/	26500	1.23	190	/	33.052
K11	15.2	90		30.23	13.04	/	52470	1.99	190	/	23.663
K12	15.2	90		30.72	16.2	/	109130	2.02	190	/	25.668
K13	30.5	135		18.28	25.13	/	143020	0.84	381	/	9.012
K14	15.2	135		18.38	30	/	202510	1.70	190	/	7.500
K15	15.2	135		18.4	17	/	54350	1.70	190	/	11.062
K17	15.2	135		30.46	28.47	/	260370	2.82	190	/	11.283

3.4.2.1 相对水深影响

丁坝局部冲深调整特征已经取得共识[8]。对于短型丁坝，$d_s/L=2K_s$；对于中间型丁坝，$d_s/(Lh)^{0.5}=2K_sK_\theta$；这里 K_s 为结构形状系数，K_θ 为迎流角度系数，h 为水深。依据各工况实验观测结果，局部冲深的调整规律见图 3-8。

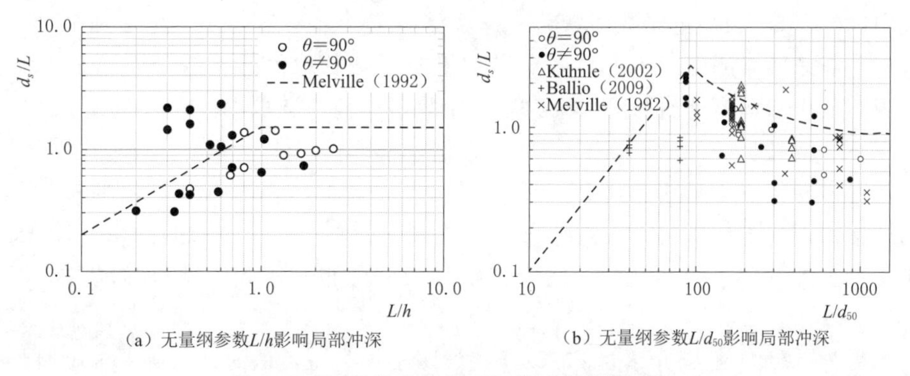

(a) 无量纲参数L/h影响局部冲深　(b) 无量纲参数L/d_{50}影响局部冲深

图 3-8　无量纲参数影响局部冲深调整规律

对于短丁坝，随 L/h 值逐渐增大，d_s/L 也相应增大。回归分析表明线性关系斜率为1.5，接近于 $2K_s$，这里 K_s 为丁坝结构形状系数，直墙型丁坝 $K_s=0.75$。因短丁坝仅考虑了形状系数而没有考虑迎流角度系数，当 $\theta=90°$，$K_\theta=1.0$；$\theta\neq 90°$，$K_\theta=1.1\sim0.9$；经计算修正后，可看出其调整规律同 $\theta=90°$ 布置形式类似。对于中间型丁坝，随 L'/h 值逐渐增大，其上限值接近 $2K_sK_\theta$，仍为1.5。

3.4.2.2 相对粗糙度影响

Lee等[8]根据相对粗糙度与桥墩局部冲深调整规律，分别定义了粗颗粒泥沙（$L/d_{50}>50$），细颗粒泥沙（$20\leqslant L/d_{50}\leqslant 50$），认为细颗粒泥沙对桥墩局部冲深的影响是显著的；粗颗粒泥沙对桥墩局部冲深的影响甚微。依据这一思路，根据各工况实验观测结果及已有相关研究成果，讨论相对粗糙度影响丁坝局部冲深的调整规律。

从图3-8可看出，对于 $\theta=90°$ 及 $\theta\neq 90°$ 两类布置形式，当 $L/d_{50}\leqslant 100$，局部冲深随相对糙率度增大而增大，表明其对丁坝局部冲深影响显著。$L/d_{50}>100$，其随相对粗糙度增大而逐渐递减；其对丁坝局部冲深影响甚微，呈现递减并接近常量趋势。可以认为，受 L'/d_{50} 影响，桥墩与丁坝局部冲深调整规律呈现相似性，但也存在差异，即丁坝局部冲深的峰值所对应的临界条件为 $L/d_{50}=100$。

综上所述，丁坝局部冲深实验结果同已有成果基本一致。

3.4.2.3 冲刷坑平面面积与体积预测

基于量纲和谐，常采用 $A_s\sim d_s^2$、$V_s\sim d_s^3$ 这一形式，通过局部最大冲深讨论或预测局部冲刷坑平面面积与体积[9-10]。为便于这一问题的讨论，这里对 $A_s\sim d_s^2$、$V_s\sim d_s^3$ 写成幂型函数关系式，即

$$A_s=C_1d_s^2;V_s=C_2d_s^3 \tag{3-5}$$

式中：C_1、C_2 为待定系数。

因考虑的影响因素不同，各研究成果对系数的取值并不统一。综合考虑实验观测成果与已有研究成果（表3-4及表3-5），选取 $C_1=20.5$、$C_2=7.0$。如图3-9和图3-10所示。

可以看出，可采用上式 $A_s=20.5d_s^2$、$V_s=7d_s^3$，通过局部最大冲深预测冲刷坑平面面积与体积。其误差分布可以看出（图3-11），采用上式预测清水冲刷条件下冲刷坑平面面积，冲刷坑体积其误差分布基本介于±15%以内，基本合理。

另外，h/L' 范围介于0.2～21.5；参照丁坝类型，认为这一成果对短型及中间型丁坝也是适用的。受实验条件限制，对长丁坝而言，有待进一步讨论。

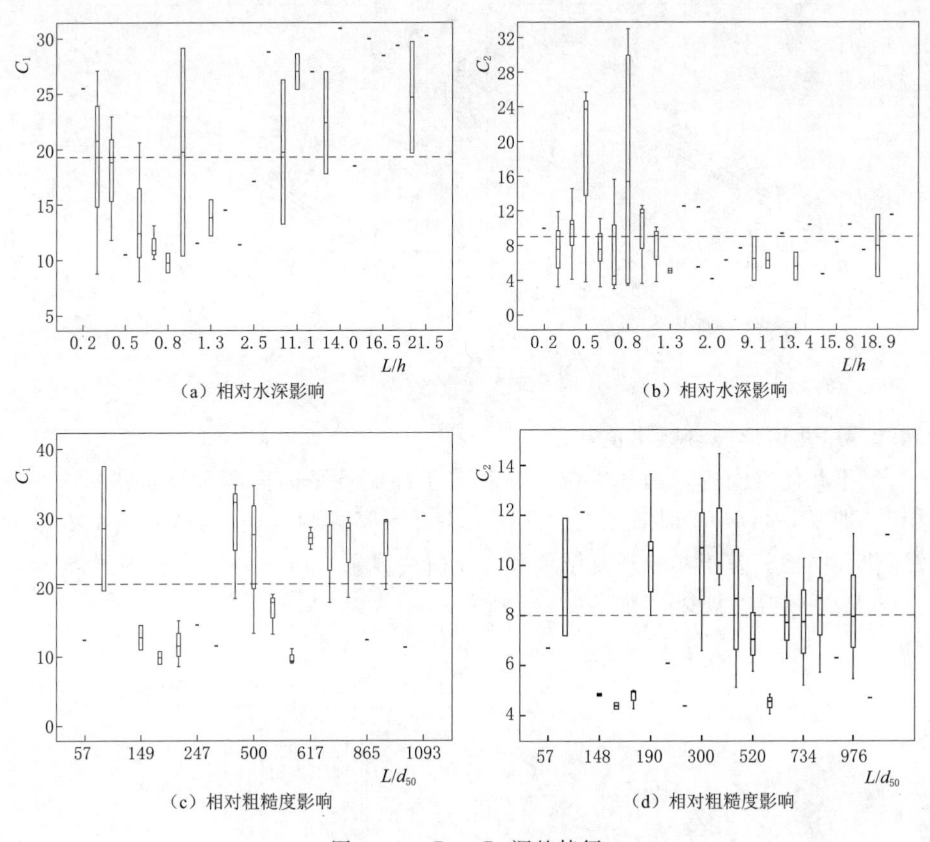

（a）相对水深影响 （b）相对水深影响

（c）相对粗糙度影响 （d）相对粗糙度影响

图 3-9 C_1、C_2 调整特征

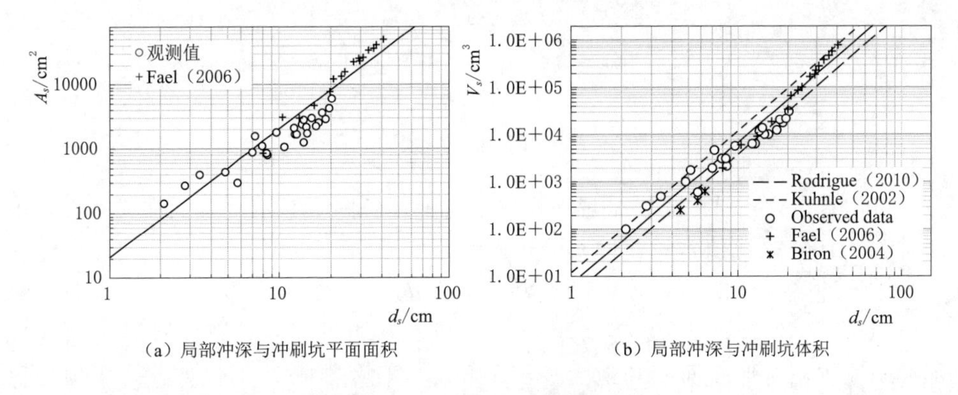

（a）局部冲深与冲刷坑平面面积 （b）局部冲深与冲刷坑体积

图 3-10 冲刷坑几何参数预测

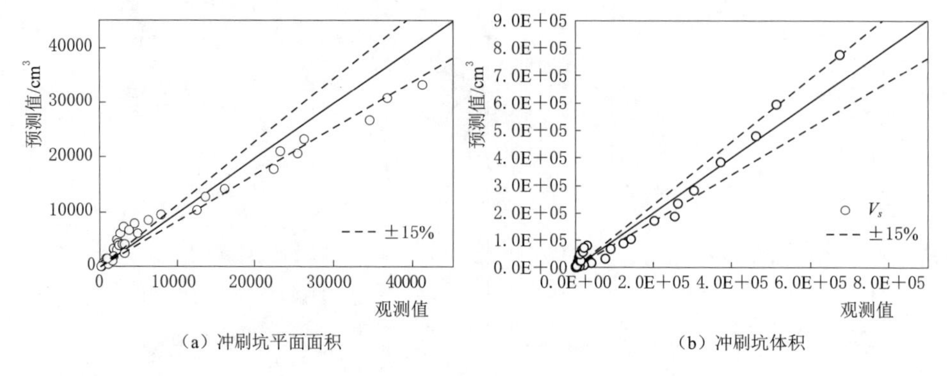

（a）冲刷坑平面面积　　（b）冲刷坑体积

图 3-11　误差分布图

3.4.2.4　几何形态参数比值常量

三维几何空间内，局部冲刷坑体积等于冲刷坑平面面积和局部最大冲深的乘积，即 $V_s \sim A_s d_s$，但因冲刷坑几何形态并不是规则几何体，V_s 与 $A_s d_s$ 比值关系仍不明确。基于实验观测结果及已往研究成果，讨论并明确各因素影响下，V_s 与 $A_s d_s$ 间调整规律，如图 3-12 所示。

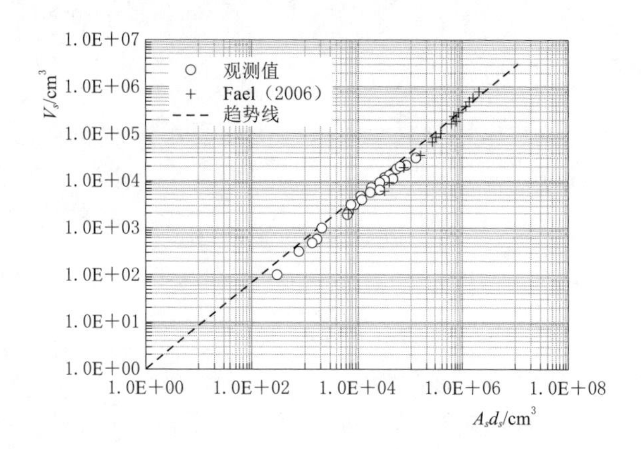

图 3-12　几何形态参数比值常量

可以看出，V_s 与 $A_s d_s$ 呈现线性关系，上述各因素影响下，线性关系斜率也即是 $V_s / A_s d_s$ 是比值常量，回归分析表明其值为 0.32，即

$$V_s = 0.32 A_s d_s \tag{3-6}$$

同时不难发现，C_1 及 C_2 均值的比值近似接近此常量。基于此，可认为局部冲刷坑体积与平面面积和最大冲深乘积存在比例常数。不仅如此，丁坝局部冲刷整个演变过程中，冲刷坑体积与冲刷坑平面面积和局部冲深的比值也存在一个常量为 0.34，结果基本是一致的。

3.4.3 几何结构相似性分析

在整个演变过程中，正挑丁坝的几何形态保持几何相似性，引入相关理论进一步证明。非规则曲面分形维数为讨论几何结构的相似性提供了有效的手段。依据规则三维立体结构面积与体积关系 $A^{1/2} \propto V^{1/3}$，王宝军等[11]推导出非规则曲面分形维数计算式，即非规则曲面面积和体积有如下关系：

$$\ln V_s = \frac{3}{D}\ln A_s - \ln a_0^3 \tag{3-7}$$

式中：D 为非规则曲面分形维数；a_0 为常数；$D=3/k$，其描述了丁坝局部冲刷坑几何形态相似程度。

回归分析表明，正交布置形式与非正交布置形式略有差别，图 3-13 中线性关系斜率 k 分别为 1.4、1.2，可得到局部冲刷坑三维几何形态分形维数为 2.1～2.5。相较于正交布置形式，非正交布置形式的分形维数略有减小。可认为丁坝局部冲刷坑三维几何形态呈现自相似性特征。

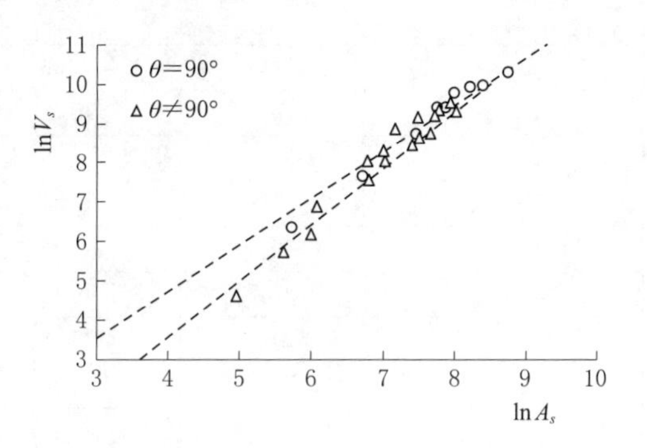

图 3-13 三维立体结构分形维数

局部冲刷坑三维几何形态分形维数表明了，丁坝局部冲刷坑几何结构具有几何相似性特征。

3.4.4 冲刷坑几何结构稳定性指标

冲刷范围和程度是非常重要的参数，如非可视环境冲刷范围的判别以及粗估冲刷坑几何结构稳定性。有学者针对丁坝冲刷范围提出了专题研究，如 Haltigin 等[12]根据冲刷坑平面特征尺寸预测冲刷坑几何形态。分别统计实验成果及已发表相关研究成果，提出以宽深比代替讨论冲刷范围和几何结构稳定性指标，相关参数见表 3-6。

表 3-6 冲刷坑几何特征长度

工况	几何尺寸/m			无量纲数
	R_1	R_3	R_2	L/d_{50}
A1	0.32	0.55	0.3	600
A2	0.3	0.53	0.28	520
A3	0.15	0.25	0.19	300

续表

工况	几何尺寸/m			无量纲数
	R_1	R_3	R_2	L/d_{50}
A4	0.2	0.28	0.15	600
A5	0.2	0.35	0.25	520
A7	0.12	0.18	0.09	600
A8	0.14	0.22	0.12	520
A10	0.19	0.3	0.19	1000
A11	0.14	0.26	0.13	865
B1	0.37	0.59	0.3	286
B2	0.3	0.55	0.4	247
B3	0.16	0.3	0.22	143
B4	0.32	0.56	0.3	86
B5	0.28	0.42	0.26	86
B6	0.31	0.45	0.26	171
B7	0.3	0.34	0.21	149
B8	0.29	0.33	0.22	86
B9	0.32	0.46	0.25	86
B10	0.24	0.38	0.23	171
B11	0.23	0.35	0.25	149
C1	0.25	0.46	0.27	182
C2	0.4	0.58	0.32	182
C3	0.45	0.8	0.45	182

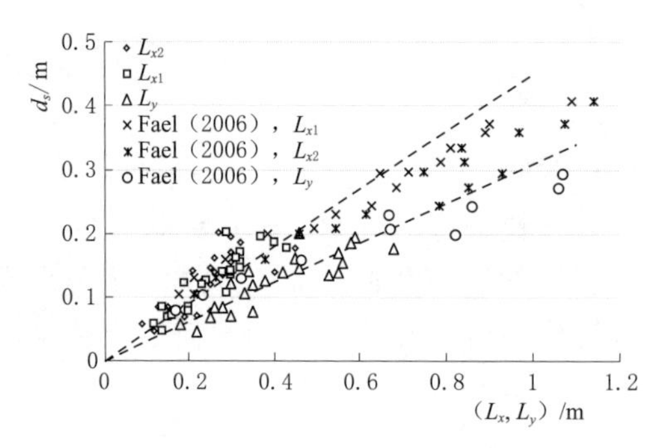

图 3-14　冲刷坑平面特征尺寸与局部冲深关系

根据表中观测内容，进一步建立局部冲深与冲刷坑各方位平面几何特征尺寸的关系，如图 3-14 所示。

从图 3-14 可看出，局部冲深与冲刷坑各方位几何长度符合线性关系，其中丁坝上游及坝头处几何特征长度无显著差异，但较丁坝下游几何长度明显偏小。

冲刷坑局部最大冲深与平面最大宽度的比值介于 2～6。根据上述相对粗颗粒和细颗粒泥沙分类可知，对于细泥沙颗粒冲刷坑其宽深接近下限，而粗颗粒泥沙所形成的冲刷坑宽深比更接近上限。事实上这一特征与泥沙颗粒的水下休止角密切相关。另外，宽深比也反映了冲刷坑几何结构稳定性。

3.5 冲刷坑表面曲率与河床侵蚀程度差异特征

3.5.1 冲刷坑表面曲率

微地貌曲面特征是本节讨论的重点也是难点，通过讨论整个演变过程中冲刷坑曲面曲率变化规律，有助于更直观地理解冲刷产生机制、形成过程。提出了冲刷坑曲面曲率演变模型，简述如下。

Cheng 等[4]指出，当涉河建筑物周围第一颗泥沙被水流带至下游，则冲刷开始，此刻局部冲刷深度等于泥沙颗粒直径，即 $d_s=d_{50}$，冲刷坑的体积则为 $(\pi/6)/d_{50}^3$。考虑极端情况，假定丁坝坝头处一粒泥沙发生了运动，且此泥沙颗粒足够大，均匀球形，那么此刻冲刷坑几何结构近似一个规则的三维球形。随着冲刷的发展，越来越多的泥沙颗粒被水流输运至下游，局部冲深增大的同时，也逐渐展宽。从时间尺度看，从冲刷发生到终止，如图 3 - 15 可更直观地解释整个演变过程。

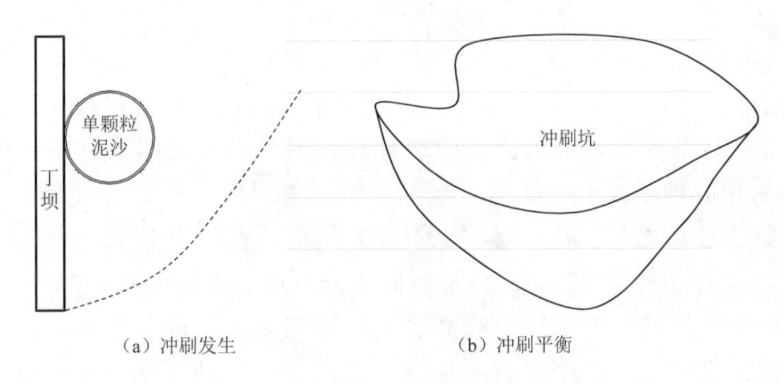

图 3 - 15　冲刷坑几何结构演变过程示意

上述假定泥沙颗粒为球形，根据微分几何知识，将球面上任意连续三个点形成一个平面（P_1，P_2，P_3），且在该平面内可以唯一确定一个圆。那么通过三个点坐标，则可以计算出圆心坐标，继而计算出曲率值，如图 3 - 16 所示。

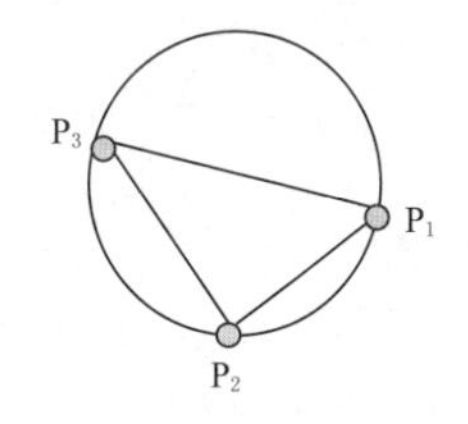

图 3 - 16　单颗粒泥沙表面曲率计算示意

由微分几何相关知识可知，对于单颗粒泥沙而言，对应点的曲率存在两个属性，曲面在某一点处的两个主曲率为 K_1、K_2，它们的乘积就是此点的高斯曲率。其具有一个重要性质，即：①凸的路线曲率是正值；②凹的路线曲率是负值；③直的路线曲率是 0。

3.5.2 曲面曲率计算过程

在对曲面重构的基础上。根据几何微分基本定理，曲面的第一基本形式和第二基本形式可求解高斯曲率和平均曲率[13]。

曲面的第一基本形式为

$$
\begin{aligned}
\mathrm{I} &= d\bar{r}d\bar{r} \\
&= (\bar{r}_m dm + \bar{r}_n dn)(\bar{r}_m dm + \bar{r}_n dn) \\
&= Edm^2 + 2Fdmdn + Gdn^2
\end{aligned}
\tag{3-8}
$$

式中，$E=\bar{r}_m\bar{r}_m$；$F=\bar{r}_m\bar{r}_n$；$G=\bar{r}_n\bar{r}_n$。

曲面的第二基本形式为

$$
\begin{aligned}
\mathrm{II} &= d\bar{r}d\overline{N} \\
&= (\bar{r}_m dm + \bar{r}_n dn)(\overline{N}_m dm + \overline{N}_n dn) \\
&= Ldm^2 + 2Mdmdn + Ndn^2
\end{aligned}
\tag{3-9}
$$

式中，$L=\bar{r}_{mm}\cdot\overline{N}$；$M=\bar{r}_{mn}\cdot\overline{N}$；$N=\bar{r}_{mn}\cdot\overline{N}$。

基于上述，得到高斯曲率 K_g，见式（3-10）：

$$
K_g = \frac{LN-M^2}{EG-F^2}, H_g = \frac{EN+GL-2FM}{2(EG-F^2)} \tag{3-10}
$$

对于任意 $p_i(x, y, z)$ 处曲率，其反映了曲面的一般弯曲程度[14]。

在曲面重构基础上，进行曲面曲率计算。因点与点之间没有明确的拓扑关系[15]，需采用合理手段进行处理。本书采用三角网格，各点据间形成三角形相互连接，在空间维度不重叠，同时也不存在间隙，而后对其质量进行判别和处理[16-18]。进而进行曲率计算，后续进行曲率分布可视化等相关工作。

众所周知，冲刷坑内泥沙颗粒众多，沙颗粒运动轨迹杂乱无章，基于单颗粒泥沙讨论冲刷坑曲面曲率是行不通的。根据这一物理背景，假定冲刷坑内所有泥沙颗粒均存在如下极端运动情况，其轨迹如图 3-17 所示。

（1）粒泥沙从初始位置，沿最凸的一条路径，向下游输移。

图 3-17　冲刷坑曲面曲率计算示意

(2) 泥沙颗粒沿最凹的另一条路径，向下游输移。

冲刷坑曲面看作不计其数颗粒点云组成，每一个点云对应单颗粒泥沙坐标点，遍历整个研究区域内所有点云数据高斯曲率，可获得冲刷坑曲面曲率分布。

基于此，通过实验地形点云数据，可获得冲刷坑表面高斯曲率分布情况。在此基础上，讨论整个演变过程中，冲刷坑曲面高斯曲率分布规律的改变情况，则无疑为探讨曲率变化与当地河床变形剧烈程度提供了支撑。

整个算法实现在 Matlab 环境下进行。曲面曲率分布可视化采用 Surfer 等相关工具实现。

网格示意如图 3-18 所示。

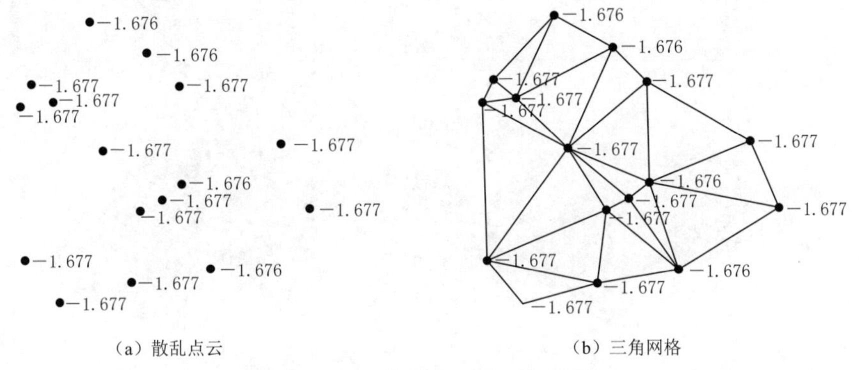

(a) 散乱点云　　(b) 三角网格

图 3-18　散乱点云及三角网格

根据高斯曲率具有的属性，典型高斯曲面特征为：

(1) 正常数高斯曲率，曲面近似球面，如图 3-19 (a) 所示；

(2) 负常数高斯曲率为双曲面或伪球面，如图 3-19 (c) 所示；

(3) 零高斯曲率为平面，如图 3-19 (b) 所示。

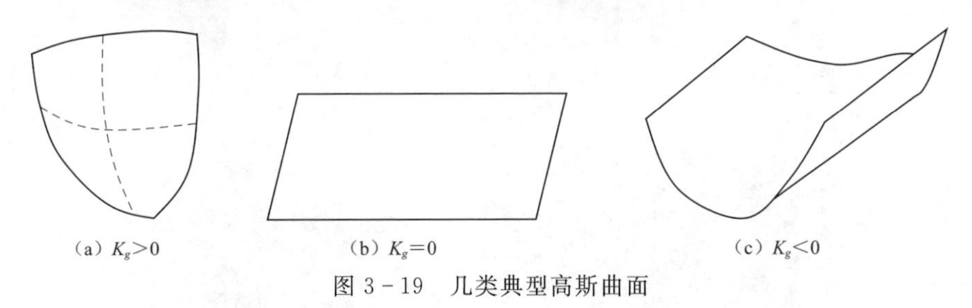

(a) $K_g>0$　　(b) $K_g=0$　　(c) $K_g<0$

图 3-19　几类典型高斯曲面

在上述工作基础上，展开冲刷坑表面曲率计算和分析工作。

3.5.3　冲刷坑表面曲率分布特征

为便于讨论冲刷坑曲面曲率分布特征，在冲刷坑几何结构重构效果基础上，采用坐标匹配相关手段，叠加计算得到的曲面曲率，可视化曲面曲率分布。

分别选取正挑丁坝整个冲刷演变各阶段，上挑及下挑丁坝典型阶段冲刷坑三维结构，并与相应各曲面曲率叠加，可视化效果较好地反映了曲率分布规律。

3.5.3.1 正挑丁坝

正挑丁坝各演变阶段冲刷坑曲面高斯曲率分布特征如图 3-20 所示。

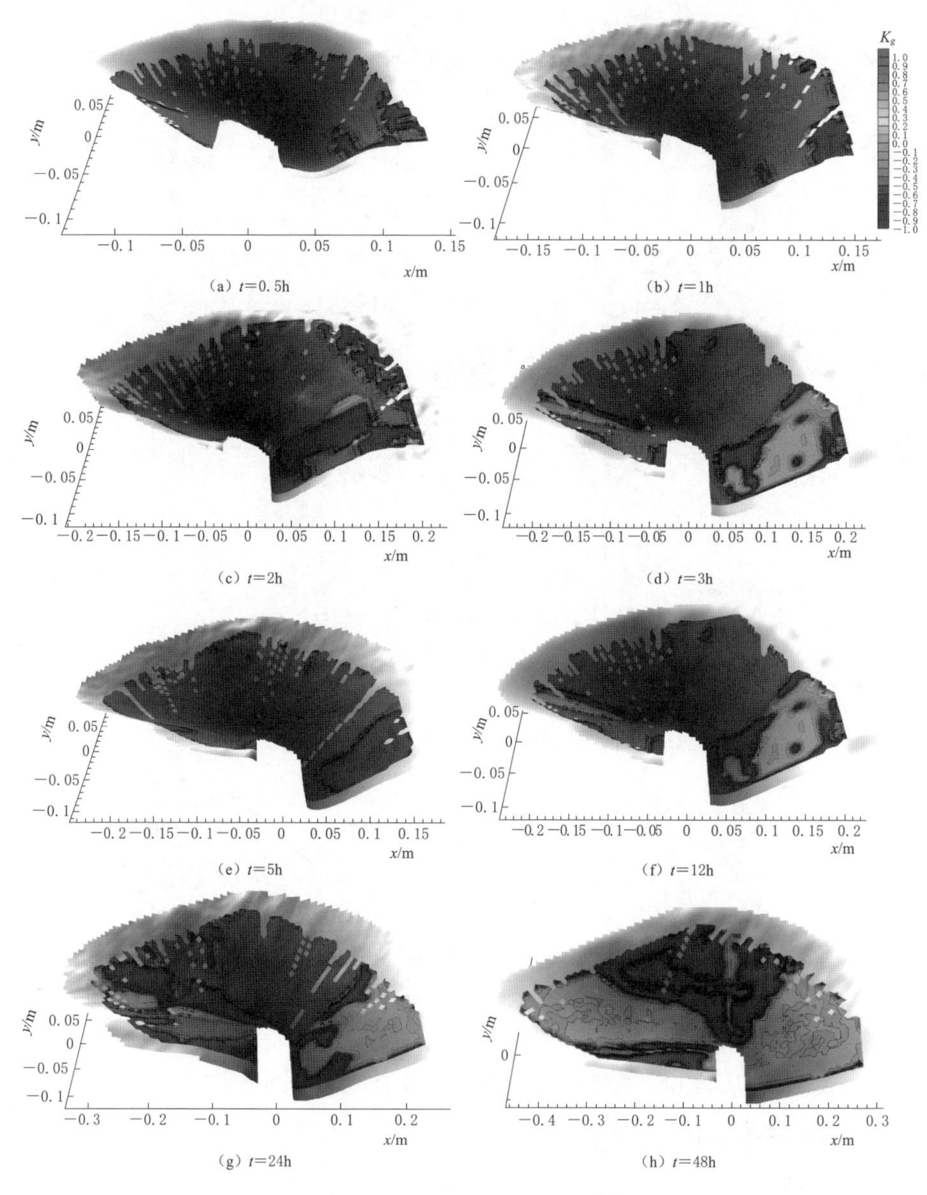

图 3-20 冲刷坑曲面高斯曲率分布特征（水流向左）

可以看出，整个曲面为正常数高斯曲率（$K_g>0$）曲面、负常数高斯曲率（$K_g<0$）曲面及零高斯曲率（$K_g=0$）曲面所组成。不同演变阶段、不同冲刷区域，高斯曲率呈现较大的差异，基本呈现如下典型特征：

（1）冲刷发生（$t\leqslant 0.5$h），整个冲刷区域分布正常数高斯曲率。由曲面曲率模型可知，当丁坝处一粒泥沙被冲刷，则冲刷坑三维结构为球形，且球面的高斯曲率 $K_g>0$，这一特征验证了上述冲刷坑曲面模型。

（2）局部冲刷初期（0.5h$<t<$5h），局部冲深完成最大冲刷程度约60%，冲刷坑曲面呈现正常数高斯曲率，仅在丁坝上游冲刷坑内马蹄涡流作用部分区域零星分布负常数高斯曲率的情况，且随时间演变逐渐增大。

（3）局部冲刷发展至平衡状态（5h$\leqslant t\leqslant$48h），冲刷坑内整个曲面的高斯曲率主要呈现三类曲率。其中，正、负常数高斯曲率曲面主要分布在丁坝坝头前端、坝后回流区域，统称为非零曲率，呈交替分布。零高斯曲率主要分布在涡流作用区域，即马蹄涡、卡门涡作用区域。

3.5.3.2 上挑及下挑丁坝

采用与正挑丁坝同样处理方式，讨论其他布置形式丁坝曲面曲率分布特征。由于各布置形式工况较多，不再一一列出每种布置形式的各个阶段，仅选取个别典型时刻讨论。上挑、下挑丁坝典型演变阶段冲刷坑曲面高斯曲率分布特征如图3-21所示。

可以看出，与正挑丁坝冲刷坑曲面曲率分布特征非常近似。局部冲刷初期，局部冲深分别完成最大冲深的60%和69%，此阶段冲刷坑曲面以正常数高斯曲率分布为主。局部冲刷发展至平衡状态，整个冲刷坑曲面呈现三类曲率分布。非零高斯曲率曲面交替分布在丁坝坝头前端、坝后回流区域。零高斯曲率主要分布在涡流作用区域，即马蹄涡、卡门涡作用区域。

综上所述，局部冲刷坑整个曲面为正常数高斯曲率（$K_g>0$）曲面、负常数高斯曲率（$K_g<0$）曲面及零高斯曲率（$K_g=0$）曲面所组成。局部冲刷演变初期阶段，冲刷坑内曲面呈现正常数高斯曲率。随着时间演变，在丁坝上下游涡流作用部分区域逐渐呈现零高斯曲率，丁坝坝头前端床面分布较小区域负常数高斯曲率。其中曲面曲率转变临界阶段大约介于完成最大局部冲深的60%左右。也就是说，当冲刷完成最大冲刷程度约60%时，冲刷坑曲面由单一正常数高斯曲率逐渐转为负常数高斯曲率、零高斯曲率共存，且后者位于卡门涡及马蹄涡典型涡流作用区域。冲刷坑曲面曲率特征无疑反映了水流对床面的作用规律。

3.5.4 当地河床侵蚀程度特征

依据整个演变过程，分析高斯曲率的变化规律。为更好地理解这一过程，

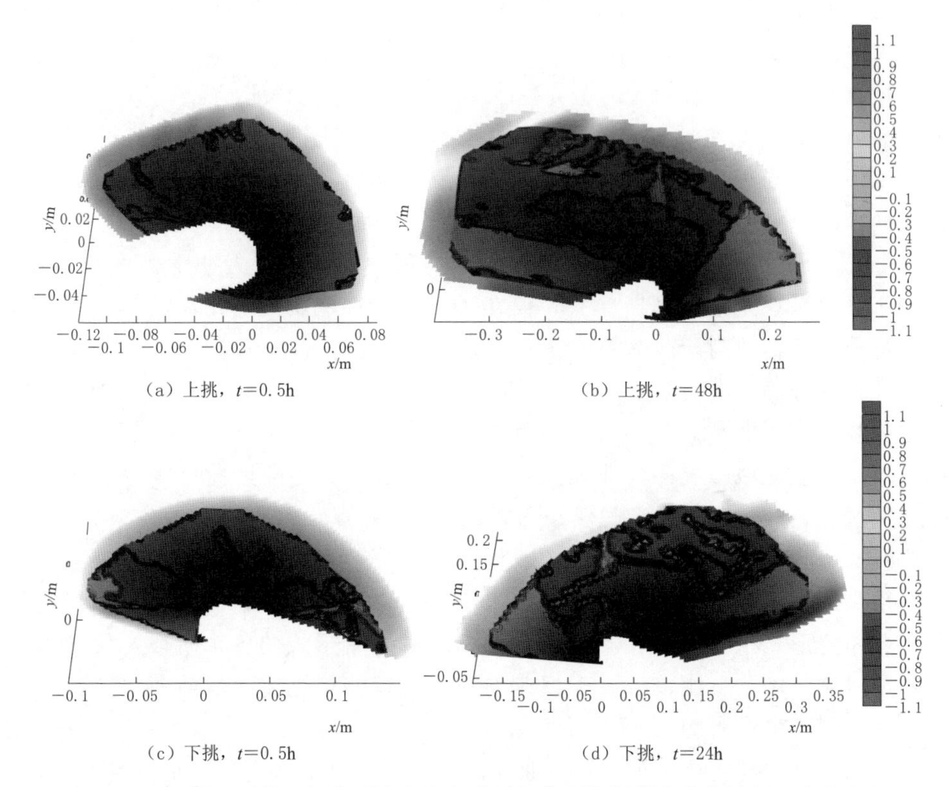

(a) 上挑，t=0.5h　　(b) 上挑，t=48h

(c) 下挑，t=0.5h　　(d) 下挑，t=24h

图 3-21　上挑、下挑丁坝典型演变阶段冲刷坑曲面高斯曲率分布特征（水流向左）

进而讨论冲刷坑形成过程侵蚀剧烈程度，这里给出了两个曲面转化的例子，如图 3-22 所示。若有非零高斯曲率演变至零高斯曲率，或理解为曲面由球面转化为平面时，曲面必然发生类似撕裂现象[19]。曲面曲率的改变，表明了曲面的“撕裂程度”。隐含了河床变形强度的重要信息。对于丁坝附近河床变形问题，则可以理解为当地河床收到水流侵蚀的剧烈程度。

图 3-22　两类曲面曲率转化示意图（$K_g \neq 0 \rightarrow K_g = 0$）

因此，可以认为：

（1）整个演变过程，卡门涡和马蹄涡作用区域，$K_g \neq 0 \rightarrow K_g = 0$，即冲刷坑曲面曲率由正常数高斯曲率逐渐演变至零高斯曲率，表明此区域河床侵蚀程度相对剧烈。

（2）曲率改变较小，表明侵蚀程度弱，曲面保持稳定的形状。也就是说，冲刷坑通过调整冲刷坑的宽深比，始终保持球面，保持冲刷坑几何形态的相似性。这一认识无疑解释了冲刷坑几何相似性产生的机制。

（3）相对于其他布置形式，下挑丁坝附近河床侵蚀特征明显较弱，仅丁坝坝头至下游狭长区域河床侵蚀强烈。

3.6 本章小结

本章基于水槽实验，分别从时间维度和空间维度讨论了局部冲刷演变特征，局部冲深等冲刷坑几何参数及形态结构特征，通过讨论获得如下几点认识：

（1）清水冲刷条件下，局部冲深、冲刷坑平面面积、冲刷坑体积与演变历时呈现幂函数增长，且局部冲深与冲刷坑截面面积也近似符合这一函数关系。

（2）对于任意丁坝布置形式，整个演变过程，局部冲刷坑体积与平面面积和最大冲深乘积的比值为常量0.32，冲刷坑剖面形态均近似保持恒定。对于任意冲刷坑形态其具有固定的宽深比，比值介于2～6。整个演变过程，冲刷坑三维形态结构呈现相似性特征。

（3）冲刷坑曲面曲率分布及曲率的变化情况，反映出不同冲刷区域当地河床侵蚀程度差异性特征。曲率变化大，当地河床变形剧烈；反之，河床变形相对较弱。

（4）导致河床变形差异的原因仍需结合当地水流参数，如河床切应力等参数再详细讨论。

（5）冲刷坑动态调整过程中，不同区域河床侵蚀程度差异性，为非可视环境下冲刷坑形态预测、新型冲刷防护材料设计与体型优化提供了思路。

参考文献

[1] 张瑞瑾，谢鉴衡，王明甫. 河流泥沙动力学 [J]. 水利电力出版社，1989，1 (9)：89.

[2] Diab R M A E A. Experimental Investigation on scouring around piers of different shape and alignment in gravel [D]. TU Darmstadt，2011.

[3] Kuhnle R A，Alonso C V，Shields Jr F D. Local scour associated with angled spur dikes [J]. Journal of Hydraulic Engineering，2002，128 (12)：1087－1093.

[4] Cheng N S，Chiew Y M，Chen X. Scaling Analysis of Pier-Scouring Processes [J]. Journal of Engineering Mechanics，2016：06016005.

[5] Bateman A，M. Fernández，G. Parker. Morphodynamic model to predict temporal evolu-

tion of local scour in bridge piers [J]. *River, Coastal and Estuarine Morphodynamics: RCEM* (2005): 911-920.

[6] Kirkil, Gokhan, George Constantinescu. Flow and turbulence structure around an in-stream rectangular cylinder with scour hole [J]. *Water Resources Research*, 2010.

[7] Fael C M S, Simarro-Grande G, Martin-Vide J P, et al. Local scour at vertical-wall abutments under clear-water flow conditions [J]. Water resources research, 2006, 42 (10).

[8] Lee, S O, Sturm, T W. Effect of sediment size on physical modeling of bridge pier scour. Journal of Hydraulic Engineering [J]. ASCE, 2009, 135 (10): 793-802.

[9] Biron, Pascale M, et al. Deflector designs for fish habitat restoration. Environmental management, 2004: 25-35.

[10] Rodrigue-Gervais K, Biron P M, Lapointe M F. Temporal Development of Scour Holes around Submerged Stream Deflectors [J]. Journal of Hydraulic Engineering, 2011, 137 (7): 781-785.

[11] 王宝军，施斌，唐朝生. 基于 GIS 实现黏性土颗粒形态的三维分形研究 [J]. 岩土工程学报，2007，29 (2)：309-312.

[12] Haltigin T W, Biron P M, Lapointe M F. Predicting equilibrium scour-hole geometry near angled stream deflectors using a three-dimensional numerical flow model [J]. Journal of Hydraulic Engineering, 2007, 133 (8): 983-988.

[13] 王侃昌，师帅兵. 自由曲面的高斯曲率计算方法 [J]. 西北农业大学学报，2000，28 (6)：150-153.

[14] 杨荣华，花向红，游扬声. 基于散乱点的局部 n 次曲面拟合及其曲率计算 [J]. 大地测量与地球动力学，2013，33 (3)：141-143.

[15] 贺美芳. 基于散乱点云数据的曲面重建关键技术研究 [D]. 南京：南京航空航天大学，2006.

[16] 成思源. 基于可变形模型的轮廓提取与表面重建 [D]. 重庆：重庆大学，2003.

[17] 谭成国，范业稳，司顺奇. 基于 DEM 的地理坐标系下航空摄影技术设计 [J]. 测绘科学，2008，33 (2)：84-87.

[18] 周华伟. 地面三维激光扫描点云数据处理与模型构建 [D]. 昆明：昆明理工大学，2011.

[19] Wang T, Yang Y, Fu C, et al. Wrinkling and smoothing of a soft shell [J]. Journal of the Mechanics and Physics of Solids, 2020, 134: 103738.

4 丁坝附近水流能量传递特征

4.1 引言

第3章分别从时间及空间维度讨论了丁坝局部冲刷问题。虽明确了冲刷坑几何结构动态调整规律，但是其背后的驱动机制仍不清晰。需结合当地水流参数，如河床切应力等再深入详细讨论。

4.2 实测水流结构

4.2.1 实验工况

水流观测是本章讨论的重要内容。清水冲刷条件下，冲刷坑演变速率不同导致不同演变历时，冲刷深度和范围存在差别。为便于详细了解当地水流结构，同时也更深入对比水流流态，拟选取两个典型时刻作为水流结构的观测工况。

工况一，局部冲刷历时达到12h，进行水流结构测量。

工况二，局部冲刷历时达到48h，进行水流结构测量。

为便于对比和区分，工况一称为冲刷发展状态，工况二称为冲刷平衡状态。

水流测量过程为：冲刷历时达到后，从略靠近上游位置缓慢撒入快干水泥，使整个冲刷区域被水泥固化，泥沙不再发生输移；而后采用ADV，并配合水槽导轨等相关设备采集流场，以获得相关水流参数。

整个观测区域测量断面及测点分布如图4-1所示。图中，x/L 描述了测量断面的位置分布情况，上游比值为正值，下游为负值；同理 y 及 z 轴分别反映了测量点分布情况。其中，y 轴测点横向间隔为5cm；z 间隔为2cm。定义顺水流方向为 x 轴，横向为 y 轴，垂向为 z 轴；相应的，3个方向的瞬时流速分别

为 u、v、w；3 个方向的和速度为 $V=(u^2+v^2+w^2)^{0.5}$。

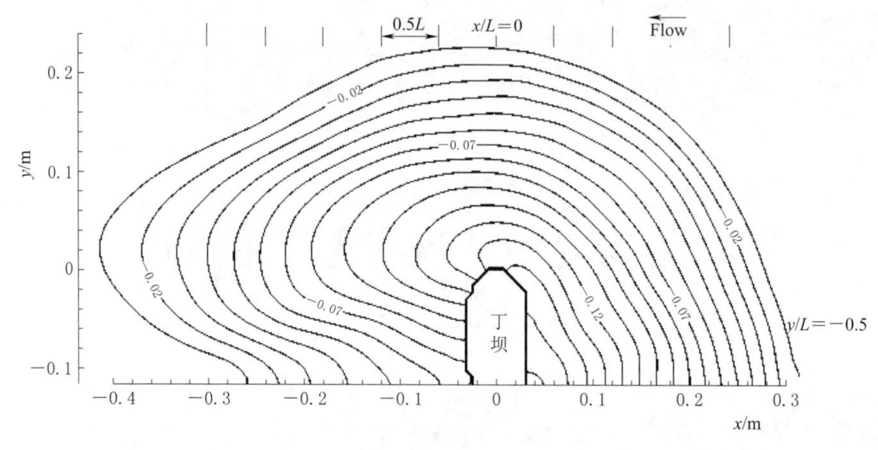

图 4-1 测量断面及测点分布

按上述布置，分别选取局部冲刷发展、平衡两个典型状态，观测并讨论各阶段水流结构。

4.2.2 冲刷发展状态水流结构

4.2.2.1 流场

选取部分测量断面讨论冲刷发展状态和丁坝附近水流流态特征。丁坝附近流场分布如图 4-2 所示。

对比整个断面 3 个方向流速分布，受丁坝阻碍，丁坝上游冲刷坑内顺水流方向流速 u 锐减；v 则呈现相反趋势，略增；w 不仅数值有所增大，其流向也明显发生了改变；表明丁坝上游冲刷坑内明显存在下潜流，水流流态较复杂。在靠近冲刷坑底部床面附近，3 个方向流速均有所递减，表明冲刷坑形态对水流流态具有一定的影响。

丁坝轴线断面，受丁坝对水流挤压，相对于上游来流，坝头处流速 u 值增幅明显，约 20%，受坝头分离区影响，靠近丁坝坝头处流速锐减。纵向流速占据主导地位，流速 v、w 流向也明显发生了改变，冲刷坑底部床面附近，这一趋势尤为明显，表明冲刷内部具有二次流特征。

丁坝下游断面，从流速分布可知，受丁坝遮挡，流速 u 在丁坝坝后锐减，且流向发生改变，即坝后与几何边界处存在回流区。坝后靠近床面附近 u、v 及 w 均呈现增大的趋势，这与坝体湍流猝发现象是紧密相关的。另外，此断面流速 v 及 w 流向交替变化，特别是前者更明显，反映了丁坝下游卡门涡流区域水流结构特征。

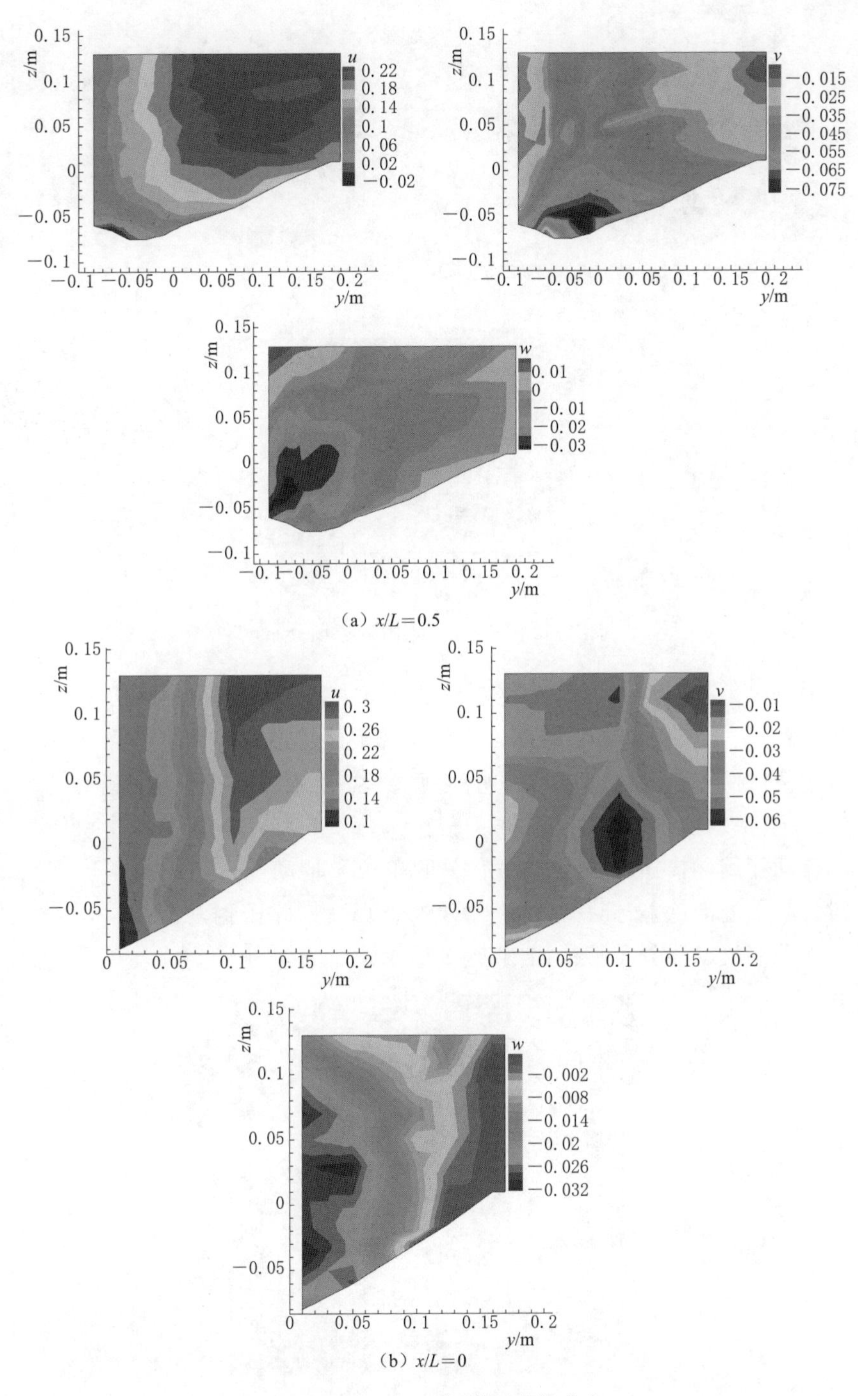

图 4-2（一） 丁坝附近流场分布

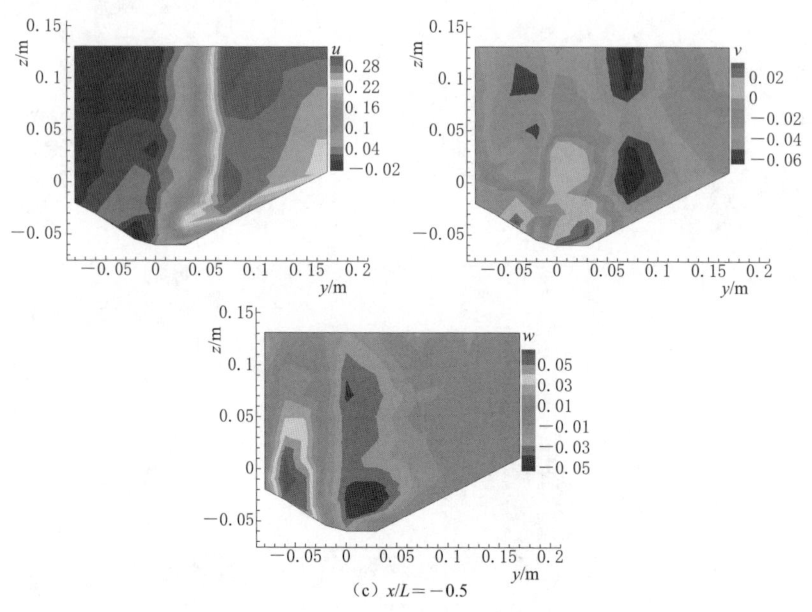

(c) $x/L=-0.5$

图 4-2（二） 丁坝附近流场分布

综上所述，丁坝附近流场具有三维非恒定特征，在丁坝附近分别存在回流区或竖轴漩涡[1-2]。从观测结果看，整个区域水流流态较为紊乱。靠近冲刷坑内床面流速及流向变化尤为明显，表明冲刷坑形态对水流流态影响显著。

4.2.2.2 湍流动能

湍流动能用以描述湍流中与涡有关的单位质量动能，往往基于速度波动分量获得。其中湍流动能计算式见第 1 章中式（1-8）。根据观测结果，丁坝附近自由表面处湍流动能分布特征如图 4-3 所示。

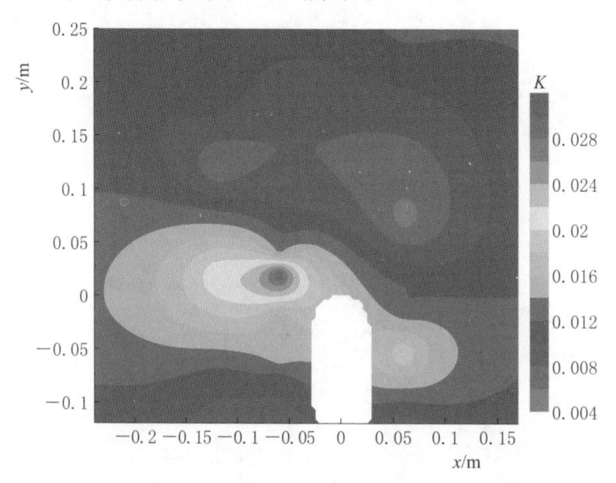

图 4-3 丁坝附近自由表面处湍流动能分布特征（水流方向从右至左）

可以看出，水流经丁坝绕流后，受到丁坝对水流压缩，加之边界层的分离及涡流的脱落；导致从丁坝坝头至丁坝下游约 $2L$ 范围内，其湍流动能明显增大。实验观测结果表明，顺水流方向，湍流动能沿程略增，上下游湍流动能的比值增大了近 3 倍。这一分布特征同 Koken 等[2] 所报道现象基本一致。Safarzadeh 等[3] 指出丁坝附近湍流动能是上游来流湍流动能的 10 倍左右。实验结果同已有研究成果基本一致。

分别提取典型剖面，即丁坝轴线（$x/L=0$）剖面及顺水流方向剖面（$y/L=-0.5$），并定义丁坝上游来流大小与湍流动能的无量纲参数 K/U^2，其展示了局部冲刷坑内部马蹄涡流涡核的分布。典型剖面无量纲参数 K/U^2 分布如图 4-4所示。

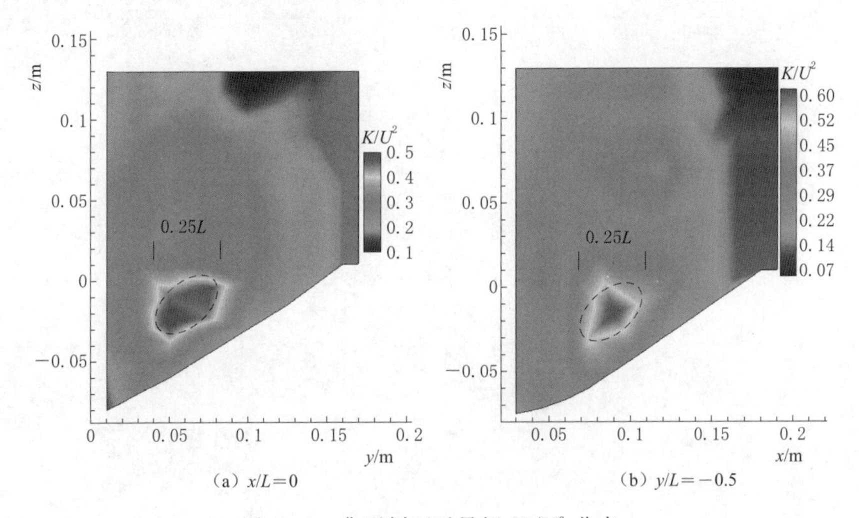

(a) $x/L=0$　　(b) $y/L=-0.5$

图 4-4　典型剖面无量纲 K/U^2 分布

可以看出，无量纲参数 K/U^2 最大值为 0.6。最大值区域几何形状非常相似，均接近椭圆形。表明马蹄涡截面形态也呈现椭圆形，涡核的几何尺寸约为 $0.25L$，涡核中心位于冲刷坑内部，在丁坝上游冲刷坑内更接近剖面“尖点”位置。

4.2.3 冲刷平衡状态水流结构

4.2.3.1 流场

局部冲刷达到平衡状态后，观测水流结构，因测量断面众多，选取部分典型断面描述丁坝附近水流流态，如图 4-5 所示。

可以看出，坝头前端局部范围内 u、v 在自由表面处增大，接近冲刷坑底部边界附近，流速锐减。同时流速 w 却表现为增大。受丁坝对水流的压缩，纵向

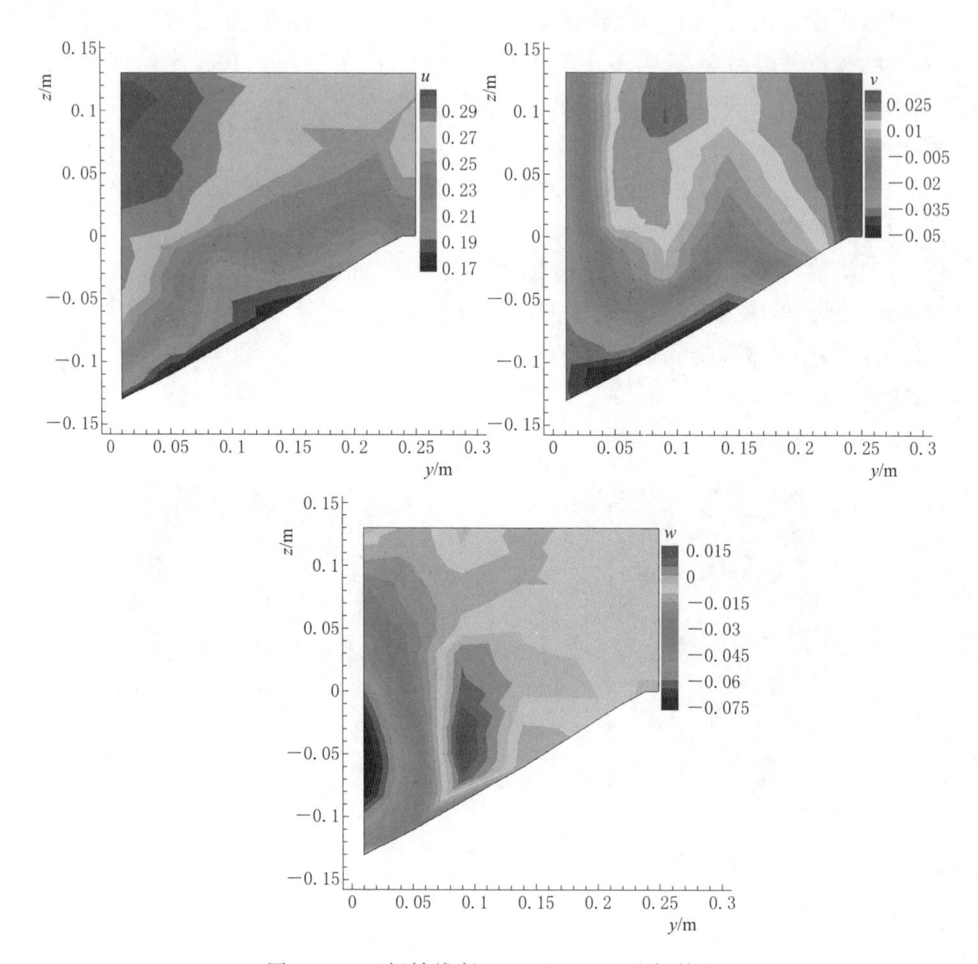

图 4-5 丁坝轴线断面（$x/L=0$）流场特征

流速占据主导地位，而冲刷内部垂向与横向流场也明显发生了改变，流态呈现二次流特征。丁坝上游三维流场分布特征如图 4-6 所示。

从图中可看出，$x/L=0.5$ 及 $x/L=1.0$ 断面的流场分布较相似。其中纵向流速 u 在靠近冲刷坑底部边界附近，也即在马蹄涡流区域急速递减。横向流速 v 的趋势同 u 非常接近。而垂向流速 w 则呈现增大趋势。从 3 个断面的 w 分布特征看，在丁坝上游与几何边界处冲刷坑内存在角涡。已有研究成果可知，马蹄涡并不是单一的。从冲刷坑内三维流态分布（$x/L=0.5$，$x/L=1.0$）也可看出，冲刷坑内存在马蹄涡系。

对于丁坝下游流场分布特征，仍选取部分典型断面进行展示，如图 4-7 所示。

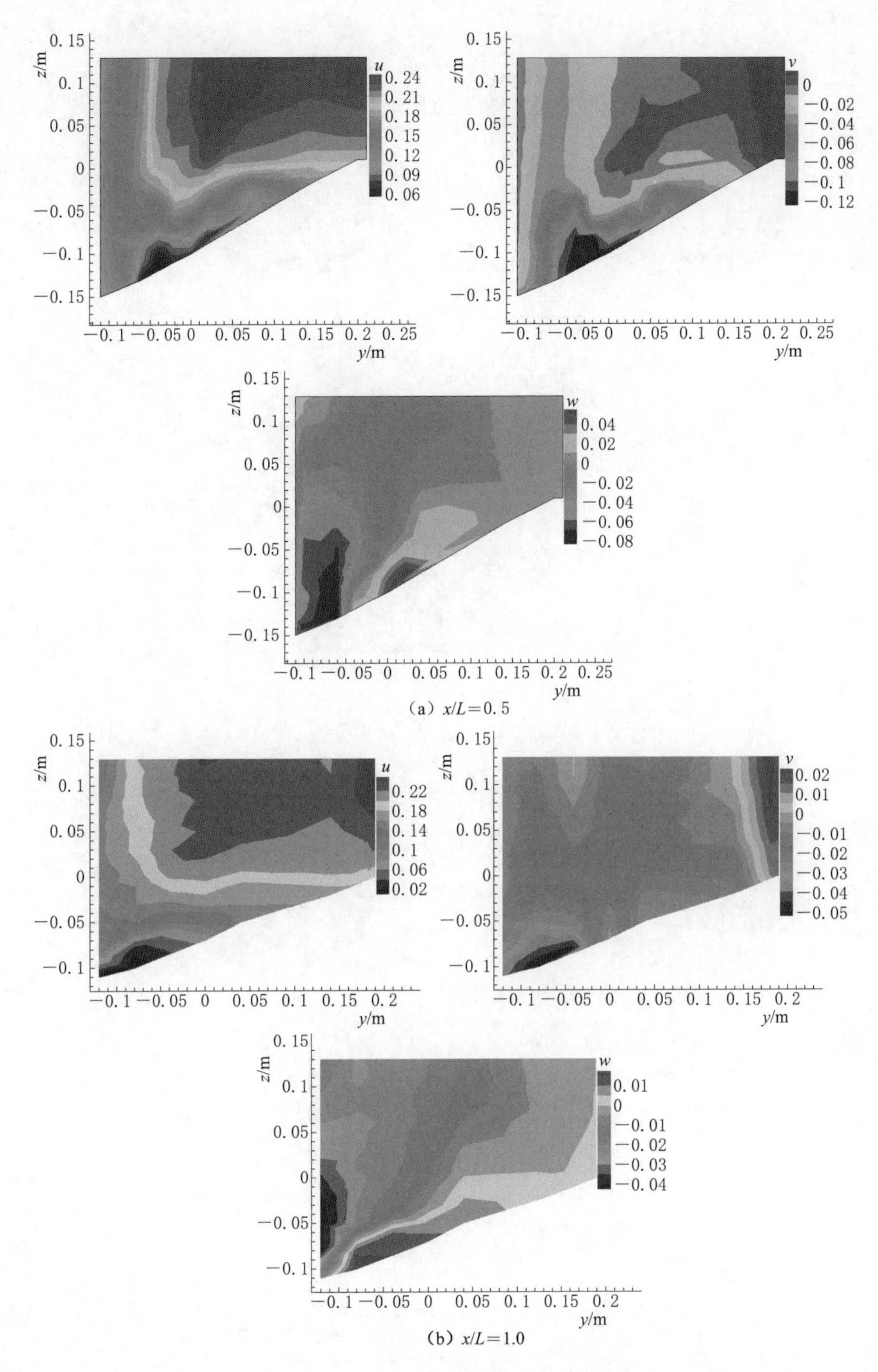

图 4-6 丁坝上游三维流场分布特征

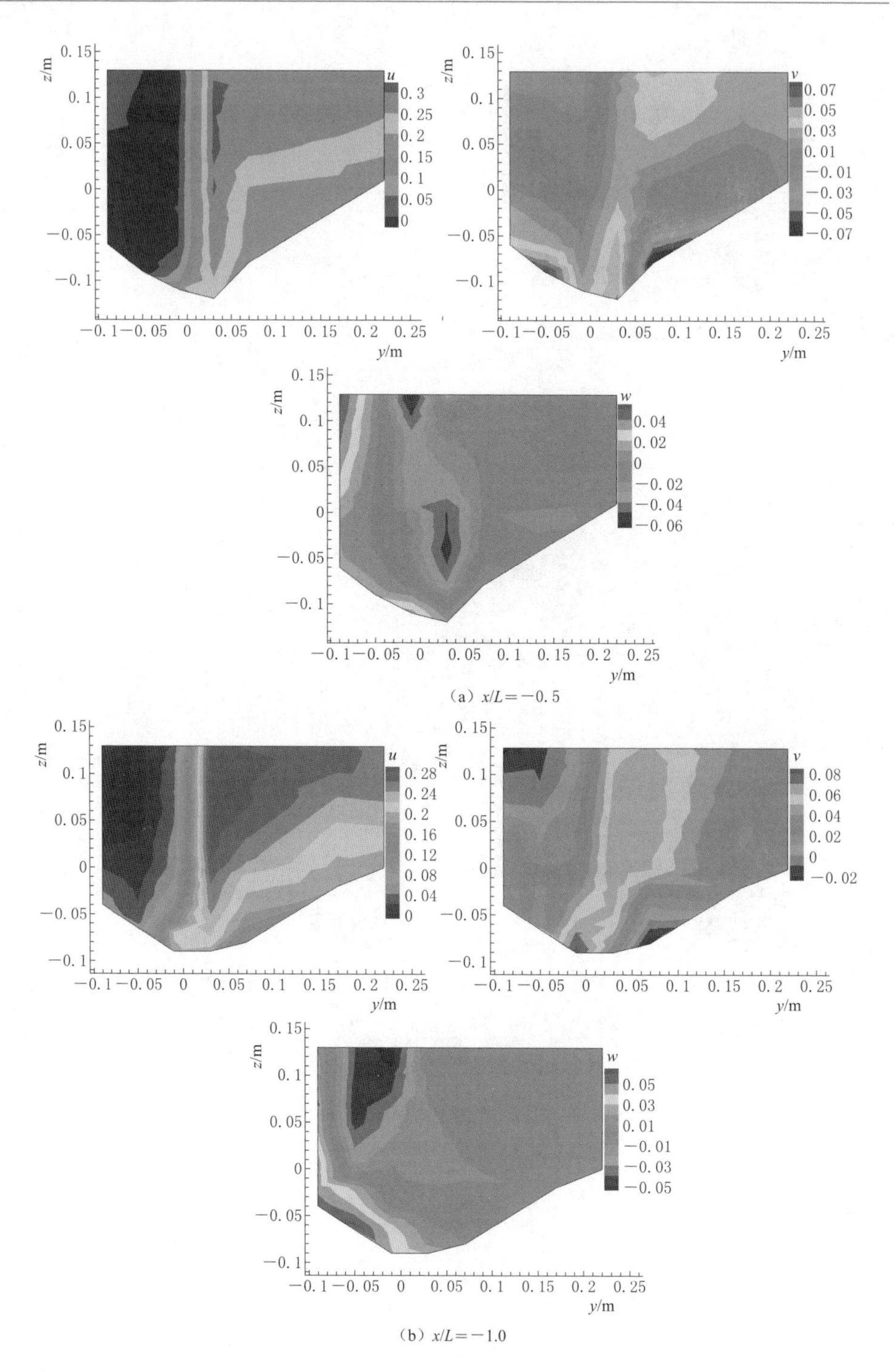

(a) $x/L=-0.5$

(b) $x/L=-1.0$

图 4-7 丁坝下游三维流场分布特征

受丁坝阻碍作用，流速 u 在丁坝坝后锐减，也即坝后与几何边界处存在较大回流区，图中清晰的反映了这一特征。对比各断面流速 v 及 w 变化，在丁坝下游冲刷坑内，两个方向流速急剧改变，反映了卡门涡流区域水流结构特征。与丁坝上游冲刷坑内流态相比，下游水流流态更为紊乱。

4.2.3.2 湍流动能

根据冲刷平衡状态观测成果，丁坝附近典型断面湍流动能分布如图 4－8 所示。

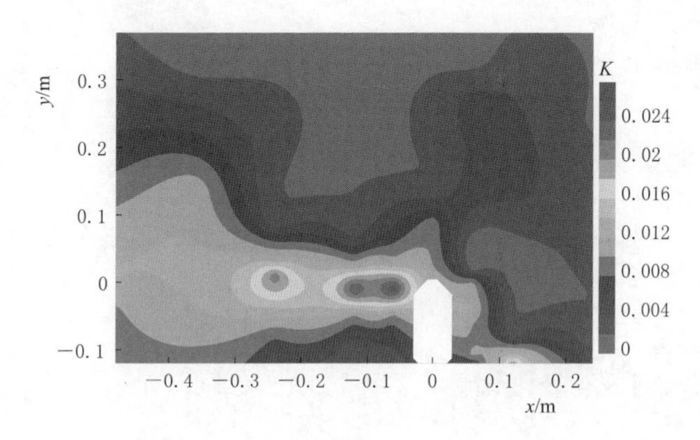

图 4－8　丁坝附近典型断面湍流动能分布（水流方向从右至左）

可以看出，其分布特征与上一工况非常相似，区别在于湍流强度的改变。对比两个阶段湍流动能的量级大小，认为：

（1）从时间尺度看，水流恒定条件下，随局部充分冲刷发展，湍流动能呈递减趋势。

（2）从空间分布特征看，顺水流方向，湍流动能基本符合沿程增大这一趋势，但影响范围明显增大，从坝头至下游约 $3L$ 范围。丁坝下游，湍流动能最大值区域基本分布于卡门涡流区域。丁坝上下游湍流动能比值也增大了近 3 倍。与上游来流条件相比，当地湍流动能均增大近 10 倍。

再分别提取典型剖面，典型剖面无量纲参数 K/U^2 分布如图 4－9 所示。

与上个工况类似，最大值区域的几何形状依然近似椭圆形。涡核中心位于冲刷坑内部，在丁坝上游面尖点位置。所不同的是，参数 K/U^2 最大值为有所减小。涡核的几何尺度明显增大，为 $0.5L$，较上一工况增大近 1 倍。

总的来看，随着局部冲刷演变，局部冲刷范围增大，顺水流方向，冲刷区域湍流动能递减。涡核的几何尺度逐渐增大，最大约为 $0.5L$。几何形状是相似的近椭圆形，涡核位置逐渐下潜入冲刷坑内部。涡的下潜，导致冲刷不存在绝对的终止状态；冲刷坑尺度增大也增大了对涡的遮蔽效果，涡流与冲刷坑形态

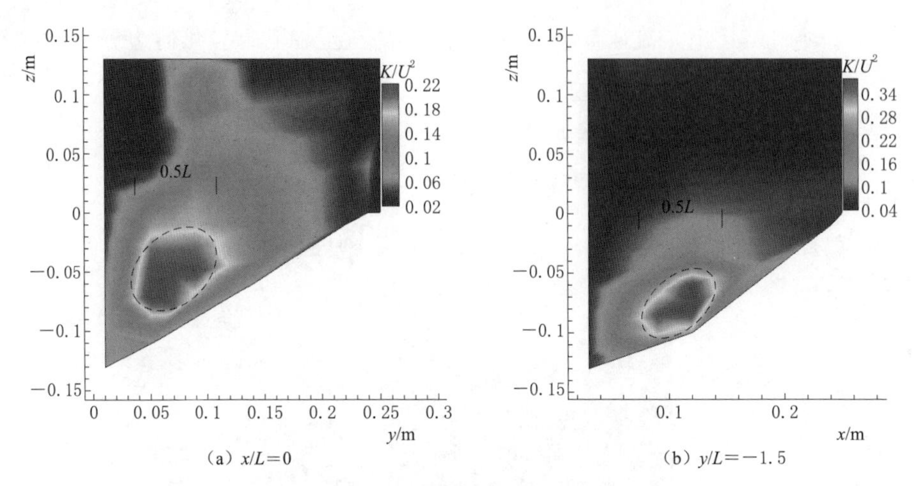

(a) $x/L=0$ (b) $y/L=-1.5$

图 4-9 典型剖面无量纲参数 K/U^2 分布

之间存在相互依存，相互影响。

4.3 水流结构数值模拟

4.3.1 模拟工况

根据水槽实验工况，为便于对比，以丁坝局部冲刷演变状态中平衡状态冲刷坑几何实验地形为边界，进行水流结构数值模拟工作。模拟范围与水槽实验观测区域范围基本一致。

具体参数：B 为水槽宽度 0.8m，水深 $h=0.15$m，来流流速恒定为 0.26m/s，丁坝长度 $L=0.12$m，直墙型式。丁坝上下游计算长度分别选取为 10h、25h。天然均匀沙，中值粒径 $d_{50}=0.7$mm，如图 4-10 所示。

4.3.1.1 控制方程

不可压缩黏性各向同性流体控制方程包括连续方程和动量方程（即 N-S 方程）[4]，在笛卡尔坐标系下，方程的表达式为

$$\frac{\partial u}{\partial x}+\frac{\partial v}{\partial y}+\frac{\partial w}{\partial z}=0 \tag{4-1}$$

$$F_x-\frac{1}{\rho}\frac{\partial p}{\partial x}+\frac{\mu}{\rho}\nabla^2 u=\frac{Du}{Dt} \tag{4-2}$$

$$F_y-\frac{1}{\rho}\frac{\partial p}{\partial y}+\frac{\mu}{\rho}\nabla^2 v=\frac{Dv}{Dt} \tag{4-3}$$

$$F_z-\frac{1}{\rho}\frac{\partial p}{\partial z}+\frac{\mu}{\rho}\nabla^2 w=\frac{Dw}{Dt} \tag{4-4}$$

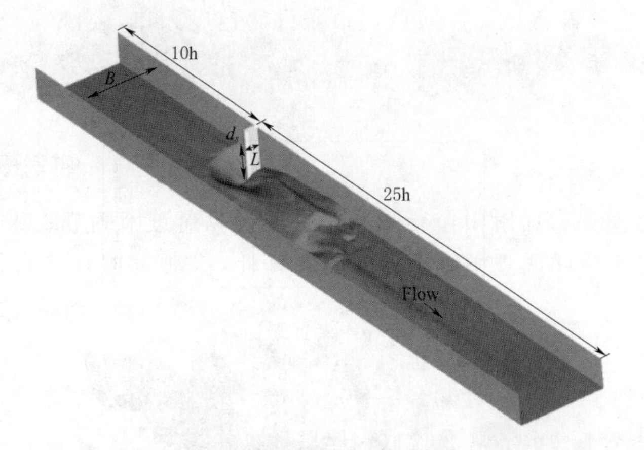

图 4-10 模拟范围及边界

式中：u、v、w 符号意义同上；F_x、F_y、F_z 分别为质量力在三个坐标方向上的分量；ρ 为液体密度；t 为时间；p 为液体压强；μ 为液体运动黏滞性系数。

目前，实际工程应用中，常采用两类处理手段，分别基于雷诺平均 N-S 方程，包括 $k-\varepsilon$ 系列模型以及雷诺应力模型、大涡模拟等，如图 4-11 所示。

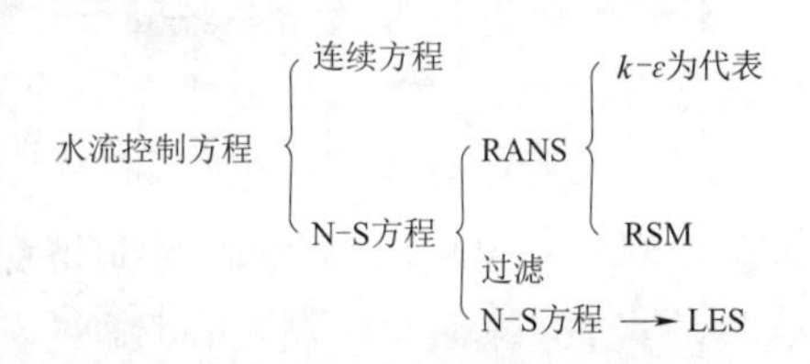

图 4-11 紊流模型求解方法路线图

在大涡模拟（LES）中，紊流被分为大尺度涡和小尺度涡[4]。其中，认为动量、质量和能量的输运主要体现在大尺度涡上，而小尺度涡则认为各向同性。因此两者的计算可以分离开。通过对 N-S 方程波数空间及物理空间的过滤，剔除小于过滤宽度或者给定物理宽度的涡。LES 的控制方程如下：

$$\frac{\partial \overline{V}_i}{\partial x}=0 \tag{4-5}$$

$$\frac{\partial}{\partial x}(\rho \overline{V}_i)+\frac{\partial}{\partial x_j}(\rho\,\overline{V_i V_j})=\frac{\partial}{\partial x_j}\left(V\frac{\partial \overline{V}_i}{\partial x_j}\right)-\frac{\partial \overline{p}}{\partial x_j}-\frac{\partial \tau_{ij}}{\partial x_j} \tag{4-6}$$

式中：$\overline{V}_i$ 为 u、v、w 的和速度；τ_{ij} 为切应力。

4.3.1.2 计算条件

采用 Fluent 软件进行模拟计算，具体内容如下：

(1) 几何模型建立。分别选取正挑布置形式，选取冲刷发展状态、冲刷平衡状态两个典型工况，利用各自实验地形及重构后的冲刷坑三维几何形态，结合水槽实验边界条件建立几何模型。

(2) 边界条件设置。计算区域进口条件为速度入口，出口边界条件为出口压力不变，如图 4-12 所示。

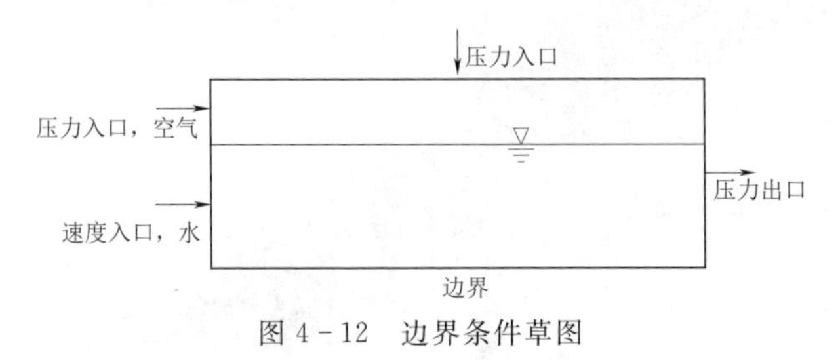

图 4-12 边界条件草图

(3) 由上述实验工况可知，$h=0.15\text{m}$、$U=0.26\text{m/s}$、$L=0.12\text{m}$。根据 Prandtl 紊流混合长度理论，黏性底层厚度计算公式为

$$\delta=34.2\frac{h}{Re^{0.785}} \tag{4-7}$$

式中：δ 为黏性底层厚度；Re 为雷诺数。

计算得到黏性厚度 $\delta=1.58\text{mm}$。因床沙为均匀沙，$d_{50}=0.7\text{mm}$，则其粗糙高度 $K_S=(1\sim2)d_{50}$，略小于泥沙黏性底层厚度，无需创建边界层。

(4) 采用多面体网格进行划分，最大网格尺寸为 0.1m，考虑到提高丁坝坝头及冲刷坑内模拟的精确性，对冲刷坑内局部区域网格进行加密。整个计算区域网格数量巨大，如图 4-13 所示。

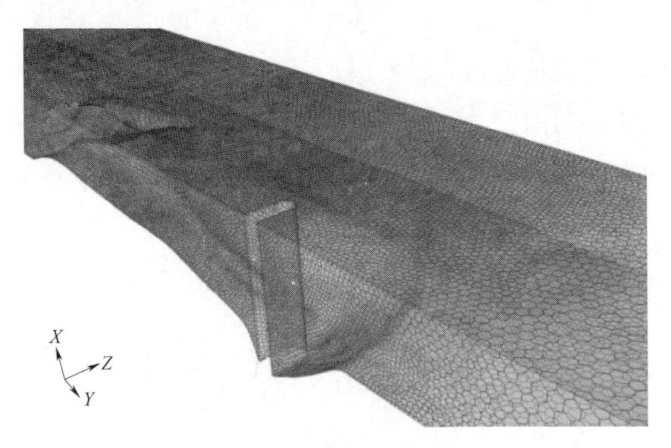

图 4-13 网格剖分

4.3.2 模拟结果分析

4.3.2.1 流速分布验证

选取冲刷平衡状态时流速分布特征，以丁坝轴线断面为代表断面，讨论断

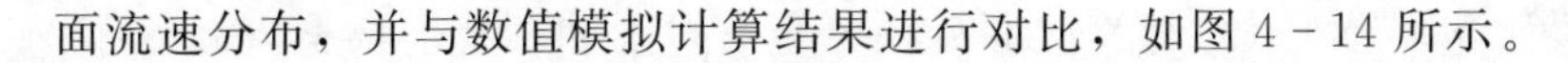

面流速分布，并与数值模拟计算结果进行对比，如图 4－14 所示。

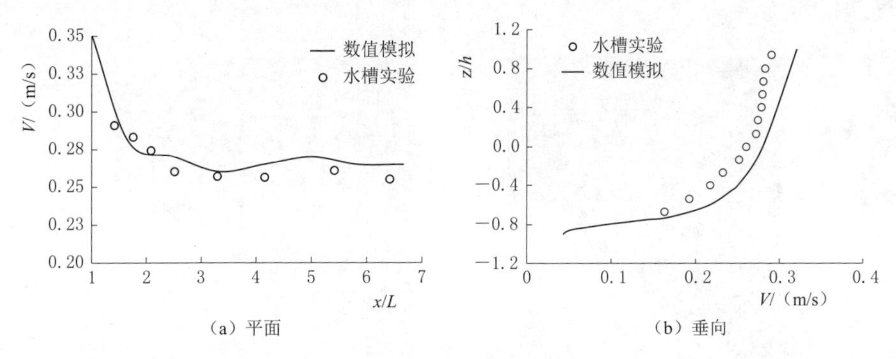

图 4－14　流速分布验证

可以看出，受丁坝挤压，过流断面减小，靠近丁坝坝头处流速最大，至约 3 倍丁坝长度后逐渐恢复来流水平。相较而言，数值模型略大于实测值。对于垂向分布，实验值和模拟计算值也较接近，近似呈现对数型分布。

数学模型计算结果与实测数据大体上吻合良好。以上验证结果表明后续研究采用数模计算并讨论丁坝附近水流结构是合理的。

4.3.2.2　流场及流线

丁坝附近水流流态较为复杂，具有很强的三维紊动性。根据模拟计算结果，提取流场分布、回流区范围等讨论，如图 4－15 所示。

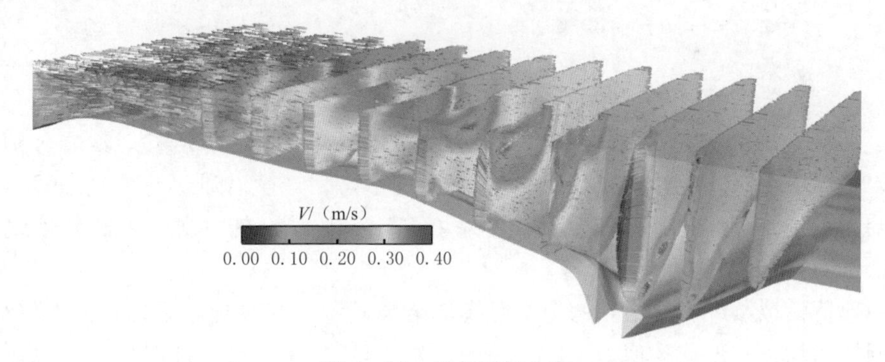

图 4－15　丁坝流场分布

数值模拟结果较好地重现了丁坝附近水流结构。可以看出，冲刷坑内分布明显的二次流结构。丁坝下游明显存在一个大尺度的回流区域。对比丁坝上下游流态，下游区域水流流态较紊乱。这些成果与目前对丁坝附近流态认识基本一致。另外，回流区范围也是丁坝局部冲刷问题讨论的重要内容之一，特别是牵涉生态河流动力学方面，越来越受到关注。

根据模拟计算结果，提取典型断面流线分布，讨论冲刷坑内典型流态分布，如图4-16所示。

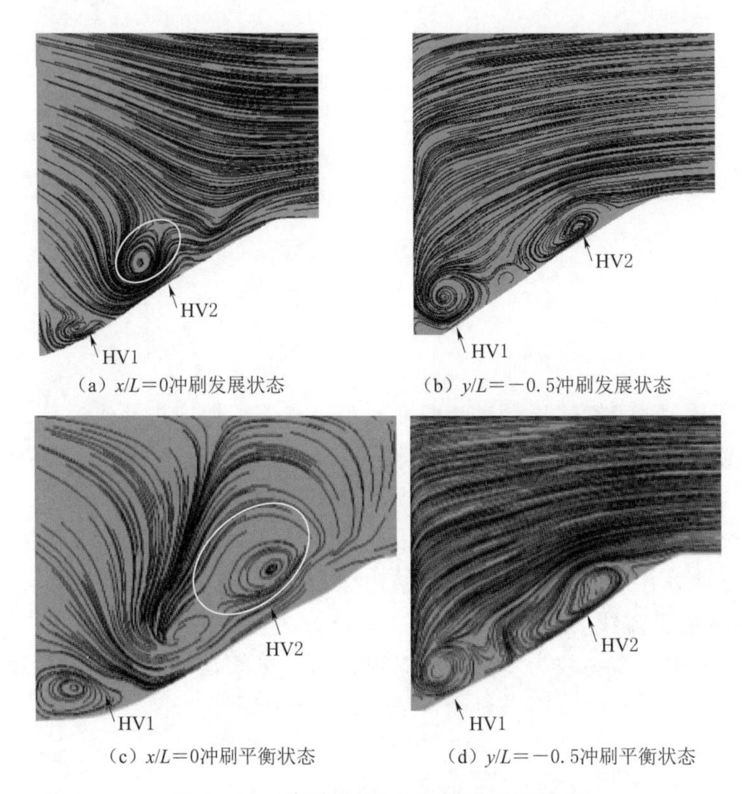

(a) $x/L=0$冲刷发展状态 (b) $y/L=-0.5$冲刷发展状态
(c) $x/L=0$冲刷平衡状态 (d) $y/L=-0.5$冲刷平衡状态

图4-16 冲刷发展状态和冲刷平衡状态

马蹄涡并不是单一的，存在涡系。其中最大称为主涡（HV1），次之分别为HV2、HV3等。分别对马蹄涡系中各个涡的形态、产生背景进行详细描述。如马蹄涡系中HV2，其空间位置在主涡（HV1）上方，在冲刷坑内部其轴线与HV1接近平衡，呈现螺旋形等。

数值模拟结果可看出，两个工况模拟结果显示，流线分布呈现相似性特征。冲刷坑内均存在形状类似、尺度不一的涡核。HV2在主涡（HV1）上方更靠近床面位置。受模拟精度影响，其他小涡并未完全显示。涡核截面均近似椭圆形，与实验观测一致。

4.3.2.3 湍流动能

根据模拟结果，分别提取两个典型剖面，即丁坝轴线剖面及顺水流方向剖面湍流动能，仍采用无量纲参数K/U^2讨论，如图4-17所示。

对比实验结果，两个剖面的K/U^2分布特征相似。其中，几何形状及涡核

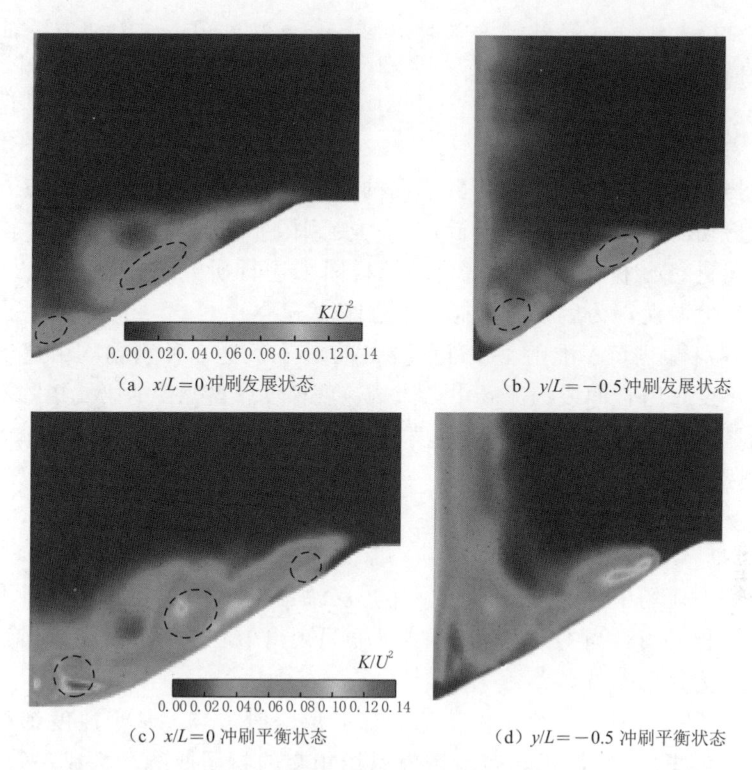

（a）$x/L=0$ 冲刷发展状态　（b）$y/L=-0.5$ 冲刷发展状态

（c）$x/L=0$ 冲刷平衡状态　（d）$y/L=-0.5$ 冲刷平衡状态

图 4-17　冲刷发展状态和冲刷平衡状态

位置接近一致，均位于冲刷坑内部并呈椭圆形。模拟计算数值略有区别，数值大小同相关文献已报告的数值范围基本一致[5-6]。从模拟结果看，丁坝局部冲刷坑内马蹄涡并不单一，呈涡系分布。

总体看，无论是实测还是数值模拟，对比两个典型工况讨论结果，发现 $x/L=0$ 剖面湍流动能均略大于 $y/L=-0.5$ 剖面。可以认为，丁坝上游湍流动能略大于丁坝坝头处。表明紊动是由上游冲坑逐渐扩散到下游，水流能量在转移过程中逐渐耗散。认识或把握水流能量耗散规律、背后的驱动机制，对于推动丁坝局部冲刷问题发展至关重要。以下篇幅着重讨论相关内容。

4.4 典型涡流分裂与合并

4.4.1 涡流拟序结构及判别准则

自然界中龙卷风或工程下游规则涡列是典型的漩涡运动。关于丁坝附近涡流的相关研究成果及进展见第 1 章，这里不再详述。漩涡是湍流的一个重要特征，反映流场变化特征，对讨论涡流结构具有重要意义。涡的动力特征常采用涡量进行描述。如下式：

$$\omega=\frac{\partial u}{\partial x}-\frac{\partial v}{\partial y} \tag{4-8}$$

涡量描述了流体旋转程度。由于涡的复杂性，缺乏准确定义。该方程不能区分背景剪切与涡旋剪切，在实际应用中受到限制。目前，一是通过输运方程从数学层面进行分析，二是输出漩涡结构图来进行研究[7]。如采用大涡模拟，可输出多尺度漩涡，为后续分析提供了可能性。

学者分别提出了 Δ 准则、Q 准则及 λ 准则[12]。这 3 种判据均由速度梯度张量的各个不变量组合而成。流场中，流场速度梯度张量 ΔV 的第二矩阵不变量 Q 具有正值区域为漩涡[5]。根据数值模拟成果，为更清晰反映流场内漩涡结构，引入 Q 判别准则。其表达式为

$$Q=0.5\left(\frac{\partial u_i}{\partial x_j}-\frac{\partial u_j}{\partial x_i}\right) \tag{4-9}$$

其代表了流场中某点的变形和旋转，反映出流场中一个流体微团旋转和变形之间的一种平衡。当 $Q>0$ 时，压力分布呈现出中心低，周围高的特征，利用这一特征作为判别条件。

基于三维实测测量或数值模拟等方法获取瞬时流场，基于速度梯度张量不变量或特征值识别[4,8]，获取涡旋场内涡线相交的封闭曲线，构成一管状曲面，即涡管可视化。

需要强调的是，使用 Q 准则来识别漩涡流场中拟序结构，需人为给定截断阈值。当取值一定，可避免因阈值不同导致涡形态产生差异，从而缺乏客观性。一般情况下，选定一个正阈值 Q_c，$Q=Q_c$ 的等值面就是涡面，即用正 Q 值等值面来描述拟序结构，反映某瞬时涡的空间分布与形态特征。

4.4.2 丁坝附近典型涡可视化

丁坝附近存在复杂湍流结构，如卡门涡、马蹄涡[9]。根据丁坝局部冲刷发展、平衡两个工况模拟计算结果，讨论角涡、马蹄涡系空间分布及形态特征。为便于对比和分析，两个工况在利用 Q 准则时，阈值条件设置为一致，均采用 $Q=0.1$。提取涡管，并可视化，如图 4-18 所示。

冲刷坑内具有复杂湍流结构。因此，参照文献［2］类似模拟结果及对丁坝附近各涡流的讨论成果，对比讨论丁坝附近典型涡的形态及分布特征。

可以看出，丁坝上游靠近丁坝与几何边界区域存在竖轴漩涡（CV）。其逐渐由自由表面进入冲刷坑内部，直至丁坝坝头处，轴线由竖直转为水平。竖轴漩涡的存在使得流体和动量从自由表面传递至马蹄涡系的核心。

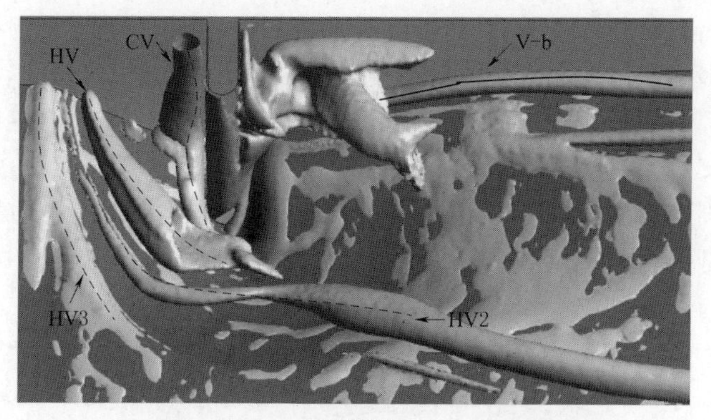

(a) 模拟结果

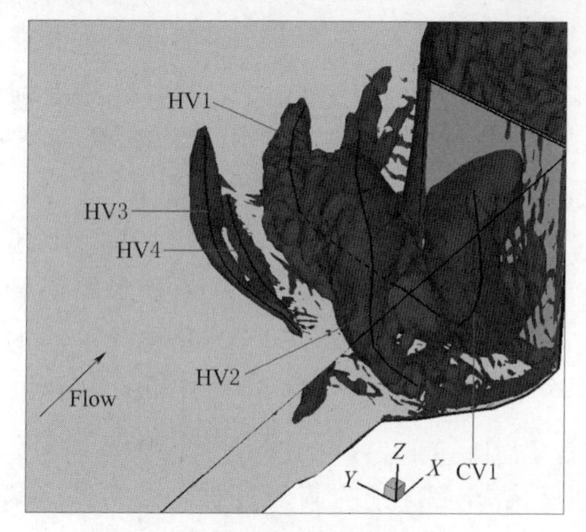

(b) 马蹄涡空间分布

图 4-18　冲刷坑内典型涡流分布

冲刷坑内马蹄涡并不单一，呈现马蹄涡系。不同的涡型其产生机制各异。主涡（HV1）涡核最大，位于丁坝上游冲刷坑内。次之为 HV2，位于 HV1 上方，轴线与 HV1 接近平行，且呈现螺旋形，其产生明显受到冲刷坑地形遮蔽影响。除此之外，存在其他小型涡流，如 HV3。杨坪坪等[10]又进一步指出，除主涡（HV1）外，其他涡均可称为次生马蹄涡，其中，主涡顺时针旋转，HV2 旋转方向与主涡相同，但 HV3 逆时针旋转。

丁坝下游也存在涡流结构。从图中可看出，丁坝下游与几何边界区域，更靠近床面附近存在涡流结构（V-b），这一数值模拟结果同已有研究成果描述现象一致[11]。

4.4.3　涡分裂与合并模型

从唯象角度看，湍流中能量由大尺度向小尺度传递过程是通过类似于细胞分裂式的“涡破碎”产生。这一过程揭示了涡管拉伸、扭曲等物理过程[11-13]。以往研究大多认为湍流中漩涡间的相互作用主导了不同尺度间的能量传递过程。Xiong 等[14]提出了通用的涡面场构造算法，用于识别湍流中的纠缠涡管结构，揭示了复杂交织网络纠缠涡管结构，并解释能量级串机理。然而由于缺少有效方法准确识别完整的涡管结构，导致能量级串机理研究缺乏直观的物理图像。

鉴于涡型及观测手段和分析方法制约，局部冲刷动态调整过程中马蹄涡是否存在分裂与合并现象，以及其产生、发展和消亡过程仍未知。这一问题的讨论又涉及对水流能量传递过程的认识，不容忽略。采用欧拉法识别涡流结构，讨论水流结构特征。因其不包含任何与时间相关的信息，无法准确地反映出与时间相关漩涡流动结构历史累积效应[12]。

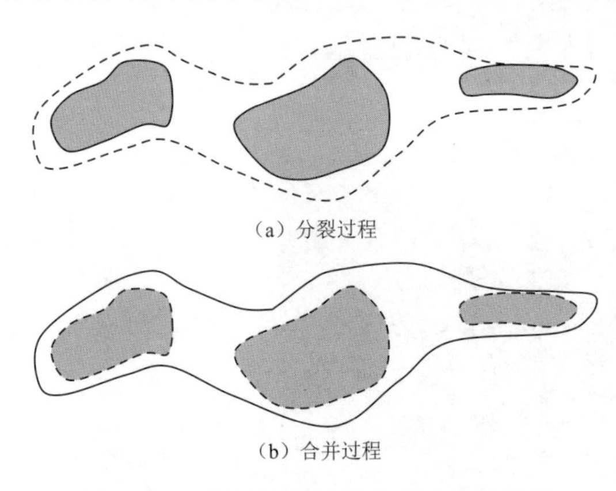

(a) 分裂过程

(b) 合并过程

图 4-19 涡结构分裂与合并过程示意图

基于上述难点，本书假定相对于封闭涡管，其体积随时间变化包含了涡的动态变化过程。鉴于此，从涡的形态特征和空间分布角度着手，从时间维度，讨论涡管体积变化规律意味着涡流自身的调整过程，如自我分裂或合并现象。继而利用涡的分裂与合并特征讨论水流能量传递过程。采用一个示意图描述这一思路，如图 4-19 所示。

图 4-19 中，虚线表示当前 t 时刻涡管的边界，实线表示下一时刻涡管的边界。涡管的体积减小，认为一个大涡管分裂成若干小涡管，称为涡的分裂现象。同理，当前时刻有若干小涡管组成，至下一时刻，合并成较大体积涡管，称为涡的合并现象。基于此，定义当前时刻涡管体积与任意时刻涡管体积比值，则值随演变时间变化规律，称之为涡形态演化率。由此提出了判别涡分裂或合并的数学表达式：

$$\omega_c = \frac{\omega_{vT}}{\omega_{vt}} \tag{4-10}$$

式中：ω_{vt} 为 t 时刻某一特定涡管的体积；$T=t+\Delta t$；ω_{vT} 为 $t+\Delta t$ 时刻同一涡管的体积。容易理解整个演变过程：

(1) $\omega_c \leqslant 1$，表明涡管的体积随时间演变逐渐递减，即涡流存在分裂现象。

(2) $\omega_c > 1$，表明涡管的体积随时间演变逐渐递增，即涡流存在合并现象。

式（4－10）表明，针对漩涡流结构演化过程的讨论，转而寻求空间分布或形态结构演变规律，再进一步无量纲化，从而描述了涡的分裂和合并过程，以及背后能量的传递规律。讨论局部冲刷相关难点问题时，这一判别方式无疑是一大突破。

4.4.4 角涡与马蹄涡分裂和合并特征

4.4.4.1 角涡分裂特征

本节选取典型正交布置形式，对两个工况的数值模拟结果展开分析，讨论丁坝附近典型涡流分裂和合并现象。

对数值模拟计算结果，联合采用 CFD、AUTOCAD 及 Tecplot 等一系列程序或软件，首先对当前时刻数值模拟结果进行过滤，提取目标涡管，然后进行再重构等复杂步骤，最终获得目标涡管的三维结构。对于下一时刻，重复上述步骤即可。

需要特别强调的是，无论是角涡、马蹄涡还是其他小型涡流，在具体讨论时，为便于区别及对比，均以上游冲刷坑开始，至丁坝坝头处整个区域为研究区域。超过此区域相关规律不作为此次讨论的内容。

以角涡（CV）为例，任意两个时刻重构后的角涡典型结构如图 4－20 所示。

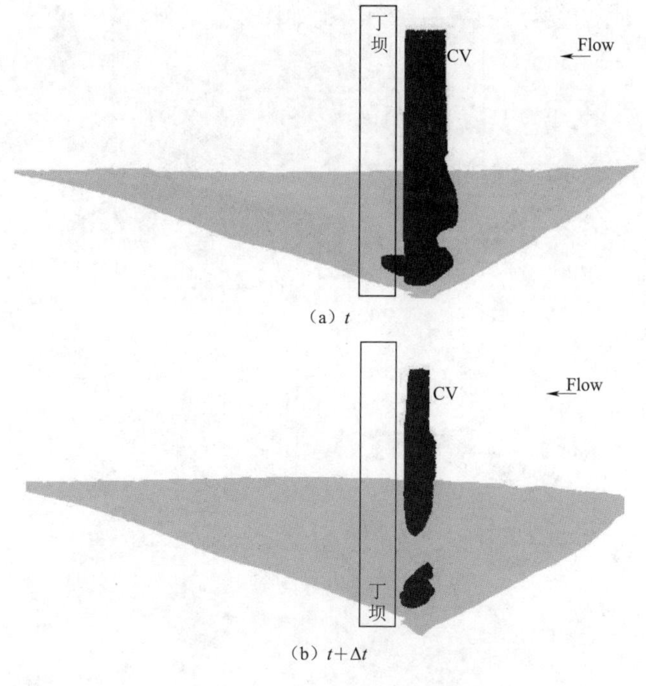

（a）t

（b）$t+\Delta t$

图 4－20 角涡的分裂现象

可以看出，角涡空间分布和形态具有明显分裂现象。在 t 时刻整个涡呈现单一结构，涡直径、体积均较大；演变至 $t+\Delta t$ 时刻，角涡不再连续，出现断裂，呈现出两个涡流结构。同时，涡的直径和体积也明显减小。虽存在分裂现象，但涡型结构基本仍是相似的。提取整个演变过程角涡的体积，代入式（4-10），进一步讨论角涡的演变特征如图 4-21 所示。

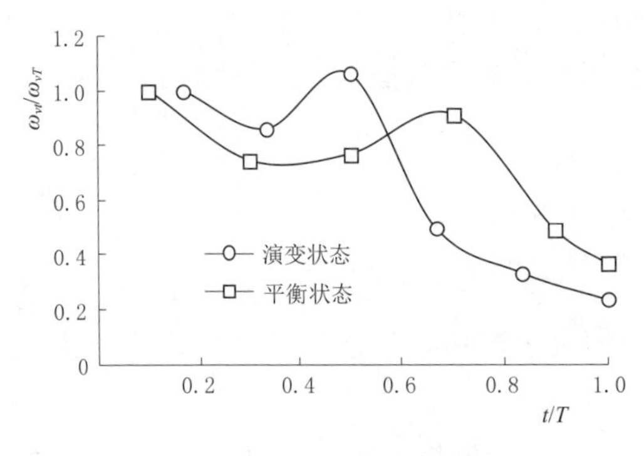

图 4-21 角涡演变分裂特征

两个工况比值随演变时间递减，证明了角涡会产生分裂现象，其值极其接近 0.4，可以认为，其分裂程度甚至达到自身体积的一半。

4.4.4.2 马蹄涡合并特征

对于均匀各向同性湍流，涡不仅存在分裂，也存在合并现象。对数值模拟结果进行处理，处理流程和方法同角涡一致。需要说明的是，因马蹄涡并不单一，仅以马蹄涡主涡（HV）为代表进行讨论。

任意两个时刻重构后的主涡典型结构如图 4-22 所示。

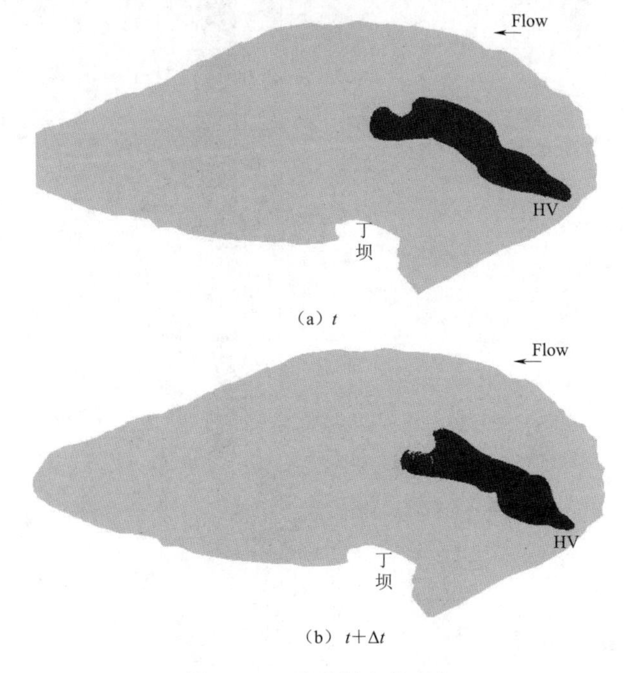

图 4-22 马蹄涡合并现象

可以看出，主涡的空间分布和形态特征基本相似，呈现“藕节”状。

提取各工况马蹄涡体积，代入式（4－10），讨论马蹄涡分裂或合并特征，如图4－23所示。从时间维度看，主涡的直径和体积略有增大趋势。由此可认为，主涡在整个演变过程中，存在合并现象。

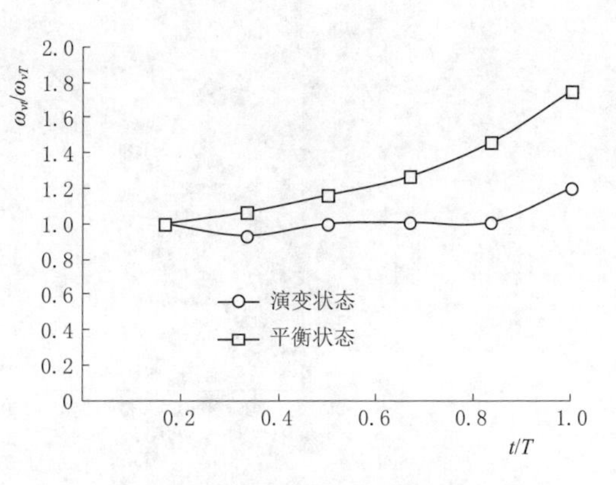

图4－23　马蹄涡合并特征

已有研究成果指出，随着水流强度增加，马蹄涡大小不变而强度增大[3]。模拟结果显示，马蹄涡体积呈现递增，其上限值接近2，可认为合并自身至2倍体积的漩涡。

4.4.5　分裂与合并驱动机制

上述讨论发现，马蹄涡流在绕丁坝流动过程中，其结构明显发生了改变，但驱动机制仍不明确。根据海姆霍茨第二定理，涡管永远由相同流体质点所组成，涡管的形状和位置可能随时间变化[12]。进一步提取马蹄涡的直径分布，讨论其形态和分布规律，从而探讨背后驱动机制。

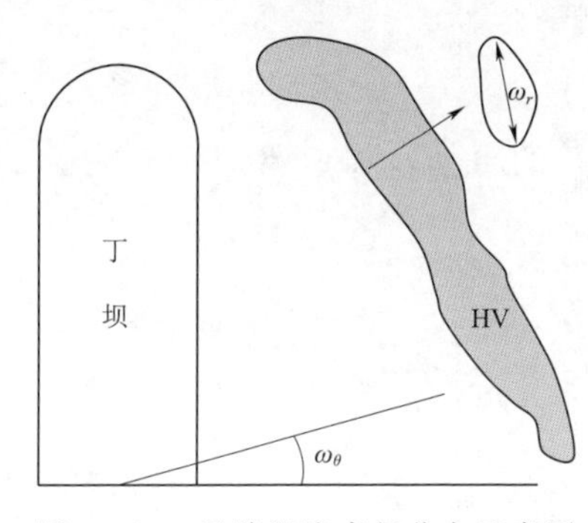

图4－24　马蹄涡流直径分布示意图

为便于理解和讨论，首先以丁坝坝根中心为原点，以坝根处几何边界为起始点，按逆时针，每隔15°提取一个涡的直径，至丁坝坝头90°止，如图4－24所示。因主涡的截面形状近似椭圆，为便于对比，均以马蹄涡的平面投影尺寸代替涡直径。

提取冲刷发展及平衡状态两个工况主涡涡管投影直径，如图4－25所示。

可以看出，无论是冲刷发展状态还是平衡状态，丁坝上游冲刷坑区域内，其形态基本呈现“藕节”状。马蹄涡的直径在丁坝坝头上游处出现最值。根据这一分布规律，可认为马蹄涡合并与丁坝对水流扰动、挤压密切相关。换句话说，丁坝挤压水流，增大其他涡与马蹄涡主涡合并的可能。

有学者指出，明渠柱体上游马蹄涡的半径不随柱体雷诺数发生改变，但涡量随柱体雷诺数增大[4]。对比两个工况马蹄涡直径最大值，达到了$0.5L$。与实

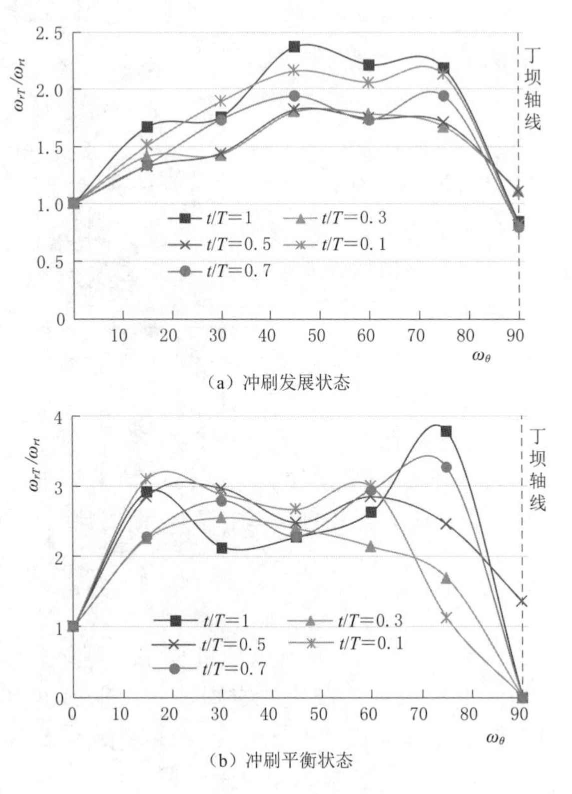

（a）冲刷发展状态

（b）冲刷平衡状态

图 4-25　丁坝上下游流场分布

验观测成果接近。

丁坝对水流压缩增大了其他涡与主涡合并的可能，加速驱动水流能量的传递。

4.5　冲刷坑当地泥沙输移通道

4.5.1　当地河床切应力

冲刷切应力是讨论当地河床变形重要参数。由于床面切应力很难用一个确定关系式来描述，目前对这一问题的讨论仍没有一致结论[15]。讨论丁坝局部冲刷具体问题时，因附近水流流态复杂，更多采用通过雷诺应力计算冲刷坑当地河床切应力。Nikora 等[16]指出，河床切应力大小与正负反映了当地河床侵蚀和淤积特征。因此，基于上述河床切应力两个方向的分量，计算得到丁坝附近河床切应力分布特征，具体计算方法详见式（1-12）。

由实验设计可知，泥沙中值粒径 $d_{50}=0.7$mm，计算得到临界摩阻流速 $u_{*c}=0.019$m/s。根据希尔兹参数计算得到 $\tau_c=0.35\text{N/m}^2$，τ_c 为临界河床切应力。因此，无量纲参数 τ_b/τ_c 描述了丁坝附近水流与泥沙间作用机制。局部冲刷发展及平衡状态，近底处河床切应力分布特征，如图 4-26 所示。

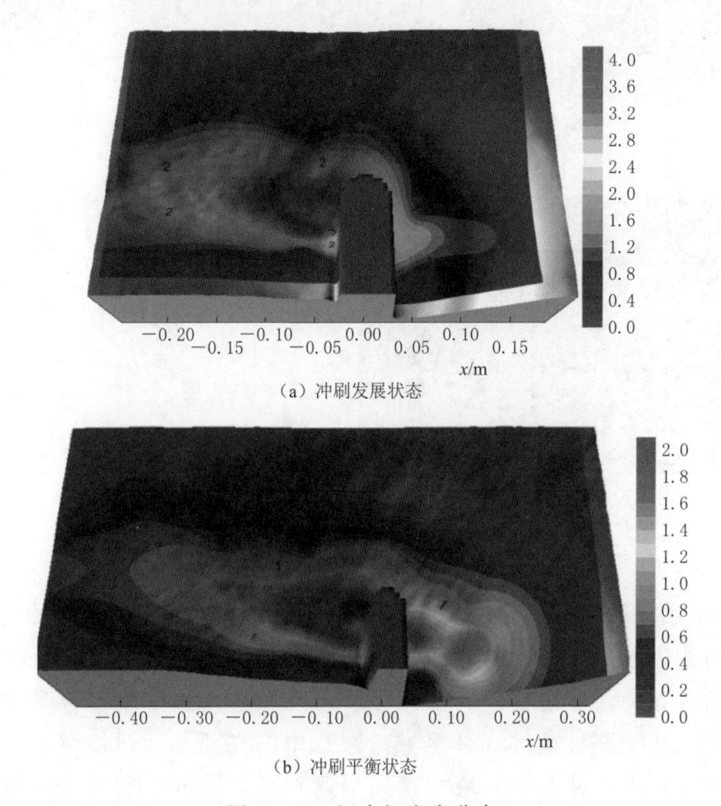

(a) 冲刷发展状态

(b) 冲刷平衡状态

图 4-26 河床切应力分布

结果显示 τ_b/τ_c 值介于 2.0～4.0，同已有研究成果所报告的数值基本一致[17-18]。丁坝下游河床切应力比上游略大，顺水流方向基本呈现沿程递增。这一趋势基本同丁坝，墩柱周围床面切应力分布特征一致，与马蹄涡流态有关[17]。但也有学者指出，顺水流方向，桥墩上游河床切应力沿程递减，而桥墩下游则表现为沿程递增[19]。

4.5.2 冲刷坑内泥沙输移轨迹

4.5.2.1 泥沙运动轨迹

为捕捉冲刷坑内沙粒运动轨迹，实验过程中通过架设单反相机（Canon EOS 4D），固定机位，采用 EOS Utility 相关控制软件控制相机，如光圈、快门等参数。利用延时摄影技术，获取冲刷坑内泥沙颗粒运动的轨迹，经后期处理形成泥沙运动轨迹图像，如图 4－27 所示。

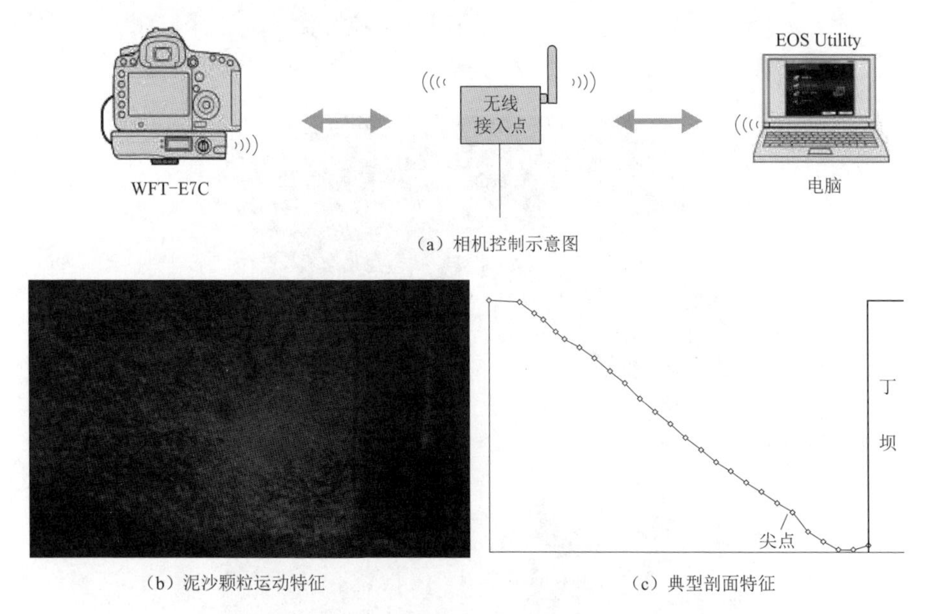

（a）相机控制示意图

（b）泥沙颗粒运动特征

（c）典型剖面特征

图 4－27　冲刷坑内泥沙颗粒运动特征

图 4－27 中颗粒亮度与颗粒运动速度成正比。根据观测发现，冲刷坑内泥沙运动特点可描述如下。在原始床面附近，泥沙颗粒在水流作用下沿冲刷坑曲面滑落，滑落过程并向下游输移。部分泥沙颗粒经过涡流作用区域时，受到马蹄涡流的影响，在冲刷坑底部局部区域（图片中高亮部分）暂停留，并堆积，当堆积体超过泥沙水下休止角，继而产生塌落现象。塌落泥沙部分在湍流清扫作用下输送至丁坝下游，而部分泥沙颗粒，在涡流作用下，向上翻滚并继续停留当地，再次形成堆积和塌落，呈现周期性。随时间演变，丁坝局部冲刷坑的冲深，冲刷范围也缓慢增大。

无论对于桥墩还是丁坝，冲刷坑内均存在一个共同特征，即其二维剖面形态上明显存在“尖点”。在尖点处，水流流态、泥沙运动方向均发生突变。

4.5.2.2　泥沙输移通道

本书第 3 章节讨论表明，冲刷坑不同区域，河床侵蚀程度存在明显差异。结合水流能量传递规律、当地河床切应力分布，认为：

（1）涡流作用区域，涡流增大了当地河床切应力，导致河床侵蚀剧烈，曲面由近似球面筛选至近似平面。

（2）非涡流作用区域，地形对水流产生一定遮蔽作用，河床变形明显减弱，曲面保持不变。

马蹄涡流及角涡共同作用使得泥沙由丁坝上游逐渐输运至下游。Ota 等[20]提出丁坝冲刷坑内存在一条泥沙输运主要通道。在冲刷坑内，涡流持续作用下，泥沙颗粒沿一狭长区域从丁坝上游输运至下游，该泥沙输运“高速通道”称为泥沙输运主通道。高斯曲率也反映出曲面的粗糙程度，相对光滑曲面对于泥沙输移是有利的。同时，这一路径对于防汛抢险又极其不利。

4.6 本章小结

本章基于水槽实验和数值模拟两种手段，讨论了局部冲刷发展、平衡典型工况水流结构。数学模型计算结果与实测数据大体上吻合良好。综合相关讨论成果认为：

（1）丁坝附近水流流态较复杂，分别存在回流、涡流等湍流结构。相对于上游、下游区域水流流态较为紊乱；水流流态具有很强的三维紊动特性。从上游至下游湍流动能沿程增大，分布特征呈现相似性。

（2）随着局部冲刷演变，局部冲刷范围的增大，当地湍流动能强度递减。涡核几何尺度逐渐增大，最大约为 $0.5L$。截面形态近似椭圆，涡核位置逐渐下潜。

（3）局部冲刷演变过程中，涡体积的变化规律反映出角涡呈现分裂特征，而冲刷坑内马蹄涡则呈现合并特征；分裂程度接近自身体积的一半，合并程度甚至达到自身的两倍。主涡的形态分布表明，丁坝增大了上游其他涡管与主涡合并的可能，加速了水流能量传递过程。

（4）涡流的作用导致了当地河床切应力增大，水流侵蚀强度高，曲面由近似球面筛选至近似平面，河床变形剧烈。非涡流作用区域，地形对水流产生一定遮蔽作用，河床变形明显减弱。

参 考 文 献

[1] 高桂景. 丁坝水力特性及冲刷机理研究 [D]. 重庆：重庆交通大学，2006.

[2] Koken M，Constantinescu G. Flow and turbulence structure around a spur dike in a channel with a large scour hole [J]. Water Resources Research，2011，47 (12).

[3] Safarzadeh A，Salehi Neyshabouri S A A，Zarrati A R. Experimental investigation on 3D turbulent flow around straight and T-shaped groynes in a flat bed channel [J]. Journal of Hydraulic Engineering，2016，142 (8)：04016021.

[4] 曹晓萌. 丁坝群作用尺度理论及累积效应机理研究 [D]. 杭州：浙江大学，2014.

[5] Jamieson E C, Rennie C D, Jacobson R B, et al. 3-D flow and scour near a submerged wing dike: ADCP measurements on the Missouri River [J]. Water Resources Research, 2011, 47 (7).

[6] Ota K, Sato T, Nakagawa H. Quantification of spatial lag effect on sediment transport around a hydraulic structure using Eulerian-Lagrangian model [J]. Advances in water resources, 2017.

[7] 侯昭. 圆柱体低速倾斜入水过程非定常多相流及旋涡特性研究 [D]. 大连：大连理工大学，2019.

[8] 胡子俊，张楠，姚惠之，等. 涡判据在孔腔涡旋流动拓扑结构分析中的应用 [J]. 船泊力学，2012，16 (8)：839-846.

[9] Koken M, Constantinescu G. Flow and turbulence structure around abutments with sloped sidewalls [J]. Journal of Hydraulic Engineering, 2014, 140 (7): 04014031.

[10] 杨坪坪，张会兰，王云琦，等. 低柱体雷诺数下柱体上游薄层水流马蹄涡特征研究 [J]. 2019.

[11] Kirkil G, Constantinescu G. Flow and turbulence structure around an in-stream rectangular cylinder with scour hole [J]. Water Resources Research, 2010, 46 (11).

[12] She Z S, Jackson E, Orszag S A. Intermittent vortex structures in homogeneous isotropic turbulence [J]. Nature, 1990, 344 (6263): 226.

[13] 冉政. 各向同性湍流能量级串中的旋涡分岔机制 [J]. 北京航空航天大学学报，2012，38 (7)：891-894.

[14] Xiong S, Yang Y. Identifying the tangle of vortex tubes in homogeneous isotropic turbulence [J]. Journal of Fluid Mechanics, 2019, 874: 952-978.

[15] Dey S, Barbhuiya A K. Velocity and turbulence in a scour hole at a vertical-wall abutment [J]. Flow Measurement and Instrumentation, 2006, 17 (1): 13-21.

[16] Nikora V, Goring D. Flow turbulence over fixed and weakly mobile gravel beds [J]. Journal of Hydraulic Engineering, 2000, 126 (9): 679-690.

[17] Duan J G. Mean flow and turbulence around a laboratory spur dike [J]. Journal of Hydraulic Engineering, 2009, 135 (10): 803-811.

[18] Kuhnle R A, Jia Y, Alonso C V. Measured and simulated flow near a submerged spur dike [J]. Journal of Hydraulic Engineering, 2008, 134 (7): 916-924.

[19] Pandey M, Sharma P. K, Ahmad Z, et al. Maximum scour depth around bridge pier in gravel bed streams [J]. Natural Hazards, 2017, 91 (2), 819-836.

[20] Ota K, Sato T, Nakagawa H. Quantification of spatial lag effect on sediment transport around a hydraulic structure using Eulerian-Lagrangian model [J]. Advances in Water Resources, 2017.

5　丁坝群河床变形与水流响应规律

5.1　丁坝群工程现状

实际工程应用中，丁坝常以一定组合排列形成连续的丁坝群，以共同发挥作用，提高对水流的作用效率。如黄河，因其河势多变，往往形成大溜顶冲堤身、滩地，甚至形成“横河”和“斜河”。为了防止洪水直接冲刷堤防，减少滩地坍塌，增加防洪主动性，修建了大量河道整治工程。黄河下游丁坝群如图 5－1 所示。

（a）黄河丁坝群

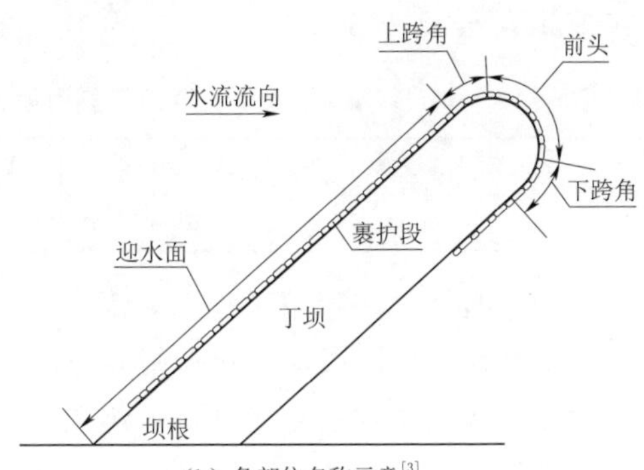

（b）各部位名称示意[3]

图 5－1　黄河丁坝工程群

黄河下游坝岸根石多为乱石结构[1]。近年来，小浪底水库运用后，黄河下游水沙条件发生改变，中常洪水持续时间加长，工程遭受中常洪水侵蚀时间增多，工程出险相应也就更加频繁。多数河道整治工程存在根石深度浅、坡度陡、断面不足等问题，达不到根石坡度的标准要求。尽管每年都进行根石加固，但每年又有根石走失现象，导致险情不断发生。据统计[2-3]，黑岗口险工以及其他

图 5-2 丁坝工程群抛石维护

险工曾出现重大险情。加之洪水期拦截大量原木等漂浮杂物，阻水严重。据现场观测，坝上下水位差可达 0.5m[3]。无疑进一步增大了工程出险几率。可以说，丁坝局部冲刷问题是长期困扰黄河下游坝岸工程的一个重要问题，是历年黄河防汛工作重要组成部分。丁坝工程群抛石维护如图 5-2 所示。

本节分别选取黄河上、下游两个典型河段丁坝群根石探测成果进行分析。

5.1.1 丁坝群根石探测成果分析

5.1.1.1 黄河宁夏河段

黄河宁夏河段位于黄河上游下段，自中卫市南长滩进入宁夏回族自治区，至石嘴山市出境，由峡谷段、库区段和冲积性平原段 3 部分组成，河道呈三收两放的藕节形状。黄河宁夏河段整治建筑物主要形式有丁坝、垛和护岸工程 3 种，多布设在水流横向摆动幅度大、河势流向变化剧烈河段。黄河宁夏河段特征参数见表 5-1 所示。

表 5-1　黄河宁夏河段特征参数

D_{50}/mm	k	S/(kg/m³)	V_0/(m/s)	h_0/m	α/(°)
0.2	1.5	6～13	1.3～2.1	5.4～9.4	90～120

黄河宁夏河段多年来工程经验表明，此河段丁坝设计长度一般为 50～90m，丁坝相对间距 n=1～2，一般采用等长度，等间距布置形式。丁坝均为土石埽丁坝，由土坝体、护坡、护脚 3 部分组成，坝顶宽一般为 10.0m。稳定边坡为 1∶1.3～1∶1.5。2013 年 12 月宁夏回族自治区水利厅安排对宁夏河段 34 处已建工程进行了水下根石探测工作，部分工程探测结果整理见表 5-2[2]。

表 5-2　丁坝根石探测成果

工程部位	坝长/m	坝跺数	探测坝号	深度/m
王老滩控导	796	10	8 坝	10.6
			9 坝	12.74
			10 坝	9.29

续表

工程部位	坝长/m	坝垛数	探测坝号	深度/m
古城护堤	1170	9	2 坝	10.58
			3 坝	14.91
			4 坝	10.54
			5 坝	11
华三护堤	880	12	2 垛	16.95
			3 坝	21.52
			4 坝	13.68
			5 坝	13.65
永丰五队险工	2154	24	14 坝	10.59
			15 坝	11.24
			16 坝	9.74
			17 坝	10.73
跃进渠口控导	793	9	1 垛	11.21
			2 垛	13.91
			3 垛	12.62
			4 垛	10.17
			5 垛	10.98
			6 坝	12.21
			7 坝	12.19
石空湾护堤	1070	8	3 垛	13.9
			4 垛	14.48
			5 垛	10.57
			6 垛	8.28
			7 垛	11.81
通贵控导	1216	11	13 坝	13.36
			14 坝	13.42
			15 坝	12.02
			16 坝	13.46

从根石探测数据可看出，单体丁坝最大根石探测深度为 21.52m，平均根石探测深度 13.14m。

5.1.1.2 黄河濮阳河段

河南郑州桃花峪以下的黄河河段为黄河下游，河长786km，流域面积仅2.3万km^2，占全流域面积的3%；下游河段总落差93.6m，平均比降0.12‰；区间增加的水量占黄河水量的3.5%。由于黄河泥沙量大，下游河段长期淤积形成举世闻名的“地上悬河”。

2018年汛后，濮阳第一河务局委托黄河勘测设计有限公司对黄河濮阳河段的丁坝群进行了根石探测，以便摸清根石冲刷情况，为非汛期根石维护、汛期冲刷防护提供第一手资料。根据《濮阳第一河务局非汛期根石探测报告》[4]相关内容，摘抄其中部分探测结果，见表5-3。

表5-3 黄河花园口下游濮阳河段部分根石探测成果

工程名称	探测坝号	最大根石深/m	抛石量/m^3
青庄险工	10	17.02	916.01
	11	19.25	2422.42
	12	17.87	1367.77
	13	18.47	2993.88
	14	20.64	979.22
	16	15.71	1501.94
	17	19.1	1711.78
	18	19.6	1329.92
连山寺	40	16.1	1058.1
	41	16.57	865.6
	42	16.5	760.63
	43	17.04	840.41
	44	17.07	935.45
	45	19.6	1494.3
	46	16.16	749.8
马张庄控导	14	17.59	1441
	15	18.01	978.41
	16	18.18	708.3
	17	18.72	643.15
	18	16.99	42.31
	19	17.05	441.2
	20	15.65	0.64
	21	15.59	61.6
	22	17.72	230.78
	23	16.7	496.28

5.1.2 局部冲深验证

现有的丁坝局部冲深公式或依据影响因素分析和量纲分析而建立，或依据特定的假设和动力学原理推导，或以测量资料率定公式中的系数，得到经验和半理论半经验公式。工程界常用公式及最新水力计算手册推荐具有代表性计算公式。有学者进行了详细的统计和讨论[5]。因各代表性公式形式复杂，为便于书写、讨论和描述，按顺序分别以 Eq.（1）、Eq.（2）、Eq.（3）、Eq.（4）代替，具体如下：

Eq.（1）E·B·波尔达科夫公式：

$$h_s=h_M+\frac{28V_M^2}{\sqrt{1+m^2}}\sin^2\alpha \tag{5-1}$$

式中，h_s 为坝前冲刷坑水深，按整治水位确定该水深；h_M 为坝前冲刷前水深；m 为根石边坡系数，$m=1.5$；α 为水流方向与坝垛轴线夹角，(°)；V_M 为坝前局部水流速度，由式（5-2）计算求得。

$$V_M=\frac{Q}{(B-b')h_0}\frac{2\varepsilon}{1+\varepsilon} \tag{5-2}$$

式中，ε 为流速分布不均匀系数，直线型丁坝取 $\varepsilon=4$；B 为河宽。

E. q.（2）张红武公式：

$$h_s=\frac{1}{\sqrt{1+m^2}}\left[\frac{h_0V_0\sin\alpha\sqrt{D_{50}}}{\left(\frac{\gamma_s-\gamma}{\gamma}g\right)^{2/9}\upsilon^{5/9}}\right]^{6/7}\frac{1}{1+1000S_v^{5/3}} \tag{5-3}$$

式中，V_0 为水流的行近流速；h_0 为行近水流深度；υ 为水流的黏性系数；D_{50} 为床沙中值粒径；S_v 为体积含沙量，$S_v=S/\gamma_s$；γ_s 为泥沙容重。其余符号意义同前。

Eq.（3）苏联马卡维也夫公式：

$$h_s=h_o+27k_1k_2\frac{v_o^2}{g}\tan\frac{\alpha}{2}-30D \tag{5-4}$$

式中符号意义同前。

Eq.（4）Siow-Lim Yong 公式：

$$\frac{h_s}{h_0}=3.5Fr_0^{0.75}\left(\frac{D_{50}}{h_0}\right)^{0.25}\left(\frac{b'}{H_0}\right)^{0.29} \tag{5-5}$$

式中：b'为丁坝沿水流方向投影长度；Fr_0 为浑水弗劳德数，通过 $Fr_0^2=\dfrac{\rho V_0^2}{\Delta\gamma_s D_{50}}$ 计算求得。其余符号意义同前。

为检验上述经验公式普适性，结合天然水沙资料、主流顶冲状况、实测断面对应的行近流速及其相应水深等条件，进行丁坝局部冲深计算。黄河中游及下游河段特征参数见表 5-4。

表 5-4　　黄河中游及下游河段特征参数表

参数	D_{50}/mm	S/(kg/m³)	V_0/(m/s)	h_0/m	α/(°)
参数范围	0.2～40	6～13	1.3～2.1	5.4～9.4	90～120

对根石探测结果、公式计算结果进行对比分析，如图 5-3 所示。

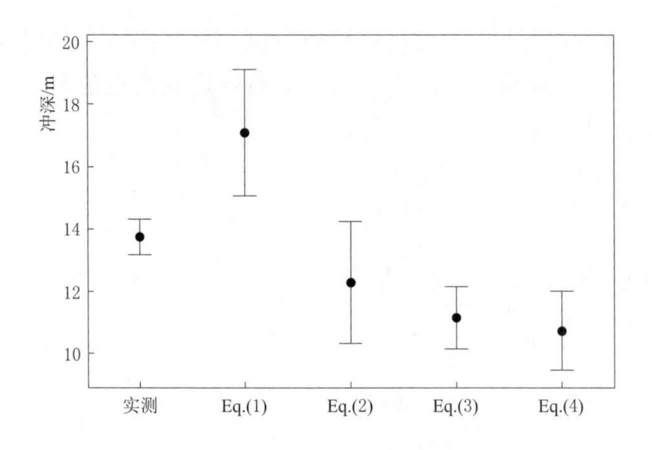

图 5-3　各公式均值 95%置信区间

可看出，Eq.(1) 偏高，Eq.(2) 及 Eq.(3) 略接近实测区间。以黄河宁夏河段丁坝工程群局部冲深实测值为基础资料，有学者采用统计分析相关方法讨论并评价了各代表公式的适用性，包括经验判别法、相关系数法和最小距离判别法，又包括集中系数法和偏离系数法，以及聚类统计[6]。通过检验计算值同冲刷深度实测值之间相近程度，以及计算值点群与实测值点群分布是否相似，判别公式的适用性。但往往均基于实测值的平均值去判别，而其并不能准确描述样本离散程度。

为更进一步讨论样本离散程度，在上述讨论基础上，引入均方根进行讨论。根据根石探测成果，首先进行统计学描述，继而采用均方根误差（RMSE）判别各公式与实测值之间的离散程度，结果见表 5-5。

表 5-5 各公式与实测值的均方根误差

指标	Eq.(1)	Eq.(2)	Eq.(3)	Eq.(4)
R^2	0.020	0.054	0.017	0.117
RMSE	19.68	18.82	11.19	14.65

可以看出，Eq.(3) 最具有适用性。在工程实践应用中，考虑工程安全，往往更多采用 Eq.(2)。

需要强调的是，上述公式部分符号意义与本书中符号略有差别，其均为经验公式，符号意义一般具有特定使用规则，书中仍沿用，不再做具体修改。如实际工程冲刷深度均考虑水深，称为冲刷水深，而实验室实验仅仅考虑床面以下最大深度，不考虑水深，应加以区别理解。

5.1.3 丁坝群局部冲刷规律

坝群中首坝局部冲深近似等同于同一边界条件下单体丁坝局部冲深[7]。从各代表性公式中也不难看出，影响单体丁坝局部冲深的因素可分为四类，即水流特性、泥沙物理性质、丁坝几何特征及几何边界特征，数学表达式为

$$d_s = f(h, U_0, U_c, d_{50}, S, \theta, L, k_p, B) \tag{5-6}$$

式中：S 为当地含沙量；k_p 为丁坝边坡系数；B 为当地水面宽度，等同于水槽实验水面宽度。其他符号意义与上述章节一致。

对于坝群局部冲刷深度，除上述因素外，丁坝排列组合形式也是重要影响因素，可描述为

$$d_{sn} = f(h, U_0, U_c, d_{50}, S, \theta, L, k_p, B, M) \tag{5-7}$$

式中：d_{sn} 为坝群局部冲刷深度；n 为坝群中丁坝序号，$n=1,2,\cdots$；M 为丁坝间累积距离，即坝群累计长度与丁坝长度的比值。

上两式相除，并忽略首坝挑流影响来流角度的改变，则可得到描述坝群局部冲刷的无量纲参数，即：

$$\frac{d_{sn}}{d_s} = f(M) \tag{5-8}$$

可以看出，丁坝群局部冲刷特性与坝群布置形式或间距密切相关。为符合书写习惯，采用 h_{s1} 代替 d_s，h_{sn} 代替 d_{sn}。由式（5-8）可知：

（1）比值小于 1，表明上游丁坝对下游丁坝局部冲刷具有掩护作用。

（2）比值大于或等于 1，表明上游丁坝与下游丁坝局部冲刷一致，等同于单体丁坝，掩护作用消失。

根据典型河段根石探测成果，采用式（5-8）讨论丁坝群局部冲刷，如图 5-4所示。

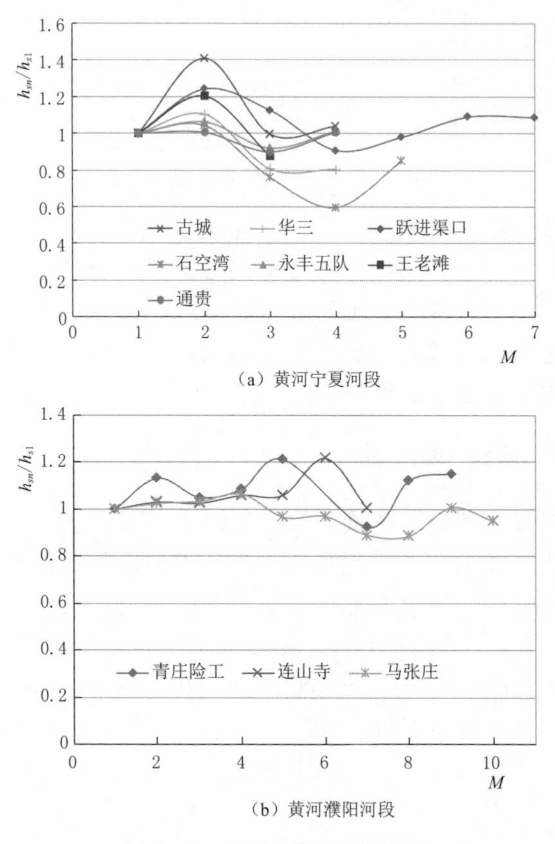

(a) 黄河宁夏河段

(b) 黄河濮阳河段

图 5-4 典型的坝群冲刷特征

有成果认为，丁坝群的冲刷水深随相对距离增大而减小[7]。但也有成果认为随间距增大而增加[8]。从黄河上游、下游不同河段丁坝群冲刷水深分布规律看，均是合理的。

从黄河宁夏河段讨论结果看，对于同一坝群而言，首坝的冲刷水深近似等于或略大于次坝冲刷水深。比值上限可达到 1.5。第三坝略小于或接近首坝冲刷水深，第四坝也基本呈现小于首坝冲刷水深，比值的下限接近 0.6。

而对于黄河上游河段，首、次坝比值范围大于或近似等于 1；而且下游第三坝及第四坝呈现同样的趋势，至更下游坝体，其冲刷水深略小于首坝冲刷水深。

虽规律略有差异，但总的来看，对于丁坝群而言，首、次坝共同掩护下游坝体的局部冲刷是毫无争议的。丁坝群局部冲刷问题较为复杂，水流、丁坝布置等影响因素众多，有必要开展针对性实验，讨论丁坝坝群局部冲刷特征，限于篇幅，本书不再讨论。

5.2 双丁坝水流数值模拟

5.2.1 模拟概况

为便于讨论丁坝群附近水流结构特征。对黄河丁坝工程群进行概化模型实验，采用正挑布置形式，1倍坝距，两丁坝串联形式。其他设计参数与单体丁坝局部冲刷实验一致，其中 $h=0.15\text{m}$，流速为 0.26m/s，天然均匀沙，中值粒径 $d_{50}=0.7\text{mm}$，两丁坝长度均为 0.12m，清水冲刷历时 48h。

实验结束后，采用激光扫描仪采集实验地形，后续进行地形重构及分析等工作。实验地形的重构方法、流程与单丁坝相同。

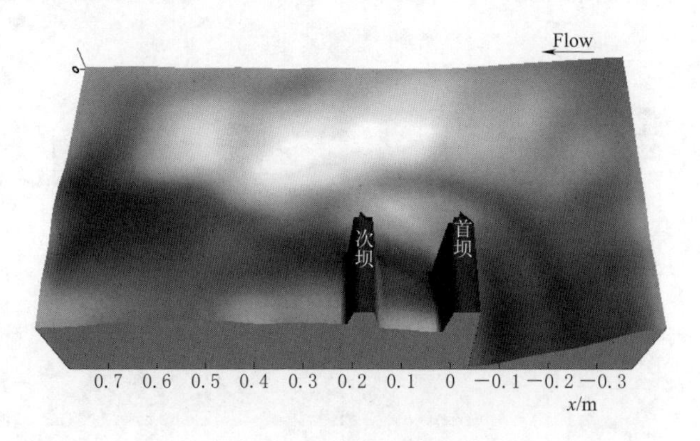

图 5-5 水槽实验地形

可以看出，首坝局部冲刷深度与单体丁坝类似，次坝局部冲刷深度略小。最大冲深位于首坝坝头处。冲刷坑三维结构同单丁坝局部冲刷坑三维结构相似。

以水槽实验地形为基础，参考实验水流条件，进行水流结构数值模拟工作。仍采用大涡模拟，模拟范围、几何模型建立、边界设置条件、网格参数等均参照单丁坝相关参数进行模拟，不再一一列出。数值模拟网格分布如图 5-6 所示。需要指出的是，同单体丁坝相比，由于双丁坝计算量略大，网格尺寸、网格数量均有所减小。

5.2.2 模拟结果分析

5.2.2.1 流场

对于单丁坝附近流场特征，丁坝上游与边界角落区域存在逆时针旋转角

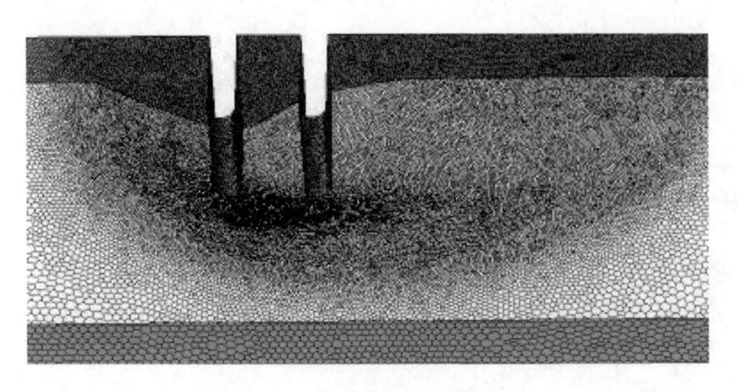

图 5-6 数值模拟网格分布

涡（CV），丁坝下游存在一个大尺度回流区域及卡门涡街。双丁坝附近水流数值模拟结果显示，其附近流场分布特征与单体丁坝是类似的，仅两丁坝间略存差异，如图 5-7 所示。

图 5-7 双丁坝附近流场

可以看出，首坝上游出现了角涡，下游存在大尺度回流区域以及卡门涡街等典型流态。单丁坝附近水流结构相比也略存差别：一是双丁坝对水流阻碍或压缩效应更明显，丁坝坝头处流向偏转现象更突出；二是在两个丁坝之间区域也出现了较大尺度回流，水流流态也更为紊乱。本模拟较好地反映了双丁坝附近水流结构。

5.2.2.2 流线

根据模拟结果，提取流线分布，讨论冲刷坑内涡流分布，如图 5-8 所示。

丁坝附近的流线分布特征更形象地展示了水流结构。除角涡及下游回流区域外，也清晰反映出两个丁坝间回流特征。

单体及双丁坝附近水流结构相似，冲刷坑也存在马蹄涡系。根据模拟结果，提取 x 及 y 方向典型剖面流线形态及分布规律，如图 5-9 和图 5-10 所示。

从首、次坝剖面流线分布看，存在两个形状类似、尺度不一的涡流，即马

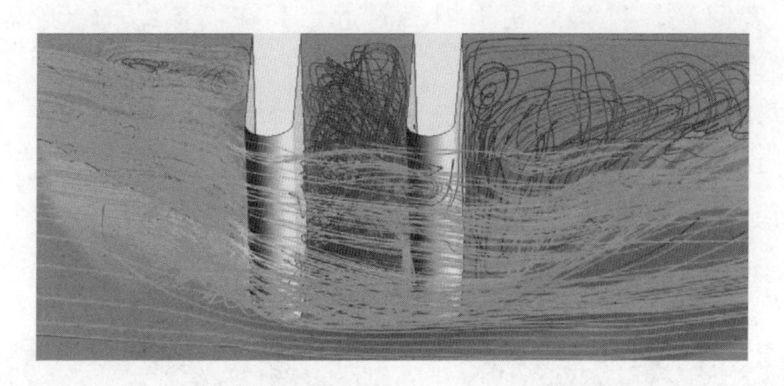

图 5-8 双丁坝附近流线分布特征

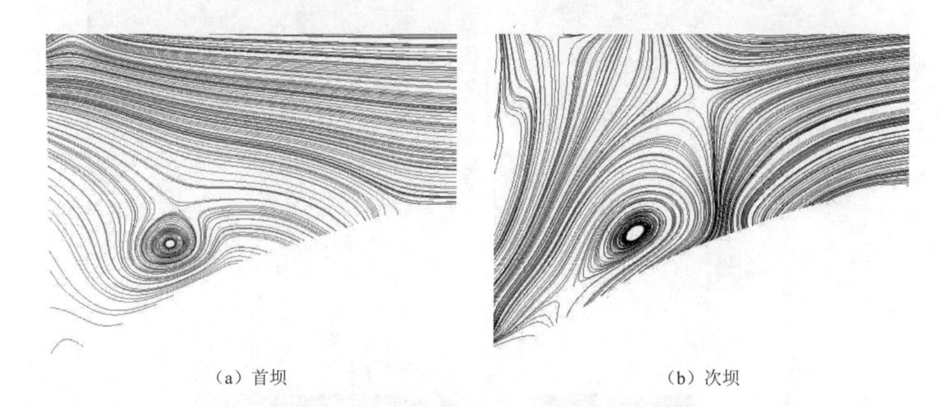

(a) 首坝 (b) 次坝

图 5-9 双丁坝附近流线分布（$x/L=0$）

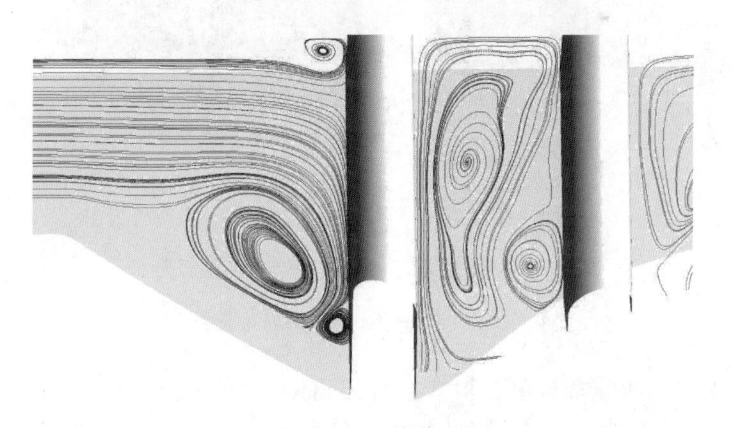

图 5-10 双丁坝附近流线分布（$y/L=-0.5$）

蹄涡的主涡。

从纵剖面看，首坝上游冲刷坑内存在两个典型的涡流，其分布是马蹄涡主涡 HV 及其他小型涡系，这与单体丁坝一致。需要注意的是，在首、次坝之间，不仅存在大尺度回流，且紧靠次坝坝头附近，存在涡流结构。此涡流的产生与次坝对水流扰动密切相关。

涡核几何尺寸最大约为 0.5L，几何形状也接近椭圆形。

5.2.2.3 湍流动能

根据模拟结果，分别提取首、次坝剖面湍流动能分布，仍采用无量纲参数 K/U^2 讨论，如图 5-11 和图 5-12 所示。

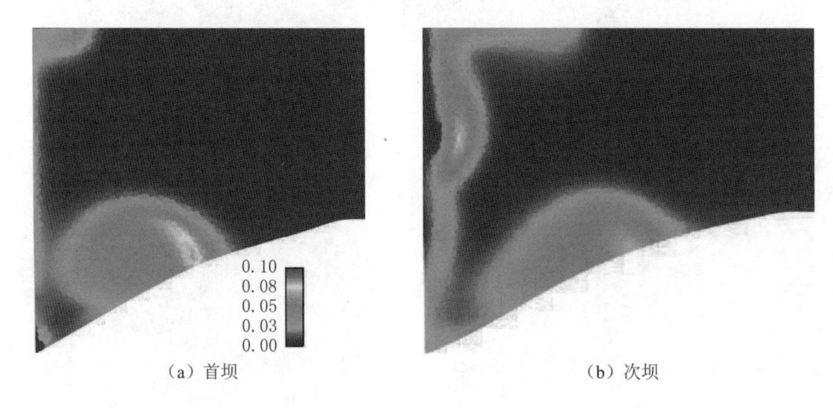

(a) 首坝　　(b) 次坝

图 5-11　双丁坝附近湍流动能分布 ($x/L=0$)

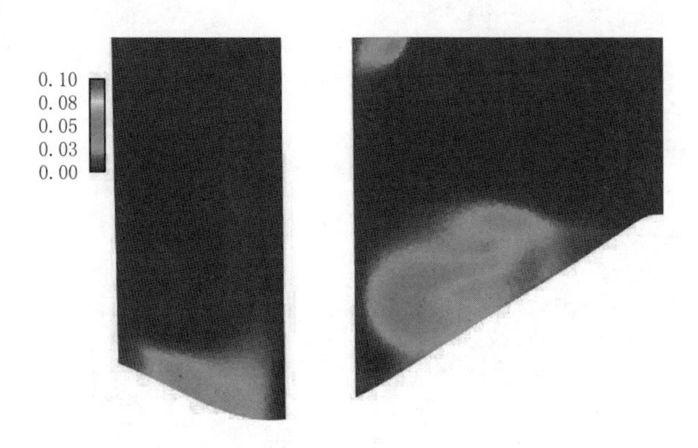

图 5-12　双丁坝附近湍流动能分布 ($y/L=-0.5$)

首坝湍流动能分布与单丁坝分布特征相似。与实测结果相比，无量纲参数 K/U^2 实测最大值为 0.2，首坝处其最大仅为 0.1，略偏小。次坝附近湍流动能也略偏小。值得注意的是，首坝附近湍流动能略接近次坝，表明次坝对水流再一次扰动，导致首、次坝湍流动能数值量级接近相同。紊动是由首坝逐渐扩散至次坝，并逐渐耗散。

5.3 涡的分裂与合并特征

5.3.1 涡拟序结构

单体丁坝和双丁坝附近流场特征一致，涡流结构相似。根据数值模拟计算结果，基于涡的 Q 判别准则式，计算并提取双丁坝附近涡的形态特征和空间分布，并可视化，如图 5-13 所示。

图 5-13 双丁坝附近涡管可视化

同单丁坝类似，丁坝上游角涡的存在使得流体和动量从自由表面转化为马蹄涡系的核心。其轴线逐渐由自由表面进入冲刷坑内部，并逐渐接近水平直至丁坝坝头下游。冲刷坑内存在马蹄涡系，主涡（HV1）涡核几何尺寸最大，除此之外，还存在其他小型涡流，不再一一赘述。需要注意的是，在次坝坝头处，涡流结构与单体丁坝略存在一定差异。

5.3.2 涡分裂和合并

涡的分裂和合并是湍流中常见现象，对于局部冲刷坑附近湍流结构而言同样存在涡的分裂或合并，以进行能量的传递或转化。单丁坝附近角涡具有分裂特征，而马蹄涡恰恰具有合并现象，详见上章节，不再赘述。

对于双丁坝而言，水流结构与单丁坝相似。基于此，采用相同手段讨论首坝附近角涡的分裂与马蹄涡的合并特征，如图 5-14 所示。

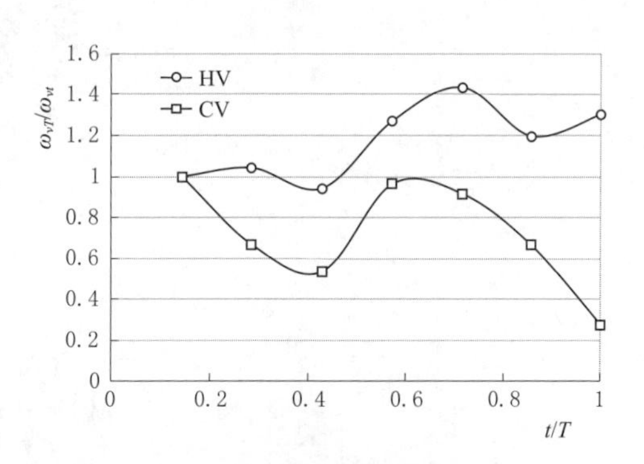

图 5-14 首坝附近角涡的分裂与马蹄涡的合并特征

可以看出，角涡体积逐渐递减，马蹄涡体积递增，表明首坝附近角涡具有明显分裂特征，而马蹄涡依然具有合并特征。对比两个涡分裂或合并前体积，角涡分裂至自身一倍大小，而马蹄涡合并后，近似增大到自身一倍大小。也反映出双丁坝对水流的扰动剧烈。

对比单丁坝，虽增长或减小的趋势一致，但明显出现波动，这与次坝对水流的扰动有关。涡分裂与合并表明水流能量传递过程同单丁坝一致。

5.3.3 涡直径分布特征

讨论单丁坝附近马蹄涡流直径分布特征时，以丁坝坝根中心为原点，以坝根处几何边界为初始点，按逆时针每隔15°提取马蹄涡的直径，至丁坝坝头90°止。因双丁坝范围较大，因而修改为间隔30°提取涡直径，至次坝坝头处止。双丁坝附近马蹄涡形态分布特征如图5-15所示。

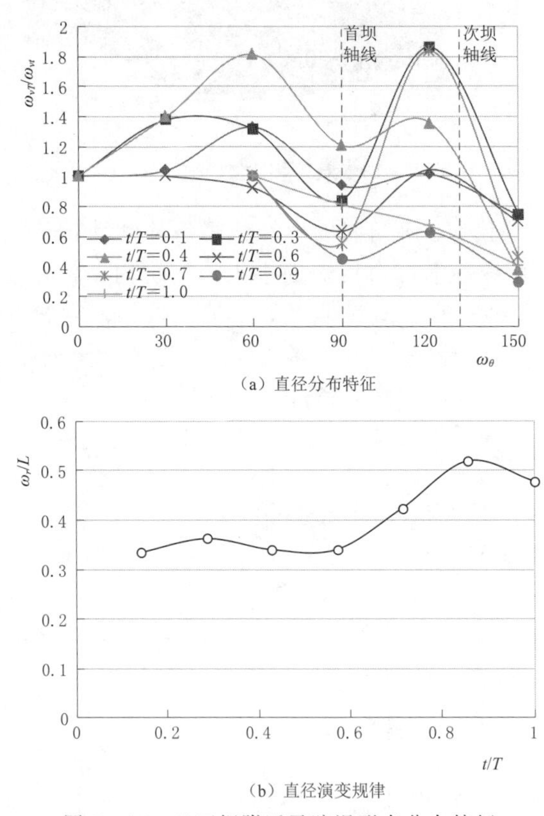

(a) 直径分布特征

(b) 直径演变规律

图5-15 双丁坝附近马蹄涡形态分布特征

可以看出，从几何边界至次丁坝坝后区域，马蹄涡的直径分布基本呈现连续的“藕节”状，这与单体丁坝附近分布特征是一致的。而最大值均分布在丁坝坝头略靠上游位置。表明丁坝对水流挤压增大了马蹄涡与附近小涡合并的可能。

对比单丁坝附近马蹄涡流直径演变特征，不难发现，对于双丁坝而言，马蹄涡直径逐渐增大，最大值接近 $0.5L$，与单体丁坝基本一致。

双丁坝对水流的压缩增大了其他涡与主涡合并的可能。同单丁坝相比，这一趋势尤为显著。

5.4 双丁坝河床切应力分布

5.4.1 曲率分布特征

高斯曲率反映了丁坝各演变阶段，不同的冲刷区域河床侵蚀程度差异化特征。采取同一处理手段，获得双丁坝局部冲刷坑曲面高斯曲率，如图 5-16 所示。

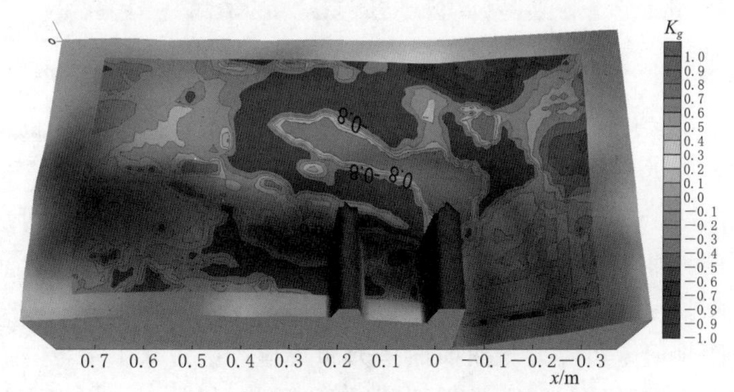

图 5-16 双丁坝局部冲刷坑曲面高斯曲率分布特征

可以看出，对于双丁坝，局部冲刷坑曲面同样由正常数高斯曲率（$K_g>0$）曲面、负常数高斯曲率（$K_g<0$）曲面及零高斯曲率（$K_g=0$）曲面所组成。其中，正常数高斯曲率曲面主要分布在丁坝坝头前端、坝后回流区域。零高斯曲率主要分布在涡流作用区域，即马蹄涡、卡门涡作用区域。而负常数高斯曲率区域最小，呈交替分布。

总之，曲面曲率分布特征与单丁坝平衡状态曲面高斯曲率一致。反映了单丁坝和双丁坝在水流结构、河床变形规律以及产生机制等方面具有相似性特征。

5.4.2 河床切应力分布

单丁坝附近河床切应力分布特征表明，从丁坝坝头上游开始，沿丁坝坝头至下游狭长地带，即涡流作用区域内，$\tau_b/\tau_c>1$，河床切应力基本呈现沿程递增趋势，影响范围是丁坝长度的2～3倍。

通过实验直接测量床面切应力，测量仪器对流场有一定的扰动，会影响测量精度。若采用数值模拟手段，通过紊流场计算床面切应力，则不存在流场干扰问题，可作为分析床面切应力的重要手段。为便于对比，依然采用无量纲参数τ_b/τ_c讨论双丁坝附近河床切应力分布，如图5-17所示。

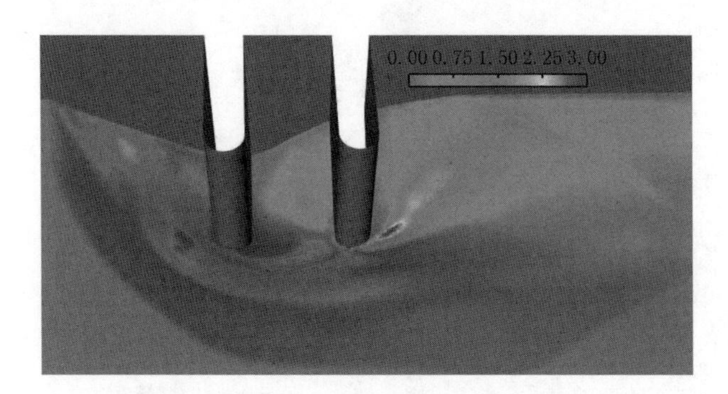

图5-17　双丁坝附近河床切应力分布

鉴于坝群中首坝附近切应力分布同单体丁坝类似，因此，着重讨论下游次坝附近河床切应力分布规律。可以看出，次坝坝头附近局部区域，河床切应力较大，而且在两丁坝区间范围也存在较大河床切应力，这一特征对次坝的局部冲刷是不利的。可以说，1倍坝距因坝体间距较近，双体丁坝几乎类似于宽度略大的单体丁坝。因此，可以推断出两个坝头处的局部冲深差别较小。

结合单丁坝河床切应力与曲面曲率分布规律，认为双丁坝也具有相似分布特征。即涡流作用区域，曲面由近似球面筛选至近似平面，河床变形剧烈，非涡流作用区域，地形对水流产生一定遮蔽作用，河床变形明显减弱。

5.5 本章小结

本章基于水槽实验和数值模拟两种手段，并参照实地观测勘查资料，详细讨论了双体丁坝附近水流结构、坝群冲刷特性，认为：

（1）不同影响因素下，丁坝群的冲刷水深随相对距离增大而减小或增大均是合理的。但总的来看，对于丁坝群而言，首、次坝共同掩护下游坝体的局部冲刷。

（2）双丁坝对水流阻碍或压缩效应更明显，坝头处流向偏转现象更突出。坝群下游及两丁坝间均出现大尺度回流，水流流态更为紊乱。主涡的截面形态也接近椭圆形。

(3) 双丁坝附近水流能量传递过程、河床变形规律与单丁坝相似。

参 考 文 献

[1] 郑付生，陈太平，郭文. 河道坝岸根石走失原因及加固措施 [J]. 黄河水利职业技术学院学报，2002，14 (1)：14-15.

[2] 哈佳，周风华，陈峰，等. 黄河宁夏段丁坝设计冲刷深度取值分析 [J]. 人民黄河，2015，37 (02)：40-44.

[3] 胡一三. 黄河河道整治原则 [J]. 人民黄河，2001，23 (1)：1-2.

[4] 濮阳第一河务局非汛期根石探测报告 [R]. 郑州：黄河水利勘测设计有限公司，2018.

[5] 周哲宇，陶东良，哈岸英，等. 丁坝局部冲刷研究现状与展望 [J]. 人民黄河，2010，32 (6)：18-21.

[6] 刘磊，苗润泽，钟德钰. 细沙河床丁坝局部冲刷深度计算公式的验证 [J]. 水力发电学报，2014，33 (2)：122-130.

[7] 周哲宇. 黄河沙质河床丁坝局部冲刷模型试验研究 [D]. 北京：清华大学，2010.

[8] Yossef M F M. The effect of groynes on rivers [J]. Literature Review，2002.

6 结论与展望

6.1 结论

本书选取了丁坝工程附近局部冲刷坑、沙波群为研究对象，通过理论分析、物理与数值模拟相结合手段，详细讨论了水流能量传递与河床变形规律，以及沙波碰撞等重点、难点问题，经过一系列的分析和讨论，认为：

(1) 清水冲刷条件下，局部冲深、冲刷坑平面面积、冲刷坑体积与演变历时呈现幂函数增长。局部冲刷坑体积与平面面积和最大冲深乘积的比值为常量0.32，冲刷坑剖面形态均近似保持恒定。对于任意冲刷坑形态其具有固定的宽深比，比值介于2～6。整个演变过程，冲刷坑三维结构呈现相似性特征。

(2) 冲刷坑曲面曲率分布及曲率的变化情况，反映出不同冲刷区域当地河床侵蚀程度差异性特征。曲率变化大，当地河床变形剧烈，反之，河床变形相对较弱。

(3) 丁坝附近水流流态较复杂，分别存在回流、涡流等湍流结构。相对于上游，下游区域水流流态较为紊乱；水流流态具有很强的三维紊动特性。从上游至下游湍流动能沿程增大。

(4) 局部冲刷演变过程中，冲刷坑内涡体积的变化规律反映出角涡呈现分裂特征，而马蹄涡呈现合并特征；分裂程度接近自身体积的一半，合并程度甚至达到自身的两倍。马蹄涡主涡的形态分布表明，丁坝增大了其他涡与主涡合并可能性，加速了水流能量传递。双丁坝呈现同样的趋势。

(5) 坝群局部冲深规律表明，首、次坝局部冲深接近一致；受其掩护，第三坝及下游坝体冲深递减。坝群附近流态、湍流动能及河床变形规律，以及丁坝对水流能量传递的规律均与单丁坝相似。

(6) 丁坝群局部冲刷规律表明，首、次坝共同掩护下游坝体的局部冲刷。

6.2 展望

冲刷坑动态调整过程中，不同区域河床侵蚀程度差异性特征，为非可视环境下冲刷坑形态预测、新型冲刷防护材料设计与体型优化提供了思路。

沙波的迁移对于河流稳定性及生物多样性是十分重要的因素。有必要采用物理实验或数值模拟技术，进一步揭示驱动沙波迁移速度差异的驱动机制。或使用长系列观测数据，找到河流中大规模和复杂沙波迁移的定量证据。